CHATEAUNEUF
DU-PAPE

全屋定制 CAD 标准图集

II

名门汇 编

衣柜 / 酒柜 / 书柜 / 鞋柜 / 玄关柜

前　言

PREFACE

全屋定制是一种个性化、多样化的设计理念，其通过“互联网+”的营销模式，以数字化和智能化进行生产，是家具产业一次颠覆性的技术进步。定制是中国家具产业从大规模生产走向大规模定制的重大转型，是家具产业从中国制造走向中国创造的重大转折。

随着社会的不断发展，全屋定制逐渐被广大消费者所接受，它强调的是个性化设计及家居设计风格的统一，全屋定制不仅能让我们的生活更加舒适，也能独树一帜地演绎主人的生活理念。

全屋定制涵盖了用户调查、方案设计、后期沟通、工厂生产、安装、售后等一系列服务，因此必须依靠强大的企业或服务平台，实现设计、生产、施工、饰品配套等多种资源的整合与利用；以全屋设计为主导，配合专业定制和整体主材配置来实现属于客户自己的家装文化。

想在未来的全屋定制行业占领先机，除了依靠品质、服务等因素，对整装品牌而言，人是不可或缺的重要力量。因此企业对于设计师的培养和设计师自身能力的提升，越来越显得必不可少。

作为全屋定制企业最核心的岗位——设计师，任重而道远，设计师不仅是企业价值的创造者，更是帮助企业解决问题的行动者，设计师在企业的转型升级、突破瓶颈等问题中都是中坚力量，设计师面对的挑战和困难也是非常艰巨的。

为了能让广大设计师和我们的同行业者更快解决实际问题，找到用户需求，我们特将近年来的生产实践整理成册，本套系列丛书分为三部分，第一部分为木门、屏风；第二部分为衣柜、酒柜、鞋柜、书柜；第三部分为柜类配件、活动柜、楼梯、墙板、博古架。

我们在整理这套书时候尽量原创，在编写过程中参考和引用了很多行业内知名的企业、设计师的宝贵资料和研究成果，同时也参照了很多行业图集，也有部分素材来源于网络，在此基础上进行了部分修改！在此对原作者和研究者表示衷心的感谢！

本书在编写过程中，肯定有诸多纰漏之处，我们也向本套书提出质疑或提供建议的读者表示诚挚的敬意！

编　者

2018 年 12 月

目录

Contents

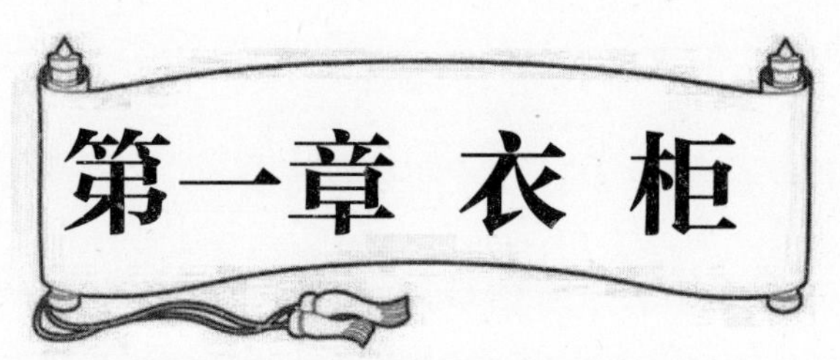

第一章 衣柜

第一节 衣柜柜体

1. 柜体概述

（1）柜体设计标准尺寸

◆柜体标准尺寸总高度不能超过 2430mm，如有超出请按上、下柜处理，顶柜设计高度：400~800mm。单柜体宽度不能超过 2430mm，超出部分单独做柜体。

◆顶柜标准尺寸：底柜高度一般设计尺寸 2100mm 和 2430mm，特殊尺寸可选择收口柜（SKYG）进行处理。顶柜设计高度：400~800mm。

◆柜体深度

1）移门衣柜柜体标准深度为 600mm。

2）开放式衣柜（无移门和平开门）深度为 520~570mm。

3）平开门衣柜为 520~570mm。

4）如果衣柜门板为内嵌门，则柜体深度为 570mm。

5）如果衣柜门板为外盖门，其深度（含门板）为 550mm。

（2）柜体的种类

◆柜类主要分为：平开门柜体、推拉门柜体、转角柜及收口柜。

1）平开门衣柜单元柜主要有：单门衣柜（YG-1# 柜）、双门衣柜（YG-2# 柜）、三门衣柜（YG-3# 柜）、四门衣柜（YG-4# 柜）、五门衣柜（YG-5# 柜）、转角衣柜（ZJYG-# 柜）、收口衣柜（SKYG-# 柜）等几大类，具体尺寸可根据现场需求来选择不同型号柜类搭配使用。

2）推拉门衣柜单元柜主要有：四门衣柜（YG-4# 柜）、转角衣柜（ZJYG-# 柜）、收口衣柜（SKYG-# 柜）等几大类，具体尺寸可根据现场需求来选择不同型号柜类搭配使用。

3）平开门衣柜内空宽度设计标准：平开门柜体内空宽度是以门板宽度为基准。以衣柜门板的宽度一致为设计标准，即一个正视面的衣柜，不管是单个柜体还是多个柜体组成，以所有门板的宽度一致则为准则，单扇门板宽度一般在 300~500mm 之间。

4）衣柜柜内上下层板参数可依据 32 倍数调整。

5）衣柜固定层板最佳设计参考高度为 1050mm。

6）层板分层高度建议为 300~450mm，多个层板间距必须一致。特殊情况按客户要求高度进行分隔。

7）正常层板孔位均考虑 32 孔位系统来设计，特殊位置特殊处理。

2. 柜体工艺结构说明

（1）柜体拆分

◆柜体主要组成部分：左侧板、右侧板、顶板、底板、背板、层板、中立板、底板支撑条、柜内抽屉等部件组成。

◆连接件主要以三合一配木梢、层板托、抽屉滑轨、枪钉等五金件。

◆其他部件主要是罗马柱、顶线、地脚线、柜门等。

（2）柜体拼装

◆柜类组装可以根据个人的安装习惯自行调整，一般的安装顺序是从左向右，从下向上，再安装顶柜。位置调整好后，安装罗马柱、顶线和地脚线，然后可以选择先安装柜门，再安装柜内功能件（如抽屉、裤抽、格子抽等），接下来调节柜门与柜门之间的门缝，最后时行收尾工作（如对接缝位置进行补漆、打扫卫生等等）。

◆柜体组装主要分为两类：

1）平板类柜体组装：如下图背板为后贴式，需用枪钉连接（卡槽类背板安装方式相似，但与层板重合处仍需用枪钉固定）。

2）拼框类柜体组装：拼框类柜体所有板材均为拼框结构，即横档、竖板、芯板拼装成整板，根据结构属性，同样分为侧板、顶板、立板、层板、底板等，如下图（背板为拼框结构或者为板条拼接结构，用三合一配木梢与侧板连接）。

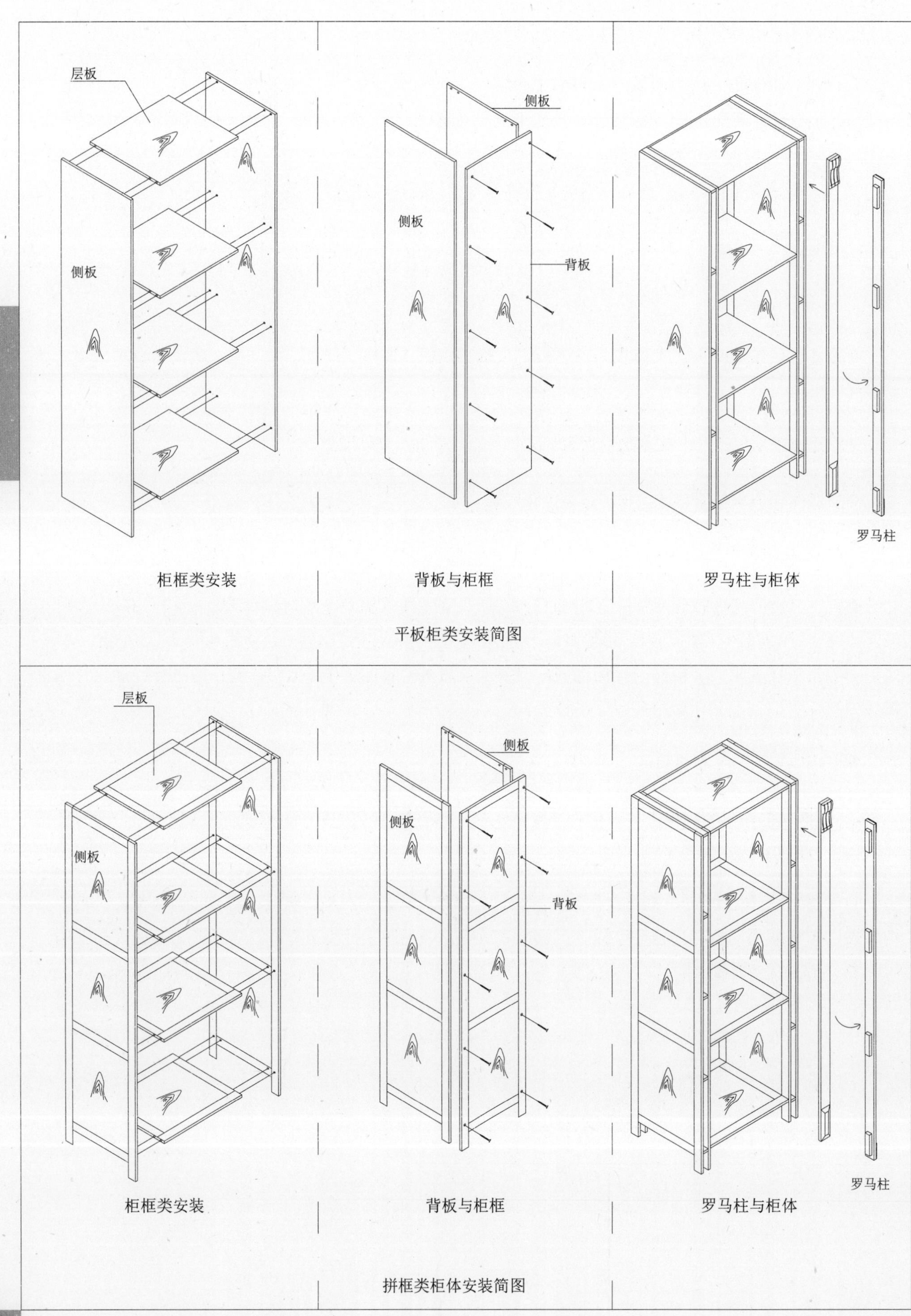
层板
侧板
侧板
背板
侧板
罗马柱
柜框类安装
背板与柜框
罗马柱与柜体
平板柜类安装简图
层板
侧板
侧板
背板
侧板
罗马柱
柜框类安装
背板与柜框
罗马柱与柜体
拼框类柜体安装简图

3. 柜体设计标准分类

1）柜体标准尺寸总高度不超过2430mm，如尺寸超出，按上、下柜处理，下柜设计高度不超过2430mm；顶柜设计高度：400~800mm。单柜体宽度不能超过2430mm，超出部分单独做柜体。

2）有顶柜标准尺寸：底柜高度一般设计尺寸2100mm，2430mm，特殊尺寸可选择收口柜（SKYG）进行处理。顶柜设计高度：400~800mm。

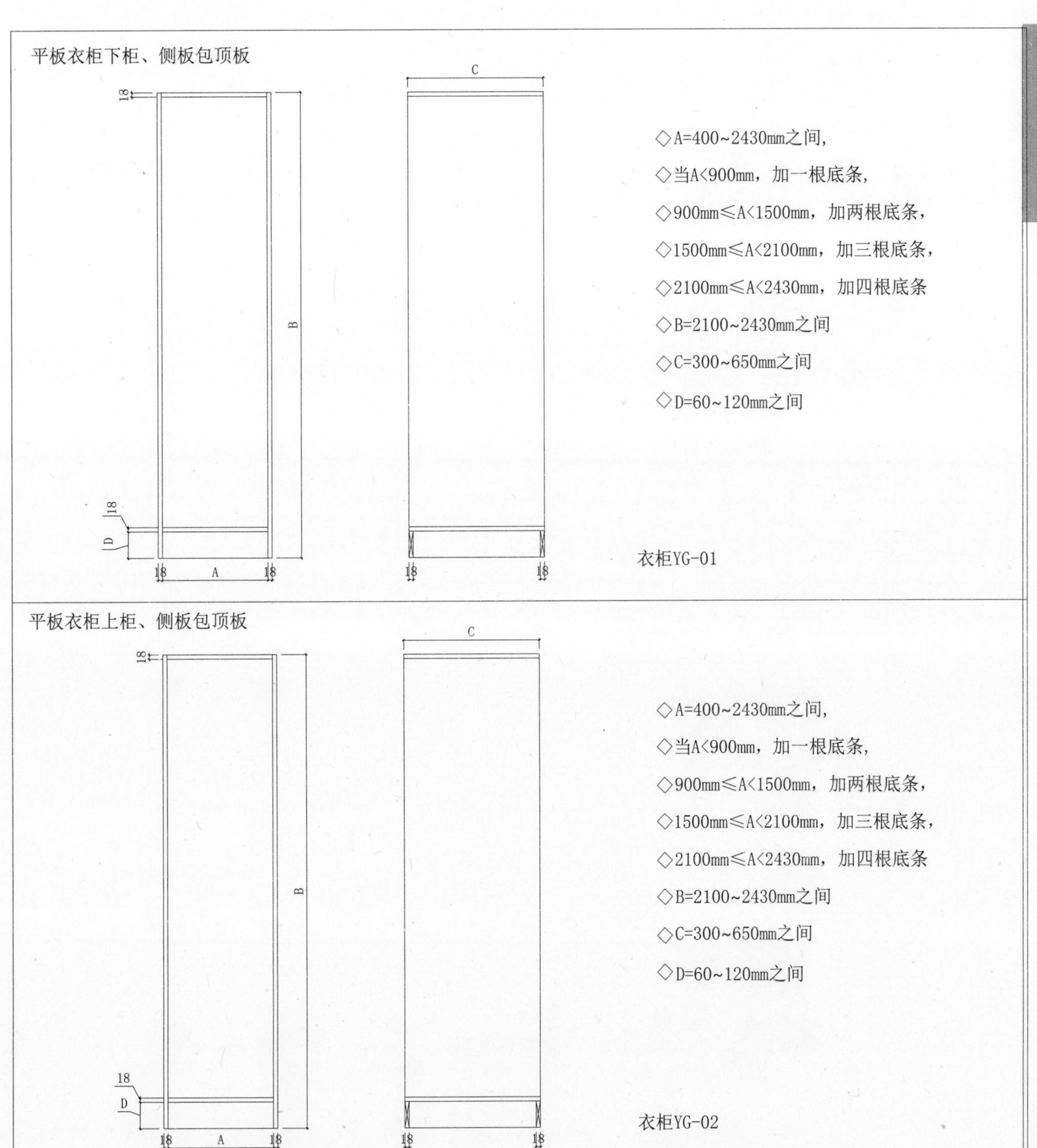

平板衣柜下柜、顶板包侧板

◇A=400~2430mm之间,

◇当A<900mm，加一根底条,

◇900mm≤A<1500mm，加两根底条，

◇1500mm≤A<2100mm，加三根底条，

◇2100mm≤A<2430mm，加四根底条

◇B=2100~2430mm之间

◇C=300~650mm之间

◇D=60~120mm之间

衣柜YG-03

平板衣柜上柜、顶板包侧板

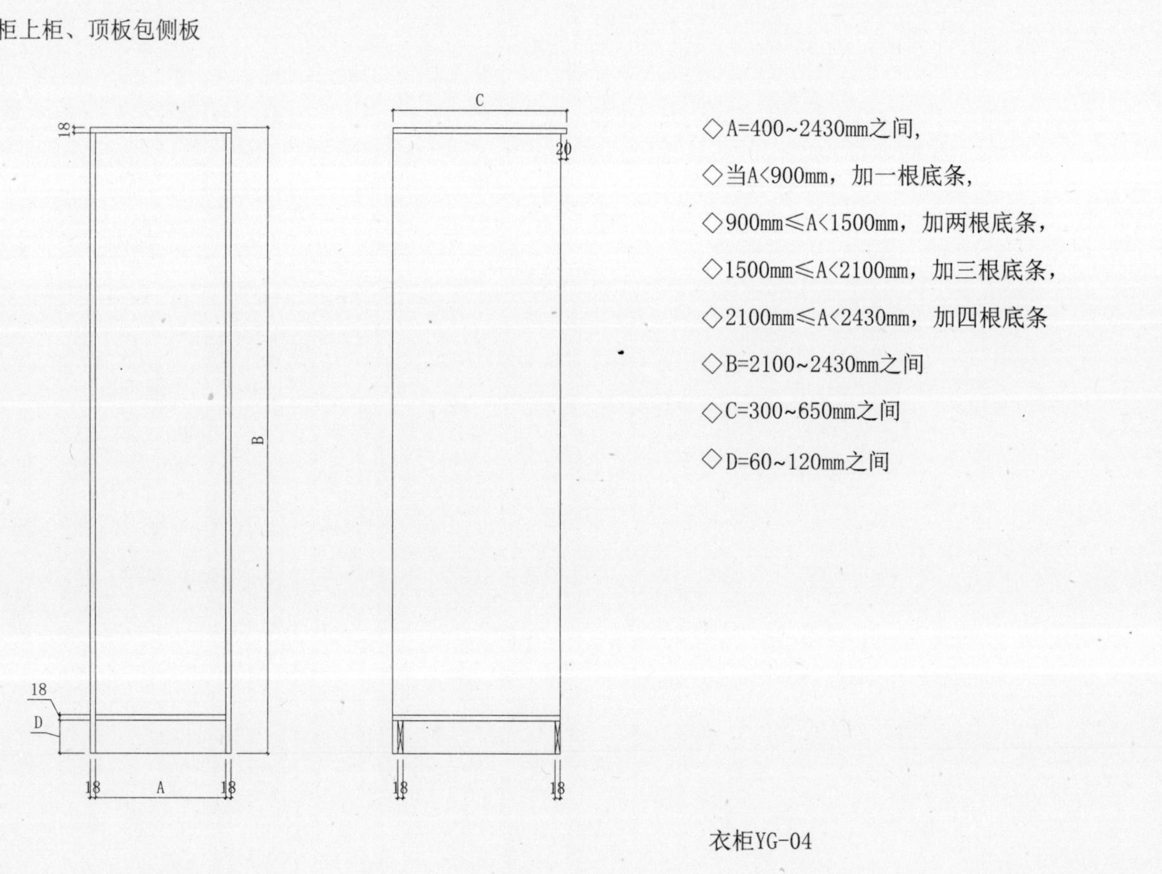

◇A=400~2430mm之间,

◇当A<900mm，加一根底条,

◇900mm≤A<1500mm，加两根底条，

◇1500mm≤A<2100mm，加三根底条，

◇2100mm≤A<2430mm，加四根底条

◇B=2100~2430mm之间

◇C=300~650mm之间

◇D=60~120mm之间

衣柜YG-04

拼框衣柜下柜，侧板包顶板

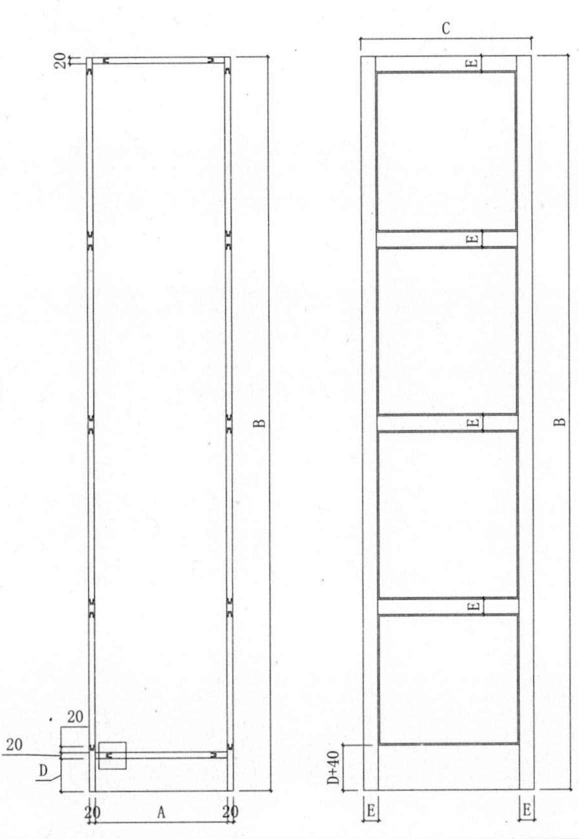

◇A=400~2430mm之间，

◇当A<900mm，加一根底条，

◇900mm≤A<1500mm，加两根底条，

◇1500mm≤A<2100mm，加三根底条，

◇2100mm≤A<2430mm，加四根底条

◇B=2100~2430mm之间

◇C=300~650mm之间

◇D=60~120mm之间

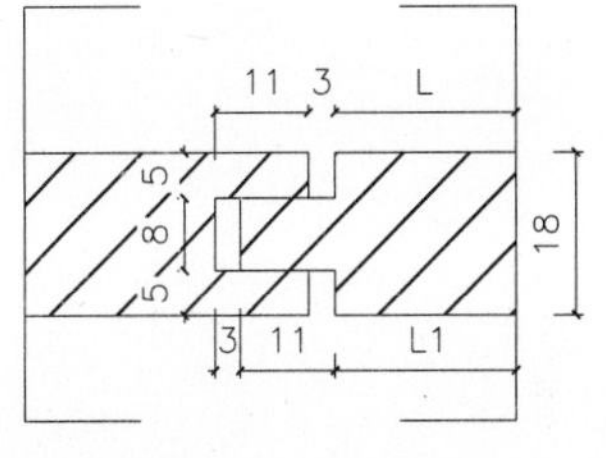

衣柜YG-05

原木衣柜上柜，顶板包侧板

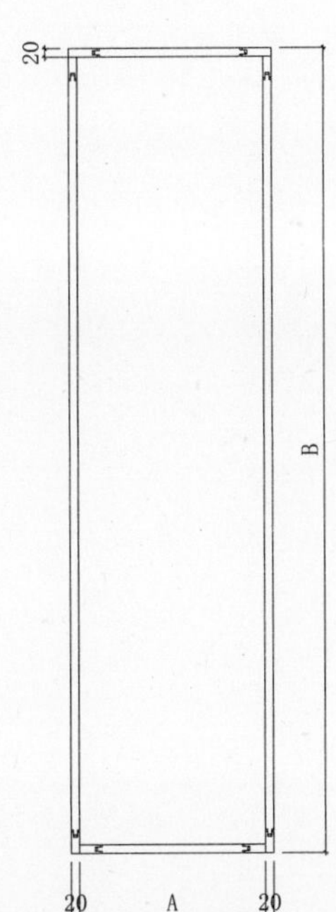

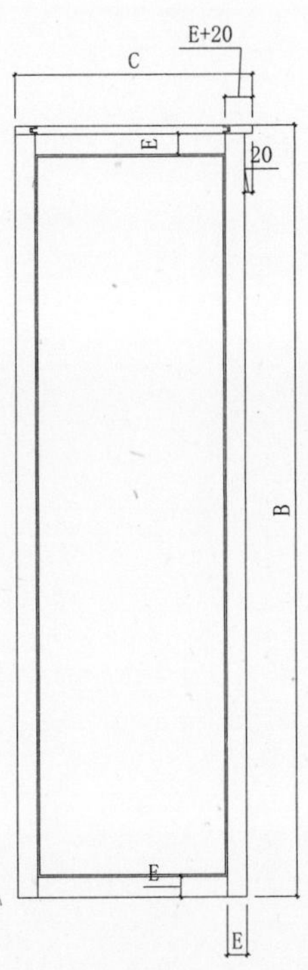

A=400~2430之间

B=2100~2430之间

C=300~650之间

E=50~80之间

衣柜YG-06

拼框衣柜下柜，顶板包侧板

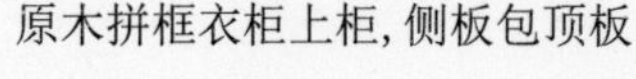

A=400~2430mm之间，

当A<900mm，加一根底条，

900mm≤A<1500mm，加两根底条，

1500mm≤A<2100mm，加三根底条，

2100mm≤A<2430mm，加四根底条

B=2100~2430mm之间

C=300~650mm之间

D=60~120mm之间

衣柜YG-07

原木拼框衣柜上柜，侧板包顶板

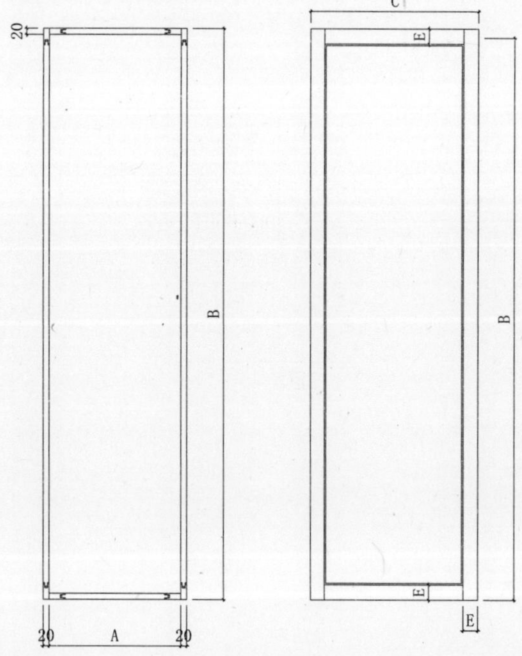

A=400~2430之间

B=2100~2430之间

C=300~650之间

E=50~80之间

衣柜YG-08

标准柜(无柜门)

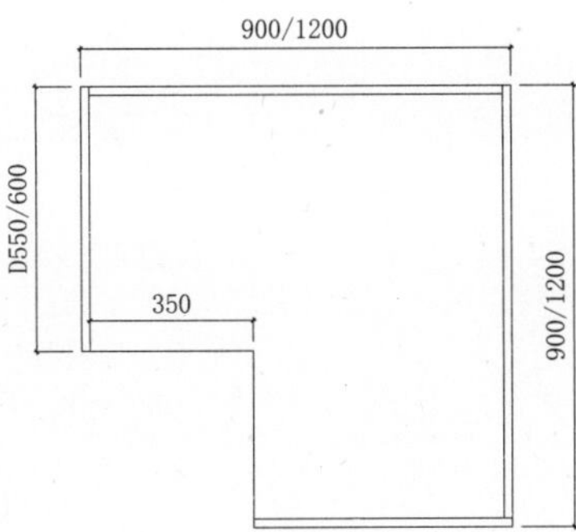

衣柜转角柜YG-09

转角柜上柜结构与下柜结构相同

标准柜(无柜门)

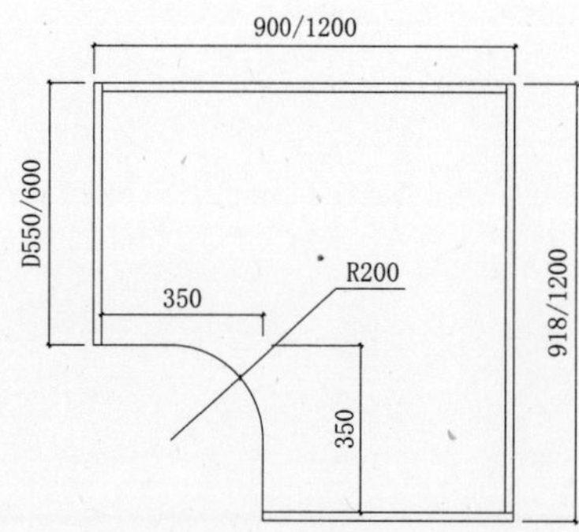

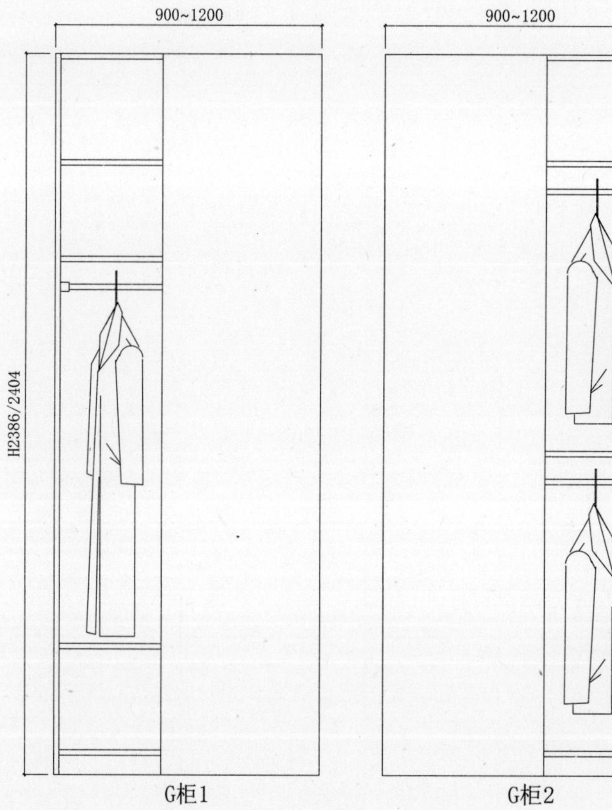

衣柜转角柜YG-10

转角柜上柜结构与下柜结构相同

标准柜(无柜门)

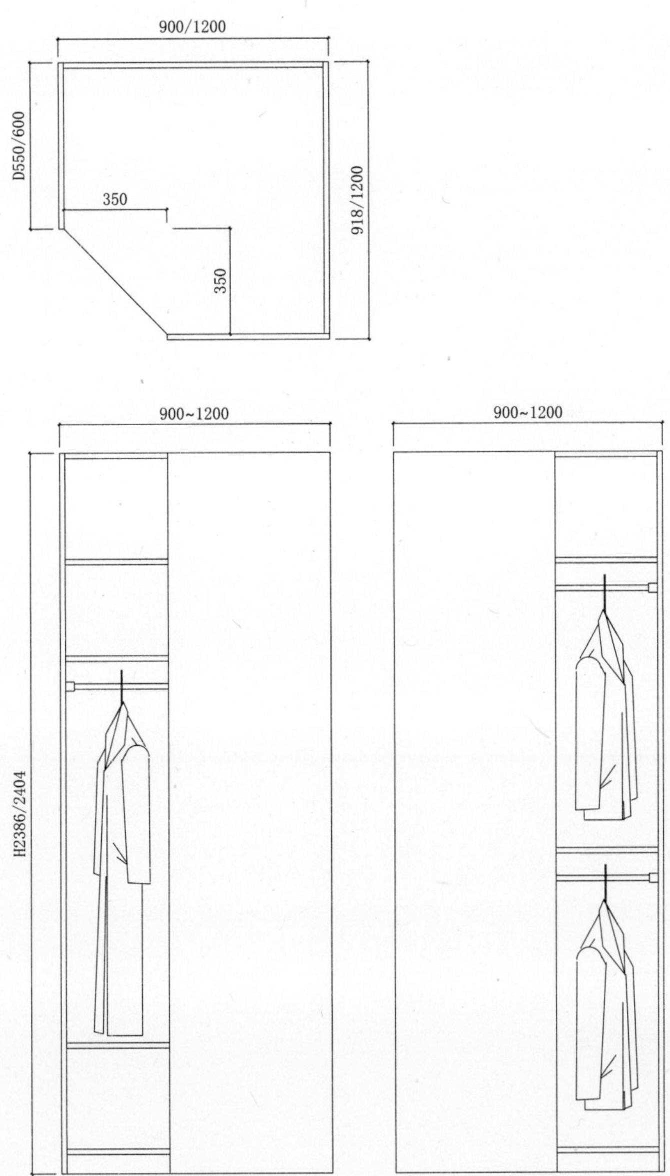

衣柜转角柜YG-11

转角柜上柜结构与下柜结构相同

4. 柜体层板设计标准

1）柜体层板主要分为：固定层板、活动层板两类；固定／活动层板又分为平板类层板、拼框类层板。

2）固定层板与柜体连接采用三合一配木梢固定，连接件开孔尺寸应遵循板式家具 32mm 系统，特殊活动层板采用层板钉（或特定活动层板连接五金件）与柜体连接，开孔方式应参考活动层板五金开孔说明。

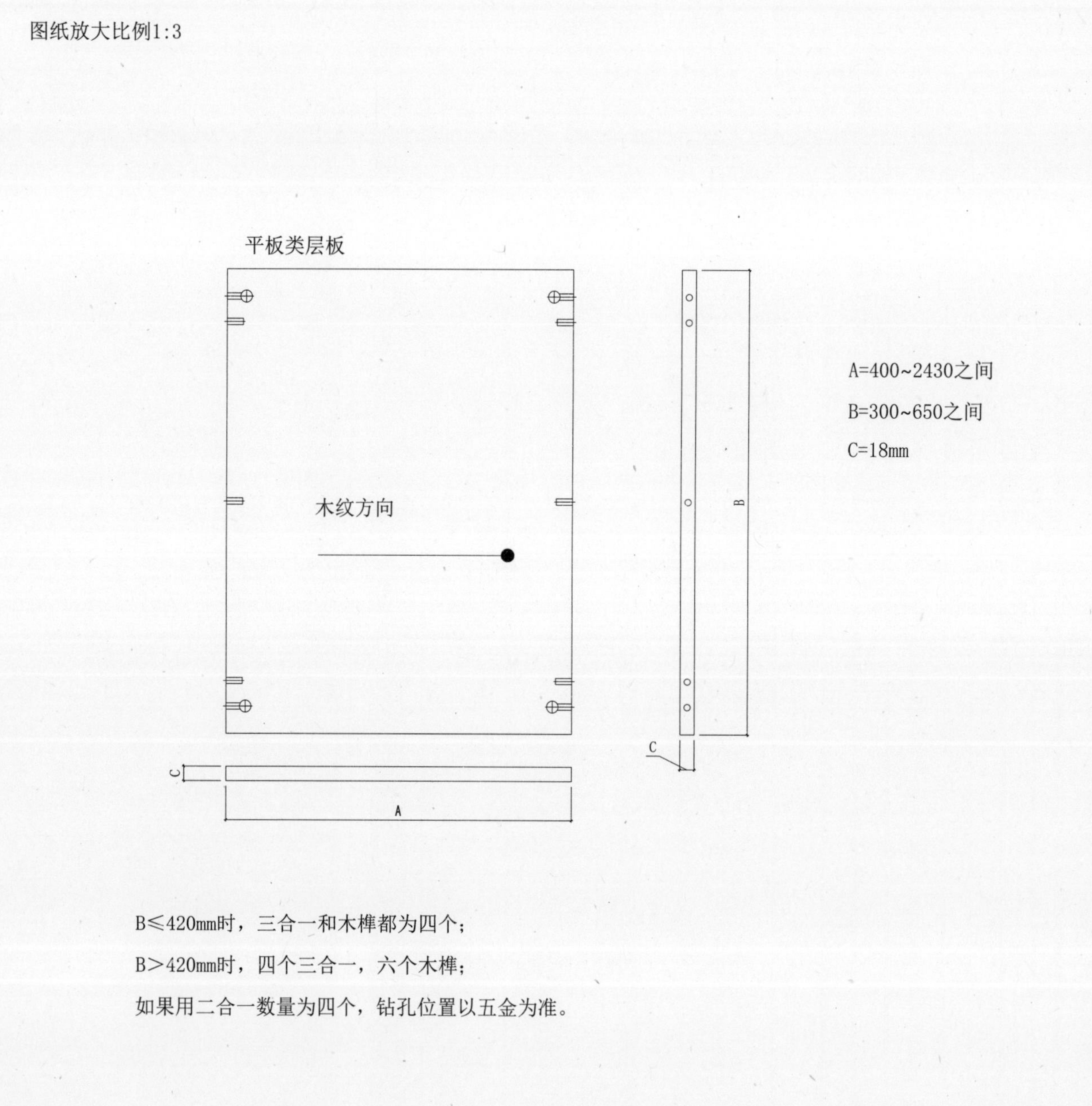

图纸放大比例1:3

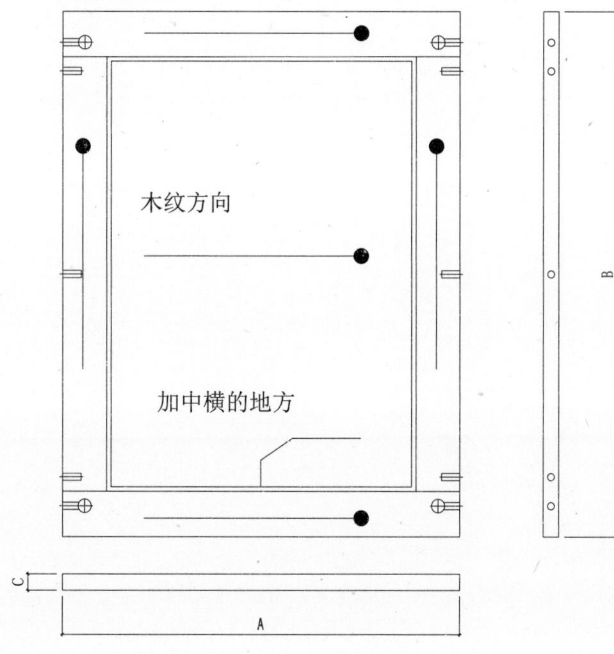

A=400~2430mm之间,

A=900mm加中横一条,

A=1500mm加中横两条，

A=2000mm加中横三条，

A=2430mm加中横四条

B=300~650mm之间

C=18~22mm

B≤420mm时，三合一和木榫都为四个；

B＞420mm时，四个三合一，六个木榫；

如果用二合一数量为四个，钻孔位置以五金为准。

3）平开门衣柜层板设计尺寸左右宽度预留扣减尺寸，后侧应扣减背板厚度并预留扣减尺寸，前侧如无抽屉，则层板只预留扣减尺寸；若安装抽屉，则需扣减门板铰链尺寸（层板前侧尺寸后退 70~80mm）。

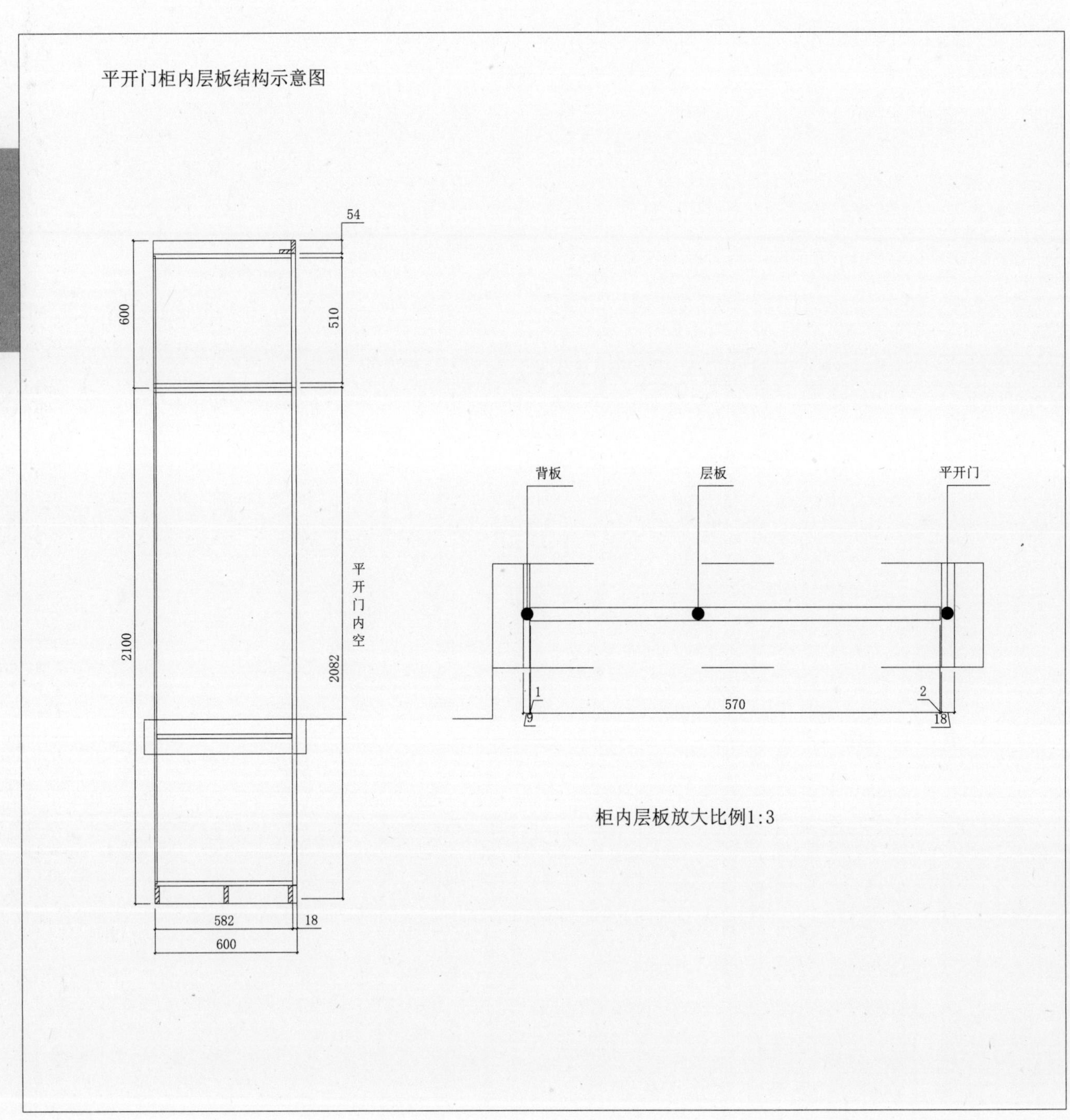

4）推拉门衣柜层板设计尺寸左右宽度预留扣减尺寸，层板后侧应扣减背板厚度并预留扣减尺寸，层板前侧则需预留扣减尺寸并扣减推拉门厚度（100mm）。

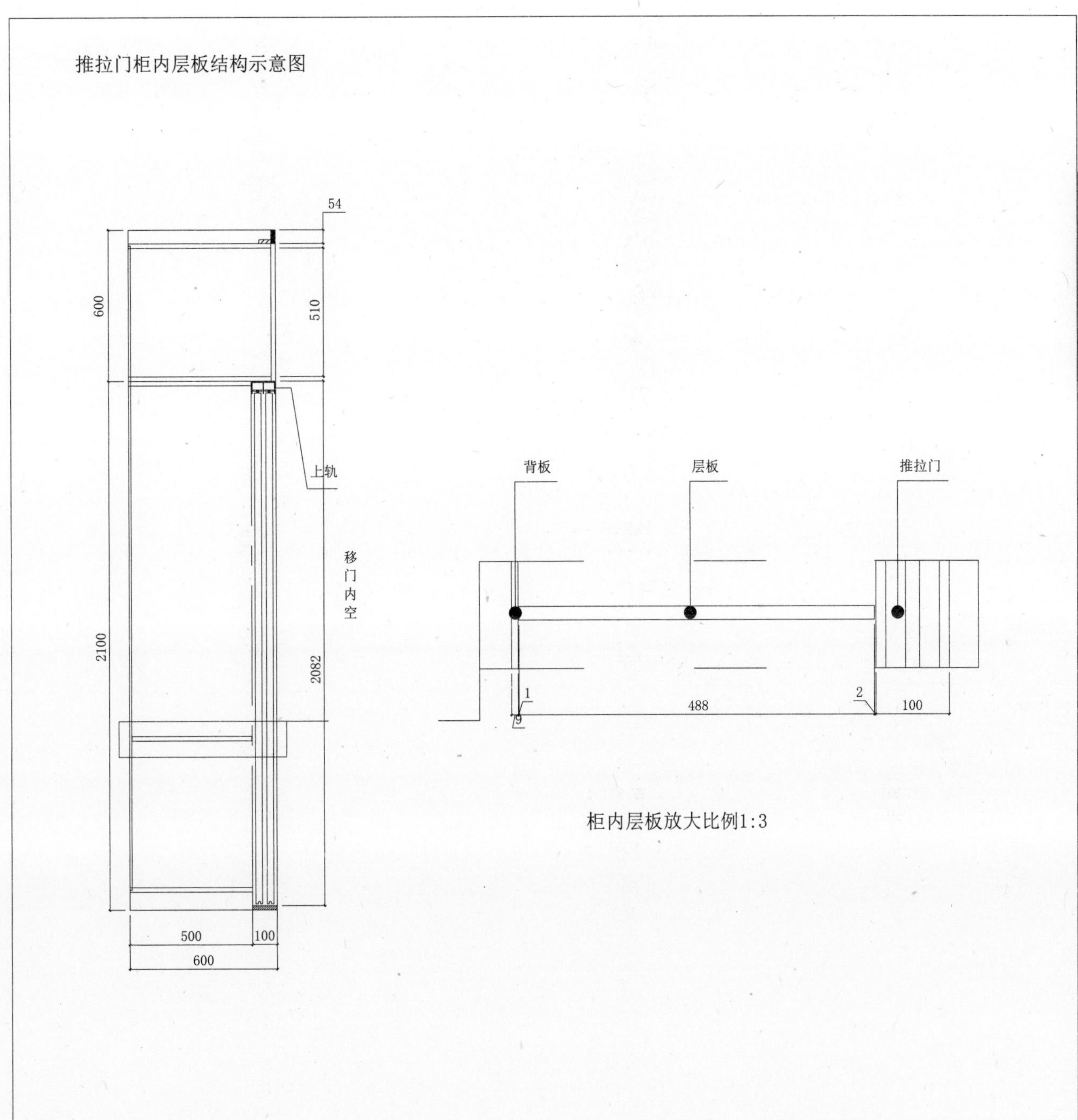

5. 柜体背板设计标准

1）柜体背板一般有两类：平板背板、拼板类背板。

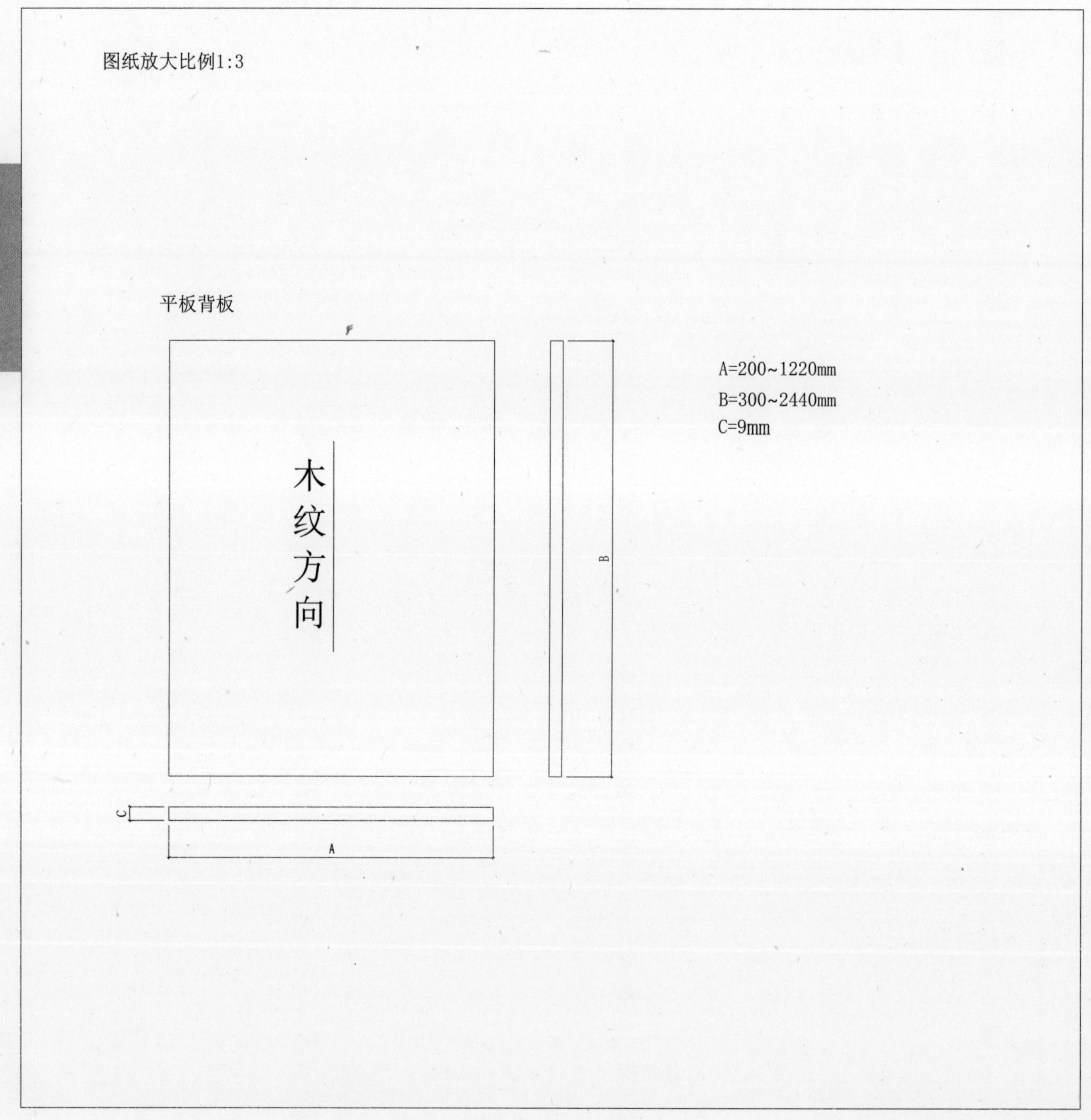

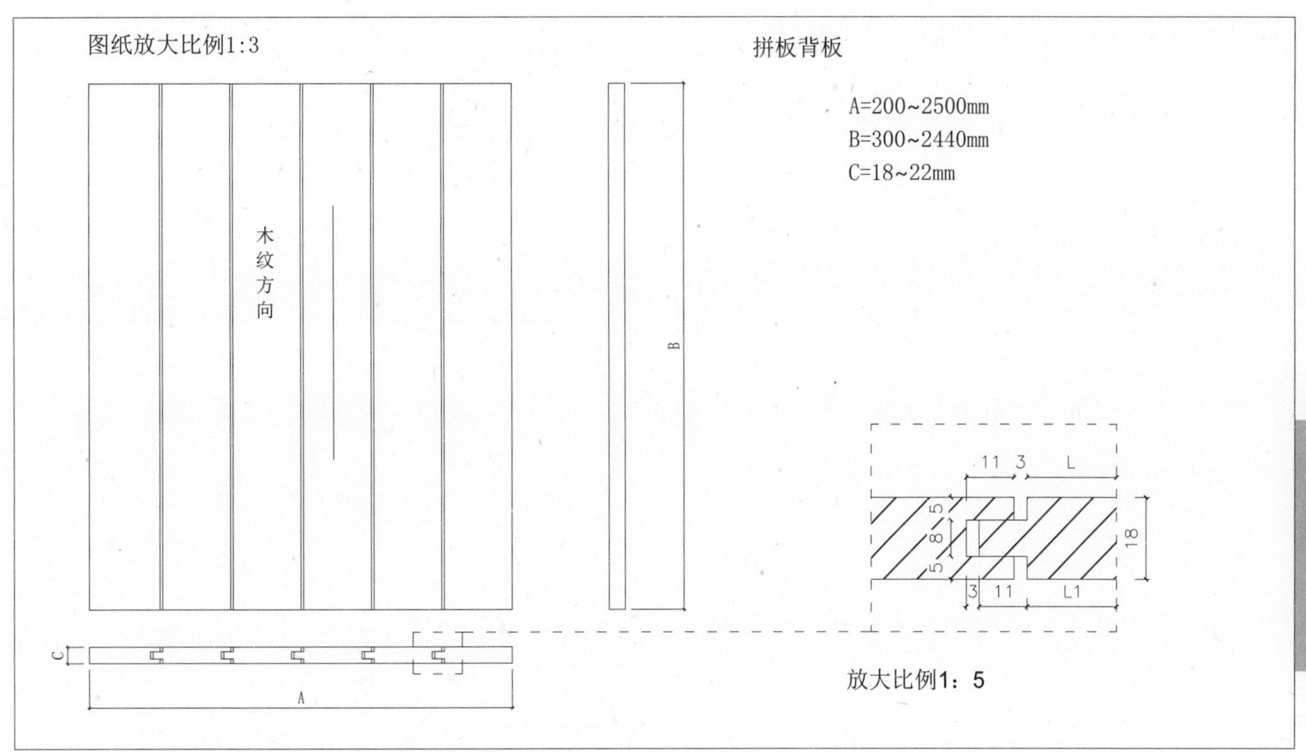

2）柜体背板按照与柜体连接方式主要分为五种（如下图）。

◆背板做法 1

此种背板安装方式为先固定好柜框，然后再将背板整体放置在柜框后侧，需上下左右缝隙相同，然后用自攻钉固定。

优点：安装简便，只需自攻钉固定；

缺点：背板与柜框会留有安装缝隙，且背板见光侧需处理成与柜框颜色相同，需现场用工具安装固定。

◆背板做法 2（为此图册推荐使用的背板安装方式）

此种背板安装方式为先在工厂开槽，然后将背板放置在安装好的柜框中，调整好上下左右缝隙，再用 自攻钉固定。

优点：安装简便，只需自攻钉固定，且无法看到背板；

缺点：侧板需先在工厂开槽，而且开槽处在运输过程容易碰伤，工人要在现场用工具固定安装。

◆背板做法 3

此种背板安装方式为先在工厂开槽，然后将背板放置在安装好的柜框中即可。

优点：安装简便，无需额外固定；

缺点：侧板需先在工厂开槽，而且开槽处在运输过程容易碰伤。

◆背板做法 4

此种背板安装方式主要应用于开放式柜框内，用三合一或者其他方式固定。

优点：用三合一连接，方便简洁；

缺点：因此背板为厚背板，安装搬运不方便。

◆背板做法 5

此种背板安装方式主要应用美式家具、欧式家具开放柜体内，板条之间用插槽方式拼接，与柜框连接处用三合一或者其他方式固定。

优点：用三合一连接，方便简洁；

缺点：因此背板为厚背板，安装搬运不方便。

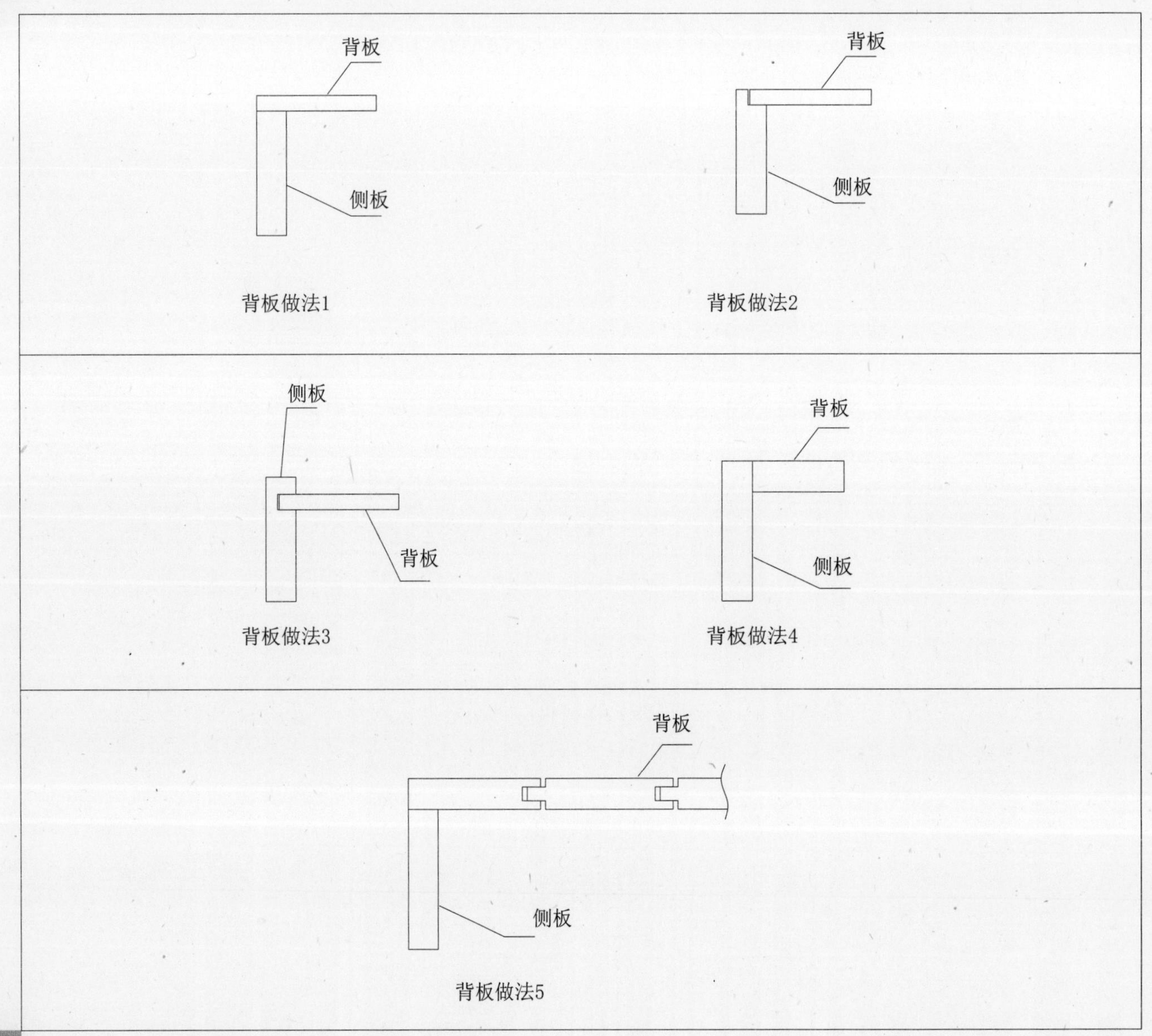

第二节 衣柜整体展示

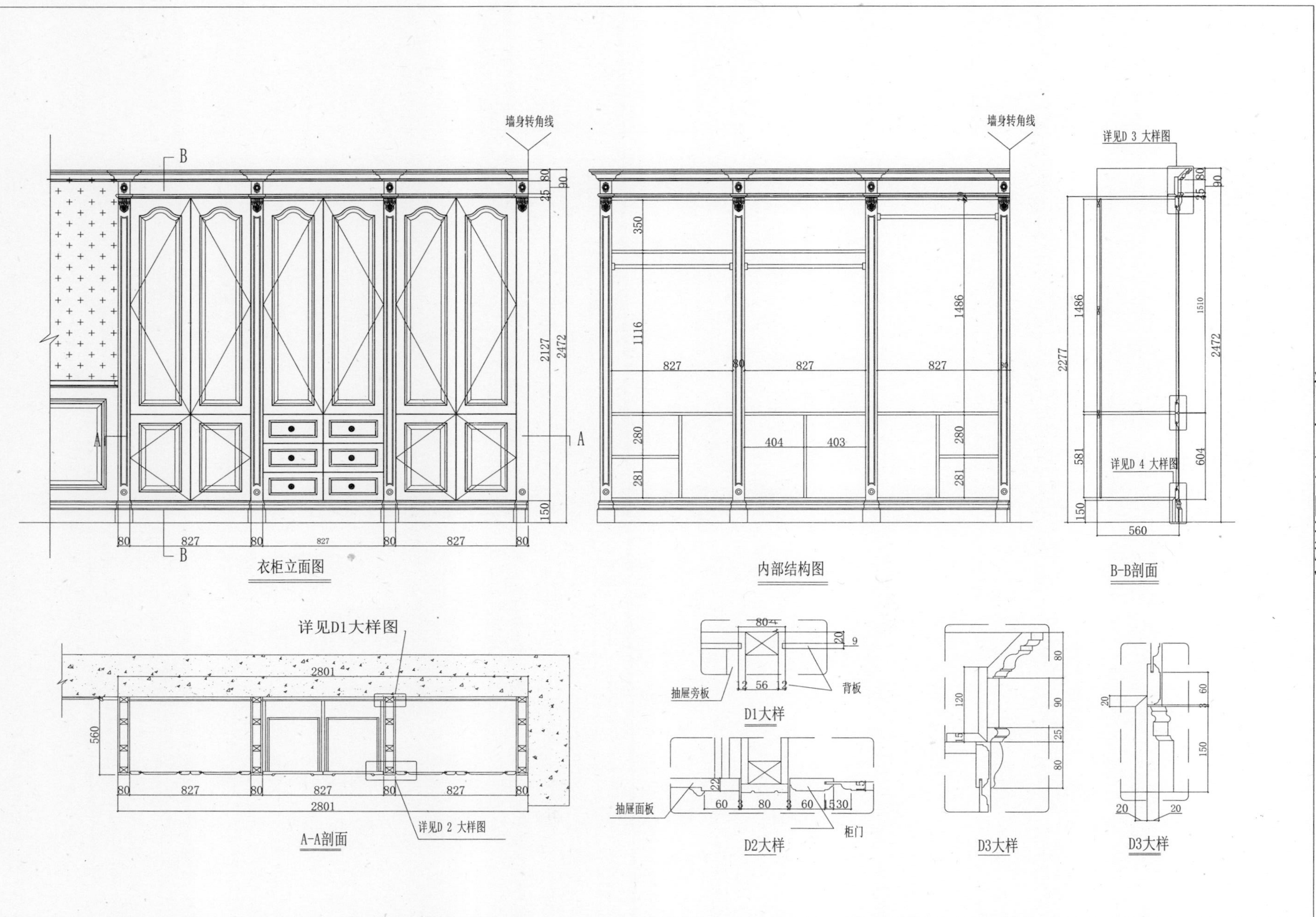

墙身转角线
衣柜立面图
墙身转角线
内部结构图
详见D 3 大样图
详见D 4 大样图
B-B剖面
详见D1大样图
详见D 2 大样图
A-A剖面
抽屉旁板
背板
D1大样
抽屉面板
柜门
D2大样
D3大样
D3大样

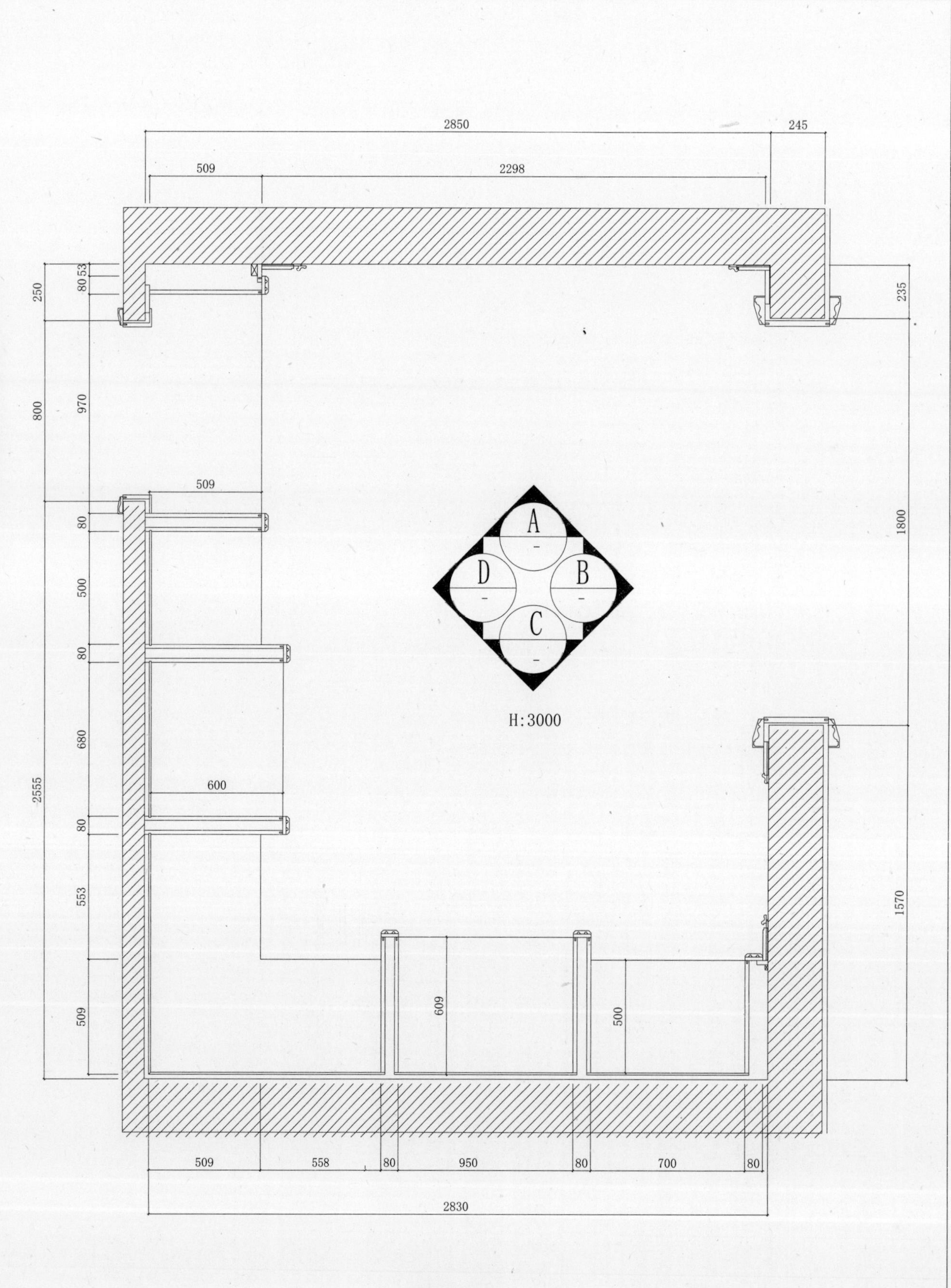
2850
245
509
2298
250
80 53
235
800
970
509
1800
A
D
B
C
H:3000
80
500
80
680
2555
600
80
553
1570
609
500
509
509
558
80
950
80
700
80
2830

衣帽间平面图

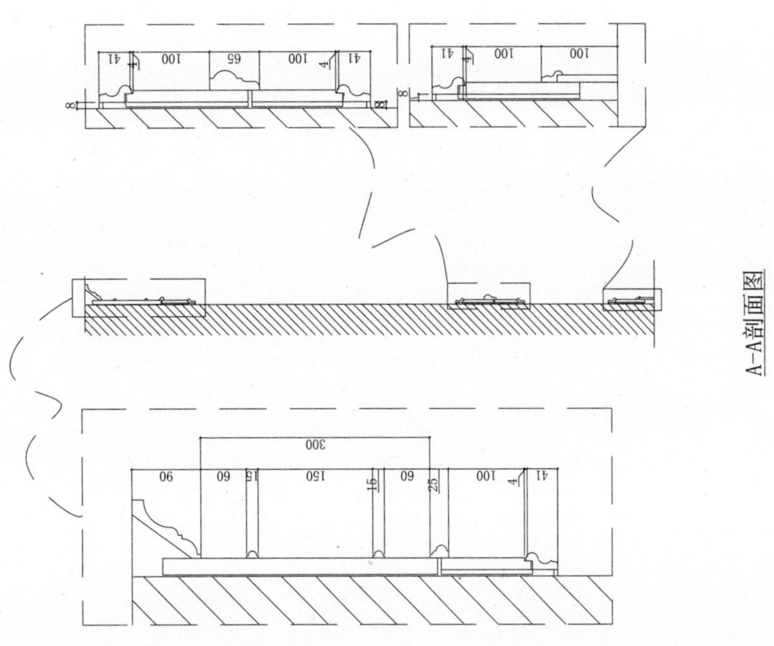
41
100
65
100
4
41
8
41
100
100
300
90
60
15
150
16
60
25
100
4
41
A-A剖面图

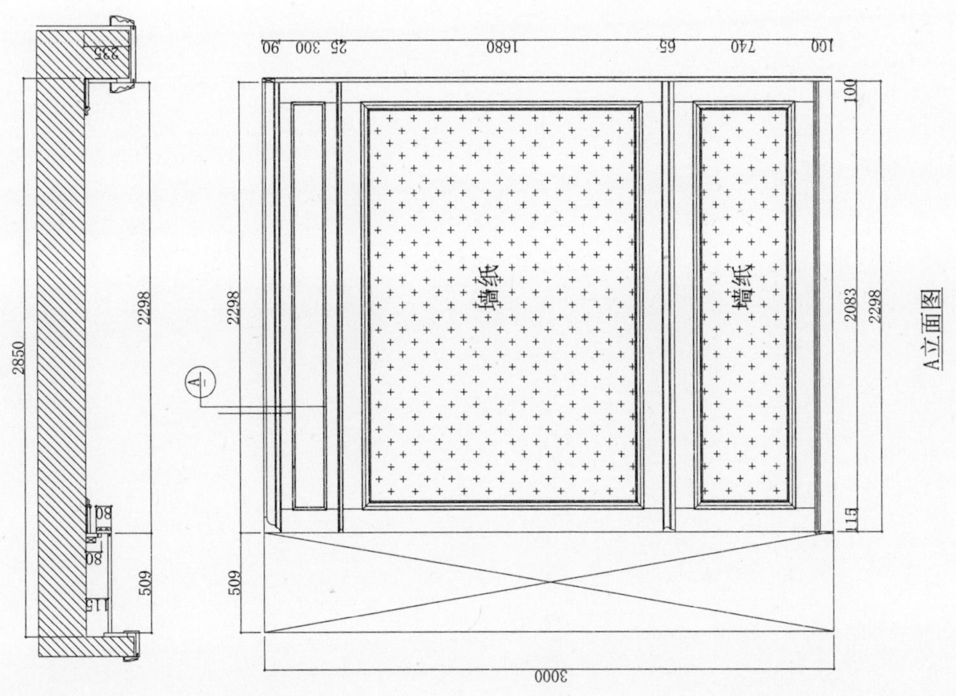
墙纸
墙纸
90
300
25
1680
65
740
100
2298
2083
2298
100
115
509
3000
2850
2298
509
235
80
80
115
A
A立面图

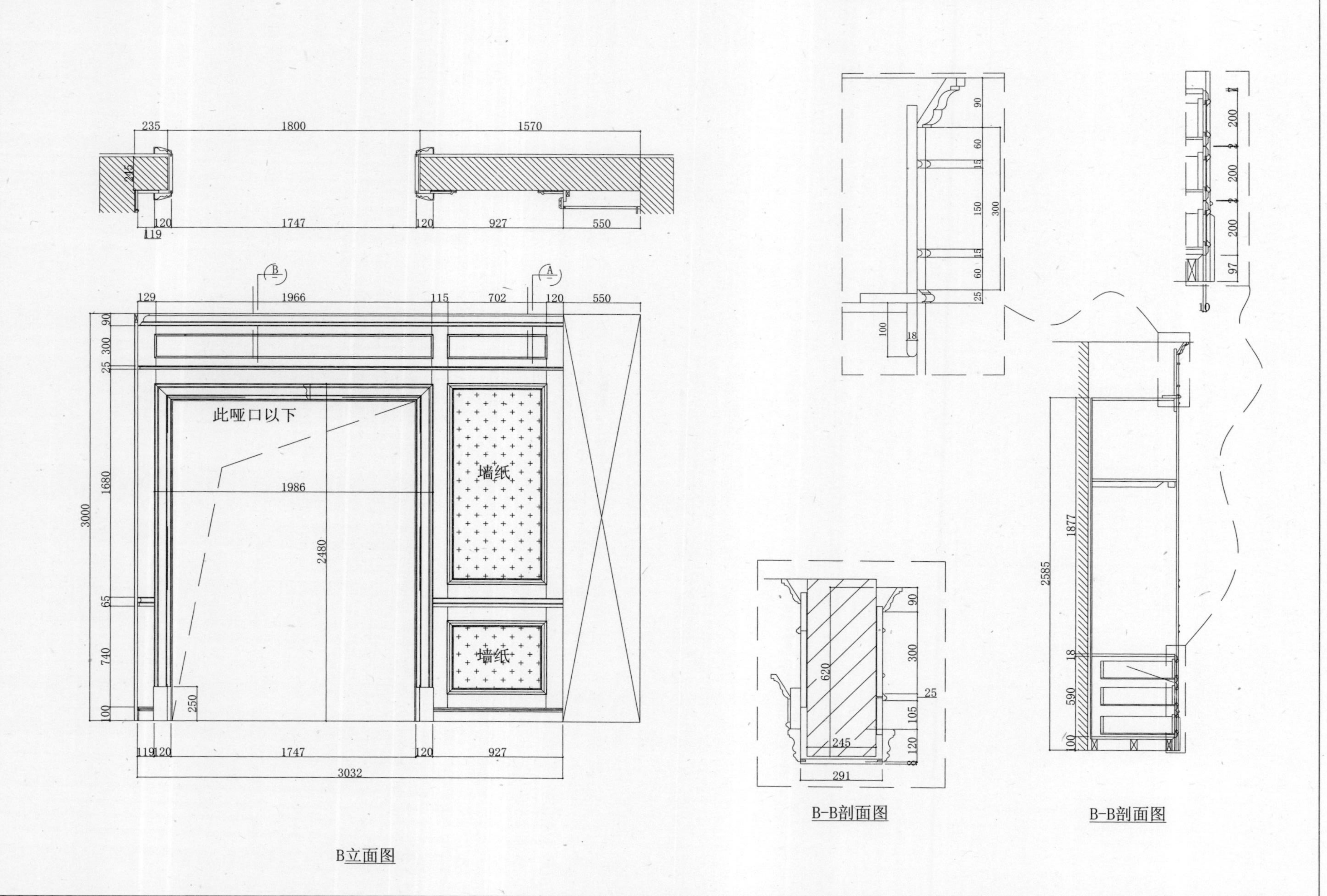
此哑口以下
墙纸
墙纸
B立面图
B-B剖面图
B-B剖面图

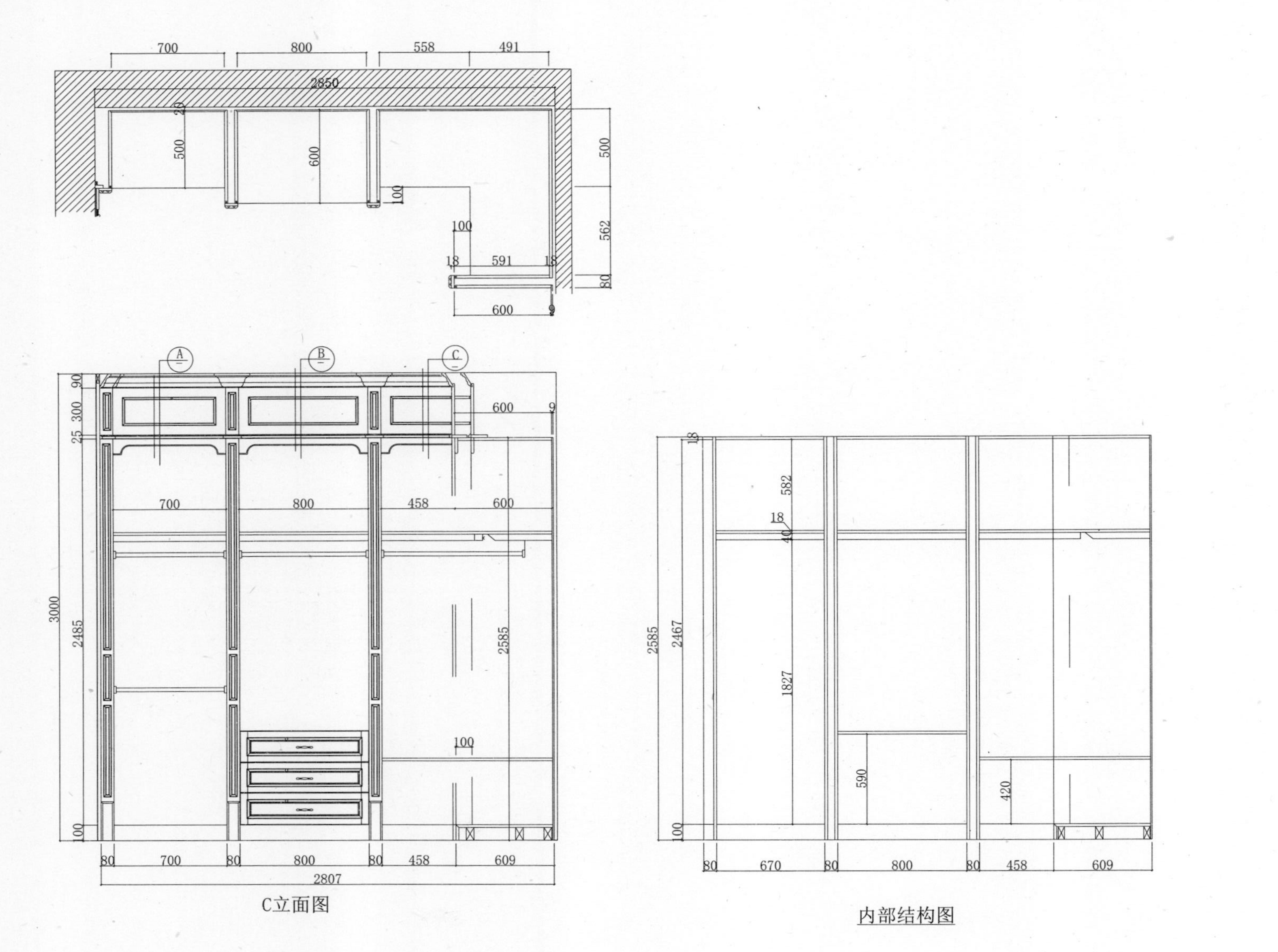
C立面图

内部结构图

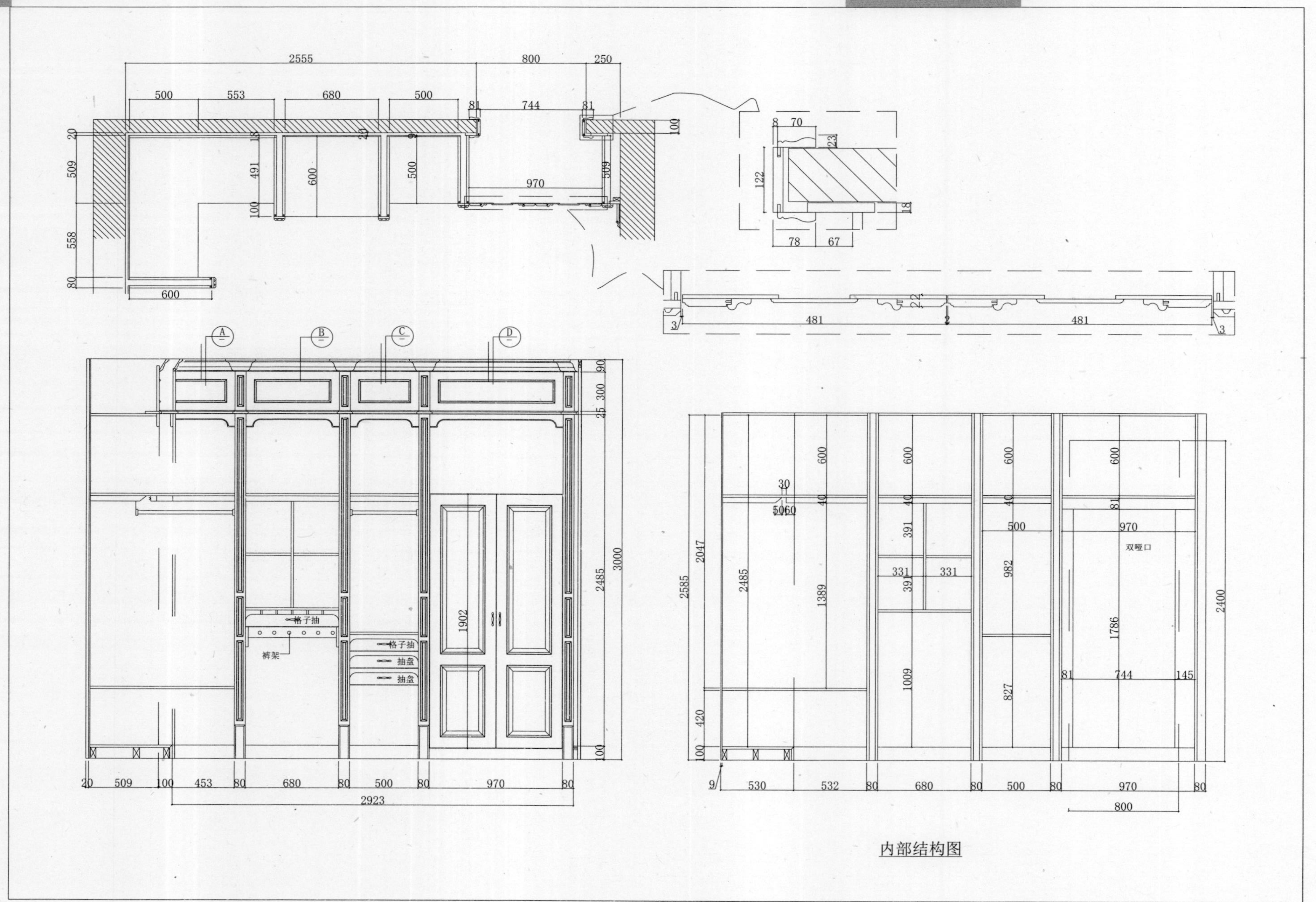

内部结构图

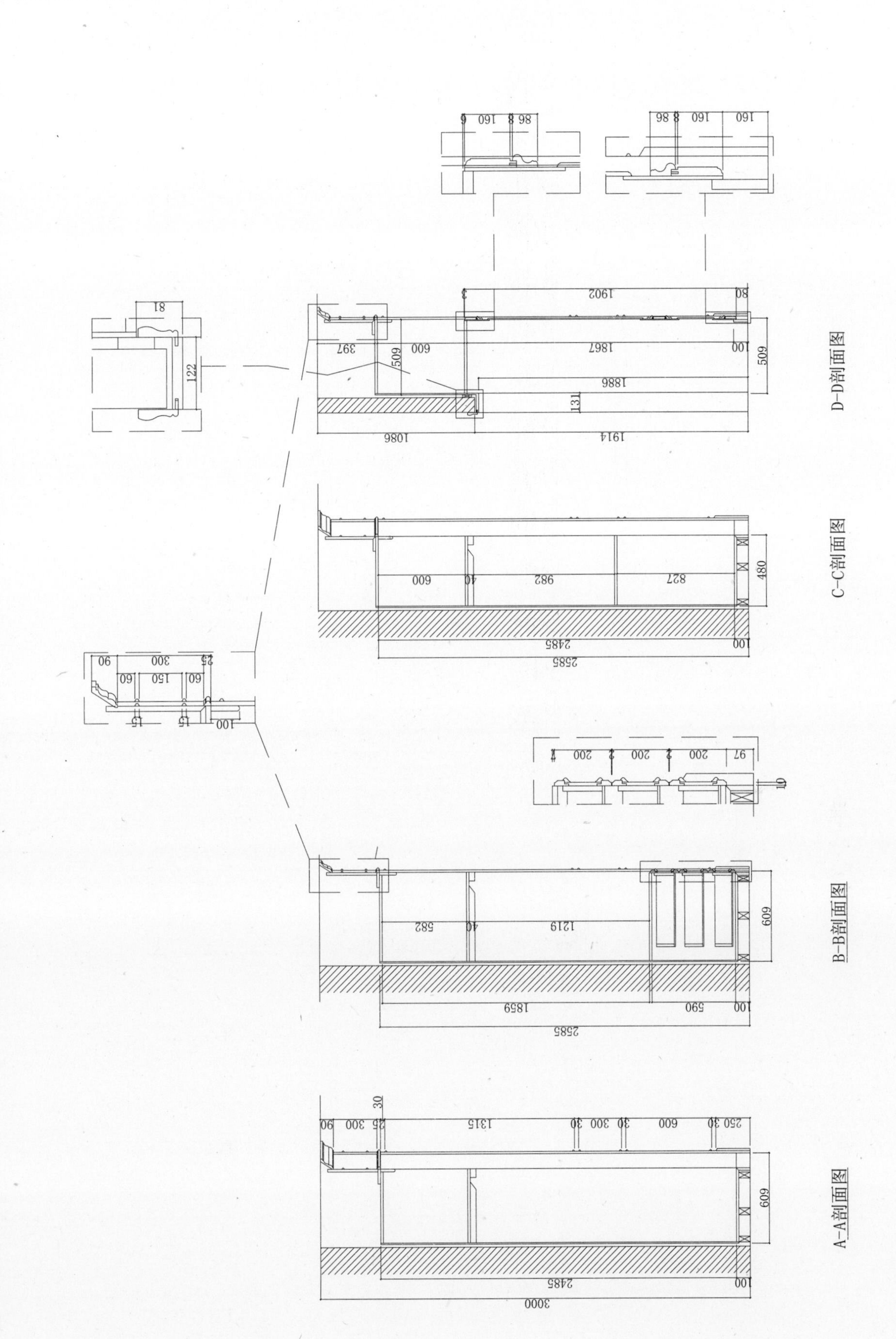
D-D剖面图
C-C剖面图
B-B剖面图
A-A剖面图

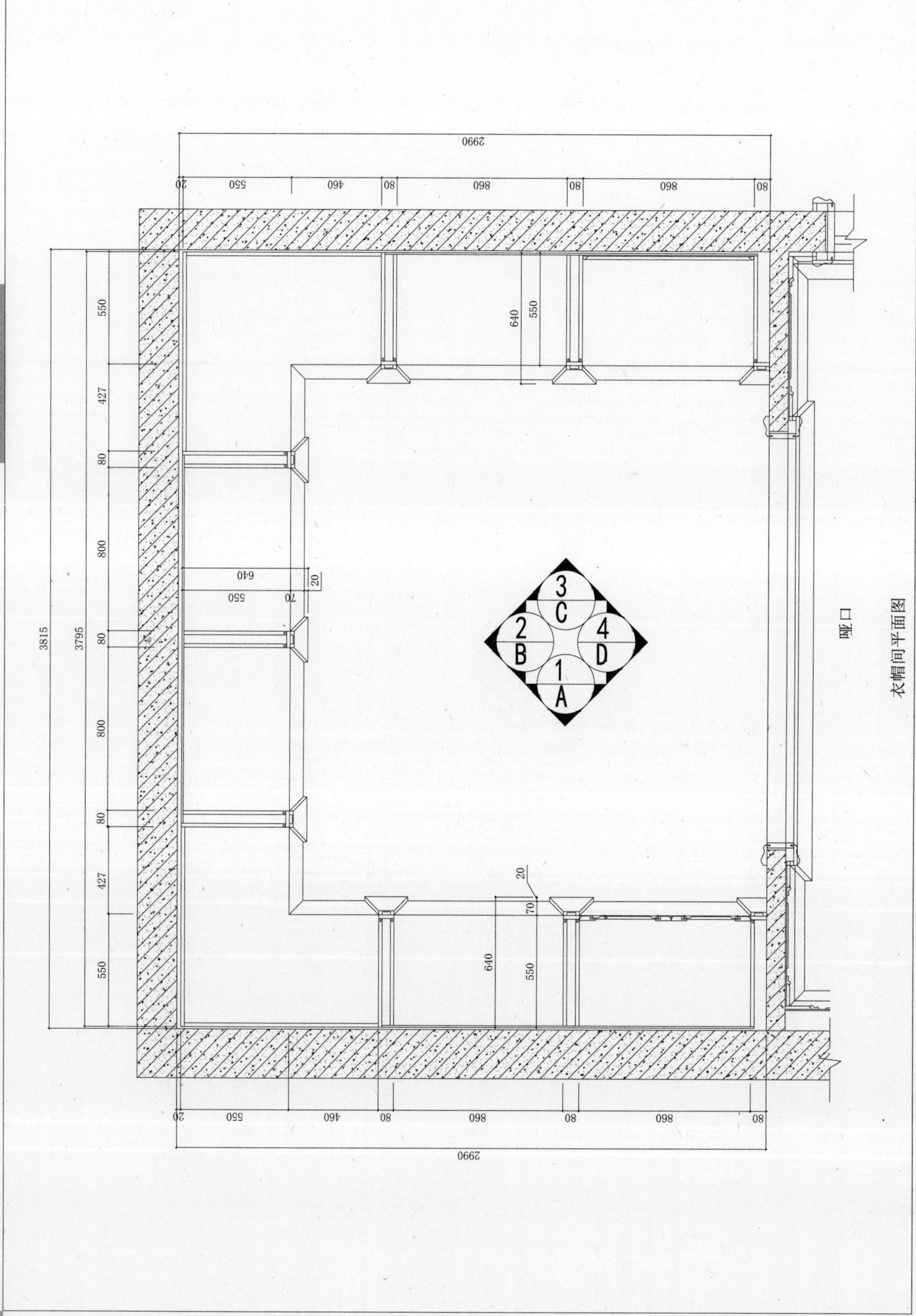
2990
20
550
460
80
860
80
860
80
550
427
80
800
80
800
80
427
550
3815
3795
640
550
640
550
70
20
3
C
2
B
4
D
1
A
哑口
衣帽间平面图

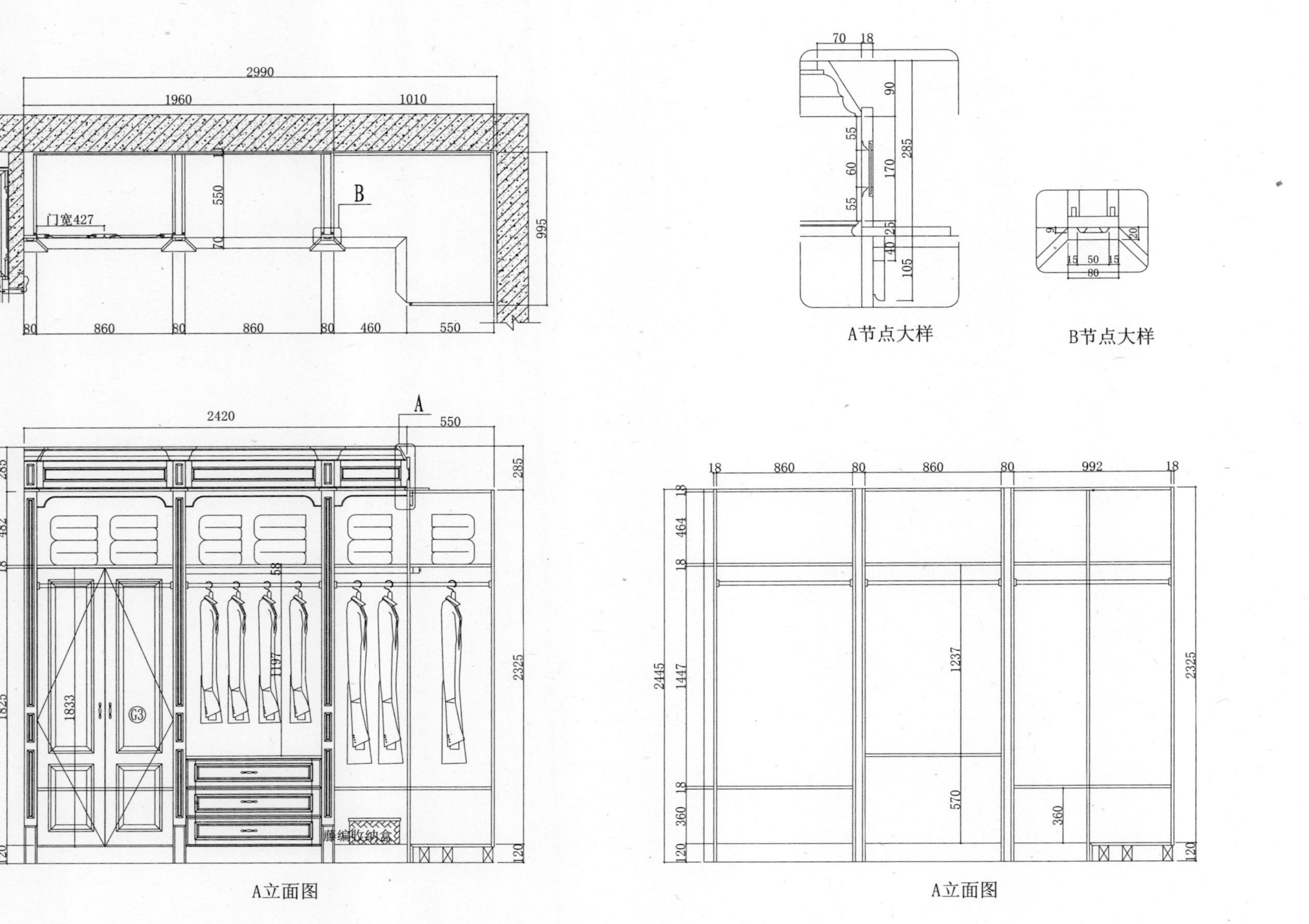
2990
1960
1010
门宽427
550
70
B
995
80
860
80
860
80
460
550
70
18
90
55
60
55
285
170
25
40
105
A节点大样
9
20
15
50
15
80
B节点大样
A
2420
550
285
482
18
2730
1825
120
1833
58
1197
藤编收纳盒
285
2325
120
A立面图
18
860
80
860
80
992
18
18
464
18
2445
1447
18
360
120
1237
570
360
2325
120
A立面图

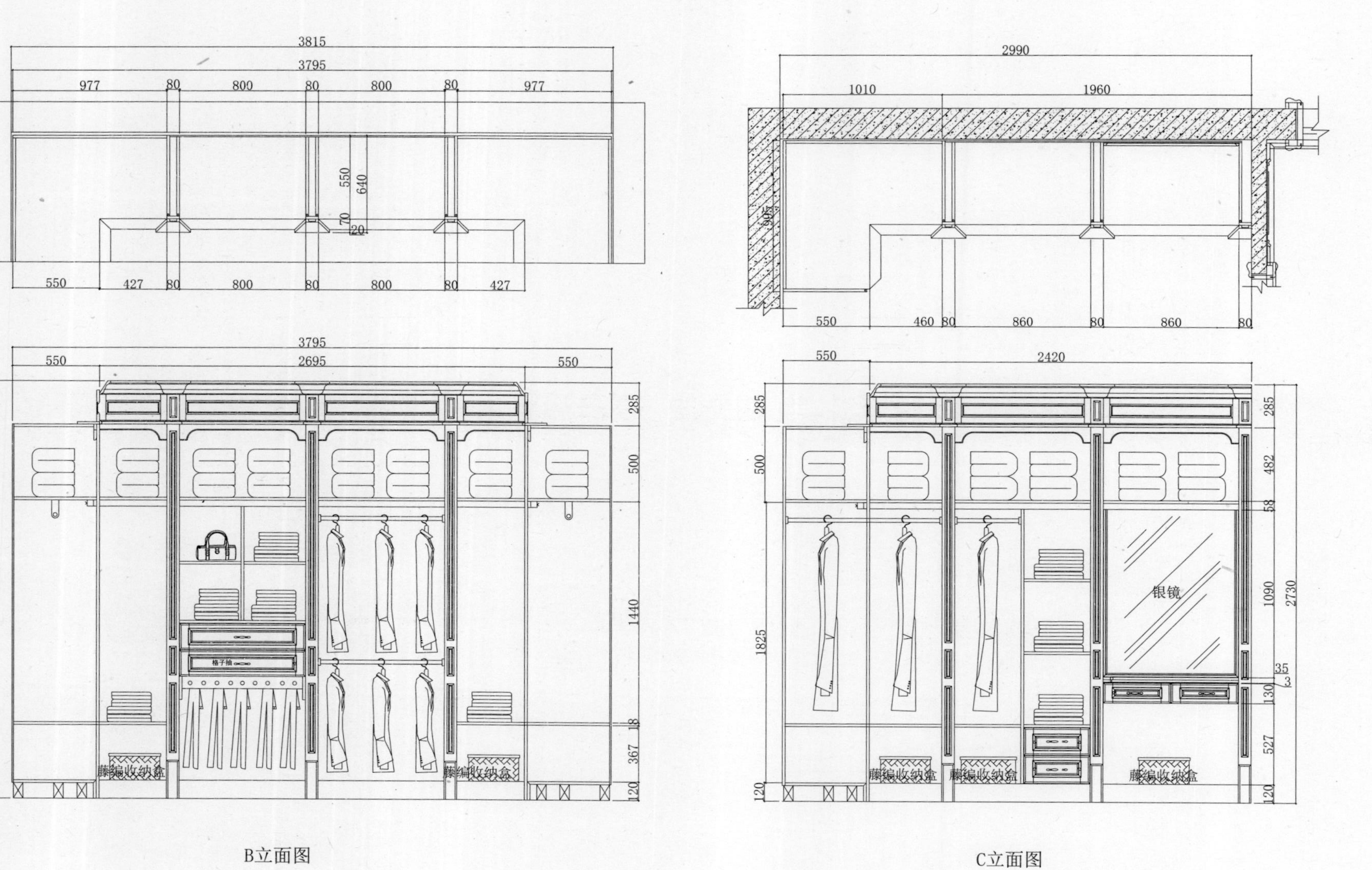

B立面图

C立面图

第三节 衣柜单元柜

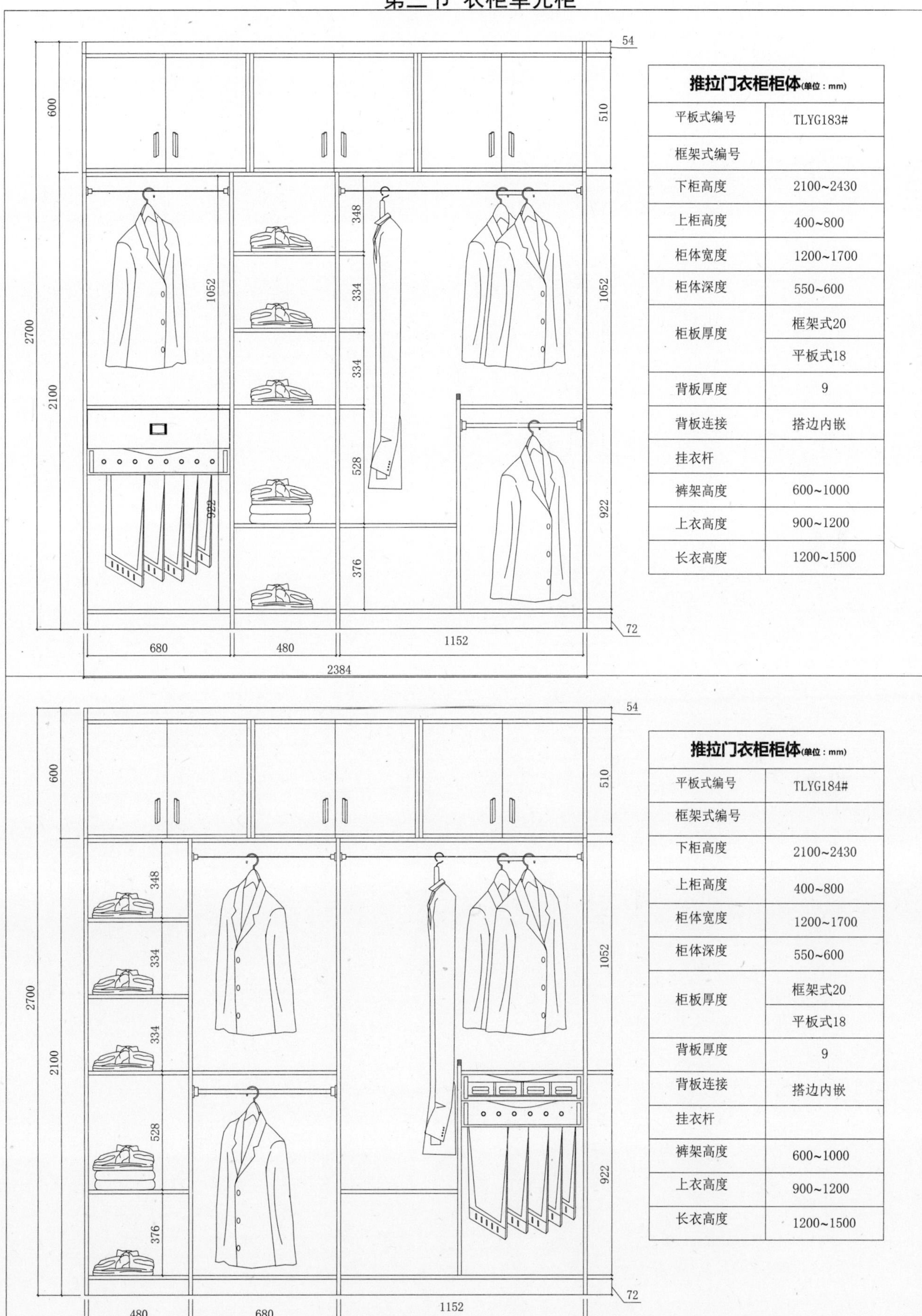

推拉门衣柜柜体(单位：mm)	
平板式编号	TLYG183#
框架式编号	
下柜高度	2100~2430
上柜高度	400~800
柜体宽度	1200~1700
柜体深度	550~600
柜板厚度	框架式20
	平板式18
背板厚度	9
背板连接	搭边内嵌
挂衣杆	
裤架高度	600~1000
上衣高度	900~1200
长衣高度	1200~1500

推拉门衣柜柜体(单位：mm)	
平板式编号	TLYG184#
框架式编号	
下柜高度	2100~2430
上柜高度	400~800
柜体宽度	1200~1700
柜体深度	550~600
柜板厚度	框架式20
	平板式18
背板厚度	9
背板连接	搭边内嵌
挂衣杆	
裤架高度	600~1000
上衣高度	900~1200
长衣高度	1200~1500

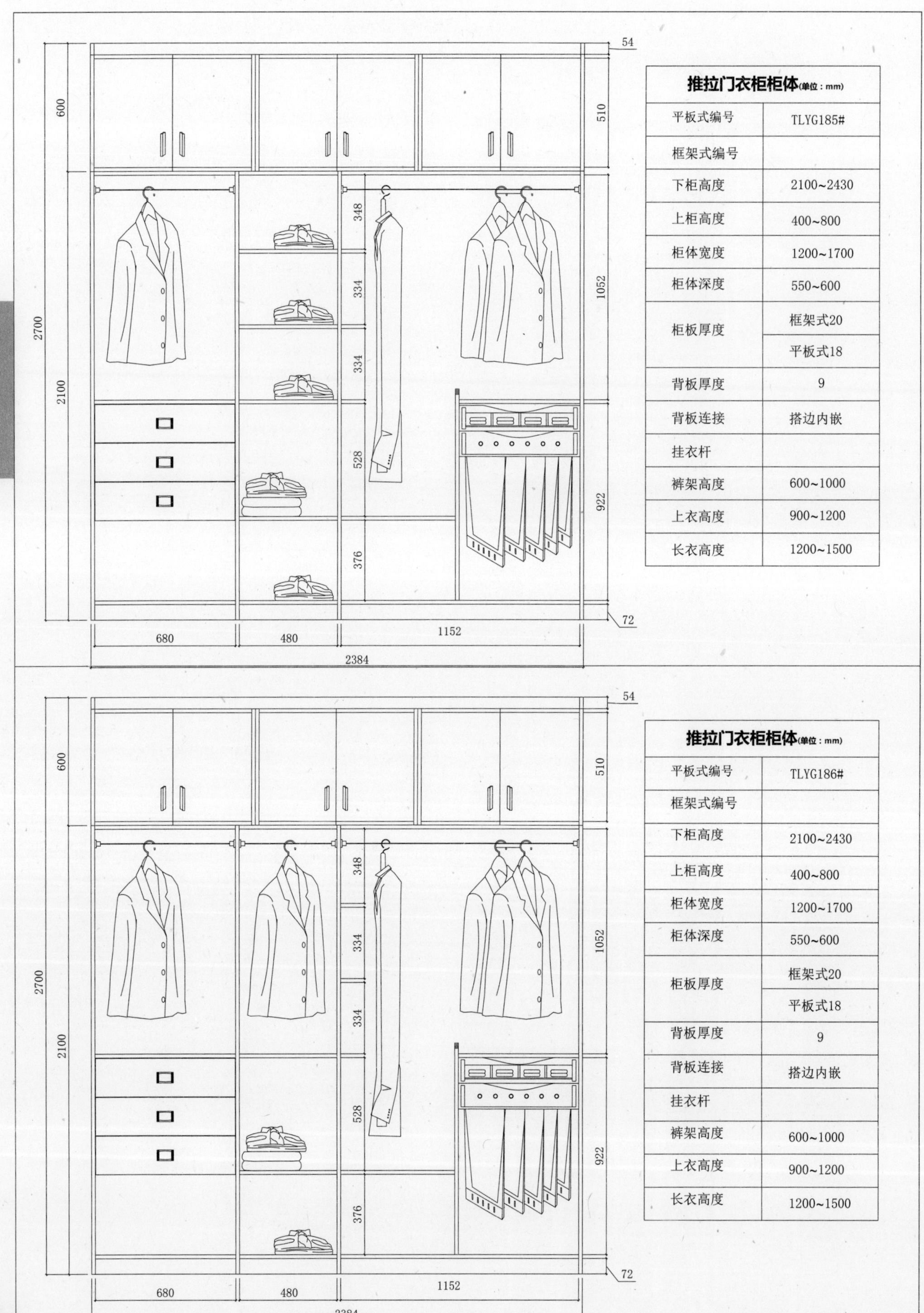

推拉门衣柜柜体(单位：mm)	
平板式编号	TLYG185#
框架式编号	
下柜高度	2100~2430
上柜高度	400~800
柜体宽度	1200~1700
柜体深度	550~600
柜板厚度	框架式20
	平板式18
背板厚度	9
背板连接	搭边内嵌
挂衣杆	
裤架高度	600~1000
上衣高度	900~1200
长衣高度	1200~1500

推拉门衣柜柜体(单位：mm)	
平板式编号	TLYG186#
框架式编号	
下柜高度	2100~2430
上柜高度	400~800
柜体宽度	1200~1700
柜体深度	550~600
柜板厚度	框架式20
	平板式18
背板厚度	9
背板连接	搭边内嵌
挂衣杆	
裤架高度	600~1000
上衣高度	900~1200
长衣高度	1200~1500

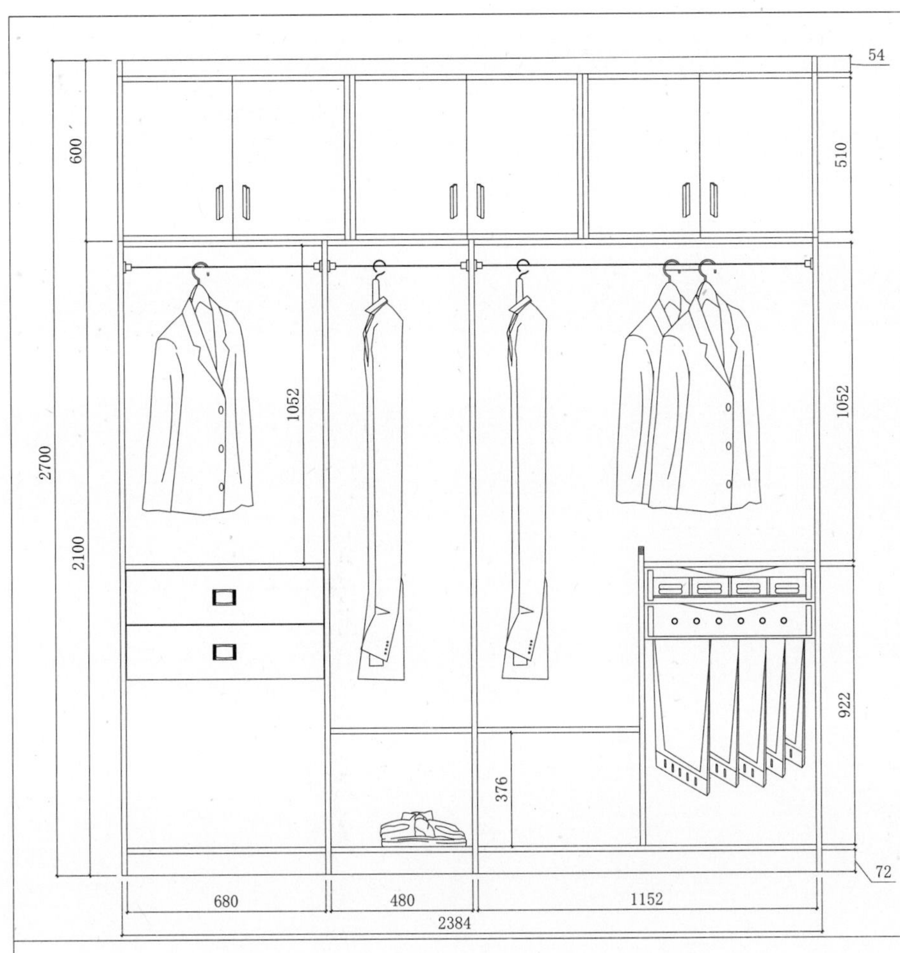

推拉门衣柜柜体(单位：mm)	
平板式编号	TLYG187#
框架式编号	
下柜高度	2100~2430
上柜高度	400~800
柜体宽度	1200~1700
柜体深度	550~600
柜板厚度	框架式20
	平板式18
背板厚度	9
背板连接	搭边内嵌
挂衣杆	
裤架高度	600~1000
上衣高度	900~1200
长衣高度	1200~1500

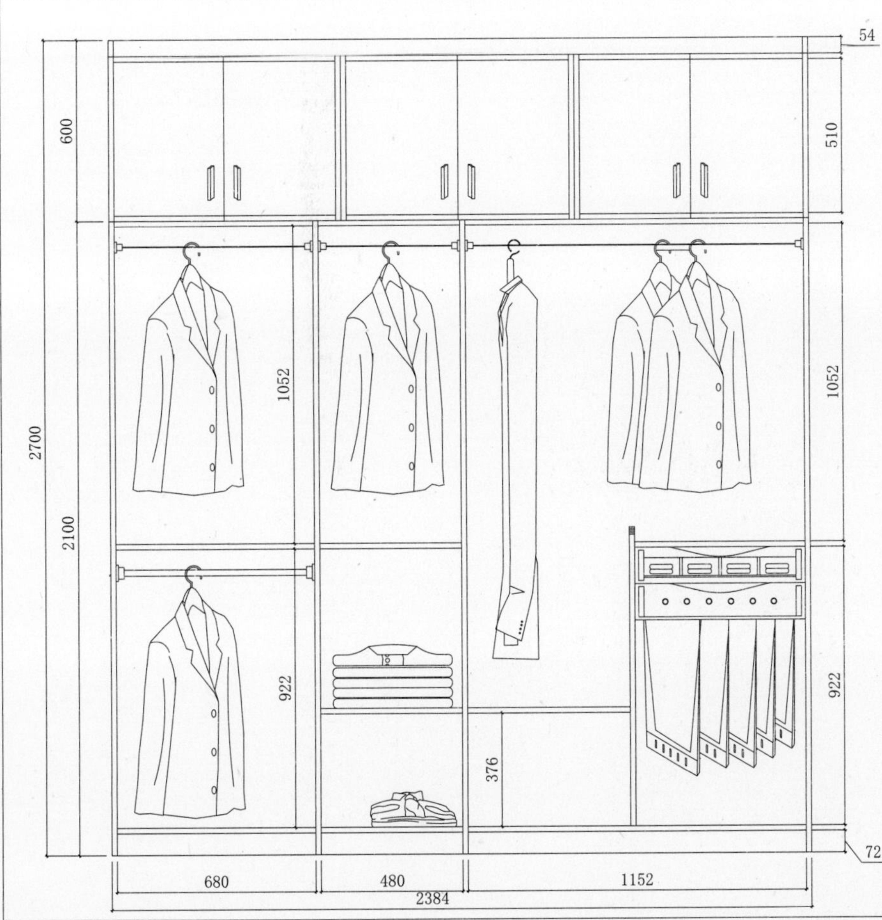

推拉门衣柜柜体(单位：mm)	
平板式编号	TLYG188#
框架式编号	
下柜高度	2100~2430
上柜高度	400~800
柜体宽度	1200~1700
柜体深度	550~600
柜板厚度	框架式20
	平板式18
背板厚度	9
背板连接	搭边内嵌
挂衣杆	
裤架高度	600~1000
上衣高度	900~1200
长衣高度	1200~1500

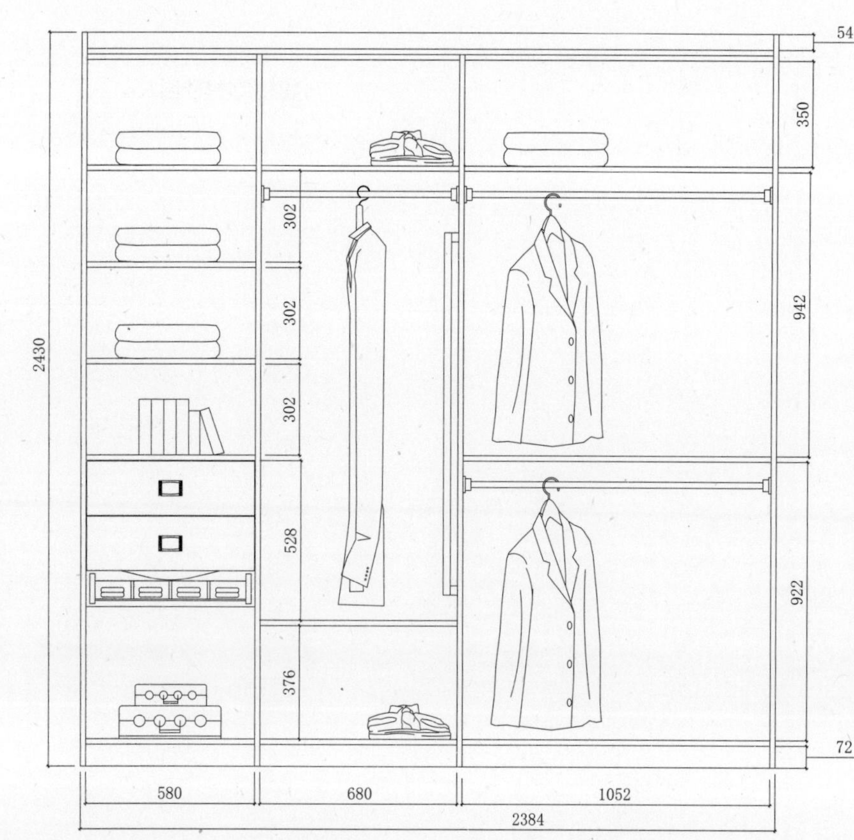

推拉门衣柜柜体(单位：mm)	
平板式编号	TLYG189#
框架式编号	
下柜高度	2100~2430
上柜高度	400~800
柜体宽度	1200~1700
柜体深度	550~600
柜板厚度	框架式20
	平板式18
背板厚度	9
背板连接	搭边内嵌
挂衣杆	
裤架高度	600~1000
上衣高度	900~1200
长衣高度	1200~1500

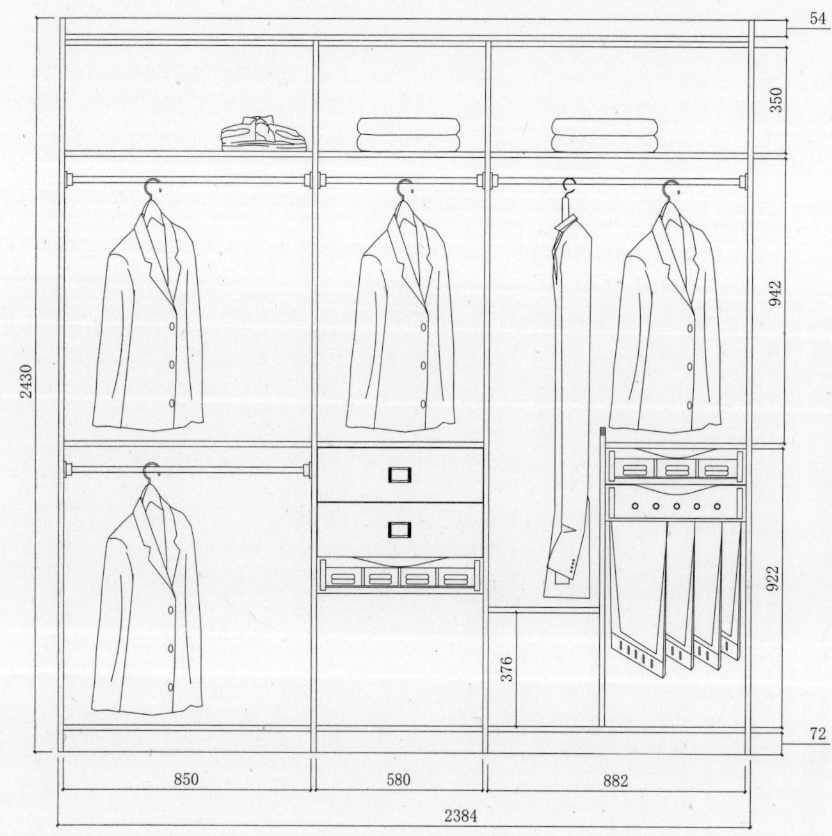

推拉门衣柜柜体(单位：mm)	
平板式编号	TLYG190#
框架式编号	
下柜高度	2100~2430
上柜高度	400~800
柜体宽度	1200~1700
柜体深度	550~600
柜板厚度	框架式20
	平板式18
背板厚度	9
背板连接	搭边内嵌
挂衣杆	
裤架高度	600~1000
上衣高度	900~1200
长衣高度	1200~1500

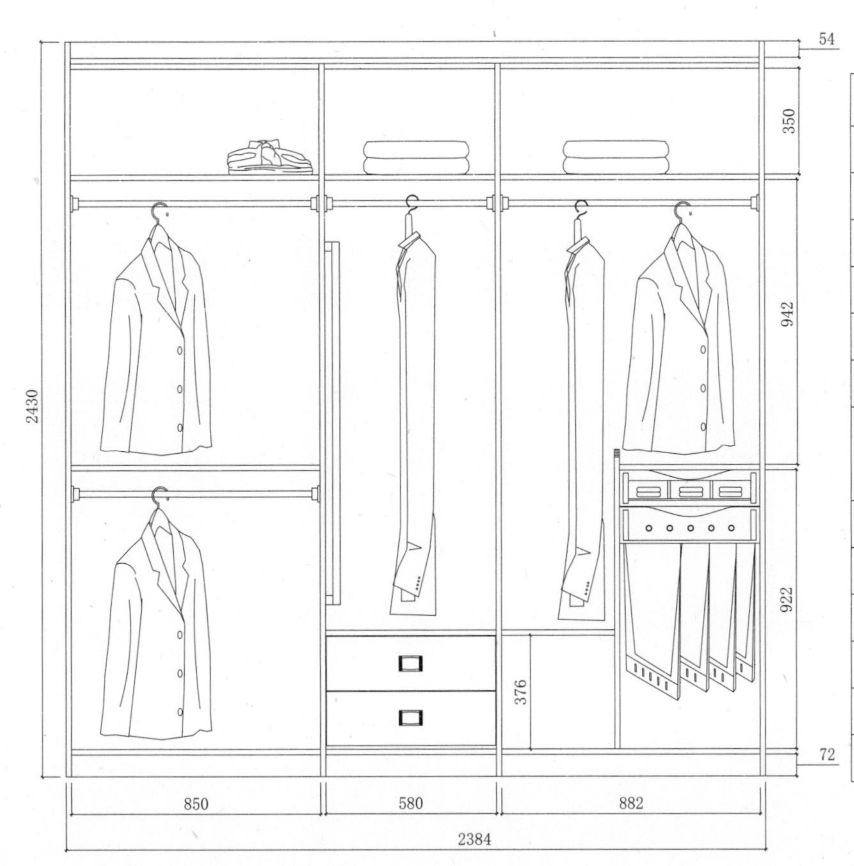

推拉门衣柜柜体(单位：mm)	
平板式编号	TLYG191#
框架式编号	
下柜高度	2100~2430
上柜高度	400~800
柜体宽度	1200~1700
柜体深度	550~600
柜板厚度	框架式20
	平板式18
背板厚度	9
背板连接	搭边内嵌
挂衣杆	
裤架高度	600~1000
上衣高度	900~1200
长衣高度	1200~1500

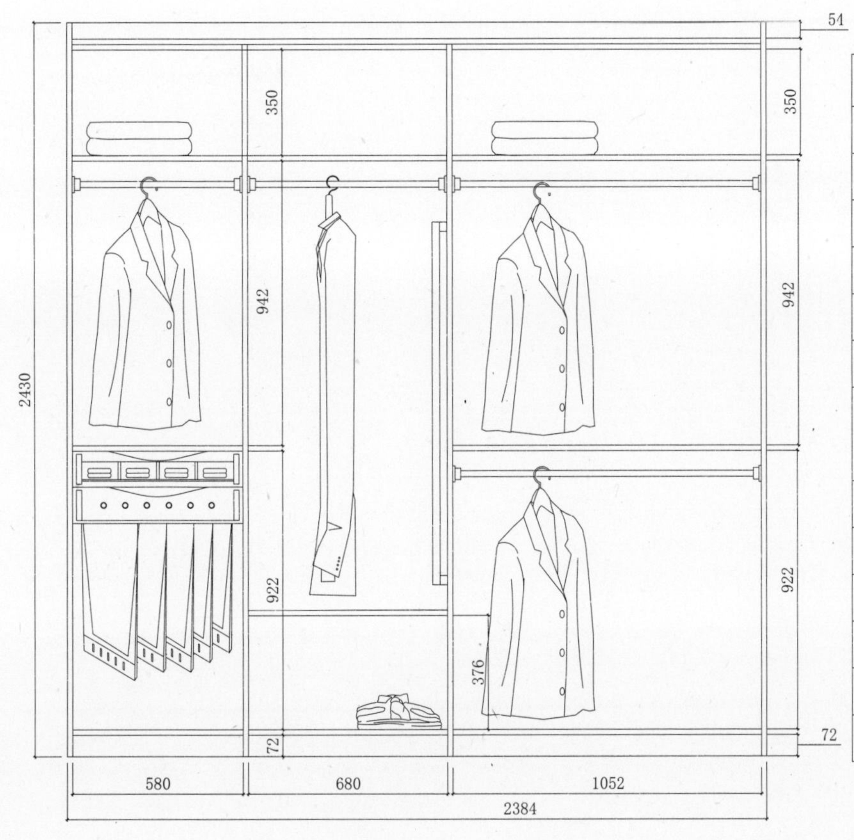

推拉门衣柜柜体(单位：mm)	
平板式编号	TLYG192#
框架式编号	
下柜高度	2100~2430
上柜高度	400~800
柜体宽度	1200~1700
柜体深度	550~600
柜板厚度	框架式20
	平板式18
背板厚度	9
背板连接	搭边内嵌
挂衣杆	
裤架高度	600~1000
上衣高度	900~1200
长衣高度	1200~1500

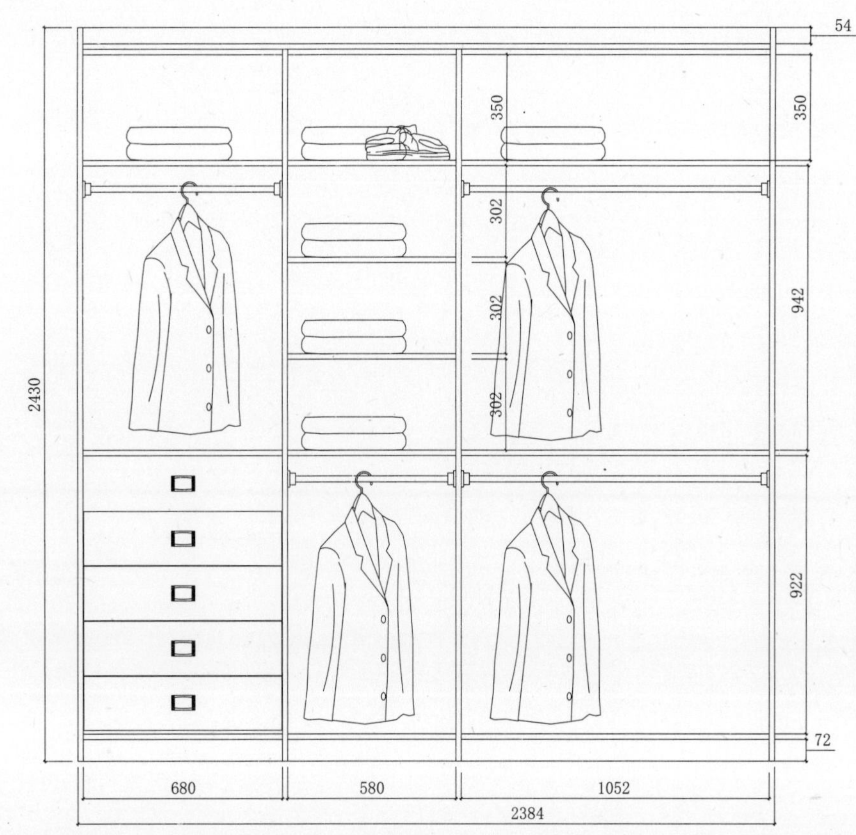

推拉门衣柜柜体(单位：mm)	
平板式编号	TLYG193#
框架式编号	
下柜高度	2100~2430
上柜高度	400~800
柜体宽度	1200~1700
柜体深度	550~600
柜板厚度	框架式20
	平板式18
背板厚度	9
背板连接	搭边内嵌
挂衣杆	
裤架高度	600~1000
上衣高度	900~1200
长衣高度	1200~1500

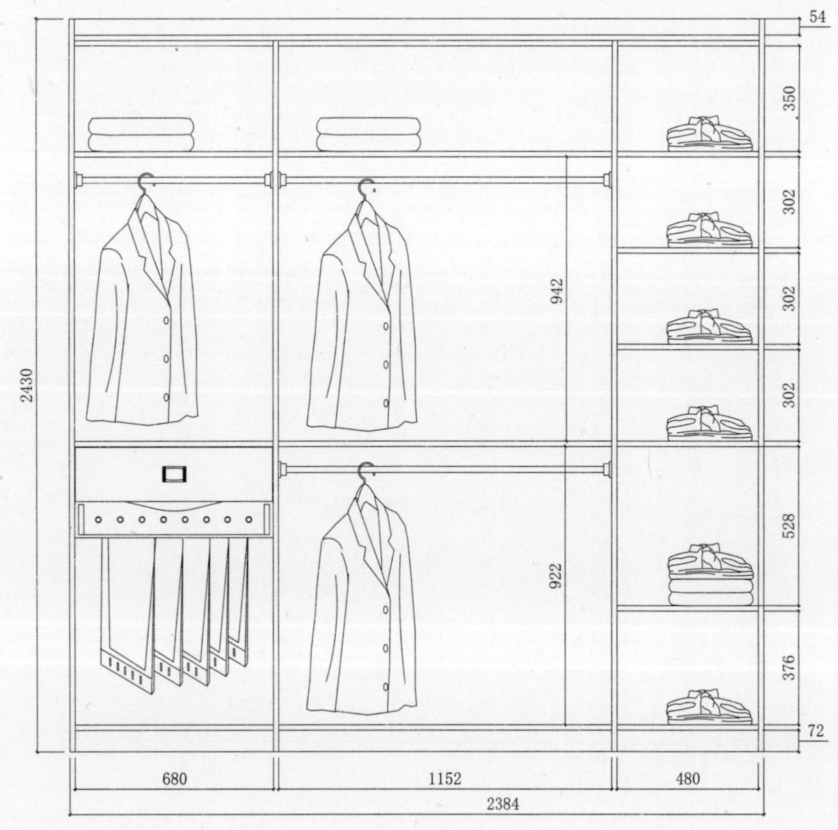

推拉门衣柜柜体(单位：mm)	
平板式编号	TLYG194#
框架式编号	
下柜高度	2100~2430
上柜高度	400~800
柜体宽度	1200~1700
柜体深度	550~600
柜板厚度	框架式20
	平板式18
背板厚度	9
背板连接	搭边内嵌
挂衣杆	
裤架高度	600~1000
上衣高度	900~1200
长衣高度	1200~1500

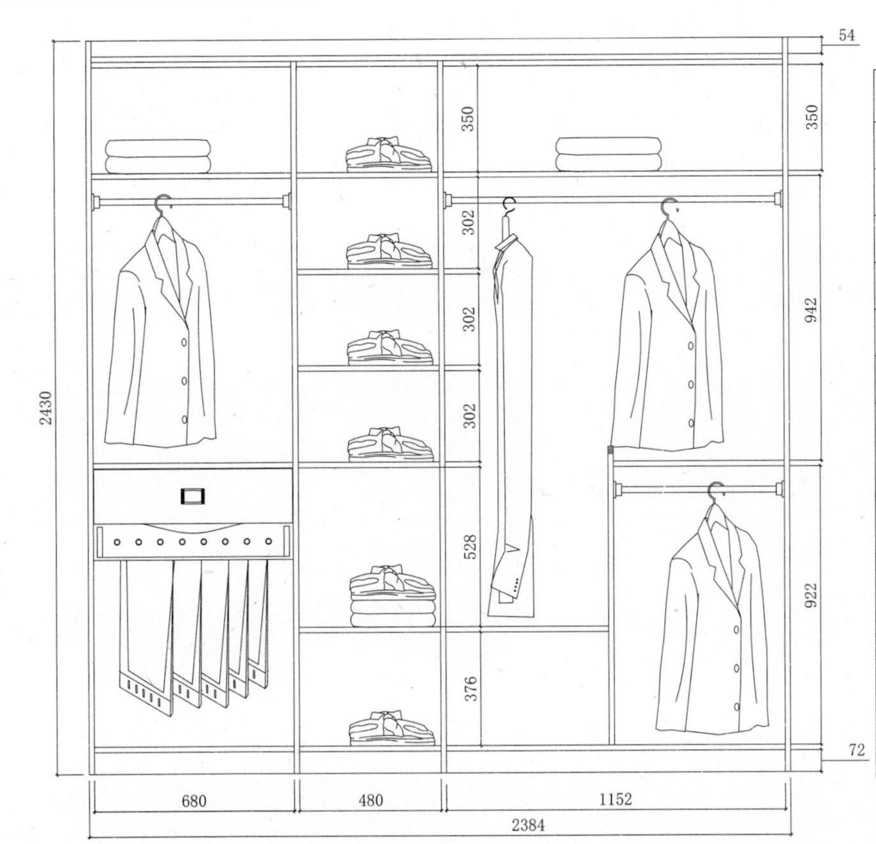

推拉门衣柜柜体(单位：mm)	
平板式编号	TLYG195#
框架式编号	
下柜高度	2100~2430
上柜高度	400~800
柜体宽度	1200~1700
柜体深度	550~600
柜板厚度	框架式20
	平板式18
背板厚度	9
背板连接	搭边内嵌
挂衣杆	
裤架高度	600~1000
上衣高度	900~1200
长衣高度	1200~1500

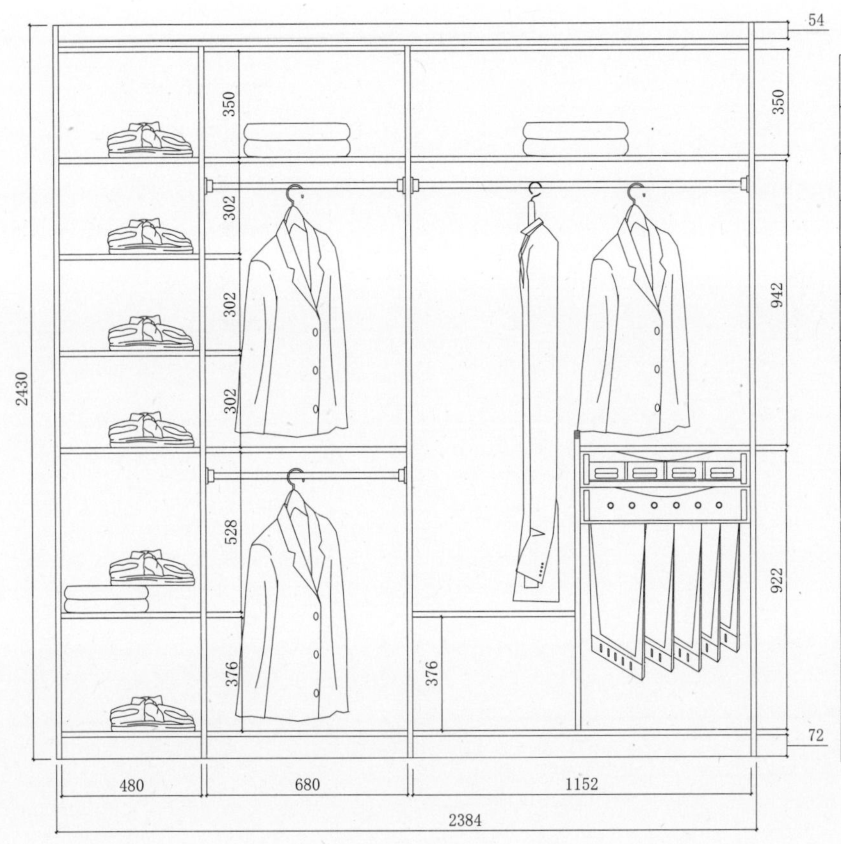

推拉门衣柜柜体(单位：mm)	
平板式编号	TLYG196#
框架式编号	
下柜高度	2100~2430
上柜高度	400~800
柜体宽度	1200~1700
柜体深度	550~600
柜板厚度	框架式20
	平板式18
背板厚度	9
背板连接	搭边内嵌
挂衣杆	
裤架高度	600~1000
上衣高度	900~1200
长衣高度	1200~1500

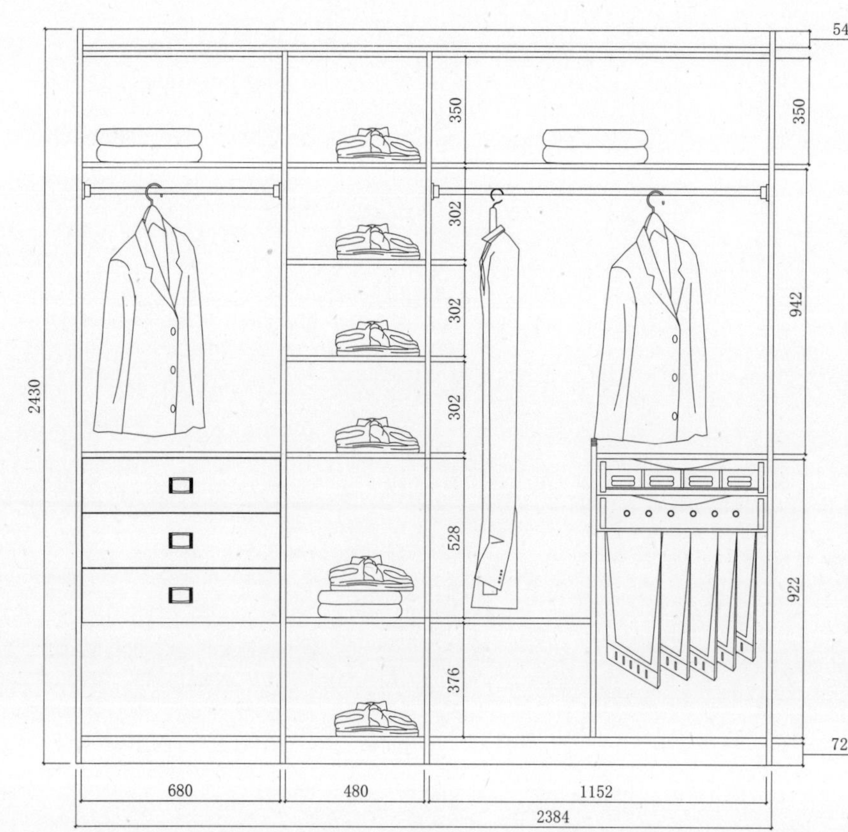

推拉门衣柜柜体(单位：mm)	
平板式编号	TLYG197#
框架式编号	
下柜高度	2100~2430
上柜高度	400~800
柜体宽度	1200~1700
柜体深度	550~600
柜板厚度	框架式20
	平板式18
背板厚度	9
背板连接	搭边内嵌
挂衣杆	
裤架高度	600~1000
上衣高度	900~1200
长衣高度	1200~1500

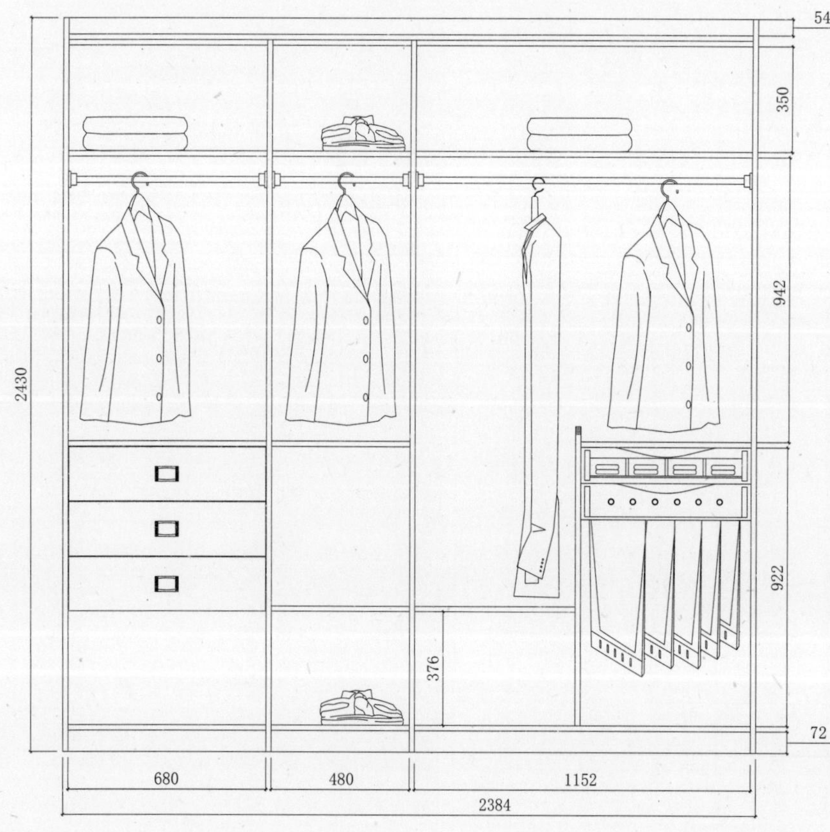

推拉门衣柜柜体(单位：mm)	
平板式编号	TLYG198#
框架式编号	
下柜高度	2100~2430
上柜高度	400~800
柜体宽度	1200~1700
柜体深度	550~600
柜板厚度	框架式20
	平板式18
背板厚度	9
背板连接	搭边内嵌
挂衣杆	
裤架高度	600~1000
上衣高度	900~1200
长衣高度	1200~1500

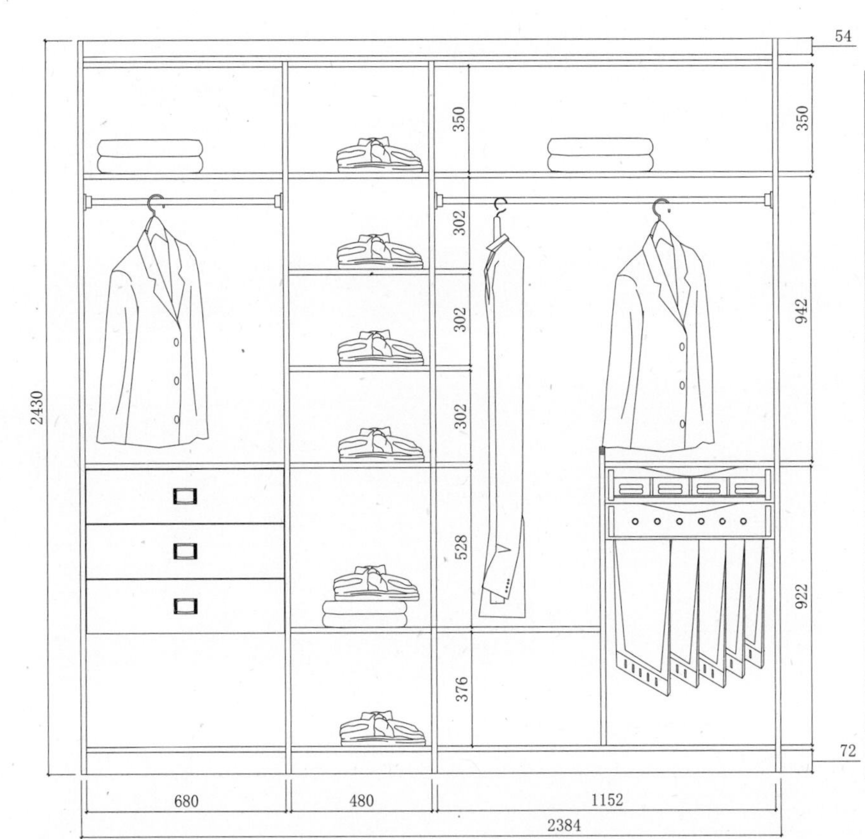

推拉门衣柜柜体(单位：mm)	
平板式编号	TLYG197#
框架式编号	
下柜高度	2100~2430
上柜高度	400~800
柜体宽度	1200~1700
柜体深度	550~600
柜板厚度	框架式20
	平板式18
背板厚度	9
背板连接	搭边内嵌
挂衣杆	
裤架高度	600~1000
上衣高度	900~1200
长衣高度	1200~1500

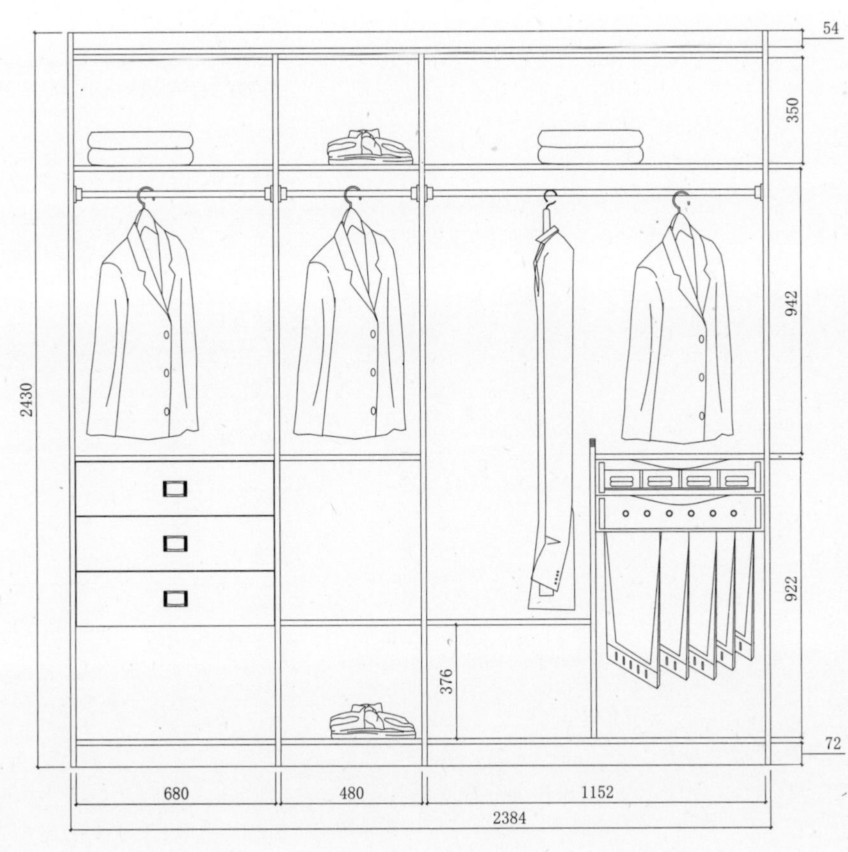

推拉门衣柜柜体(单位：mm)	
平板式编号	TLYG198#
框架式编号	
下柜高度	2100~2430
上柜高度	400~800
柜体宽度	1200~1700
柜体深度	550~600
柜板厚度	框架式20
	平板式18
背板厚度	9
背板连接	搭边内嵌
挂衣杆	
裤架高度	600~1000
上衣高度	900~1200
长衣高度	1200~1500

衣柜

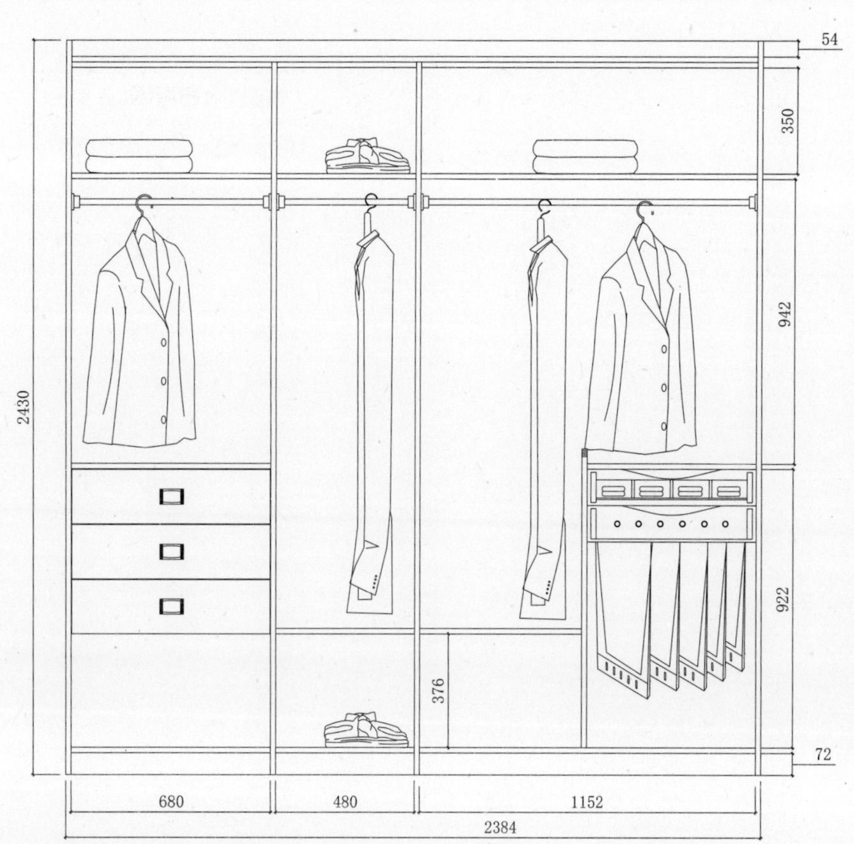

推拉门衣柜柜体(单位：mm)	
平板式编号	TLYG199#
框架式编号	
下柜高度	2100~2430
上柜高度	400~800
柜体宽度	1200~1700
柜体深度	550~600
柜板厚度	框架式20
	平板式18
背板厚度	9
背板连接	搭边内嵌
挂衣杆	
裤架高度	600~1000
上衣高度	900~1200
长衣高度	1200~1500

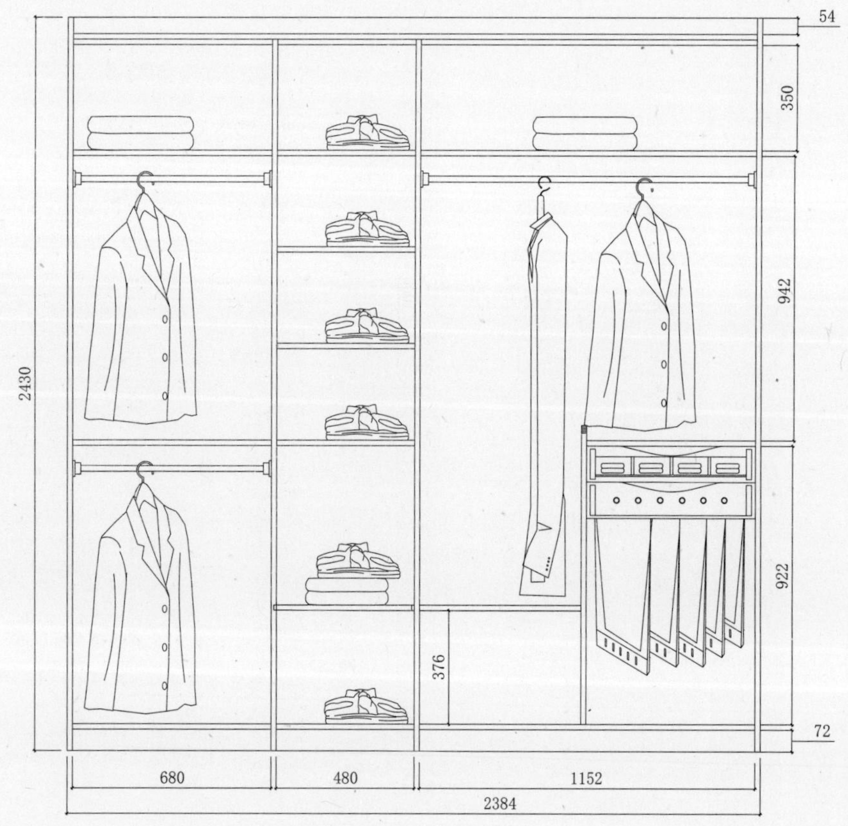

推拉门衣柜柜体(单位：mm)	
平板式编号	TLYG120#
框架式编号	
下柜高度	2100~2430
上柜高度	400~800
柜体宽度	1200~1700
柜体深度	550~600
柜板厚度	框架式20
	平板式18
背板厚度	9
背板连接	搭边内嵌
挂衣杆	
裤架高度	600~1000
上衣高度	900~1200
长衣高度	1200~1500

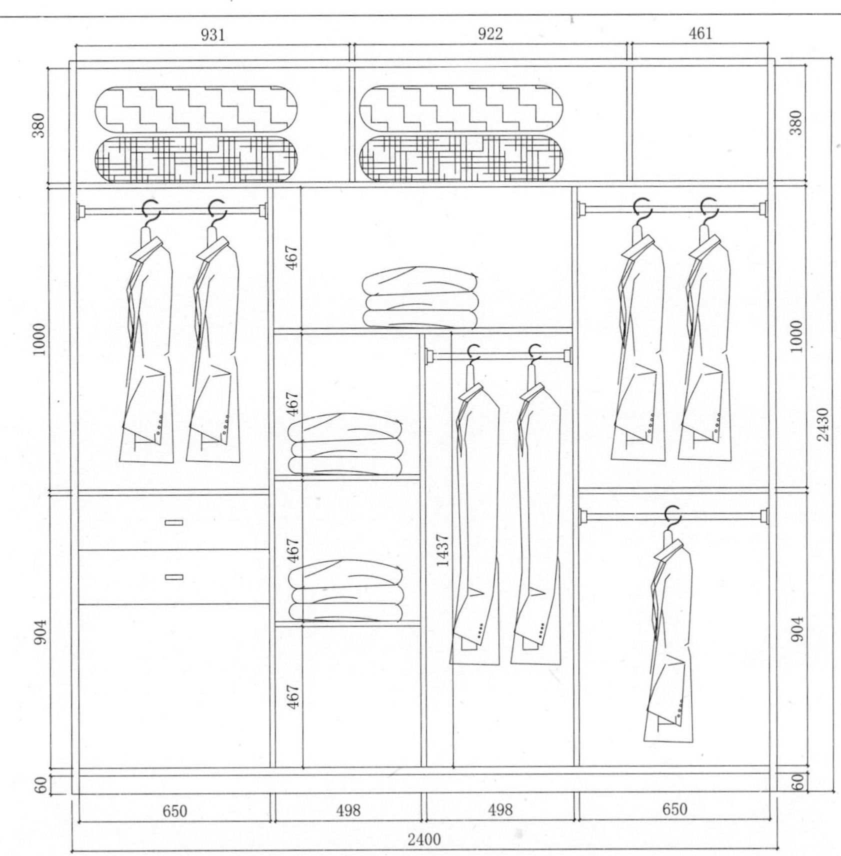

推拉门衣柜柜体(单位：mm)	
平板式编号	TLYG121#
框架式编号	
下柜高度	2100~2430
上柜高度	400~800
柜体宽度	1200~1700
柜体深度	550~600
柜板厚度	框架式20
	平板式18
背板厚度	9
背板连接	搭边内嵌
挂衣杆	
裤架高度	600~1000
上衣高度	900~1200
长衣高度	1200~1500

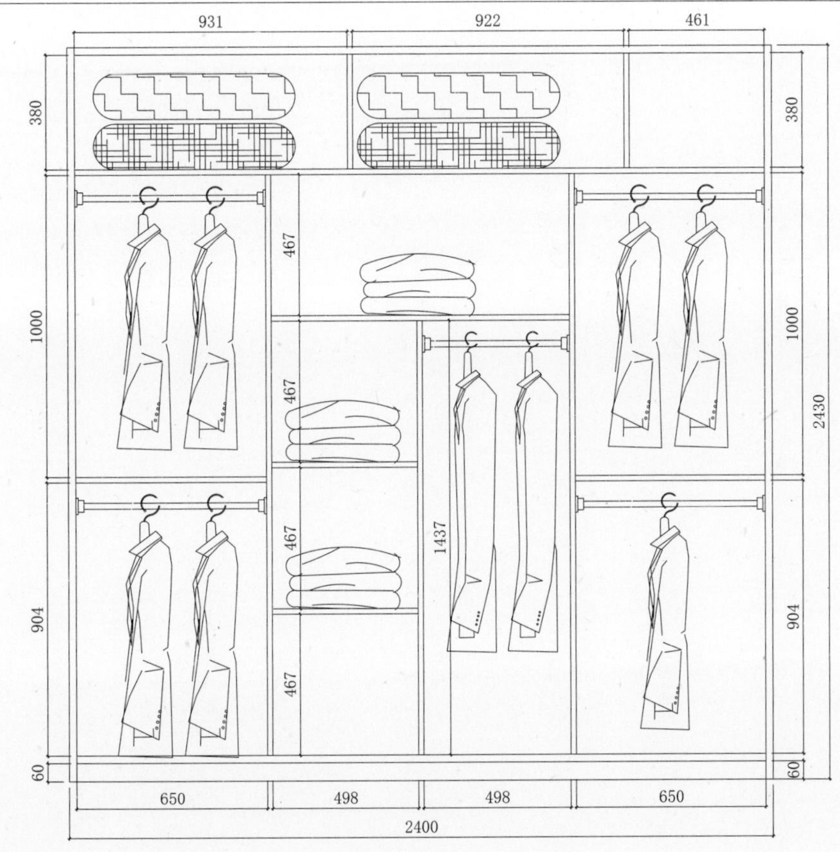

推拉门衣柜柜体(单位：mm)	
平板式编号	TLYG122#
框架式编号	
下柜高度	2100~2430
上柜高度	400~800
柜体宽度	1200~1700
柜体深度	550~600
柜板厚度	框架式20
	平板式18
背板厚度	9
背板连接	搭边内嵌
挂衣杆	
裤架高度	600~1000
上衣高度	900~1200
长衣高度	1200~1500

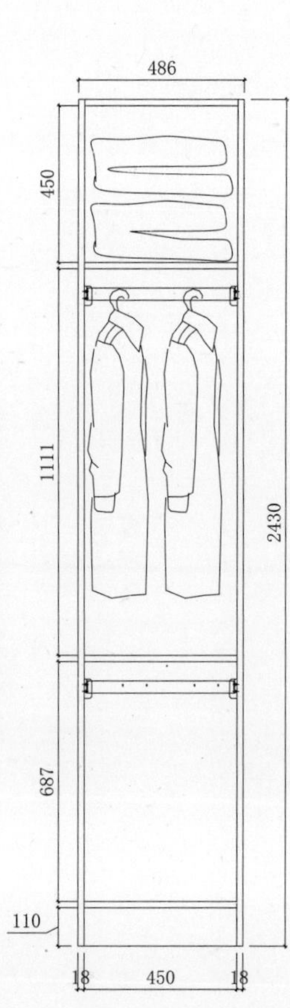

单门平开门衣柜柜体(单位：mm)	
平板式编号	YG-101#
框架式编号	
柜体高度	2100~2430
柜体宽度	150~600
柜体深度	550~600
柜板厚度	框架式20
	平板式18
背板厚度	9
背板连接	搭边内嵌
挂衣杆	
裤架高度	600~1000
上衣高度	900~1200
长衣高度	1200~1500

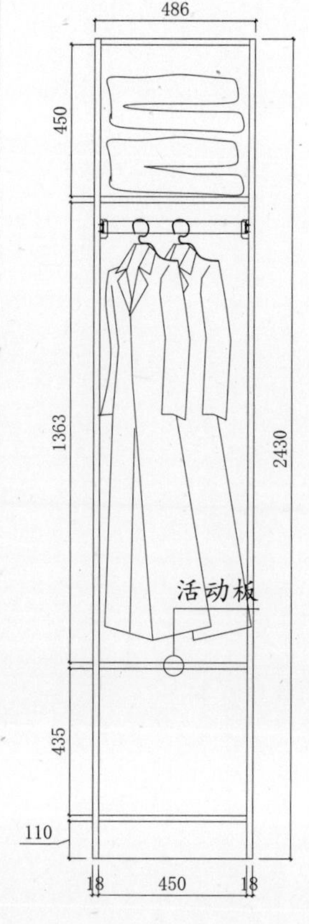

单门平开门衣柜柜体(单位：mm)	
平板式编号	YG102#
框架式编号	
柜体高度	2100~2430
柜体宽度	150~600
柜体深度	550~600
柜板厚度	框架式20
	平板式18
背板厚度	9
背板连接	搭边内嵌
挂衣杆	
裤架高度	600~1000
上衣高度	900~1200
长衣高度	1200~1500

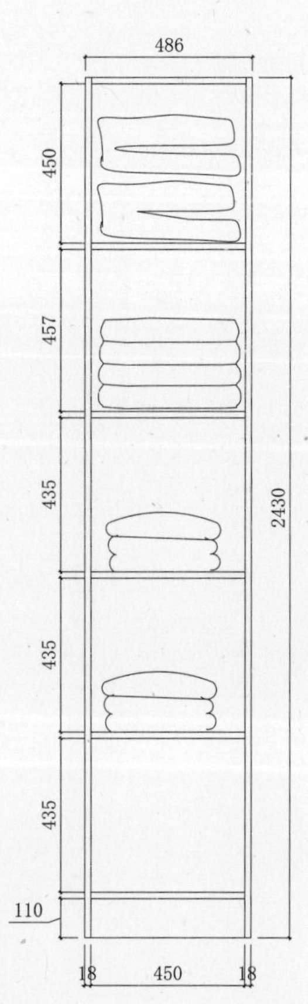

单门平开门衣柜柜体(单位：mm)	
平板式编号	YG-103#
框架式编号	
柜体高度	2100~2430
柜体宽度	150~600
柜体深度	550~600
柜板厚度	框架式20
	平板式18
背板厚度	9
背板连接	搭边内嵌
挂衣杆	
裤架高度	600~1000
上衣高度	900~1200
长衣高度	1200~1500

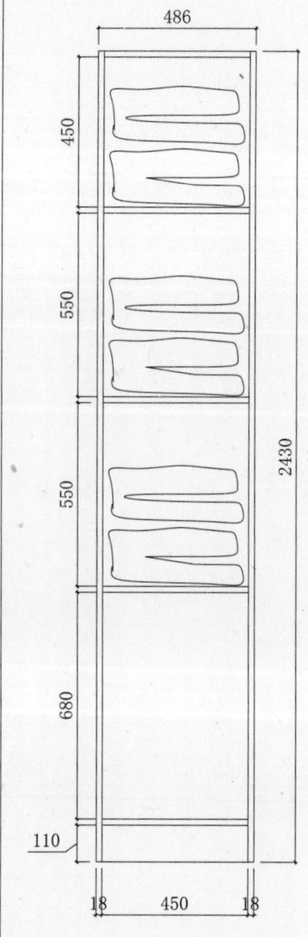

单门平开门衣柜柜体(单位：mm)	
平板式编号	YG104#
框架式编号	
柜体高度	2100~2430
柜体宽度	150~600
柜体深度	550~600
柜板厚度	框架式20
	平板式18
背板厚度	9
背板连接	搭边内嵌
挂衣杆	
裤架高度	
上衣高度	
长衣高度	

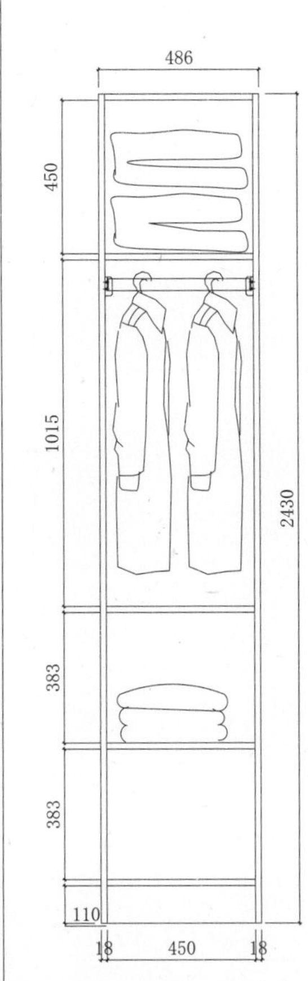

单门平开门衣柜柜体(单位：mm)	
平板式编号	YG105#
框架式编号	
柜体高度	2100~2430
柜体宽度	150~600
柜体深度	550~600
柜板厚度	框架式20
	平板式18
背板厚度	9
背板连接	搭边内嵌
挂衣杆	
裤架高度	
上衣高度	900~1200
长衣高度	1200~1500

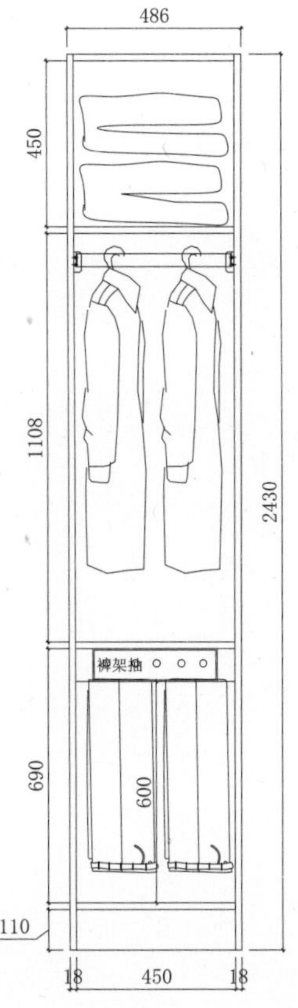

单门平开门衣柜柜体(单位：mm)	
平板式编号	YG106#
框架式编号	
柜体高度	2100~2430
柜体宽度	150~600
柜体深度	550~600
柜板厚度	框架式20
	平板式18
背板厚度	9
背板连接	搭边内嵌
挂衣杆	
裤架高度	600~1000
上衣高度	900~1200
长衣高度	1200~1500

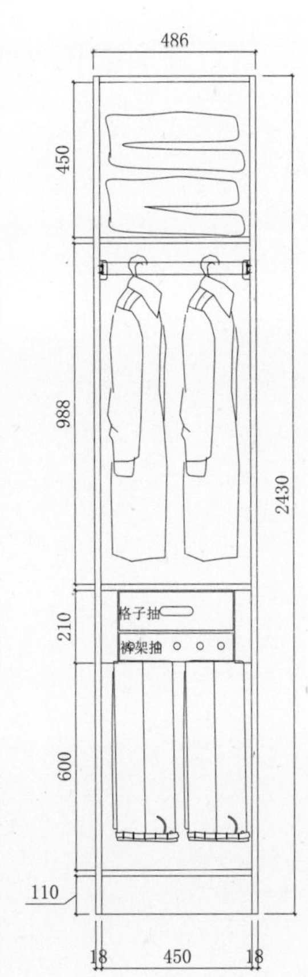

单门平开门衣柜柜体(单位：mm)	
平板式编号	YG107#
柜体高度	2100~2430
柜体宽度	150~600
柜体深度	550~600
柜板厚度	框架式20
	平板式18
背板厚度	9
背板连接	搭边内嵌
挂衣杆	
裤架高度	600~1000
上衣高度	900~1200
长衣高度	1200~1500

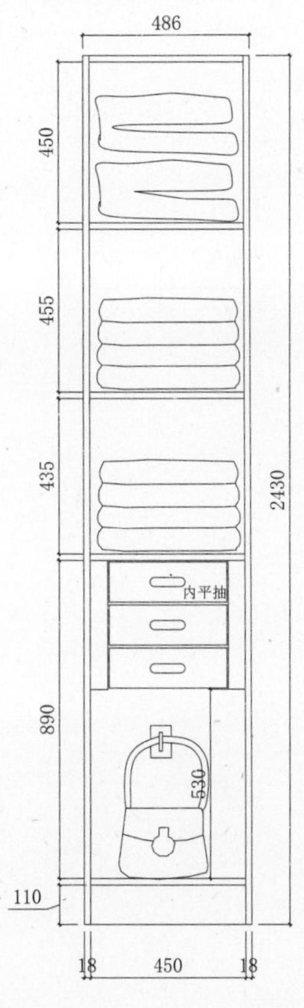

单门平开门衣柜柜体(单位：mm)	
平板式编号	YG108#
柜体高度	2100~2430
柜体宽度	150~600
柜体深度	550~600
柜板厚度	框架式20
	平板式18
背板厚度	9
背板连接	搭边内嵌
挂衣杆	
裤架高度	
上衣高度	
长衣高度	

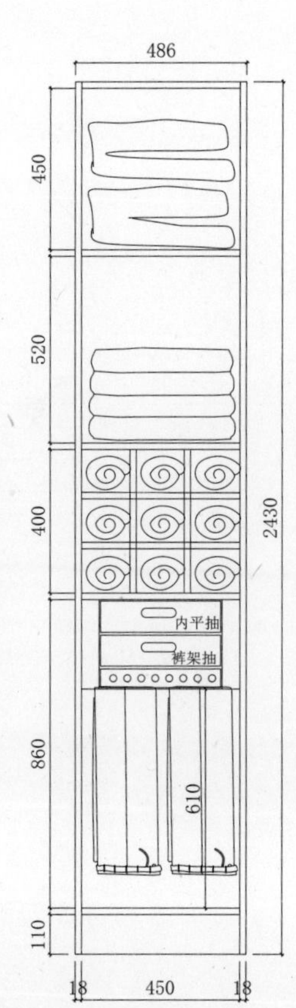

单门平开门衣柜柜体(单位：mm)	
平板式编号	YG109#
柜体高度	2100~2430
柜体宽度	150~600
柜体深度	550~600
柜板厚度	框架式20
	平板式18
背板厚度	9
背板连接	搭边内嵌
挂衣杆	
裤架高度	600~1000
上衣高度	
长衣高度	

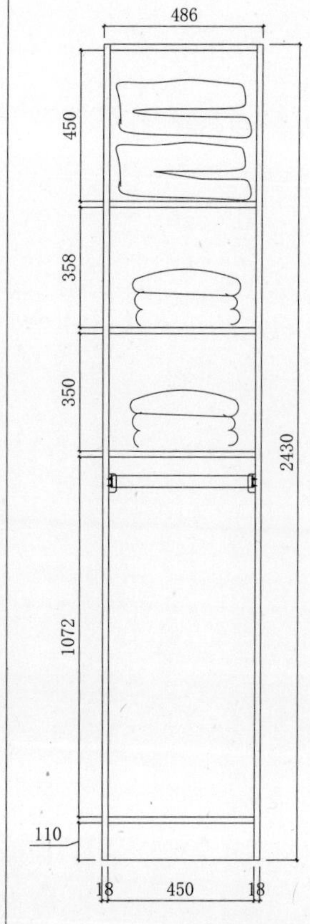

单门平开门衣柜柜体(单位：mm)	
平板式编号	YG-110#
柜体高度	2100~2430
柜体宽度	150~600
柜体深度	550~600
柜板厚度	框架式20
	平板式18
背板厚度	9
背板连接	搭边内嵌
挂衣杆	
裤架高度	600~1000
上衣高度	
长衣高度	

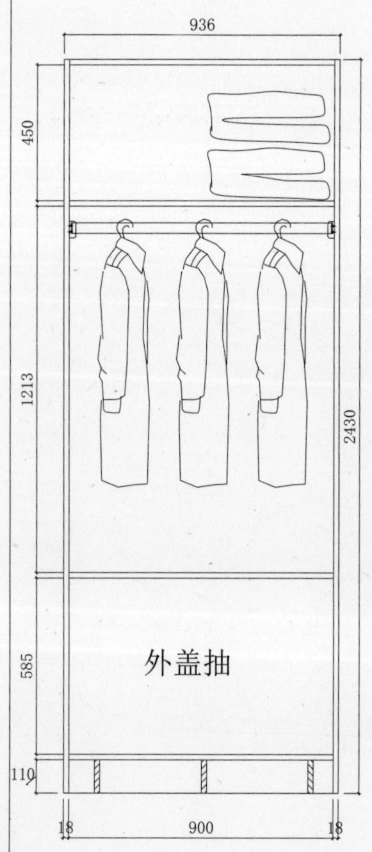

双门平开门衣柜柜体(单位：mm)	
平板式编号	YG201#
框架式编号	
柜体高度	2100~2430
柜体宽度	150~600
柜体深度	550~600
柜板厚度	框架式20
	平板式18
背板厚度	9
背板连接	搭边内嵌
挂衣杆	
裤架高度	600~1000
上衣高度	900~1200
长衣高度	1200~1500

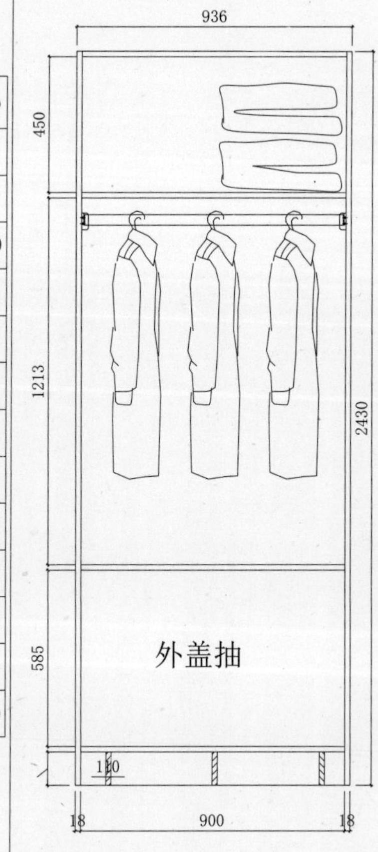

双门平开门衣柜柜体(单位：mm)	
平板式编号	YG202#
框架式编号	
柜体高度	2100~2430
柜体宽度	150~600
柜体深度	550~600
柜板厚度	框架式20
	平板式18
背板厚度	9
背板连接	搭边内嵌
挂衣杆	
裤架高度	600~1000
上衣高度	900~1200
长衣高度	1200~1500

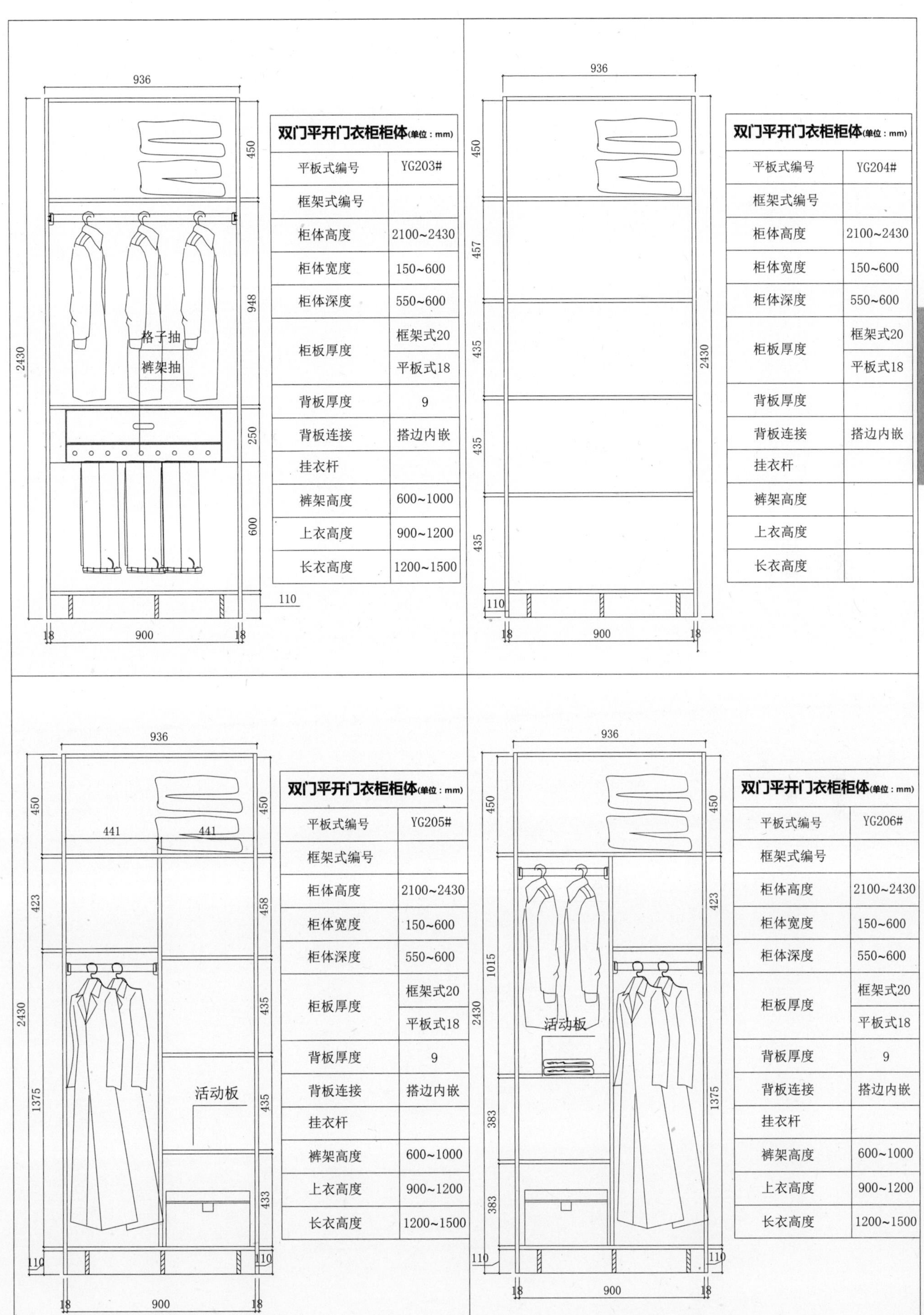

双门平开门衣柜柜体(单位：mm)

平板式编号	YG203#
框架式编号	
柜体高度	2100~2430
柜体宽度	150~600
柜体深度	550~600
柜板厚度	框架式20
	平板式18
背板厚度	9
背板连接	搭边内嵌
挂衣杆	
裤架高度	600~1000
上衣高度	900~1200
长衣高度	1200~1500

双门平开门衣柜柜体(单位：mm)

平板式编号	YG204#
框架式编号	
柜体高度	2100~2430
柜体宽度	150~600
柜体深度	550~600
柜板厚度	框架式20
	平板式18
背板厚度	
背板连接	搭边内嵌
挂衣杆	
裤架高度	
上衣高度	
长衣高度	

双门平开门衣柜柜体(单位：mm)

平板式编号	YG205#
框架式编号	
柜体高度	2100~2430
柜体宽度	150~600
柜体深度	550~600
柜板厚度	框架式20
	平板式18
背板厚度	9
背板连接	搭边内嵌
挂衣杆	
裤架高度	600~1000
上衣高度	900~1200
长衣高度	1200~1500

双门平开门衣柜柜体(单位：mm)

平板式编号	YG206#
框架式编号	
柜体高度	2100~2430
柜体宽度	150~600
柜体深度	550~600
柜板厚度	框架式20
	平板式18
背板厚度	9
背板连接	搭边内嵌
挂衣杆	
裤架高度	600~1000
上衣高度	900~1200
长衣高度	1200~1500

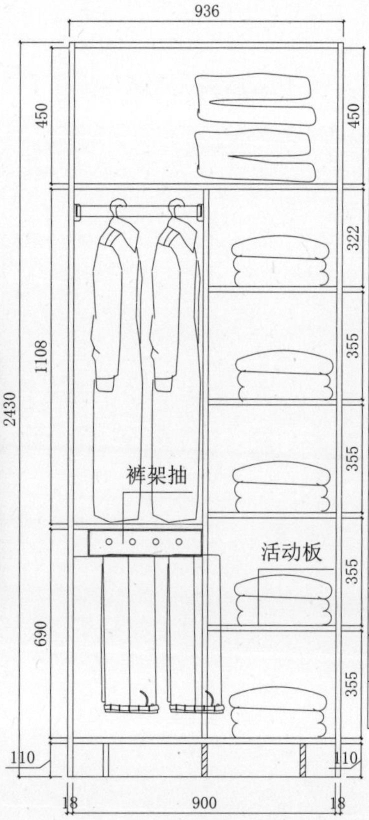

双门平开门衣柜柜体(单位：mm)	
平板式编号	YG207#
框架式编号	
柜体高度	2100~2430
柜体宽度	150~600
柜体深度	550~600
柜板厚度	框架式20
	平板式18
背板厚度	9
背板连接	搭边内嵌
挂衣杆	
裤架高度	600~1000
上衣高度	900~1200
长衣高度	1200~1500

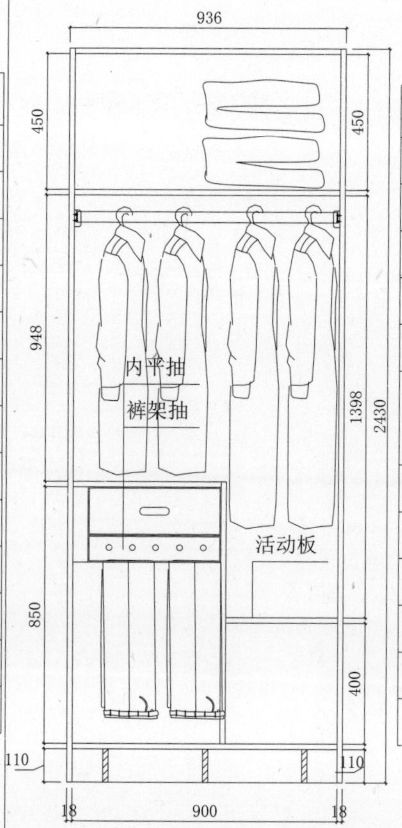

双门平开门衣柜柜体(单位：mm)	
平板式编号	YG208#
框架式编号	
柜体高度	2100~2430
柜体宽度	150~600
柜体深度	550~600
柜板厚度	框架式20
	平板式18
背板厚度	9
背板连接	搭边内嵌
挂衣杆	
裤架高度	600~1000
上衣高度	900~1200
长衣高度	1200~1500

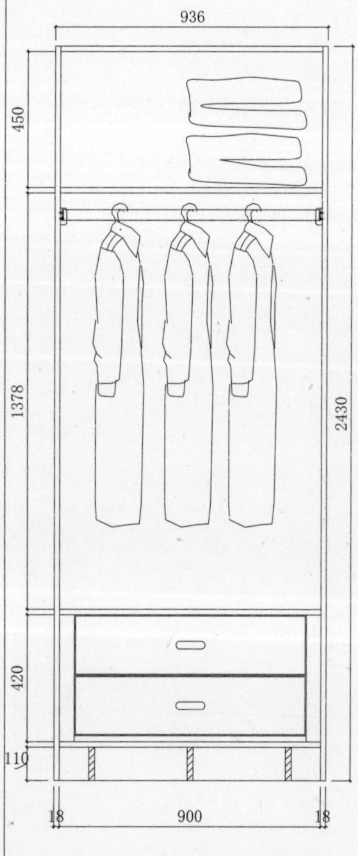

双门平开门衣柜柜体(单位：mm)	
平板式编号	YG209#
框架式编号	
柜体高度	2100~2430
柜体宽度	150~600
柜体深度	550~600
柜板厚度	框架式20
	平板式18
背板厚度	9
背板连接	搭边内嵌
挂衣杆	
裤架高度	600~1000
上衣高度	900~1200
长衣高度	1200~1500

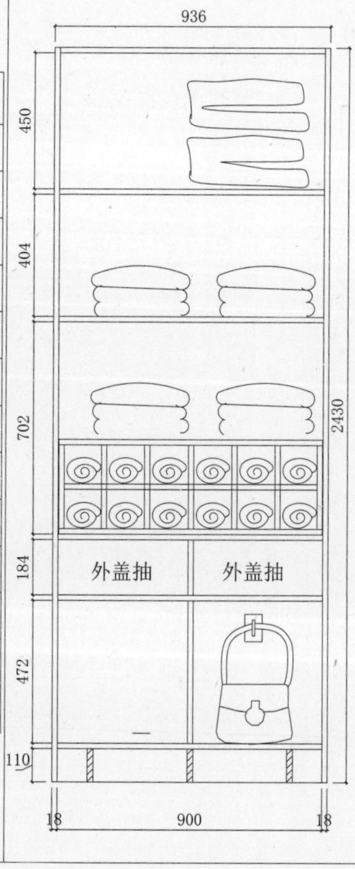

双门平开门衣柜柜体(单位：mm)	
平板式编号	YG210#
框架式编号	
柜体高度	2100~2430
柜体宽度	150~600
柜体深度	550~600
柜板厚度	框架式20
	平板式18
背板厚度	9
背板连接	搭边内嵌
挂衣杆	
裤架高度	600~1000
上衣高度	900~1200
长衣高度	1200~1500

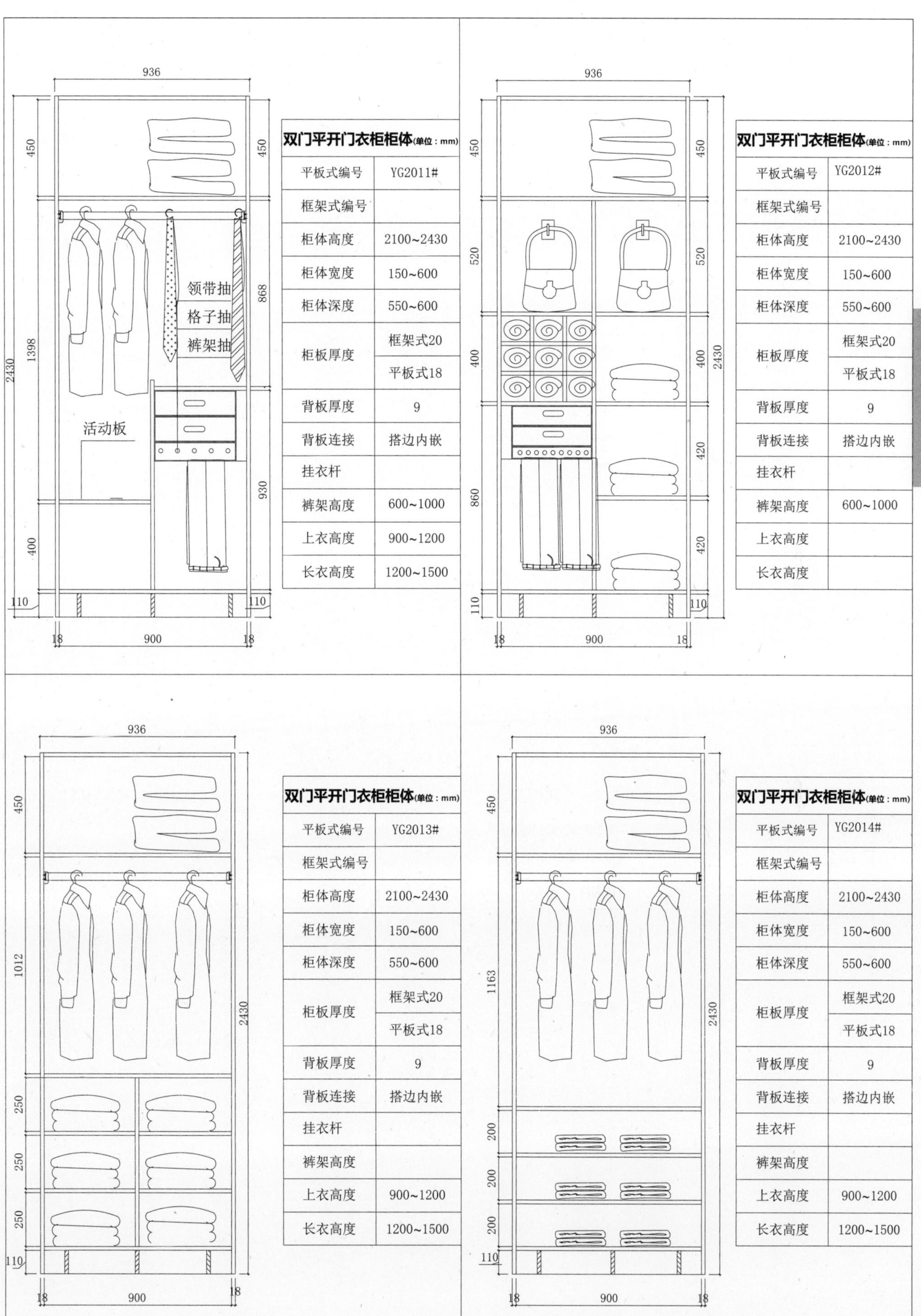

双门平开门衣柜柜体(单位：mm)

平板式编号	YG2011#
框架式编号	
柜体高度	2100~2430
柜体宽度	150~600
柜体深度	550~600
柜板厚度	框架式20
	平板式18
背板厚度	9
背板连接	搭边内嵌
挂衣杆	
裤架高度	600~1000
上衣高度	900~1200
长衣高度	1200~1500

双门平开门衣柜柜体(单位：mm)

平板式编号	YG2012#
框架式编号	
柜体高度	2100~2430
柜体宽度	150~600
柜体深度	550~600
柜板厚度	框架式20
	平板式18
背板厚度	9
背板连接	搭边内嵌
挂衣杆	
裤架高度	600~1000
上衣高度	
长衣高度	

双门平开门衣柜柜体(单位：mm)

平板式编号	YG2013#
框架式编号	
柜体高度	2100~2430
柜体宽度	150~600
柜体深度	550~600
柜板厚度	框架式20
	平板式18
背板厚度	9
背板连接	搭边内嵌
挂衣杆	
裤架高度	
上衣高度	900~1200
长衣高度	1200~1500

双门平开门衣柜柜体(单位：mm)

平板式编号	YG2014#
框架式编号	
柜体高度	2100~2430
柜体宽度	150~600
柜体深度	550~600
柜板厚度	框架式20
	平板式18
背板厚度	9
背板连接	搭边内嵌
挂衣杆	
裤架高度	
上衣高度	900~1200
长衣高度	1200~1500

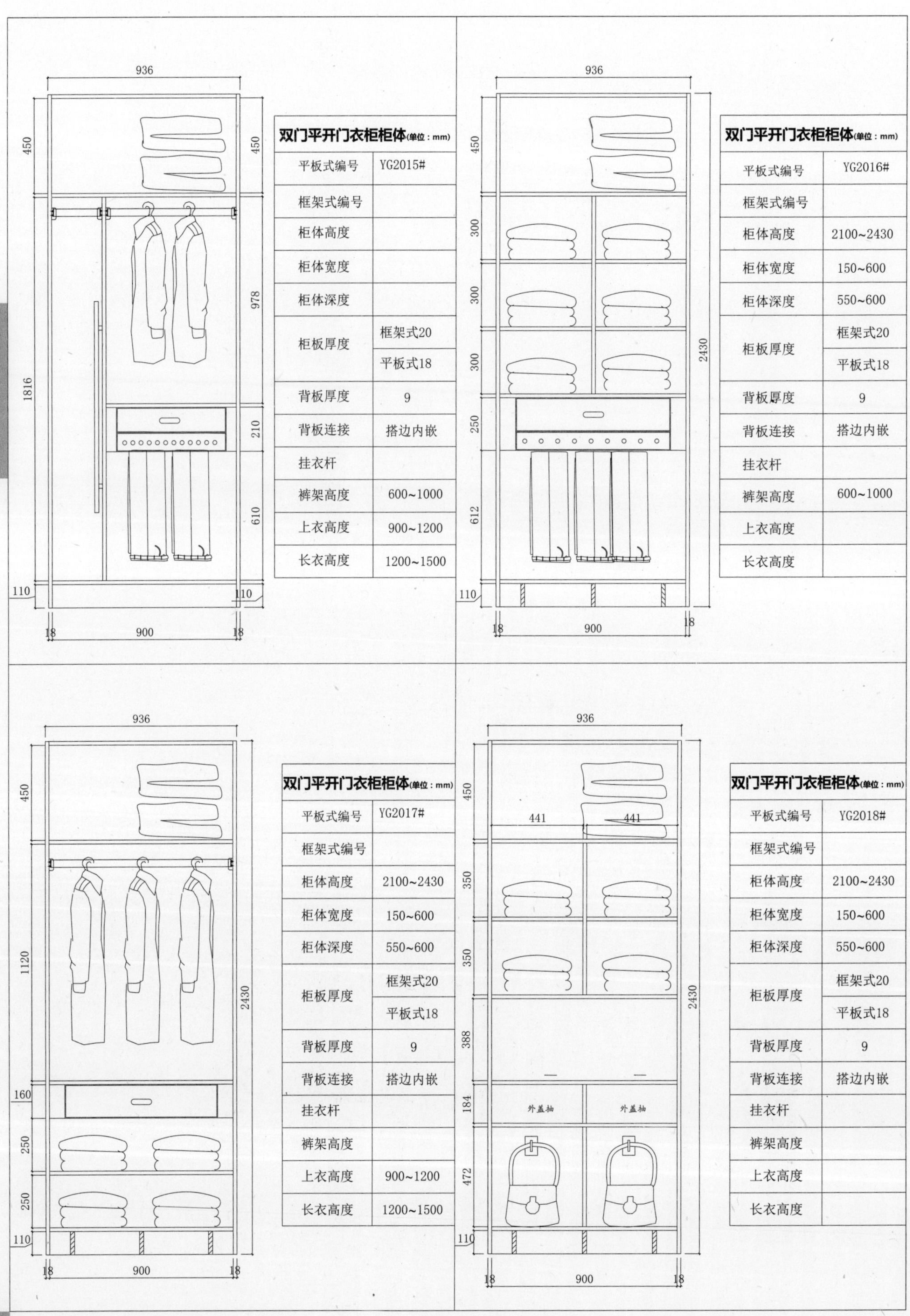

双门平开门衣柜柜体(单位：mm)	
平板式编号	YG2015#
框架式编号	
柜体高度	
柜体宽度	
柜体深度	
柜板厚度	框架式20
	平板式18
背板厚度	9
背板连接	搭边内嵌
挂衣杆	
裤架高度	600~1000
上衣高度	900~1200
长衣高度	1200~1500

双门平开门衣柜柜体(单位：mm)	
平板式编号	YG2016#
框架式编号	
柜体高度	2100~2430
柜体宽度	150~600
柜体深度	550~600
柜板厚度	框架式20
	平板式18
背板厚度	9
背板连接	搭边内嵌
挂衣杆	
裤架高度	600~1000
上衣高度	
长衣高度	

双门平开门衣柜柜体(单位：mm)	
平板式编号	YG2017#
框架式编号	
柜体高度	2100~2430
柜体宽度	150~600
柜体深度	550~600
柜板厚度	框架式20
	平板式18
背板厚度	9
背板连接	搭边内嵌
挂衣杆	
裤架高度	
上衣高度	900~1200
长衣高度	1200~1500

双门平开门衣柜柜体(单位：mm)	
平板式编号	YG2018#
框架式编号	
柜体高度	2100~2430
柜体宽度	150~600
柜体深度	550~600
柜板厚度	框架式20
	平板式18
背板厚度	9
背板连接	搭边内嵌
挂衣杆	
裤架高度	
上衣高度	
长衣高度	

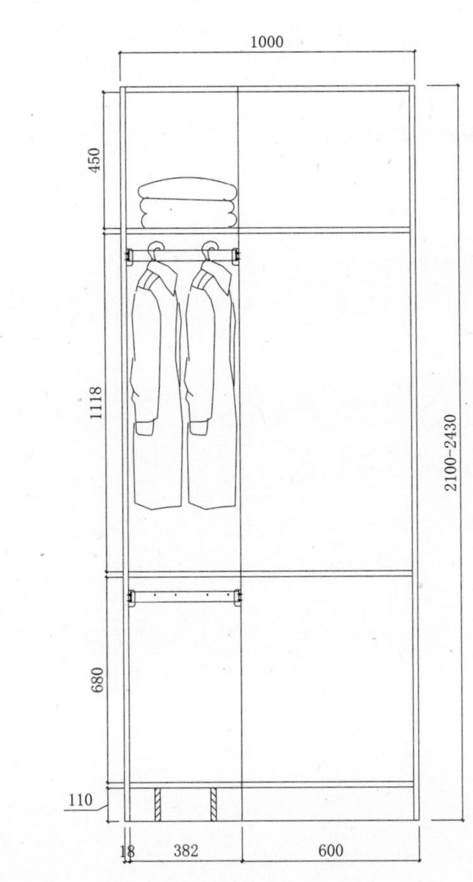

衣柜内弧形转角柜柜体(单位：mm)	
平板式编号	ZJYG01#
框架式编号	
柜体高度	2100~2430
柜体宽度	150~600
柜体深度	550~600
柜板厚度	框架式20
	平板式18
背板厚度	9
背板连接	搭边内嵌
裤架高度	600~1000
上衣高度	900~1200
长衣高度	1200~1500

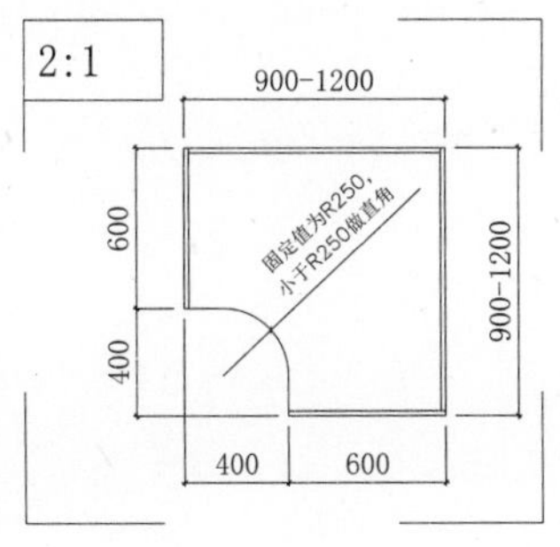

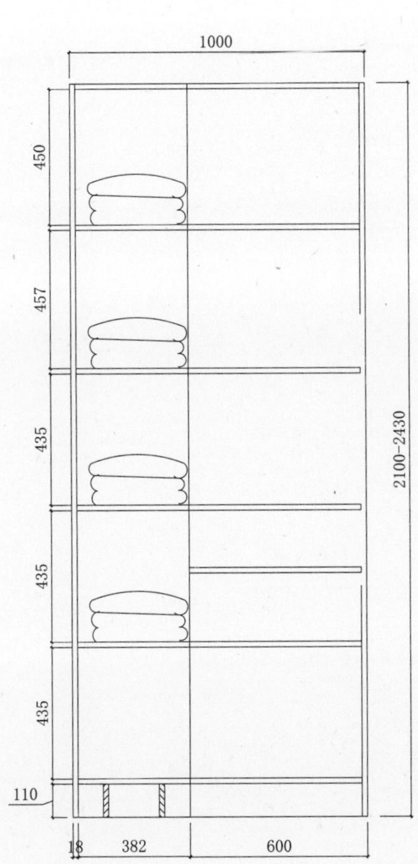

衣柜内弧形转角柜柜体(单位：mm)	
平板式编号	ZJYG02#
框架式编号	
柜体高度	2100~2430
柜体宽度	150~600
柜体深度	550~600
柜板厚度	框架式20
	平板式18
背板厚度	9
背板连接	搭边内嵌
裤架高度	
上衣高度	
长衣高度	

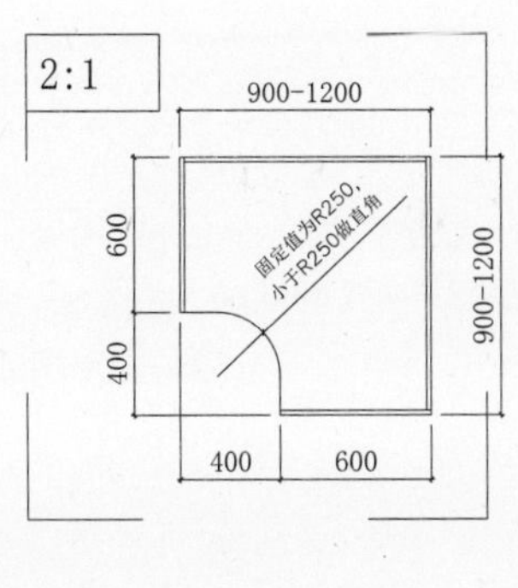

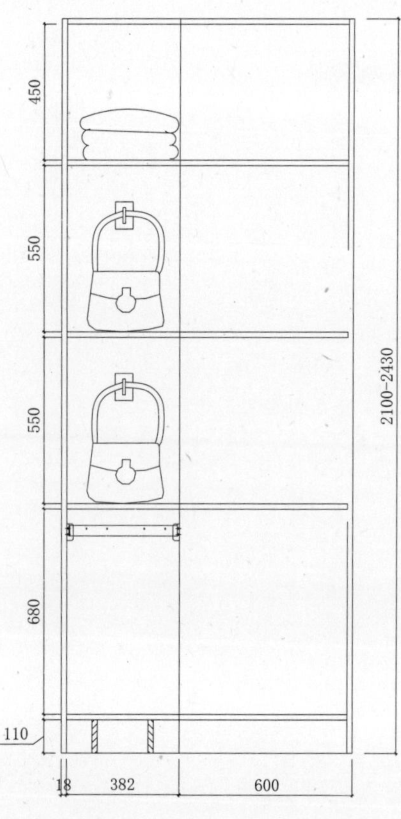

衣柜内弧形转角柜柜体(单位：mm)	
平板式编号	ZJYG03#
框架式编号	
柜体高度	2100~2430
柜体宽度	150~600
柜体深度	550~600
柜板厚度	框架式20
	平板式18
背板厚度	9
背板连接	搭边内嵌
挂衣杆	
裤架高度	600~1000
上衣高度	
长衣高度	

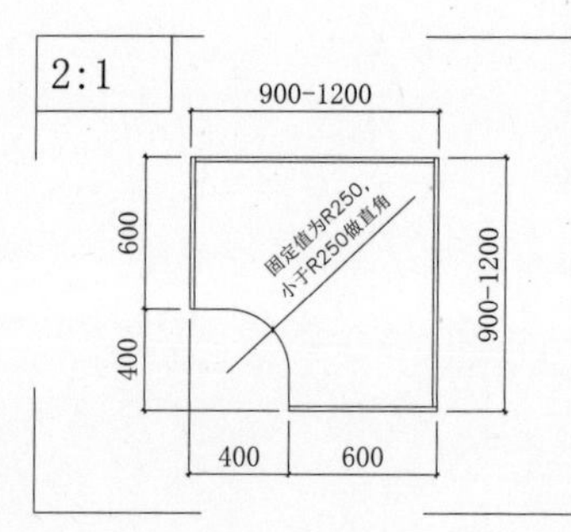

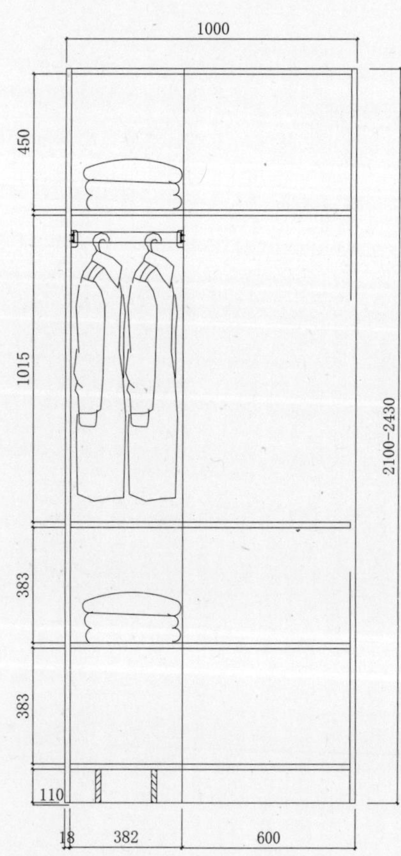

衣柜内弧形转角柜柜体(单位：mm)	
平板式编号	ZJYG04#
框架式编号	
柜体高度	2100~2430
柜体宽度	150~600
柜体深度	550~600
柜板厚度	框架式20
	平板式18
背板厚度	9
背板连接	搭边内嵌
挂衣杆	
裤架高度	600~1000
上衣高度	900~1200
长衣高度	1200~1500

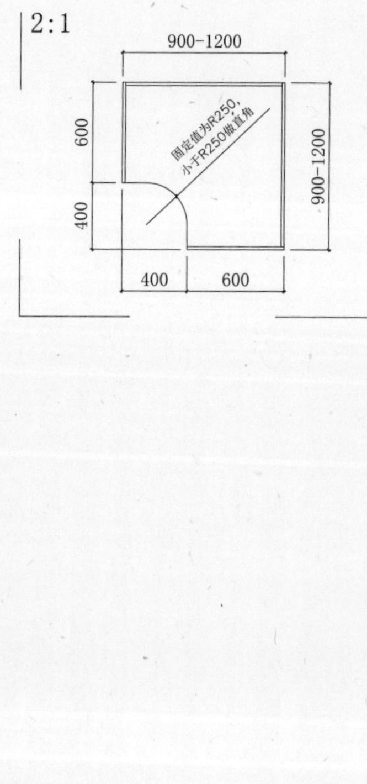

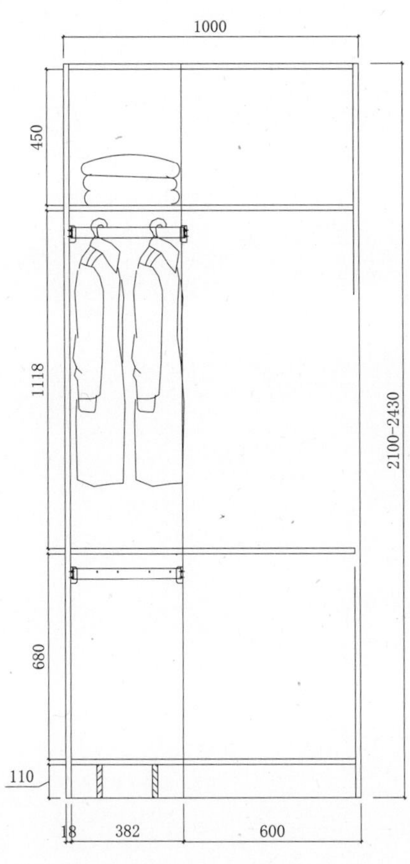

衣柜五角柜柜体(单位：mm)	
平板式编号	ZJYG05#
框架式编号	
柜体高度	2100~2430
柜体宽度	150~600
柜体深度	550~600
柜板厚度	框架式20
	平板式18
背板厚度	9
背板连接	搭边内嵌
挂衣杆	
裤架高度	600~1000
上衣高度	900~1200
长衣高度	1200~1500

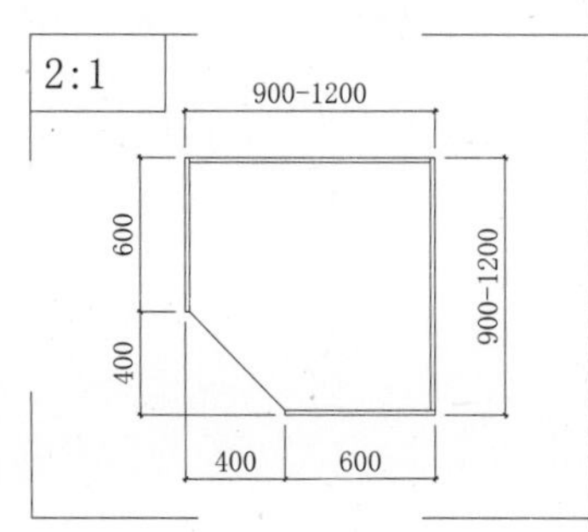

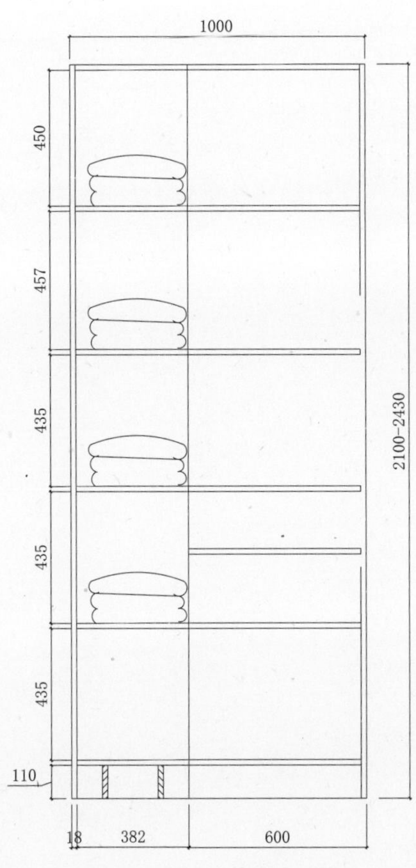

衣柜五角柜柜体(单位：mm)	
平板式编号	ZJYG06#
框架式编号	
柜体高度	2100~2430
柜体宽度	150~600
柜体深度	550~600
柜板厚度	框架式20
	平板式18
背板厚度	9
背板连接	搭边内嵌
挂衣杆	
裤架高度	600~1000
上衣高度	900~1200
长衣高度	1200~1500

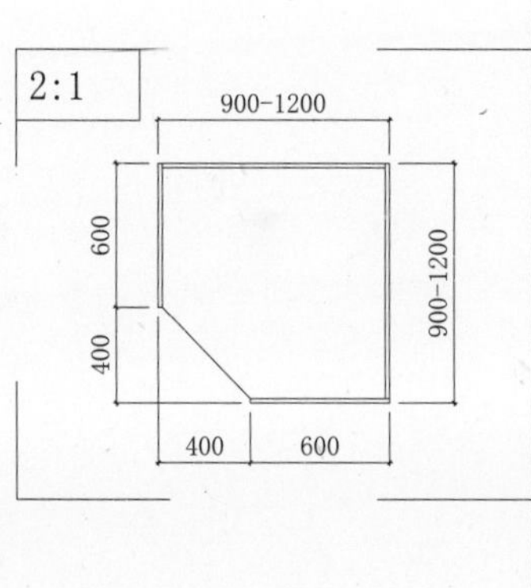

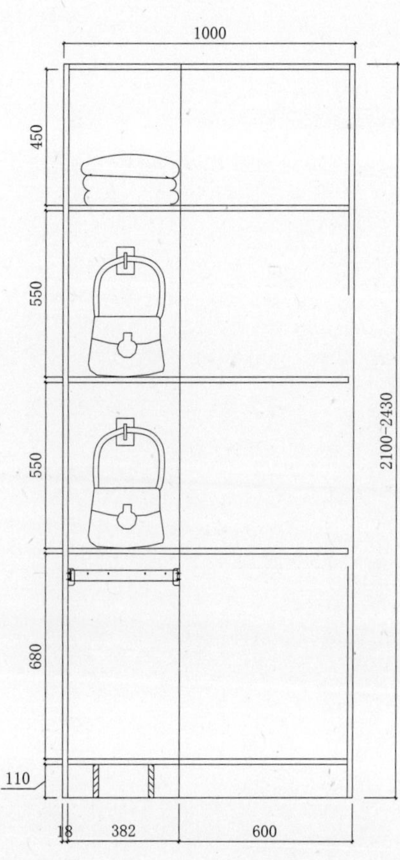

衣柜五角柜柜体(单位：mm)	
平板式编号	ZJYG07#
框架式编号	
柜体高度	2100~2430
柜体宽度	150~600
柜体深度	550~600
柜板厚度	框架式20
	平板式18
背板厚度	9
背板连接	搭边内嵌
挂衣杆	
裤架高度	600~1000
上衣高度	
长衣高度	

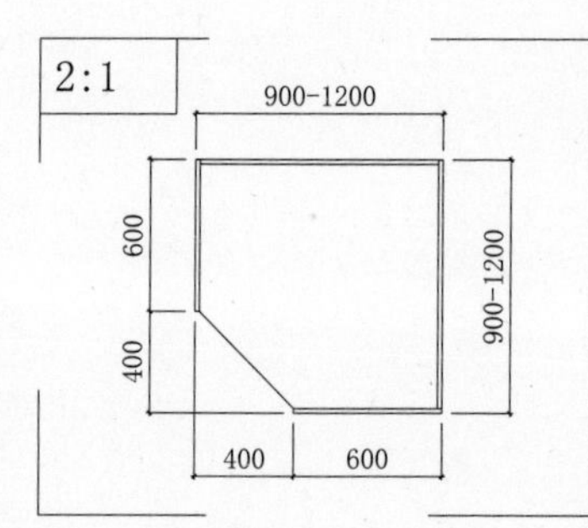

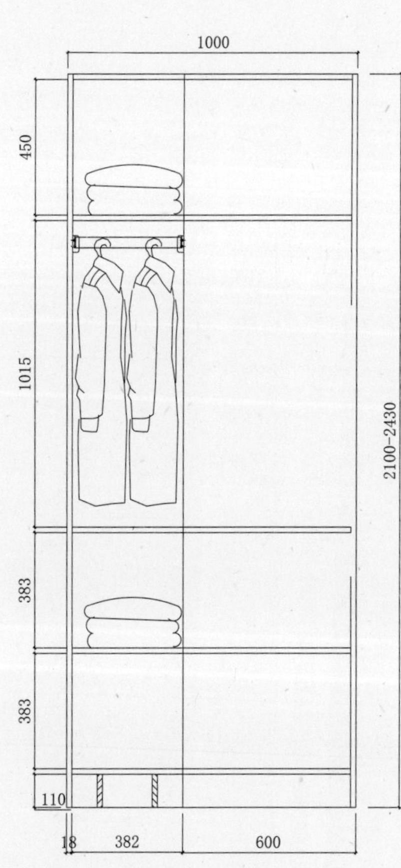

衣柜五角柜柜体(单位：mm)	
平板式编号	ZJYG08#
框架式编号	
柜体高度	2100~2430
柜体宽度	150~600
柜体深度	550~600
柜板厚度	框架式20
	平板式18
背板厚度	9
背板连接	搭边内嵌
挂衣杆	
裤架高度	600~1000
上衣高度	
长衣高度	

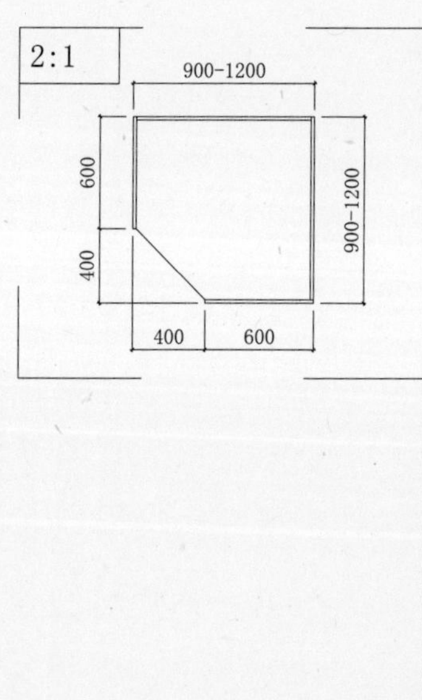

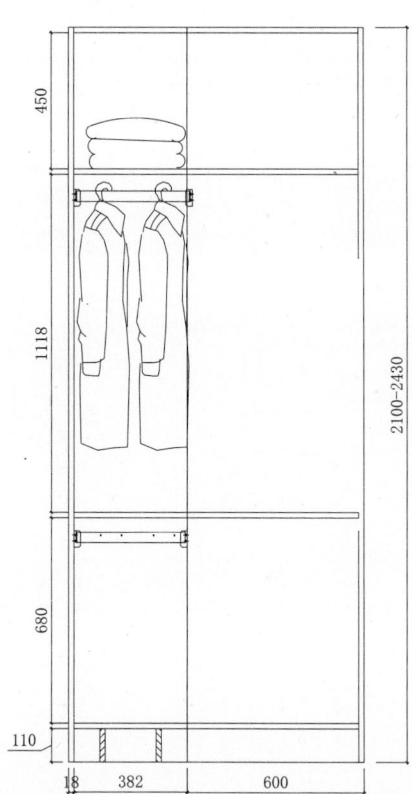

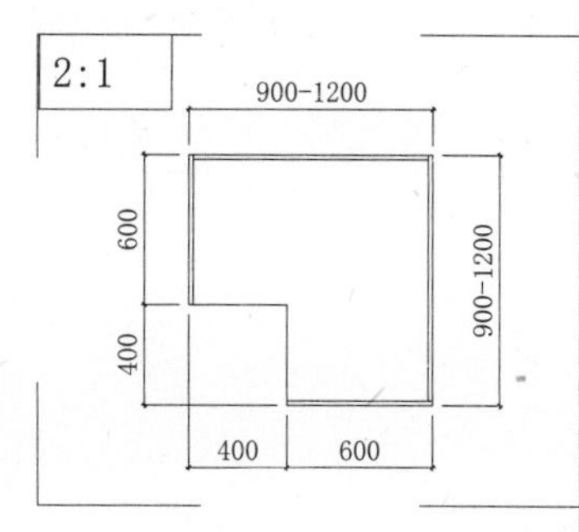

衣柜五角柜柜体(单位：mm)	
平板式编号	ZJYG09#
框架式编号	
柜体高度	2100~2430
柜体宽度	150~600
柜体深度	550~600
柜板厚度	框架式20
	平板式18
背板厚度	9
背板连接	搭边内嵌
挂衣杆	
裤架高度	600~1000
上衣高度	900~1200
长衣高度	1200~1500

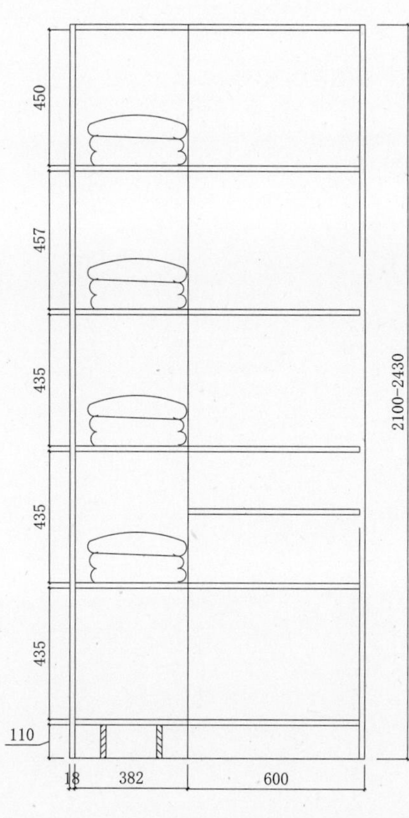

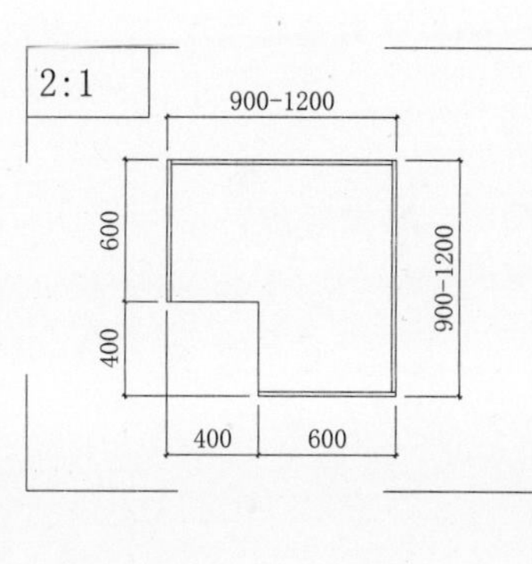

衣柜五角柜柜体(单位：mm)	
平板式编号	ZJYG10#
框架式编号	
柜体高度	2100~2430
柜体宽度	150~600
柜体深度	550~600
柜板厚度	框架式20
	平板式18
背板厚度	9
背板连接	搭边内嵌
挂衣杆	
裤架高度	600~1000
上衣高度	900~1200
长衣高度	1200~1500

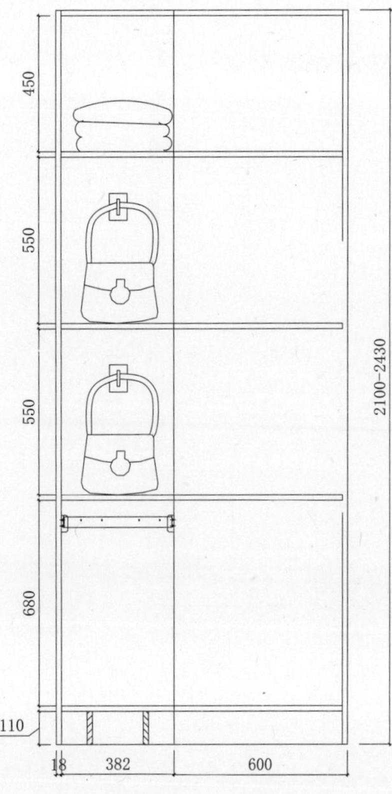

衣柜内直角转角柜柜体

(单位：mm)

平板式编号		ZJYG11#
框架式编号		
柜体高度		2100~2430
柜体宽度		150~600
柜体深度		550~600
柜板厚度		框架式20
		平板式18
背板厚度		9
背板连接		搭边内嵌
挂衣杆		
裤架高度		600~1000
上衣高度		900~1200
长衣高度		1200~1500

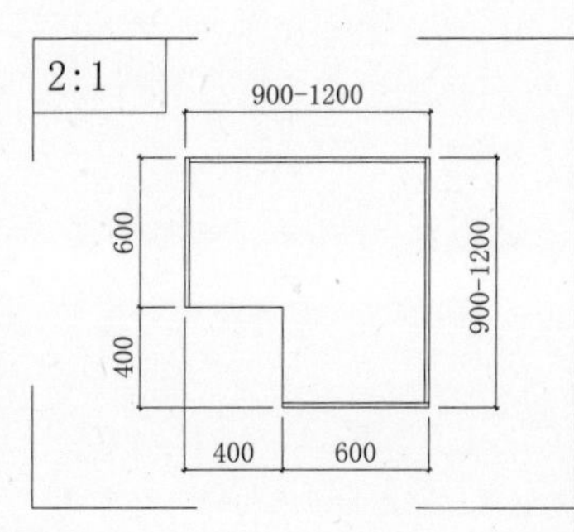

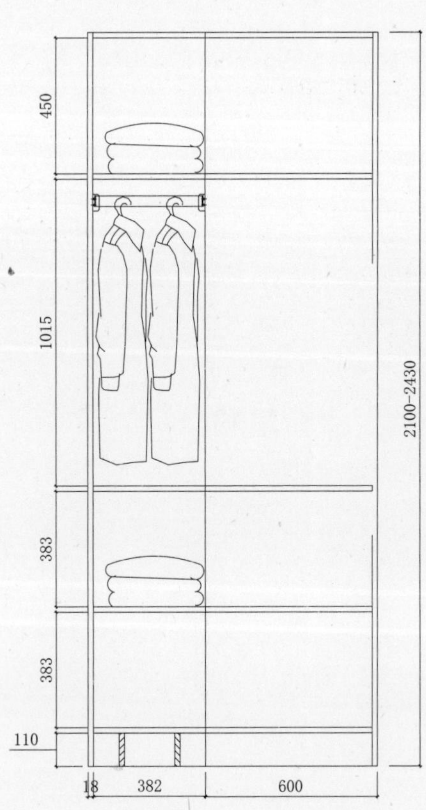

衣柜内直角转角柜柜体

(单位：mm)

平板式编号		ZJYG12#
框架式编号		
柜体高度		2100~2430
柜体宽度		150~600
柜体深度		550~600
柜板厚度		框架式20
		平板式18
背板厚度		9
背板连接		搭边内嵌
挂衣杆		
裤架高度		600~1000
上衣高度		900~1200
长衣高度		1200~1500

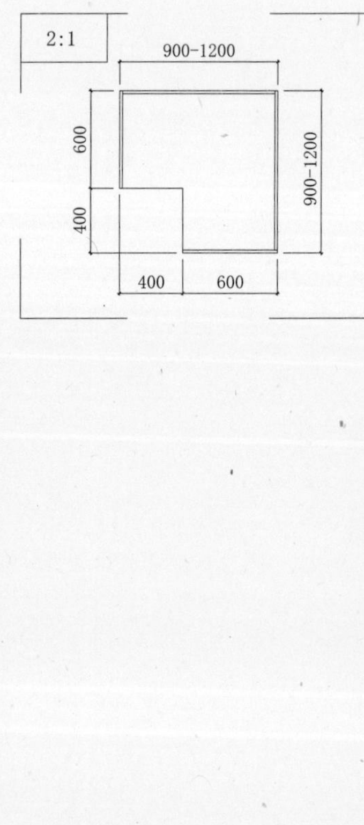

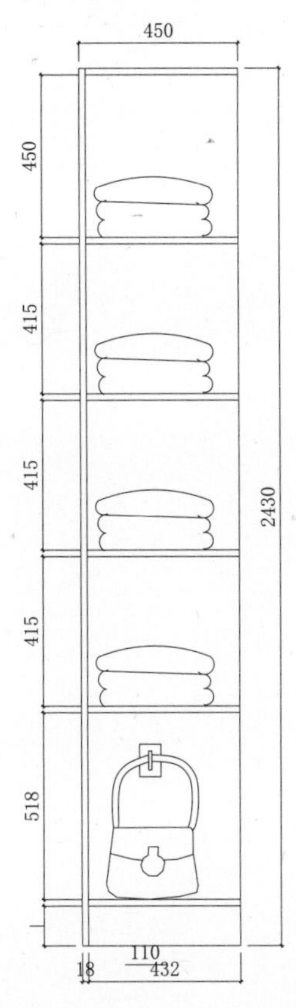

衣柜收口衣柜柜体(单位：mm)	
平板式编号	SKYG001#
框架式编号	
柜体高度	2100~2430
柜体宽度	150~600
柜体深度	550~600
柜板厚度	框架式20
	平板式18
背板厚度	9
背板连接	搭边内嵌
挂衣杆	
裤架高度	
上衣高度	
长衣高度	

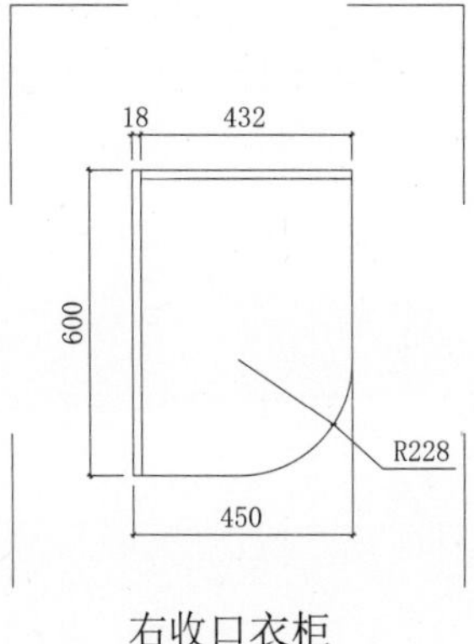

右收口衣柜

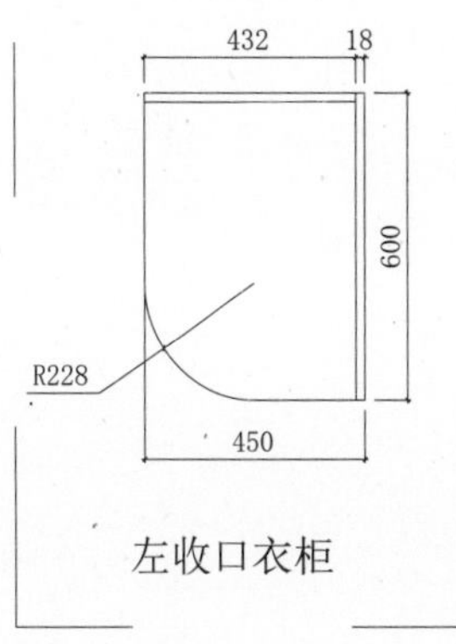

左收口衣柜

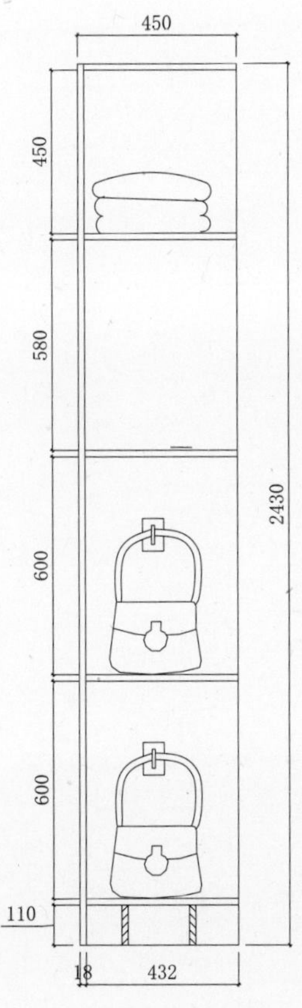

衣柜收口衣柜柜体(单位：mm)	
平板式编号	SKYG002#
框架式编号	
柜体高度	2100~2430
柜体宽度	150~600
柜体深度	550~600
柜板厚度	框架式20
	平板式18
背板厚度	9
背板连接	搭边内嵌
挂衣杆	
裤架高度	
上衣高度	
长衣高度	

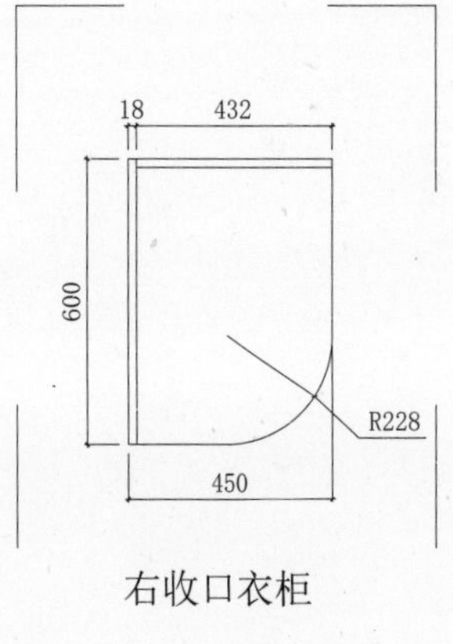

右收口衣柜

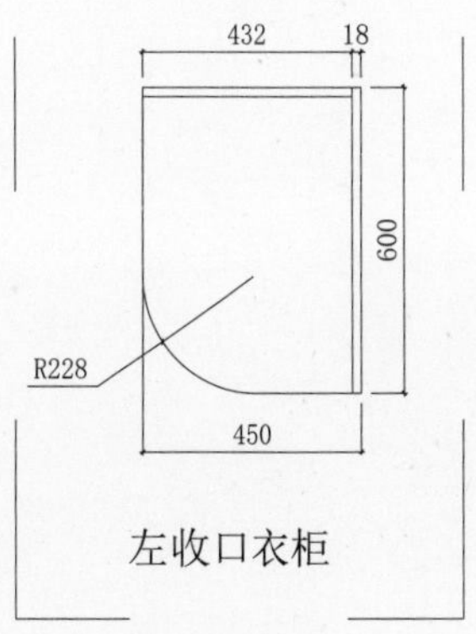

左收口衣柜

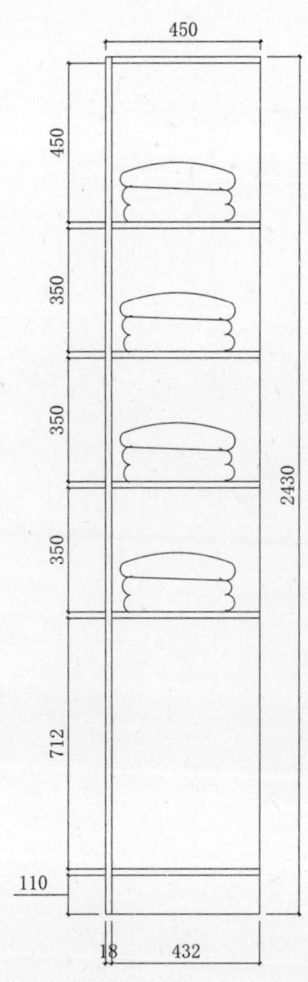

衣柜收口衣柜柜体(单位：mm)	
平板式编号	SKYG003#
框架式编号	
柜体高度	2100~2430
柜体宽度	150~600
柜体深度	550~600
柜板厚度	框架式20
	平板式18
背板厚度	9
背板连接	搭边内嵌
挂衣杆	
裤架高度	
上衣高度	
长衣高度	

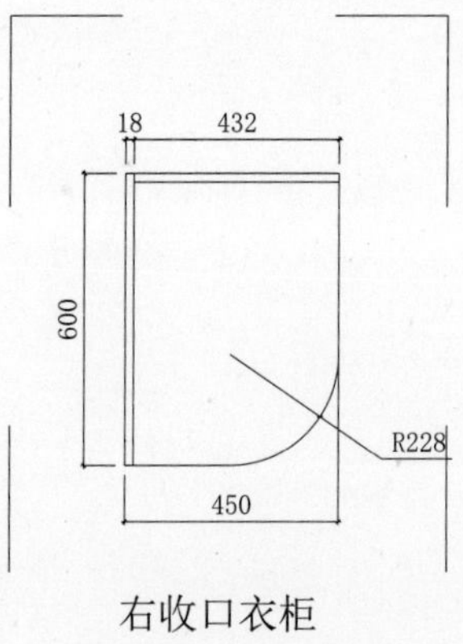

右收口衣柜

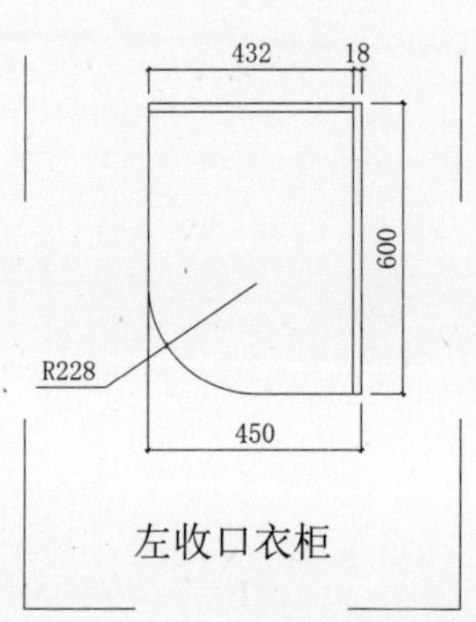

左收口衣柜

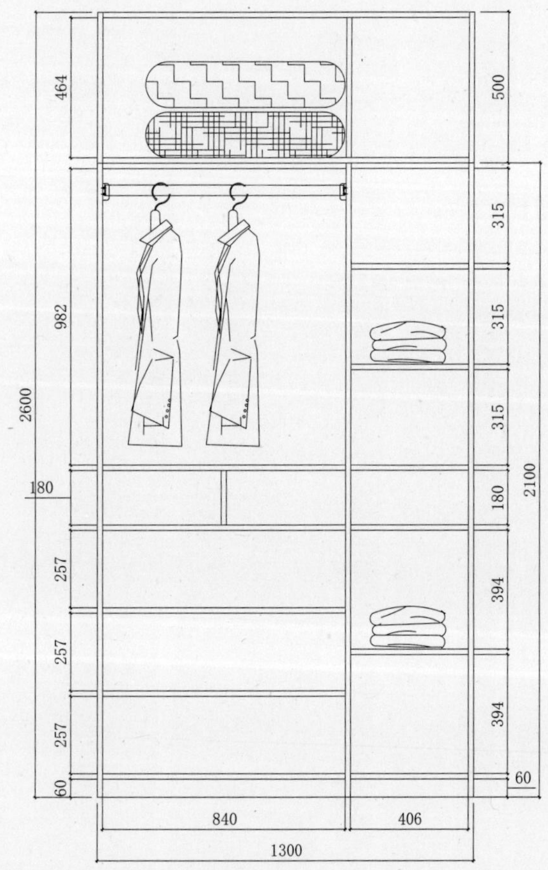

三开平开门衣柜柜体(单位：mm)	
平板式编号	YG301#
框架式编号	
柜体高度	2100~2430
柜体宽度	150~600
柜体深度	550~600
柜板厚度	框架式20
	平板式18
背板厚度	9
背板连接	搭边内嵌
挂衣杆	
裤架高度	
上衣高度	
长衣高度	

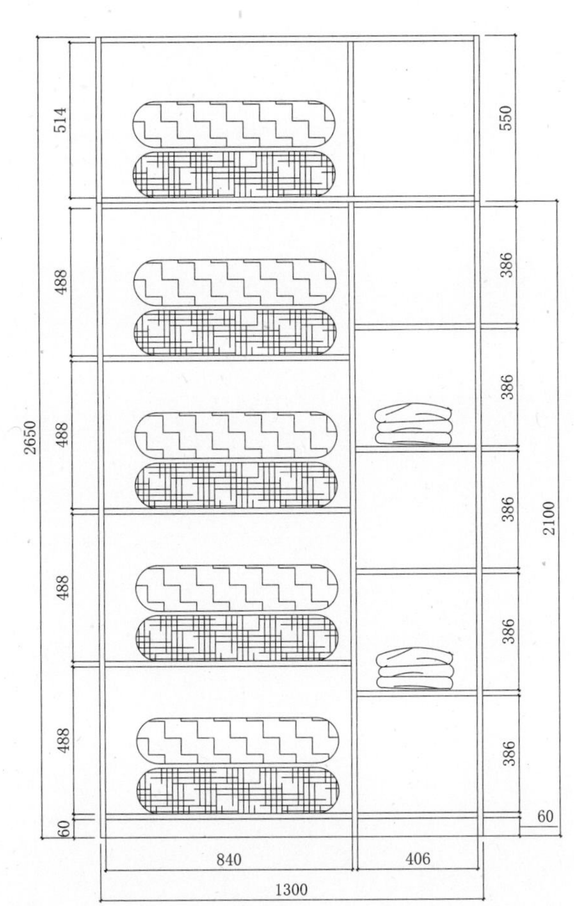

三门平开门衣柜柜体(单位：mm)	
平板式编号	YG302#
框架式编号	
柜体高度	2100~2430
柜体宽度	150~600
柜体深度	550~600
柜板厚度	框架式20
	平板式18
背板厚度	9
背板连接	搭边内嵌
挂衣杆	
裤架高度	
上衣高度	
长衣高度	

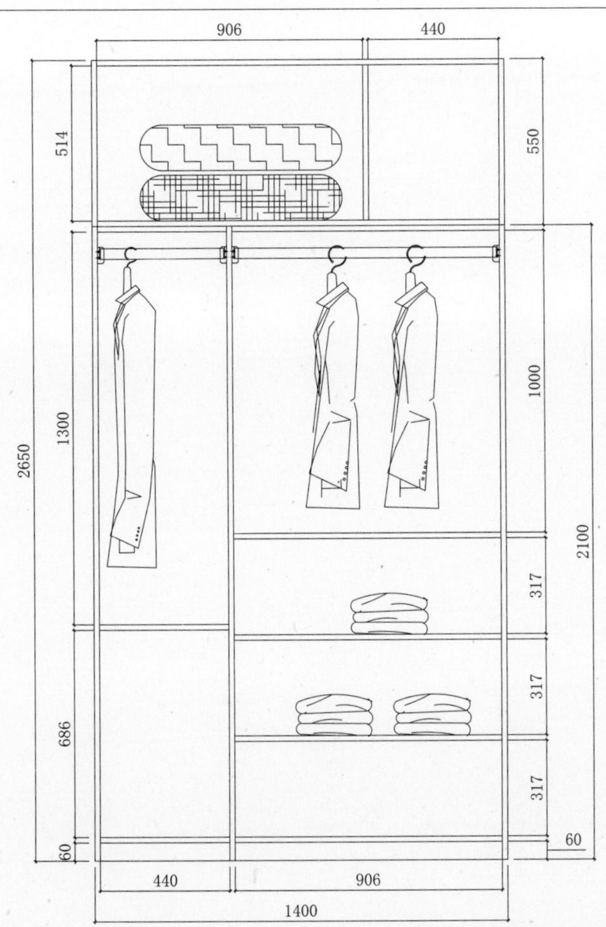

三门平开门衣柜柜体(单位：mm)	
平板式编号	YG303#
框架式编号	
柜体高度	2100~2430
柜体宽度	150~600
柜体深度	550~600
柜板厚度	框架式20
	平板式18
背板厚度	9
背板连接	搭边内嵌
挂衣杆	
裤架高度	600~1000
上衣高度	900~1200
长衣高度	1200~1500

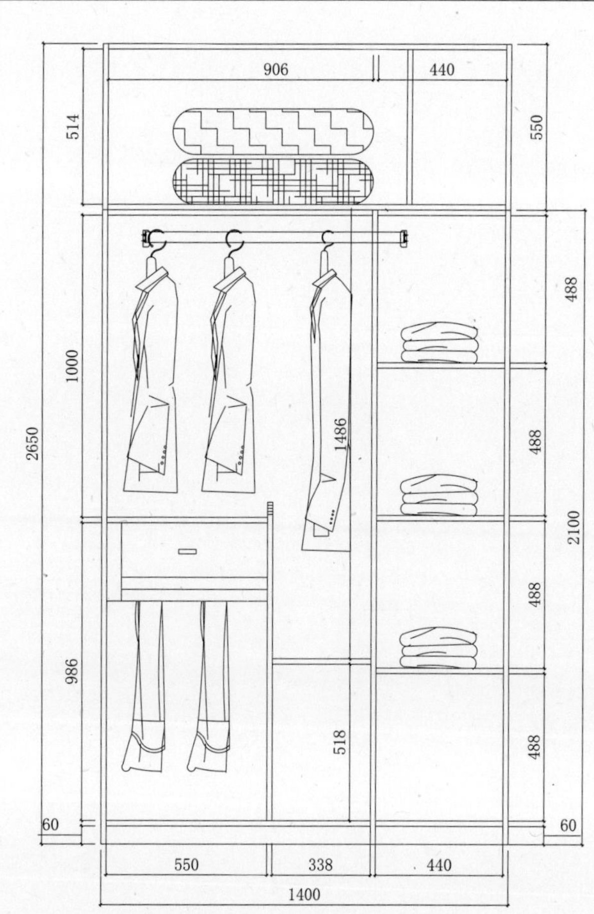

三门平开门衣柜柜体(单位：mm)	
平板式编号	YG304#
框架式编号	
柜体高度	2100~2430
柜体宽度	150~600
柜体深度	550~600
柜板厚度	框架式20
	平板式18
背板厚度	9
背板连接	搭边内嵌
挂衣杆	
裤架高度	600~1000
上衣高度	900~1200
长衣高度	1200~1500

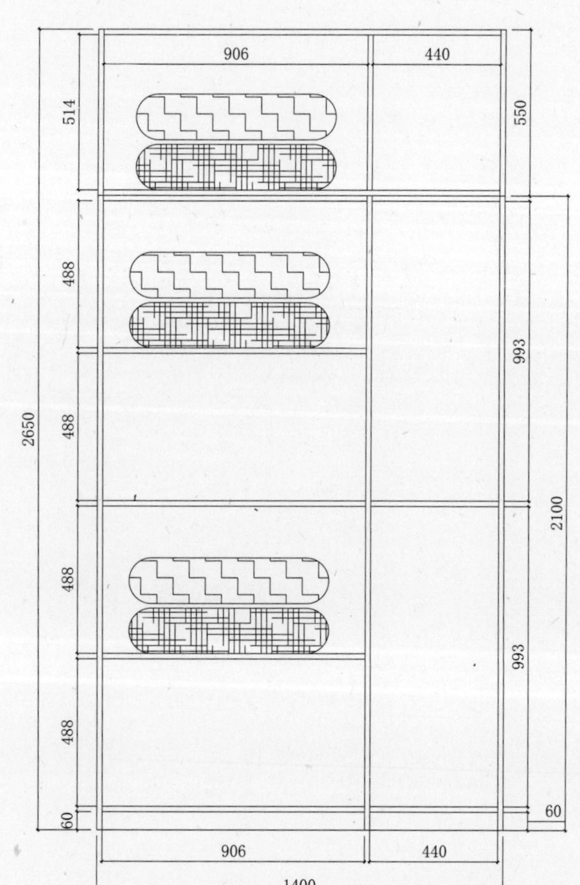

三门平开门衣柜柜体(单位：mm)	
平板式编号	YG305#
框架式编号	
柜体高度	2100~2430
柜体宽度	150~600
柜体深度	550~600
柜板厚度	框架式20
	平板式18
背板厚度	9
背板连接	搭边内嵌
挂衣杆	
裤架高度	600~1000
上衣高度	900~1200
长衣高度	1200~1500

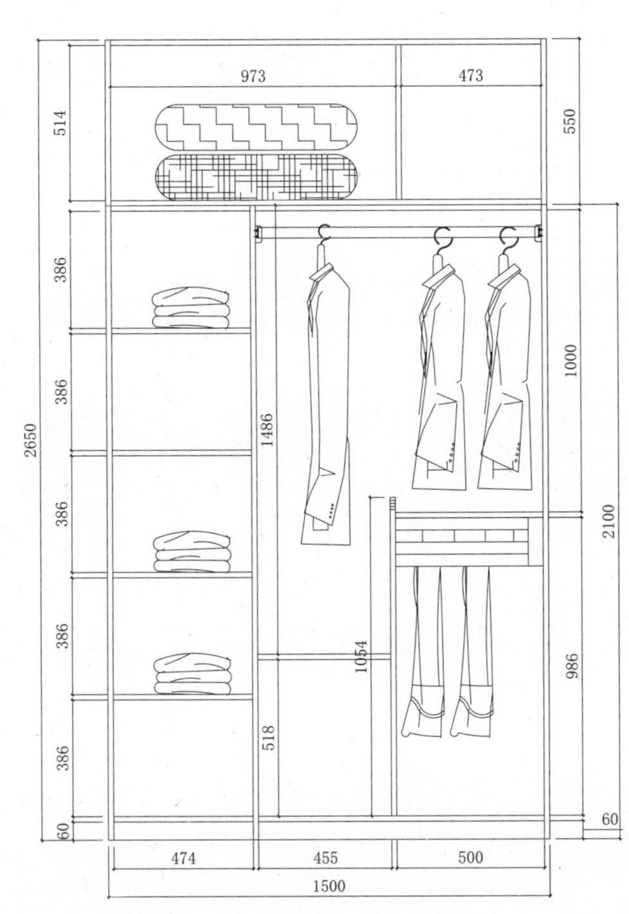

三门平开门衣柜柜体(单位：mm)	
平板式编号	YG306#
框架式编号	
柜体高度	2100~2430
柜体宽度	150~600
柜体深度	550~600
柜板厚度	框架式20
	平板式18
背板厚度	9
背板连接	搭边内嵌
挂衣杆	
裤架高度	600~1000
上衣高度	900~1200
长衣高度	1200~1500

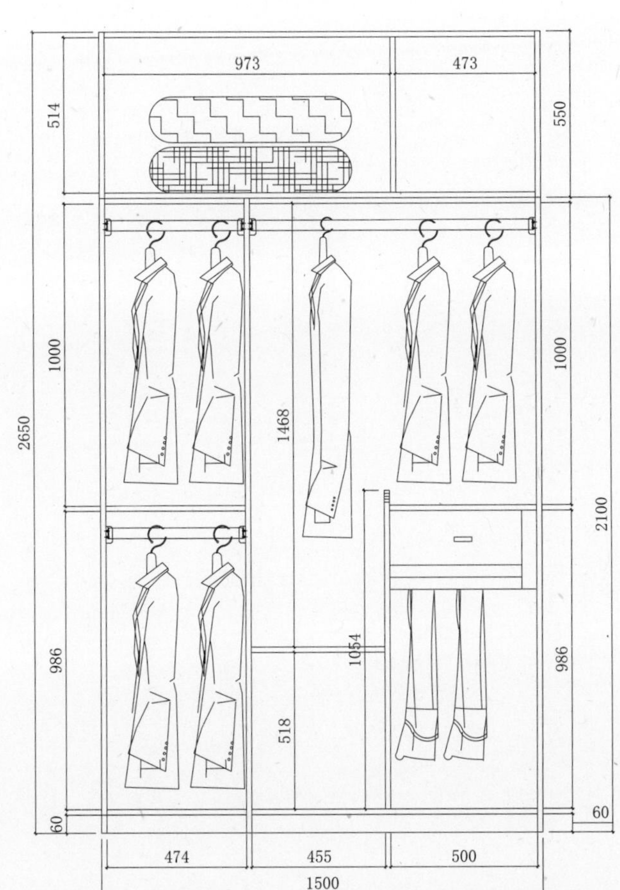

三门平开门衣柜柜体(单位：mm)	
平板式编号	YG307#
框架式编号	
柜体高度	2100~2430
柜体宽度	150~600
柜体深度	550~600
柜板厚度	框架式20
	平板式18
背板厚度	9
背板连接	搭边内嵌
挂衣杆	
裤架高度	600~1000
上衣高度	900~1200
长衣高度	1200~1500

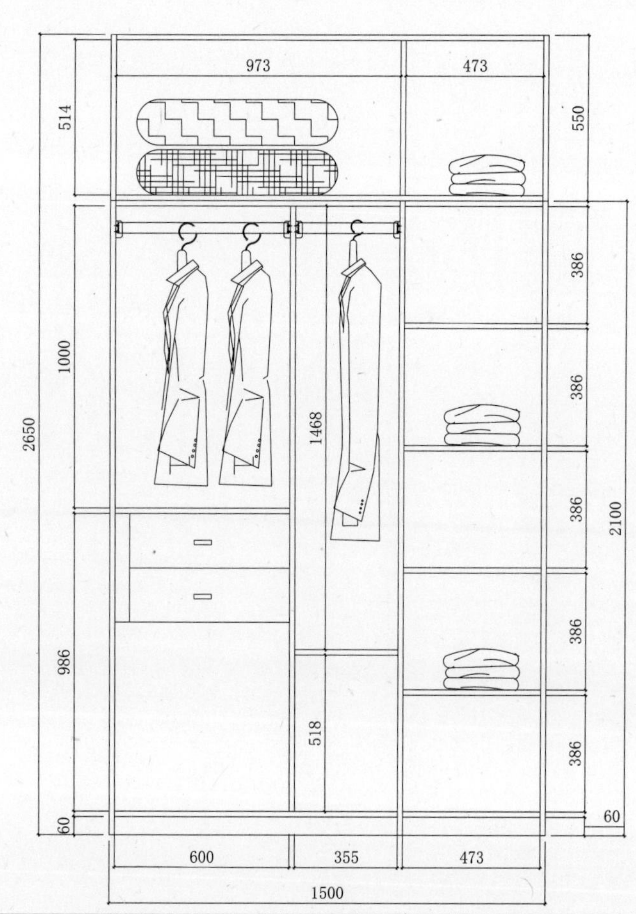

三门平开门衣柜柜体(单位：mm)	
平板式编号	YG308#
框架式编号	
柜体高度	2100~2430
柜体宽度	150~600
柜体深度	550~600
柜板厚度	框架式20
	平板式18
背板厚度	9
背板连接	搭边内嵌
挂衣杆	
裤架高度	600~1000
上衣高度	900~1200
长衣高度	1200~1500

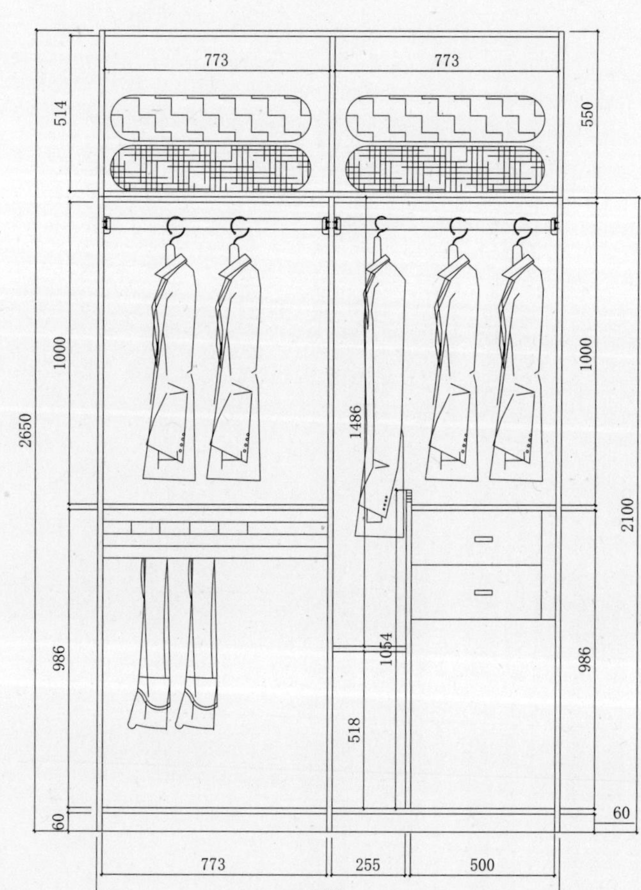

四门平开门衣柜柜体(单位：mm)	
平板式编号	YG401#
框架式编号	
下柜高度	2100~2430
上柜高度	400~800
柜体宽度	1600~2200
柜体深度	550~600
柜板厚度	框架式20
	平板式18
背板厚度	9
背板连接	搭边内嵌
挂衣杆	
裤架高度	600~1000
上衣高度	900~1200
长衣高度	1200~1500

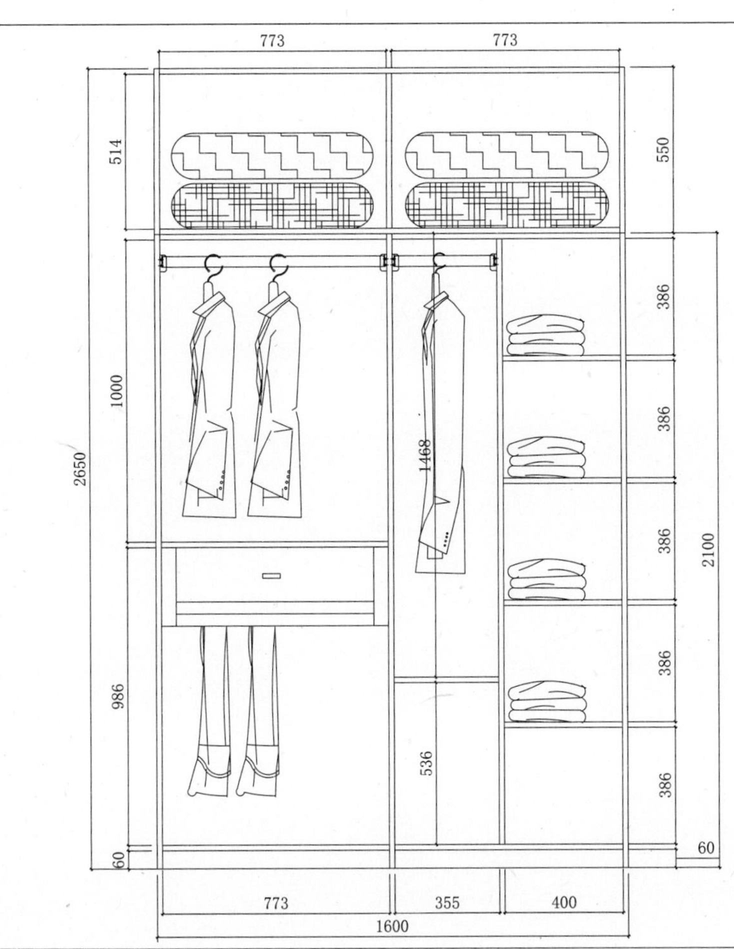

四门平开门衣柜柜体(单位：mm)	
平板式编号	YG402#
框架式编号	
下柜高度	2100~2430
上柜高度	400~800
柜体宽度	1600~2200
柜体深度	550~600
柜板厚度	框架式20
	平板式18
背板厚度	9
背板连接	搭边内嵌
挂衣杆	
裤架高度	600~1000
上衣高度	900~1200
长衣高度	1200~1500

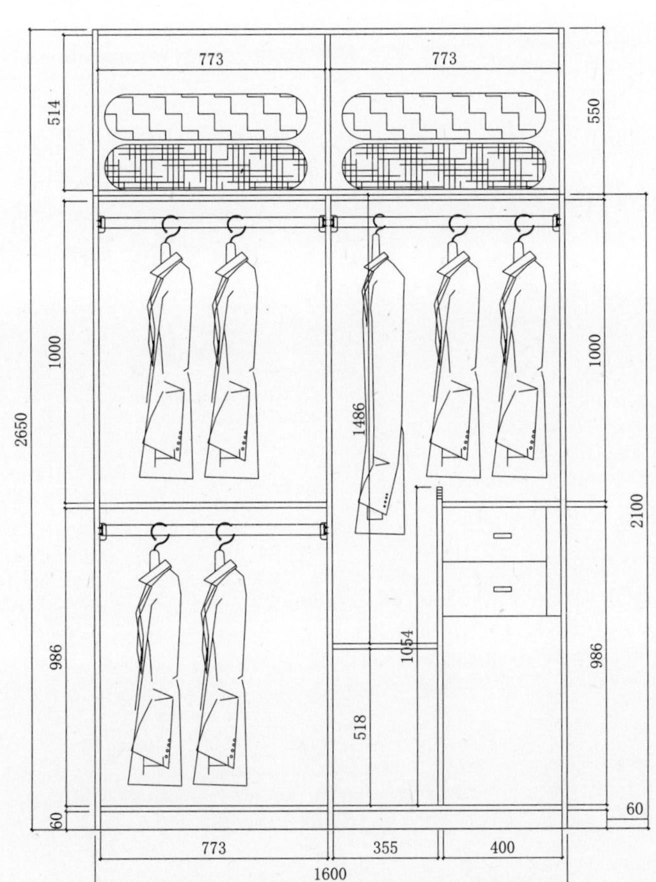

四门平开门衣柜柜体(单位：mm)	
平板式编号	YG403#
框架式编号	
下柜高度	2100~2430
上柜高度	400~800
柜体宽度	1600~2200
柜体深度	550~600
柜板厚度	框架式20
	平板式18
背板厚度	9
背板连接	搭边内嵌
挂衣杆	
裤架高度	600~1000
上衣高度	900~1200
长衣高度	1200~1500

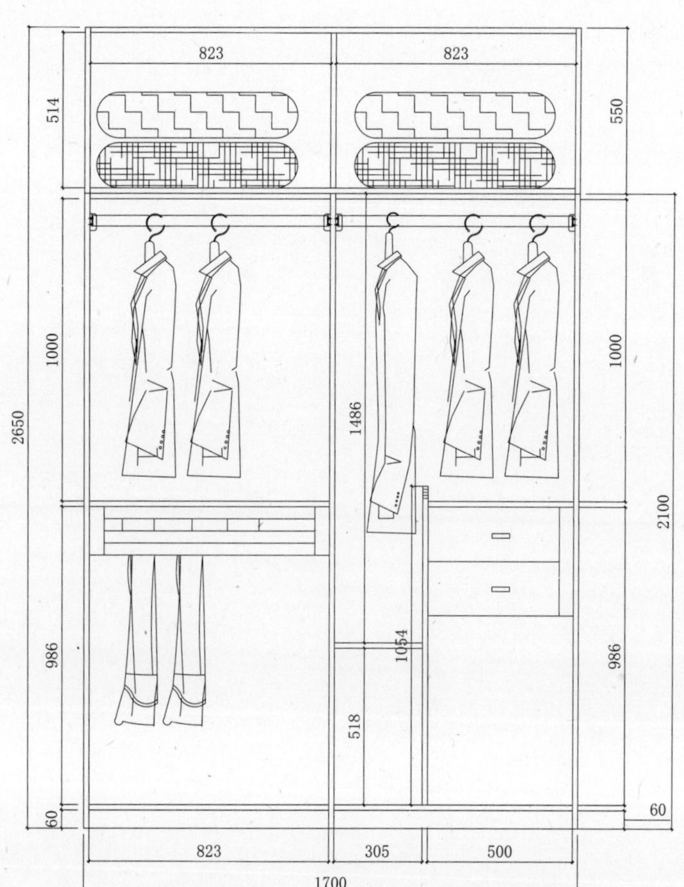

四门平开门衣柜柜体(单位：mm)	
平板式编号	YG404#
框架式编号	
下柜高度	2100~2430
上柜高度	400~800
柜体宽度	1600~2200
柜体深度	550~600
柜板厚度	框架式20
	平板式18
背板厚度	9
背板连接	搭边内嵌
挂衣杆	
裤架高度	600~1000
上衣高度	900~1200
长衣高度	1200~1500

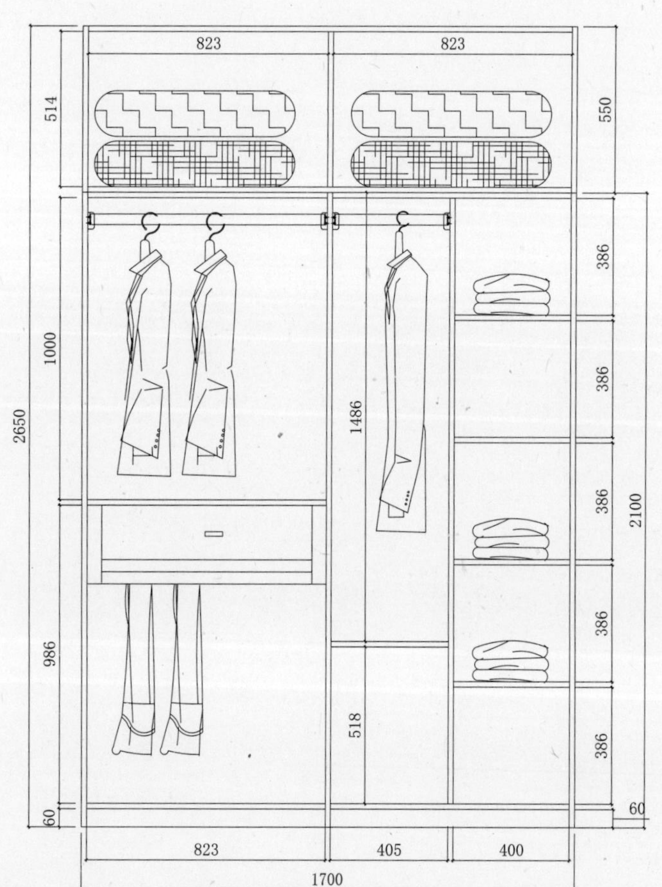

四门平开门衣柜柜体(单位：mm)	
平板式编号	YG405#
框架式编号	
下柜高度	2100~2430
上柜高度	400~800
柜体宽度	1600~2200
柜体深度	550~600
柜板厚度	框架式20
	平板式18
背板厚度	9
背板连接	搭边内嵌
挂衣杆	
裤架高度	600~1000
上衣高度	900~1200
长衣高度	1200~1500

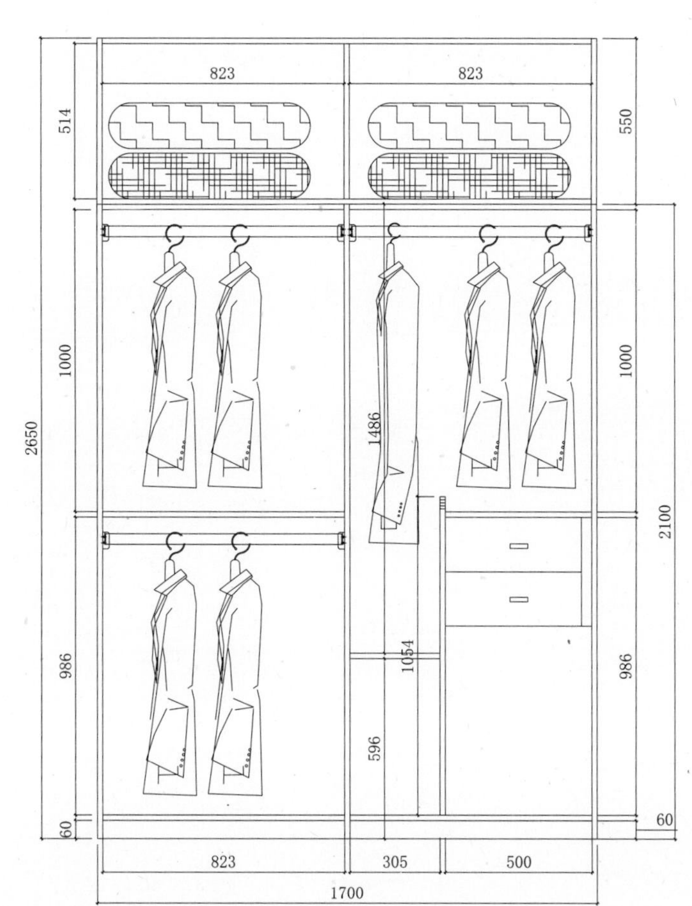

四门平开门衣柜柜体(单位：mm)	
平板式编号	YG406#
框架式编号	
下柜高度	2100~2430
上柜高度	400~800
柜体宽度	1600~2200
柜体深度	550~600
柜板厚度	框架式20
	平板式18
背板厚度	9
背板连接	搭边内嵌
挂衣杆	
裤架高度	600~1000
上衣高度	900~1200
长衣高度	1200~1500

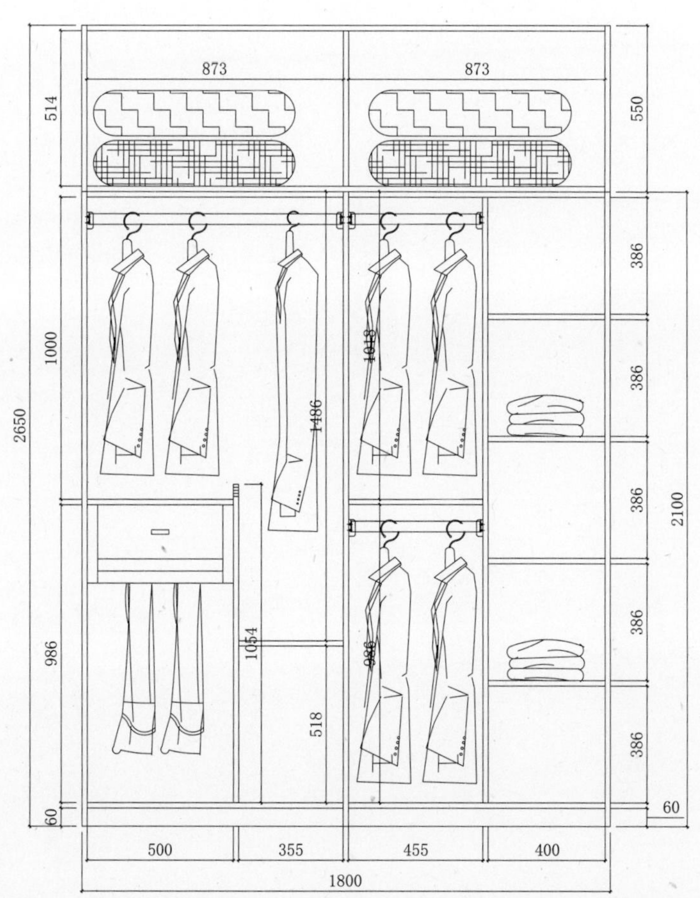

四门平开门衣柜柜体(单位：mm)	
平板式编号	YG407#
框架式编号	
下柜高度	2100~2430
上柜高度	400~800
柜体宽度	1600~2200
柜体深度	550~600
柜板厚度	框架式20
	平板式18
背板厚度	9
背板连接	搭边内嵌
挂衣杆	
裤架高度	600~1000
上衣高度	900~1200
长衣高度	1200~1500

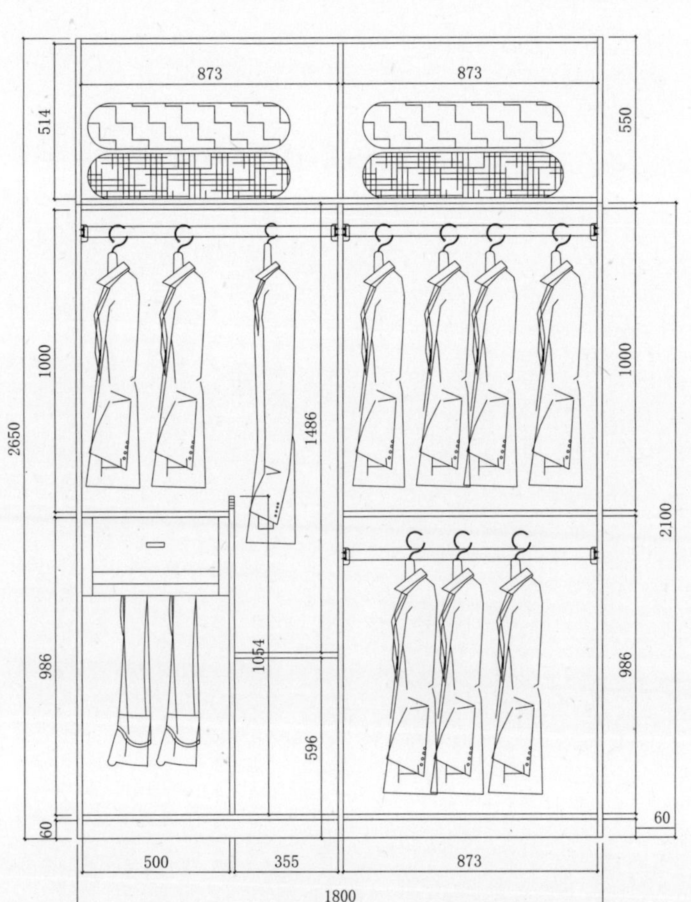

四门平开门衣柜柜体(单位：mm)	
平板式编号	YG408#
框架式编号	
下柜高度	2100~2430
上柜高度	400~800
柜体宽度	1600~2200
柜体深度	550~600
柜板厚度	框架式20
	平板式18
背板厚度	9
背板连接	搭边内嵌
挂衣杆	
裤架高度	600~1000
上衣高度	900~1200
长衣高度	1200~1500

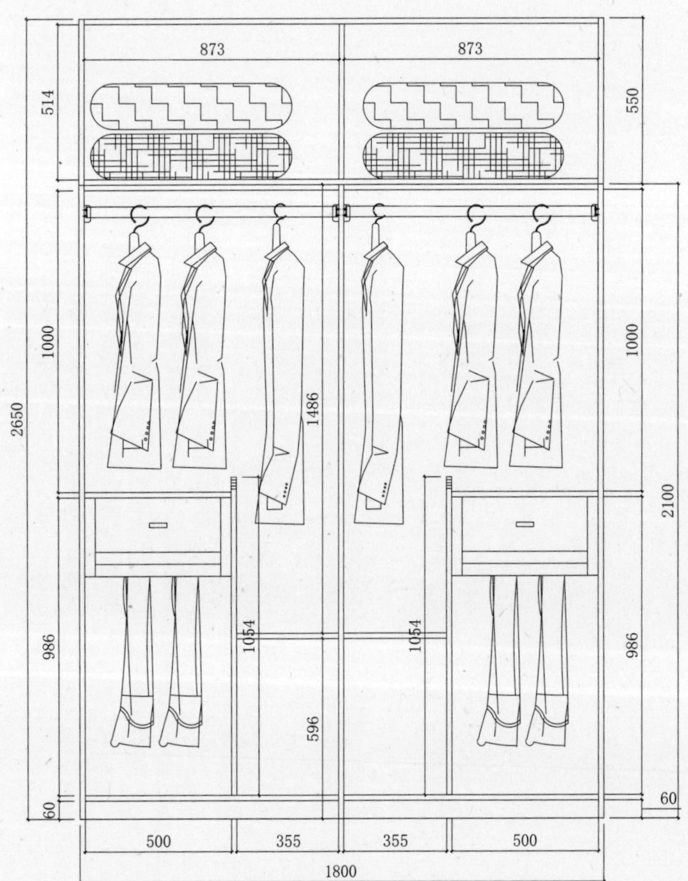

四门平开门衣柜柜体(单位：mm)	
平板式编号	YG409#
框架式编号	
下柜高度	2100~2430
上柜高度	400~800
柜体宽度	1600~2200
柜体深度	550~600
柜板厚度	框架式20
	平板式18
背板厚度	9
背板连接	搭边内嵌
挂衣杆	
裤架高度	600~1000
上衣高度	900~1200
长衣高度	1200~1500

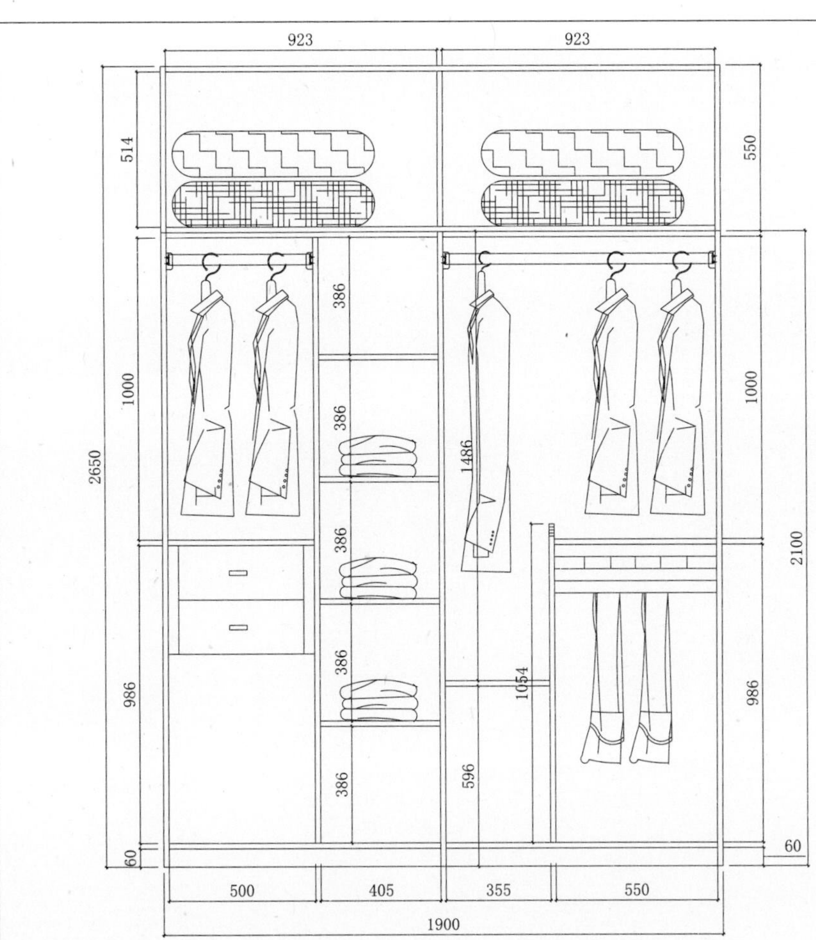

四门平开门衣柜柜体(单位：mm)	
平板式编号	YG410#
框架式编号	
下柜高度	2100~2430
上柜高度	400~800
柜体宽度	1600~2200
柜体深度	550~600
柜板厚度	框架式20
	平板式18
背板厚度	9
背板连接	搭边内嵌
挂衣杆	
裤架高度	600~1000
上衣高度	900~1200
长衣高度	1200~1500

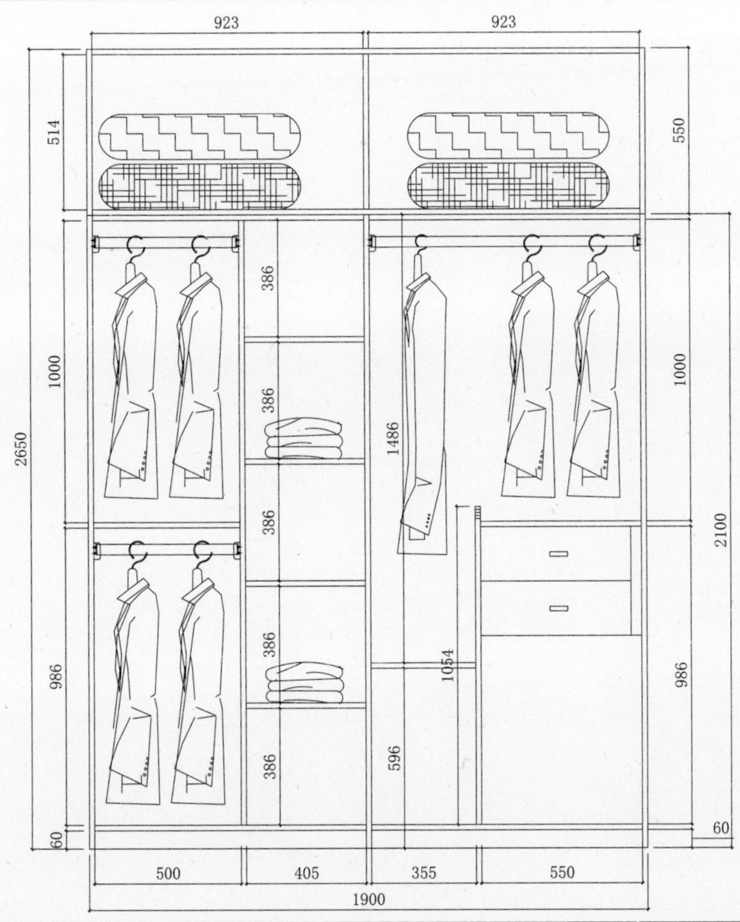

四门平开门衣柜柜体(单位：mm)	
平板式编号	YG411#
框架式编号	
下柜高度	2100~2430
上柜高度	400~800
柜体宽度	1600~2200
柜体深度	550~600
柜板厚度	框架式20
	平板式18
背板厚度	9
背板连接	搭边内嵌
挂衣杆	
裤架高度	600~1000
上衣高度	900~1200
长衣高度	1200~1500

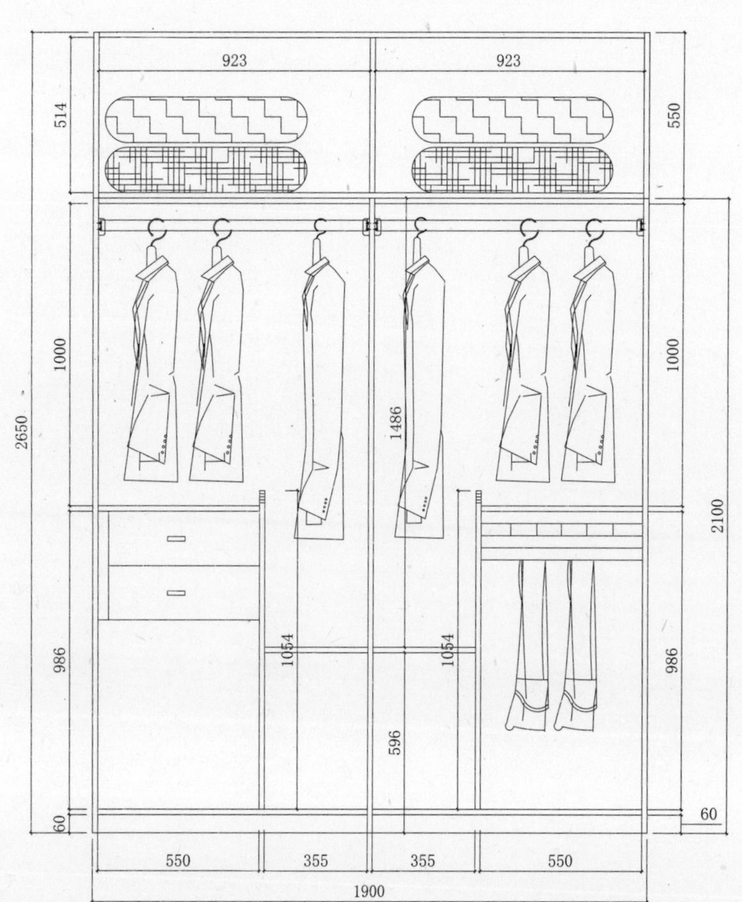

四门平开门衣柜柜体(单位：mm)	
平板式编号	YG412#
框架式编号	
下柜高度	2100~2430
上柜高度	400~800
柜体宽度	1600~2200
柜体深度	550~600
柜板厚度	框架式20
	平板式18
背板厚度	9
背板连接	搭边内嵌
挂衣杆	
裤架高度	600~1000
上衣高度	900~1200
长衣高度	1200~1500

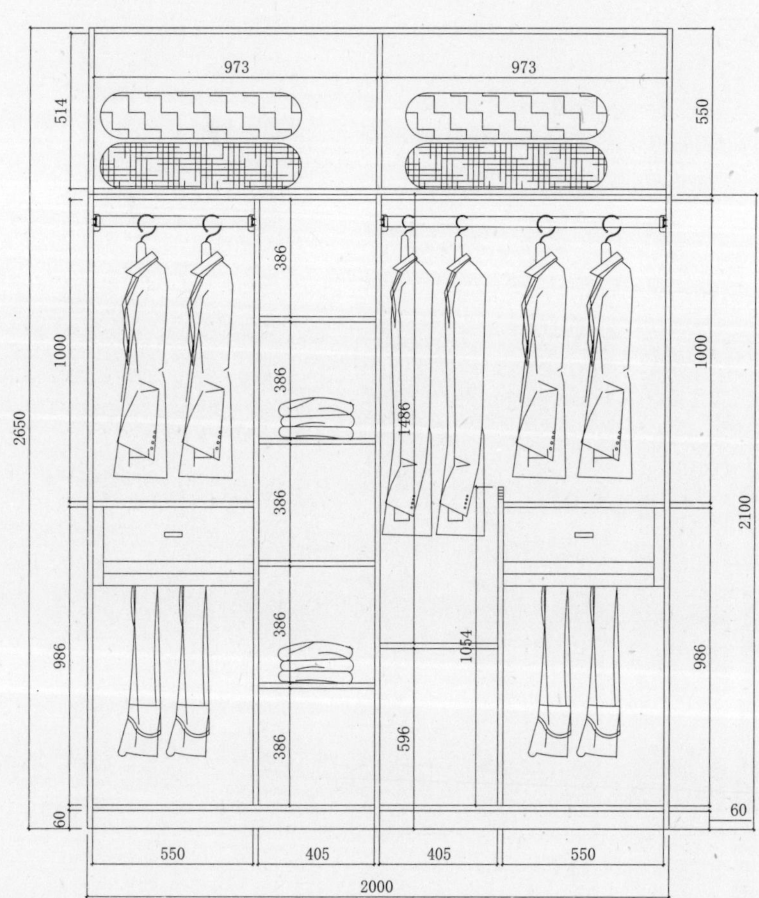

四门平开门衣柜柜体(单位：mm)	
平板式编号	YG413#
框架式编号	
下柜高度	2100~2430
上柜高度	400~800
柜体宽度	1600~2200
柜体深度	550~600
柜板厚度	框架式20
	平板式18
背板厚度	9
背板连接	搭边内嵌
挂衣杆	
裤架高度	600~1000
上衣高度	900~1200
长衣高度	1200~1500

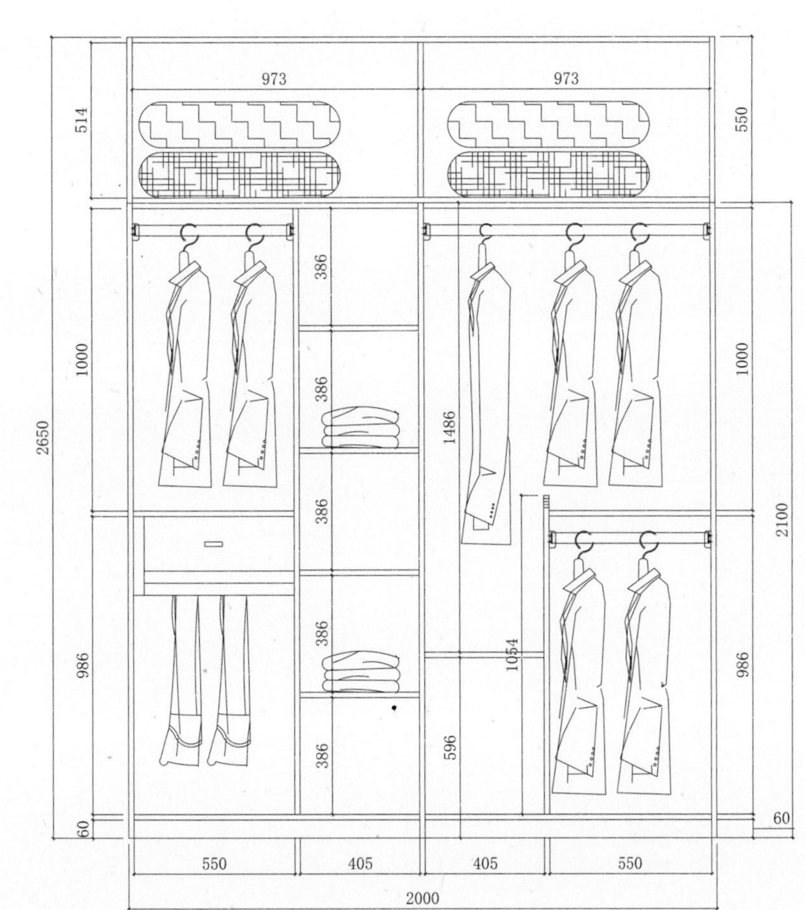

四门平开门衣柜柜体(单位：mm)	
平板式编号	YG414#
框架式编号	
下柜高度	2100~2430
上柜高度	400~800
柜体宽度	1600~2200
柜体深度	550~600
柜板厚度	框架式20
	平板式18
背板厚度	9
背板连接	搭边内嵌
挂衣杆	
裤架高度	600~1000
上衣高度	900~1200
长衣高度	1200~1500

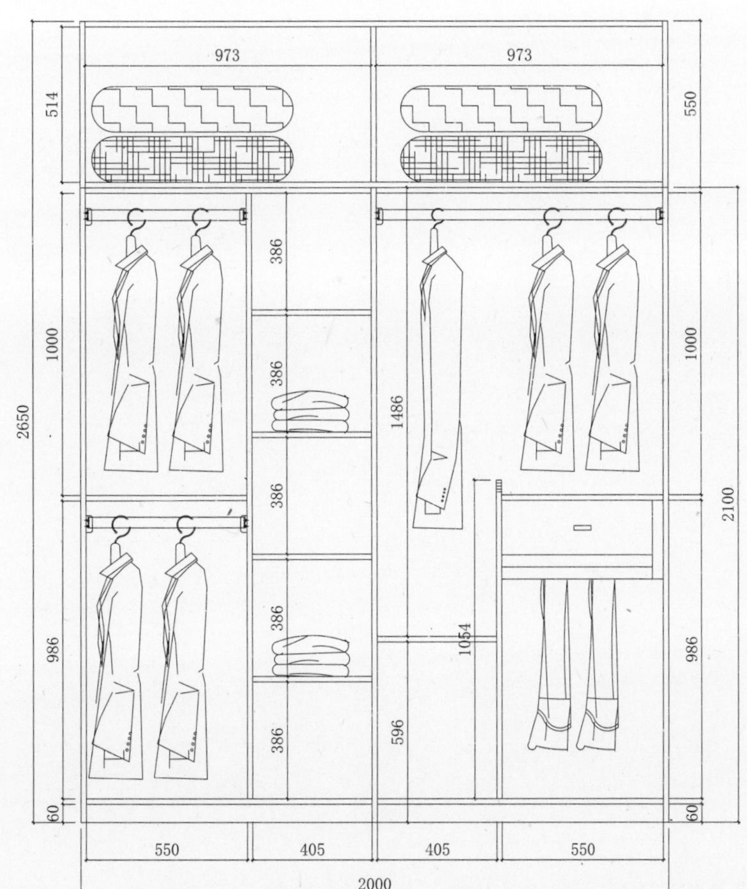

四门平开门衣柜柜体(单位：mm)	
平板式编号	YG415#
框架式编号	
下柜高度	2100~2430
上柜高度	400~800
柜体宽度	1600~2200
柜体深度	550~600
柜板厚度	框架式20
	平板式18
背板厚度	9
背板连接	搭边内嵌
挂衣杆	
裤架高度	600~1000
上衣高度	900~1200
长衣高度	1200~1500

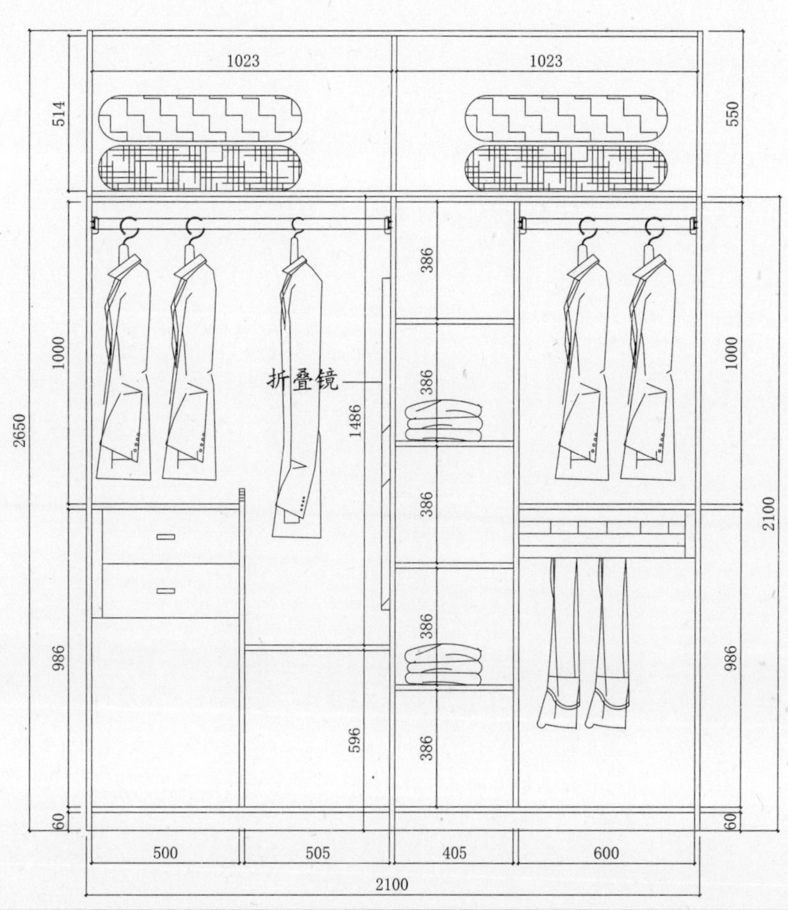

四门平开门衣柜柜体(单位：mm)	
平板式编号	YG416#
框架式编号	
下柜高度	2100~2430
上柜高度	400~800
柜体宽度	1600~2200
柜体深度	550~600
柜板厚度	框架式20
	平板式18
背板厚度	9
背板连接	搭边内嵌
挂衣杆	
裤架高度	600~1000
上衣高度	900~1200
长衣高度	1200~1500

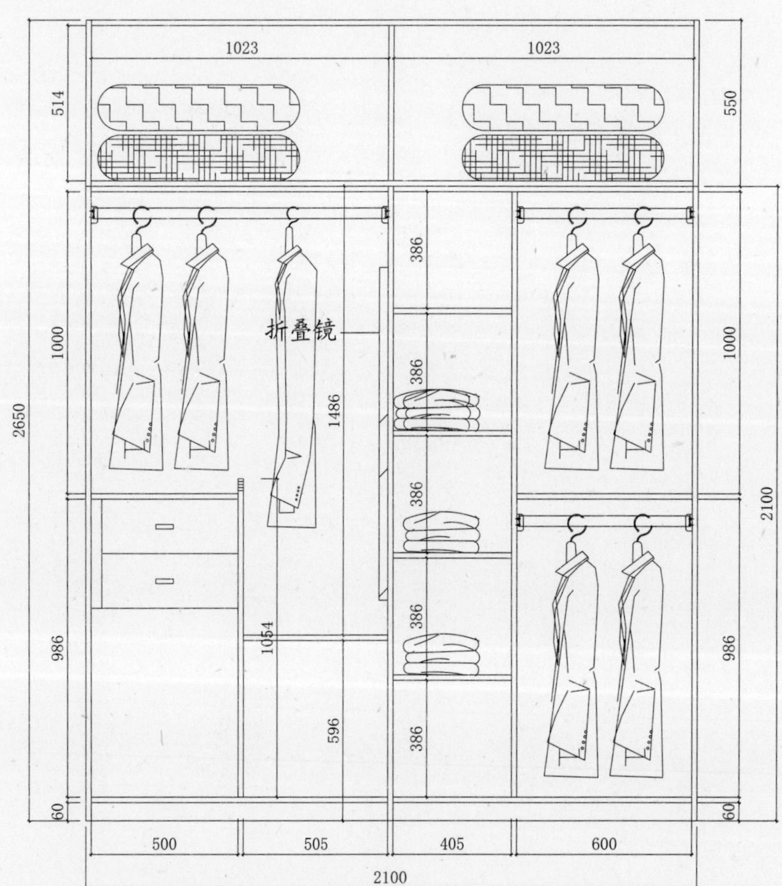

四门平开门衣柜柜体(单位：mm)	
平板式编号	YG417#
框架式编号	
下柜高度	2100~2430
上柜高度	400~800
柜体宽度	1600~2200
柜体深度	550~600
柜板厚度	框架式20
	平板式18
背板厚度	9
背板连接	搭边内嵌
挂衣杆	
裤架高度	600~1000
上衣高度	900~1200
长衣高度	1200~1500

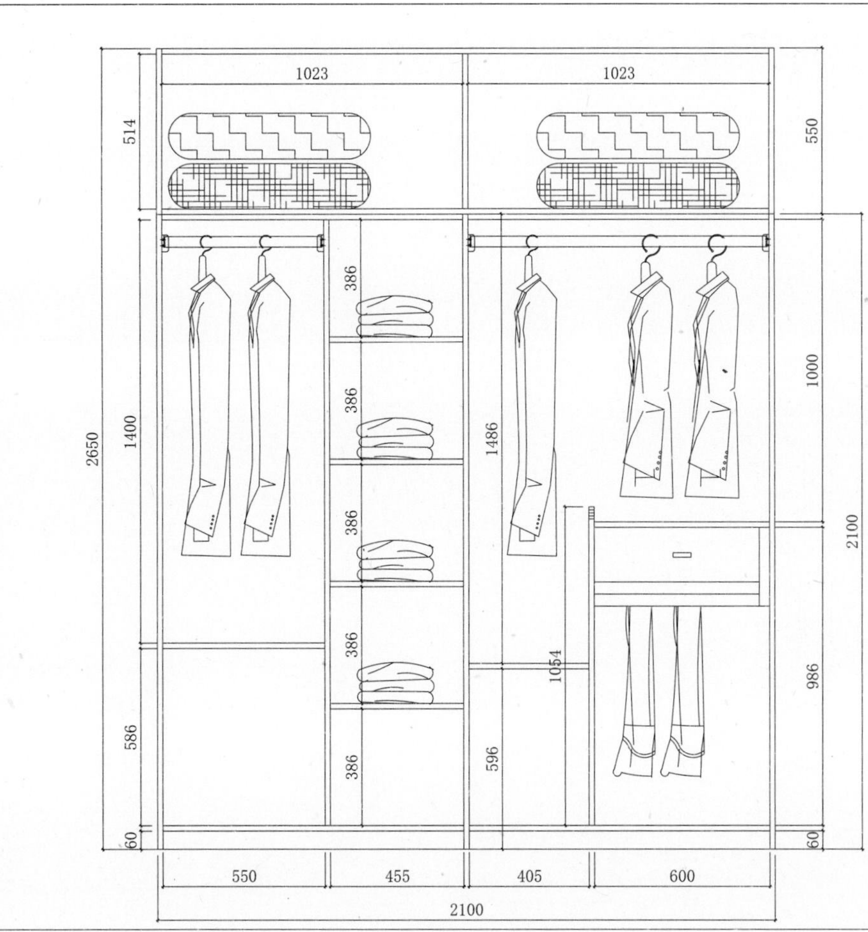

四门平开门衣柜柜体(单位：mm)	
平板式编号	YG418#
框架式编号	
下柜高度	2100~2430
上柜高度	400~800
柜体宽度	1600~2200
柜体深度	550~600
柜板厚度	框架式20
	平板式18
背板厚度	9
背板连接	搭边内嵌
挂衣杆	
裤架高度	600~1000
上衣高度	900~1200
长衣高度	1200~1500

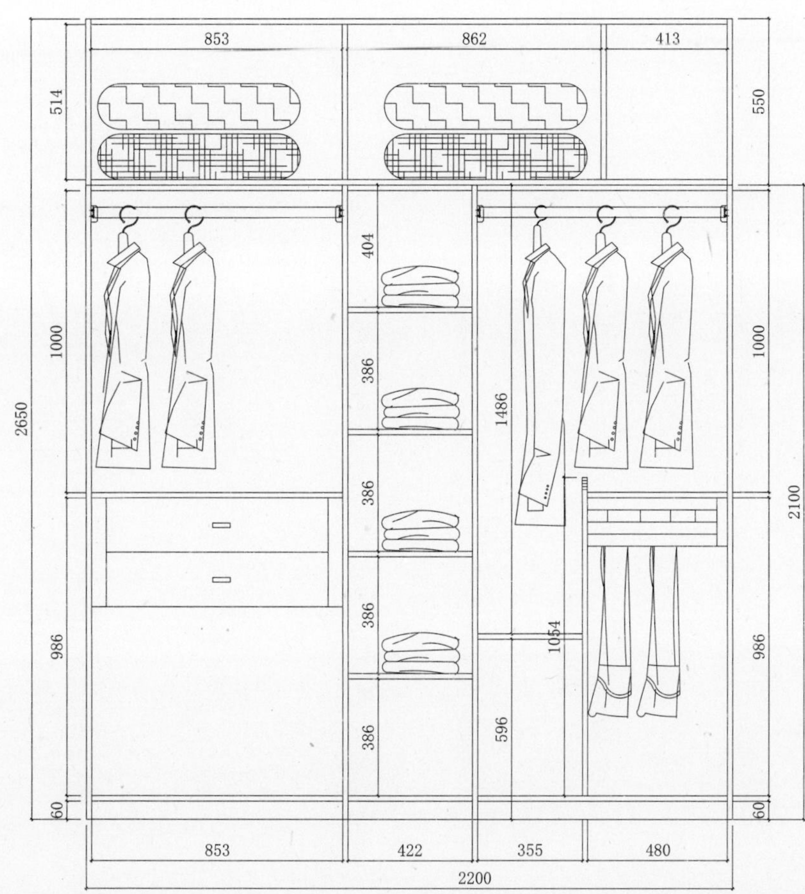

五门平开门衣柜柜体(单位：mm)	
平板式编号	YG501#
框架式编号	
下柜高度	2100~2430
上柜高度	400~800
柜体宽度	2200~2500
柜体深度	550~600
柜板厚度	框架式20
	平板式18
背板厚度	9
背板连接	搭边内嵌
挂衣杆	
裤架高度	600~1000
上衣高度	900~1200
长衣高度	1200~1500

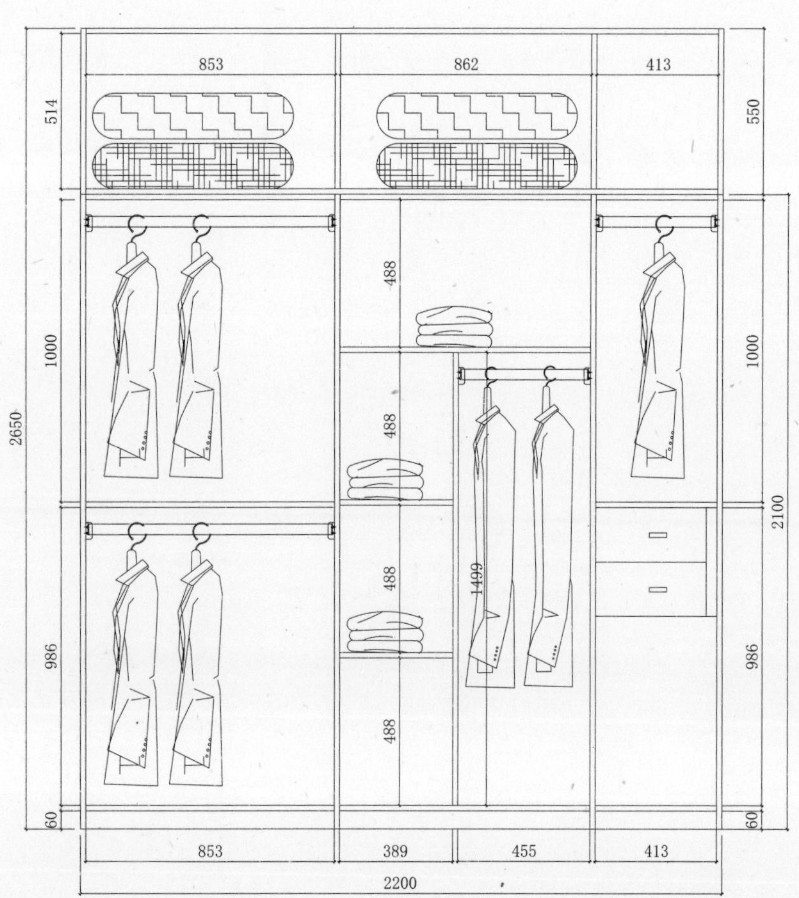

五门平开门衣柜柜体(单位：mm)	
平板式编号	YG502#
框架式编号	
下柜高度	2100~2430
上柜高度	400~800
柜体宽度	2200~2500
柜体深度	550~600
柜板厚度	框架式20
	平板式18
背板厚度	9
背板连接	搭边内嵌
挂衣杆	
裤架高度	600~1000
上衣高度	900~1200
长衣高度	1200~1500

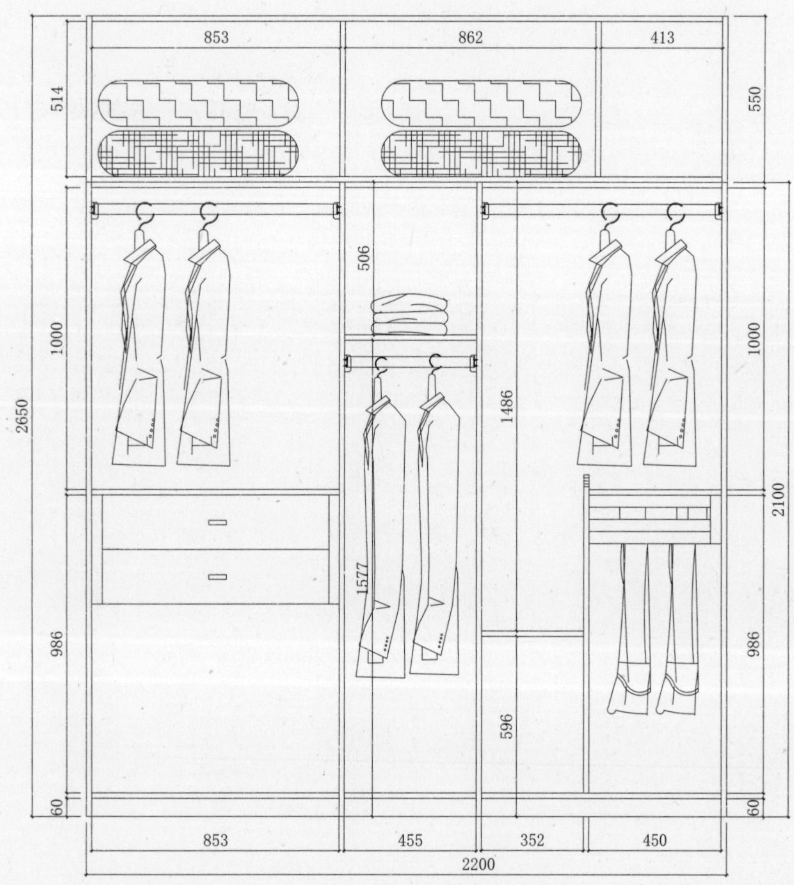

五门平开门衣柜柜体(单位：mm)	
平板式编号	YG503#
框架式编号	
下柜高度	2100~2430
上柜高度	400~800
柜体宽度	2200~2500
柜体深度	550~600
柜板厚度	框架式20
	平板式18
背板厚度	9
背板连接	搭边内嵌
挂衣杆	
裤架高度	600~1000
上衣高度	900~1200
长衣高度	1200~1500

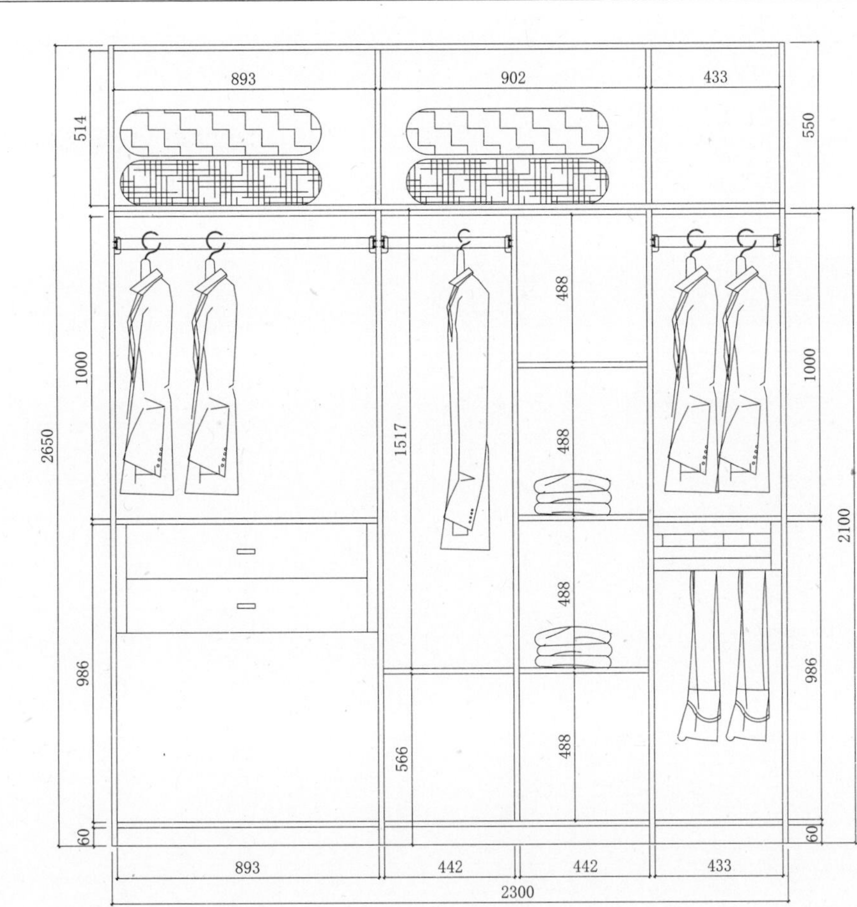

五门平开门衣柜柜体(单位：mm)	
平板式编号	YG504#
框架式编号	
下柜高度	2100~2430
上柜高度	400~800
柜体宽度	2200~2500
柜体深度	550~600
柜板厚度	框架式20
	平板式18
背板厚度	9
背板连接	搭边内嵌
挂衣杆	
裤架高度	600~1000
上衣高度	900~1200
长衣高度	1200~1500

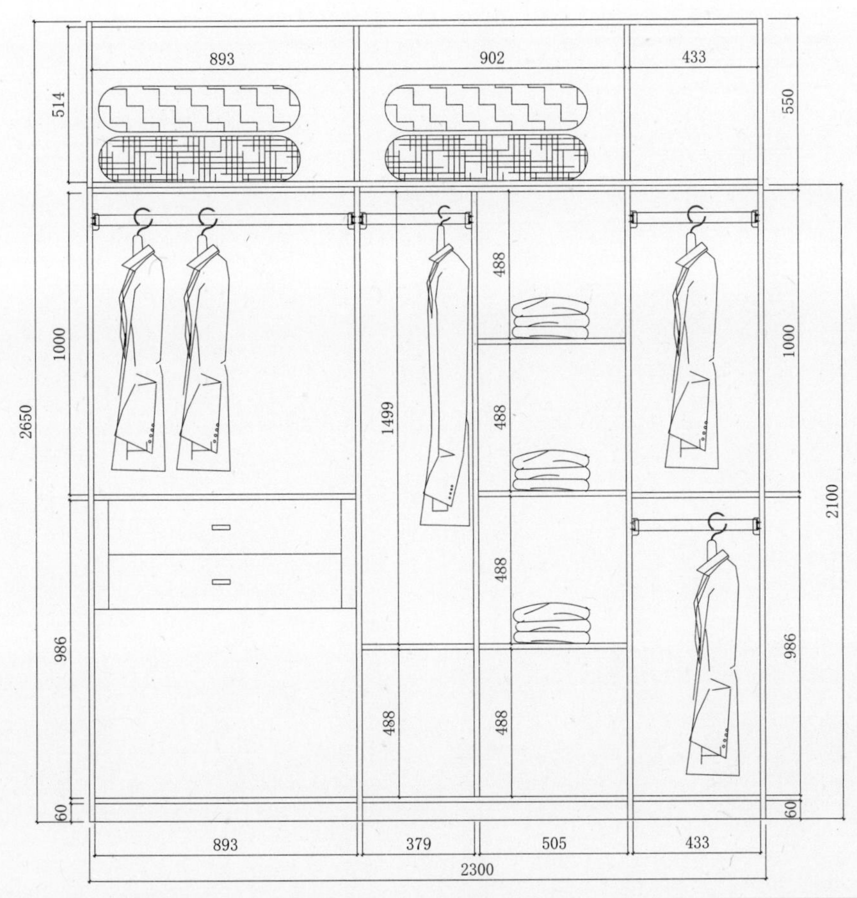

五门平开门衣柜柜体(单位：mm)	
平板式编号	YG505#
框架式编号	
下柜高度	2100~2430
上柜高度	400~800
柜体宽度	2200~2500
柜体深度	550~600
柜板厚度	框架式20
	平板式18
背板厚度	9
背板连接	搭边内嵌
挂衣杆	
裤架高度	600~1000
上衣高度	900~1200
长衣高度	1200~1500

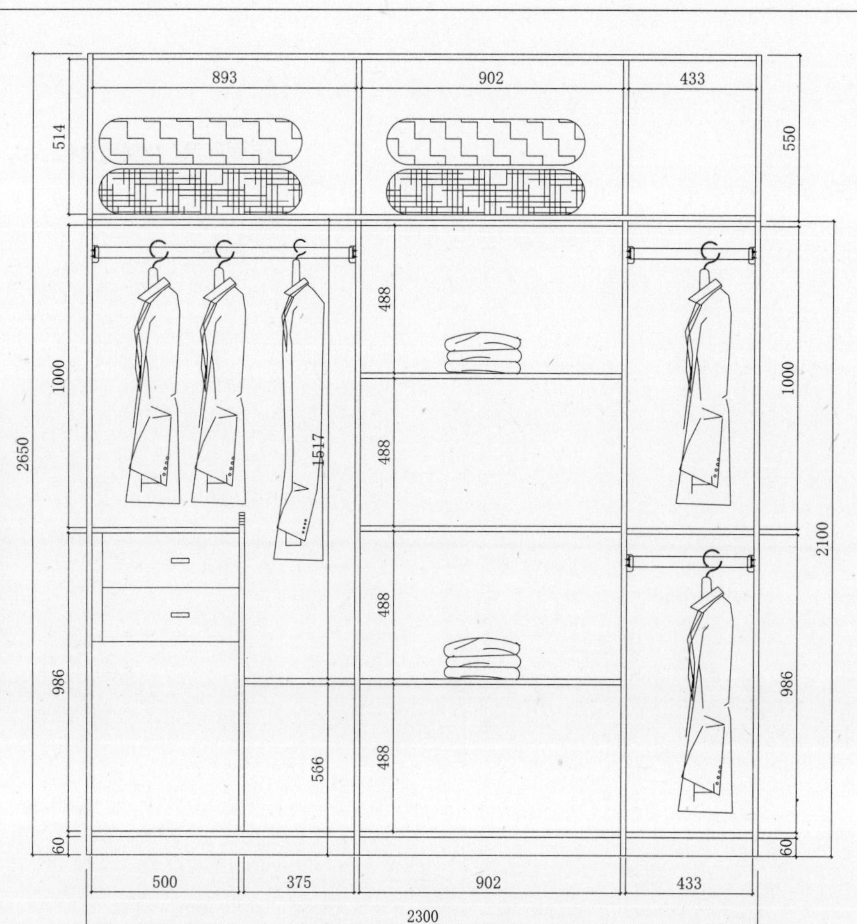

五门平开门衣柜柜体(单位：mm)	
平板式编号	YG506#
框架式编号	
下柜高度	2100~2430
上柜高度	400~800
柜体宽度	2200~2500
柜体深度	550~600
柜板厚度	框架式20
	平板式18
背板厚度	9
背板连接	搭边内嵌
挂衣杆	
裤架高度	600~1000
上衣高度	900~1200
长衣高度	1200~1500

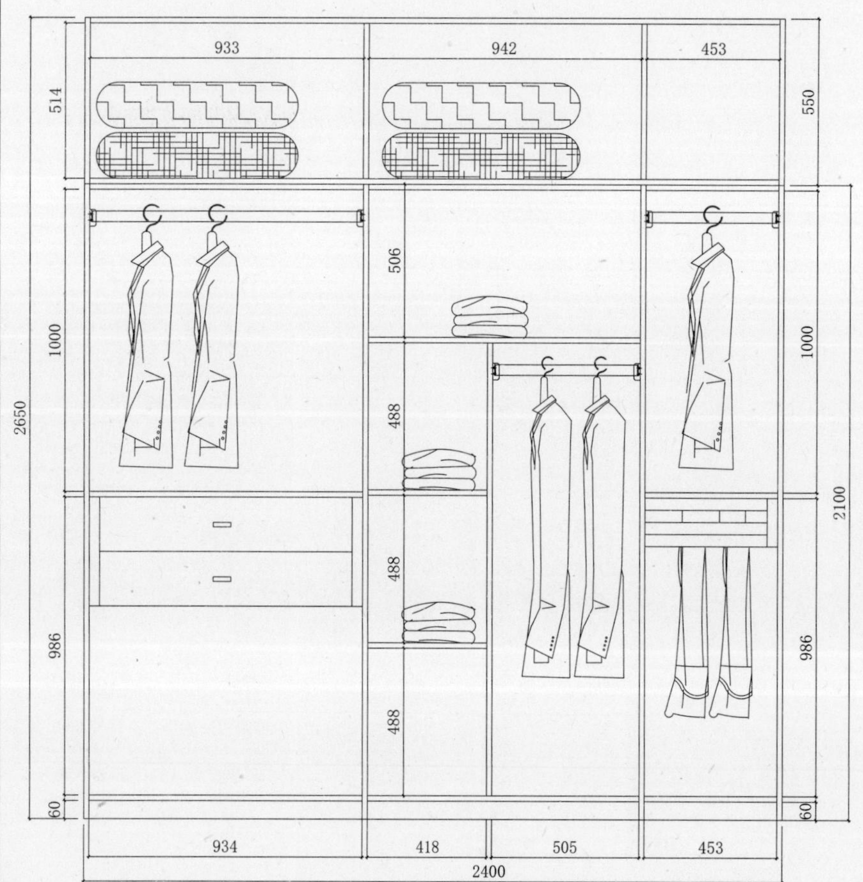

五门平开门衣柜柜体(单位：mm)	
平板式编号	YG507#
框架式编号	
下柜高度	2100~2430
上柜高度	400~800
柜体宽度	2200~2500
柜体深度	550~600
柜板厚度	框架式20
	平板式18
背板厚度	9
背板连接	搭边内嵌
挂衣杆	
裤架高度	600~1000
上衣高度	900~1200
长衣高度	1200~1500

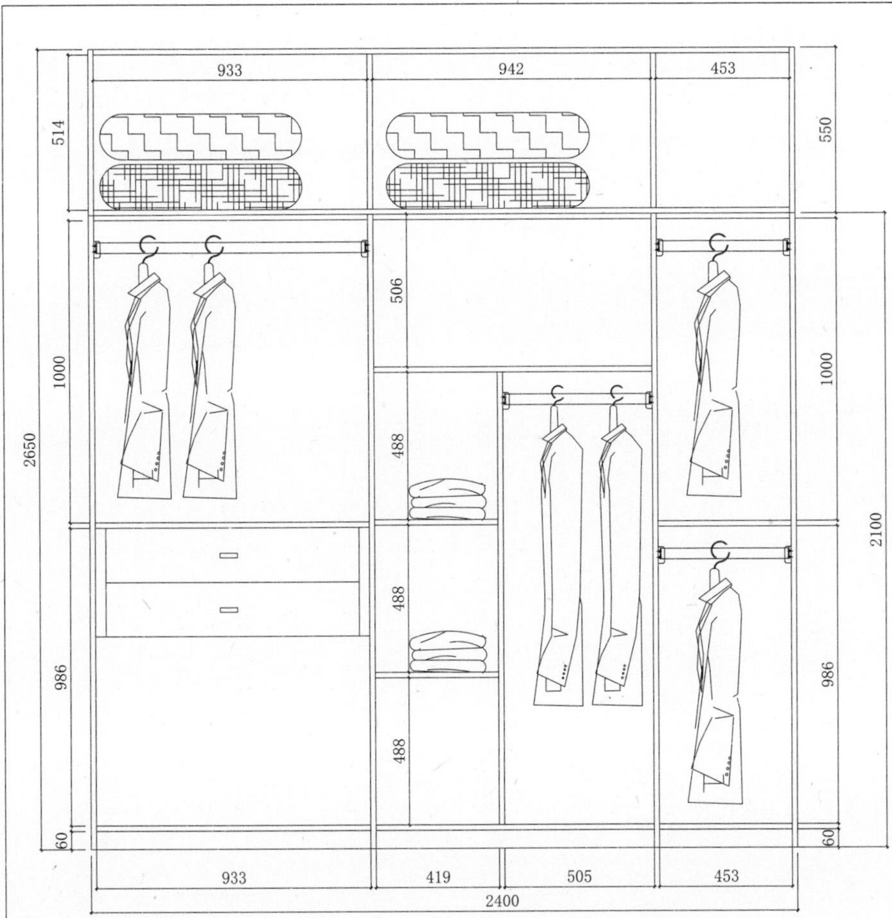

五门平开门衣柜柜体(单位：mm)	
平板式编号	YG508#
框架式编号	
下柜高度	2100~2430
上柜高度	400~800
柜体宽度	2200~2500
柜体深度	550~600
柜板厚度	框架式20
	平板式18
背板厚度	9
背板连接	搭边内嵌
挂衣杆	
裤架高度	600~1000
上衣高度	900~1200
长衣高度	1200~1500

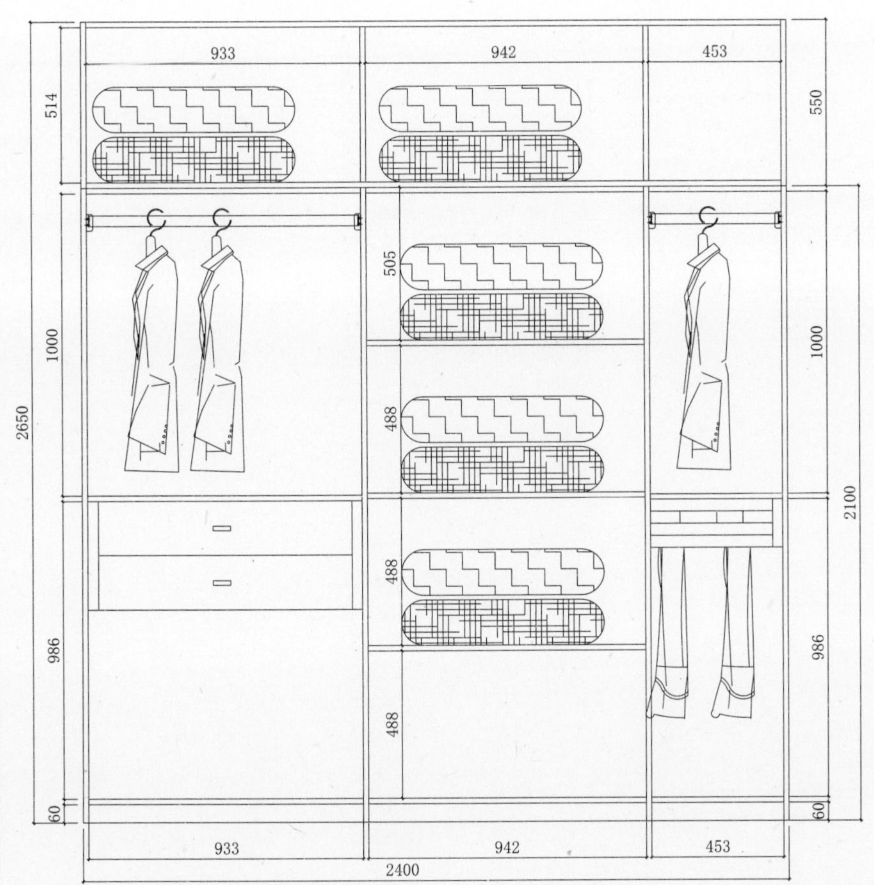

五门平开门衣柜柜体(单位：mm)	
平板式编号	YG509#
框架式编号	
下柜高度	2100~2430
上柜高度	400~800
柜体宽度	2200~2500
柜体深度	550~600
柜板厚度	框架式20
	平板式18
背板厚度	9
背板连接	搭边内嵌
挂衣杆	
裤架高度	600~1000
上衣高度	900~1200
长衣高度	1200~1500

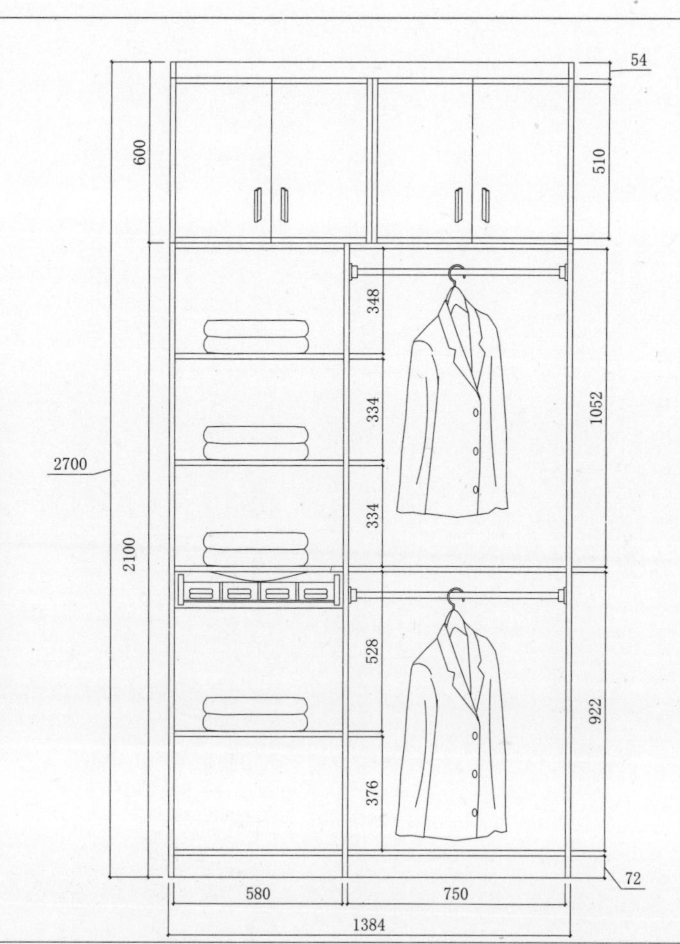

推拉门衣柜柜体(单位：mm)	
平板式编号	TLYG101#
框架式编号	
下柜高度	2100~2430
上柜高度	400~800
柜体宽度	1200~1700
柜体深度	550~600
柜板厚度	框架式20
	平板式18
背板厚度	9
背板连接	搭边内嵌
挂衣杆	
裤架高度	600~1000
上衣高度	900~1200
长衣高度	1200~1500

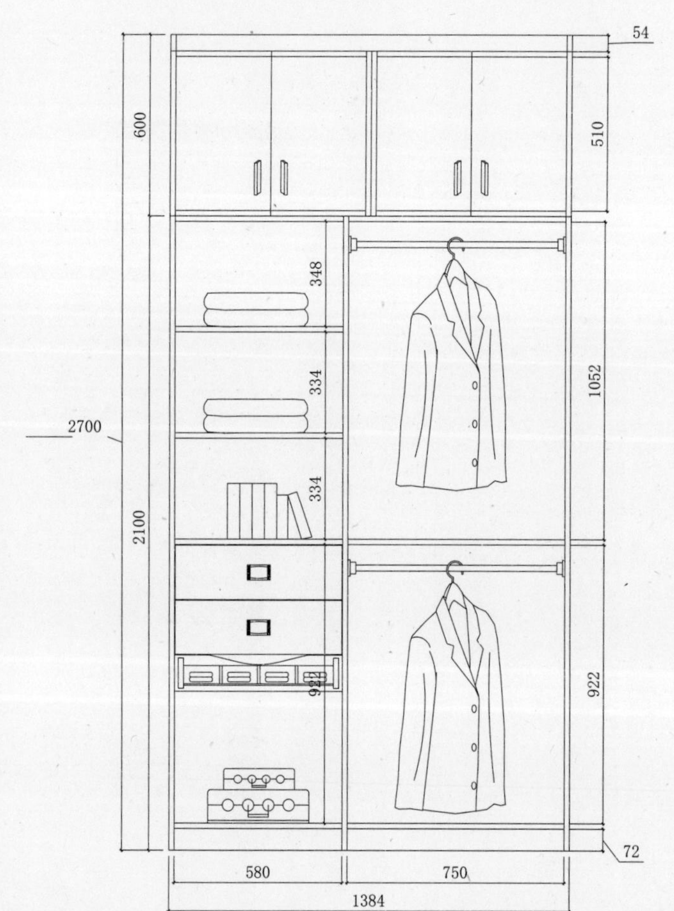

推拉门衣柜柜体(单位：mm)	
平板式编号	TLYG102#
框架式编号	
下柜高度	2100~2430
上柜高度	400~800
柜体宽度	1200~1700
柜体深度	550~600
柜板厚度	框架式20
	平板式18
背板厚度	9
背板连接	搭边内嵌
挂衣杆	
裤架高度	600~1000
上衣高度	900~1200
长衣高度	1200~1500

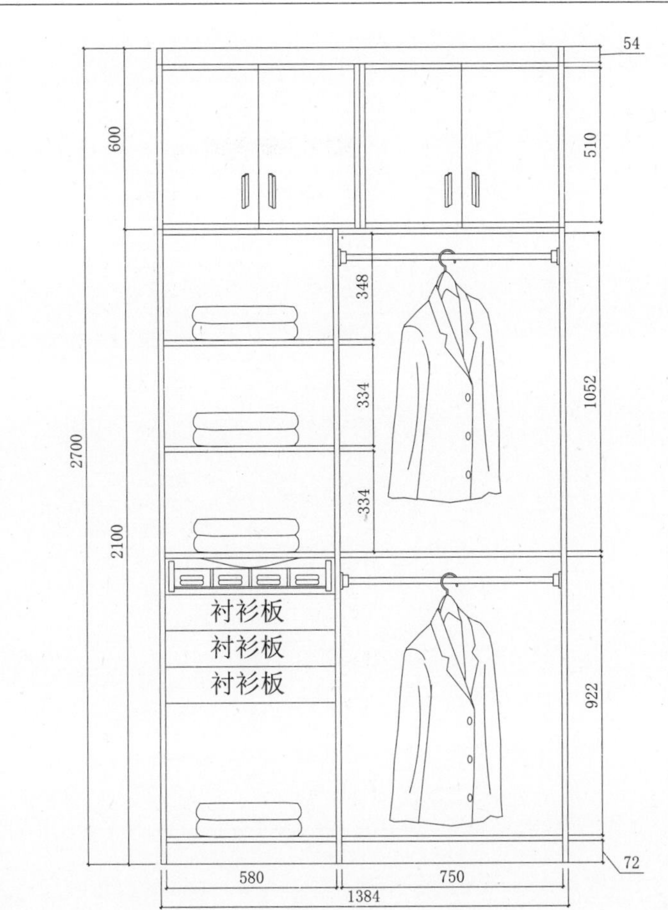

推拉门衣柜柜体(单位：mm)	
平板式编号	TLYG103#
框架式编号	
下柜高度	2100~2430
上柜高度	400~800
柜体宽度	1200~1700
柜体深度	550~600
柜板厚度	框架式20
	平板式18
背板厚度	9
背板连接	搭边内嵌
挂衣杆	
裤架高度	600~1000
上衣高度	900~1200
长衣高度	1200~1500

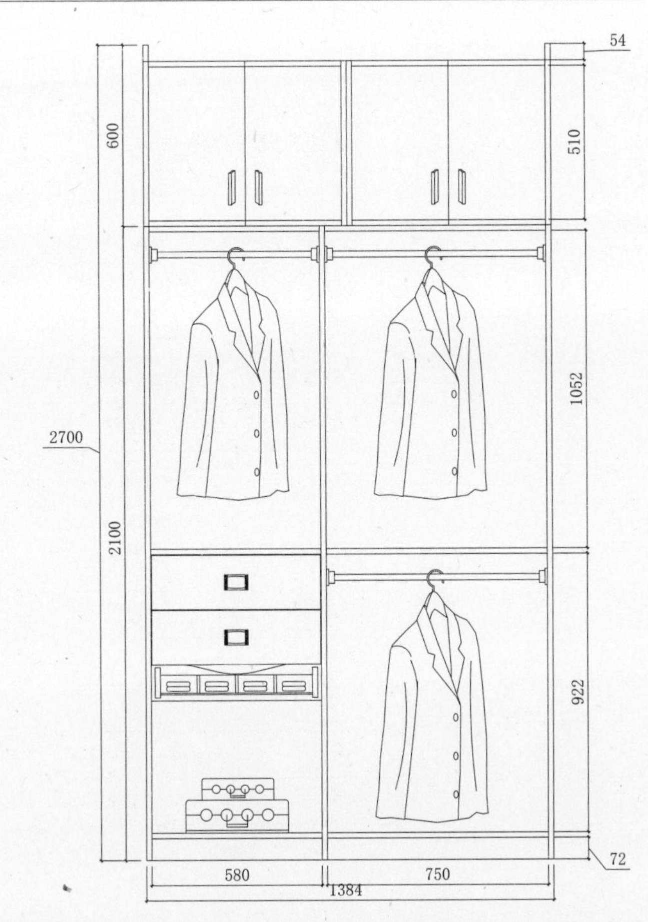

推拉门衣柜柜体(单位：mm)	
平板式编号	TLYG104#
框架式编号	
下柜高度	2100~2430
上柜高度	400~800
柜体宽度	1200~1700
柜体深度	550~600
柜板厚度	框架式20
	平板式18
背板厚度	9
背板连接	搭边内嵌
挂衣杆	
裤架高度	600~1000
上衣高度	900~1200
长衣高度	1200~1500

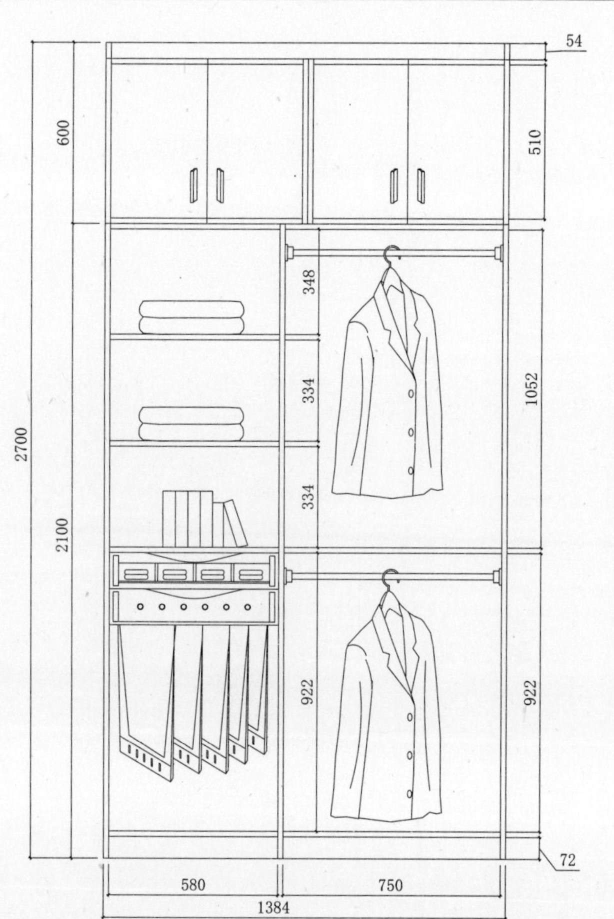

推拉门衣柜柜体(单位：mm)	
平板式编号	TLYG105#
框架式编号	
下柜高度	2100~2430
上柜高度	400~800
柜体宽度	1200~1700
柜体深度	550~600
柜板厚度	框架式20
	平板式18
背板厚度	9
背板连接	搭边内嵌
挂衣杆	
裤架高度	600~1000
上衣高度	900~1200
长衣高度	1200~1500

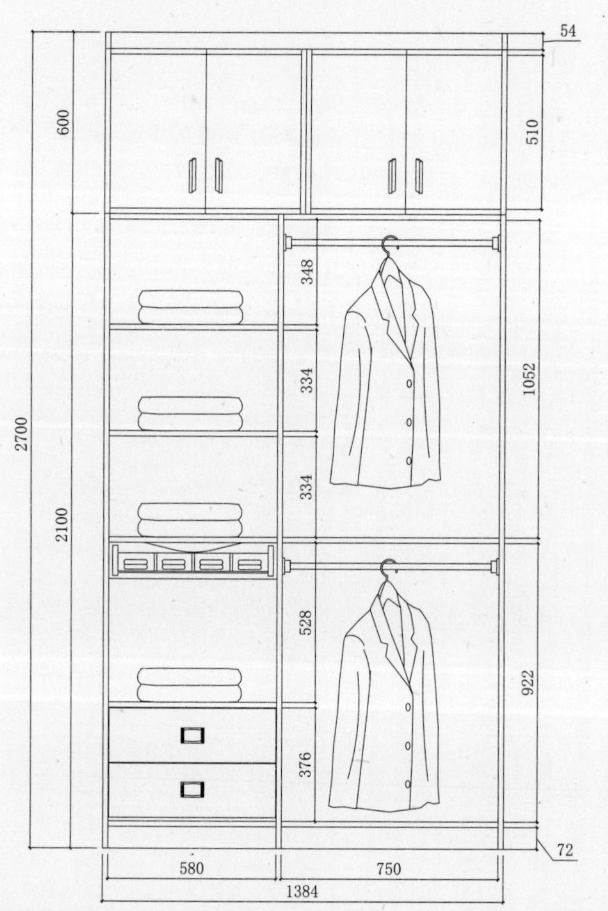

推拉门衣柜柜体(单位：mm)	
平板式编号	TLYG106#
框架式编号	
下柜高度	2100~2430
上柜高度	400~800
柜体宽度	1200~1700
柜体深度	550~600
柜板厚度	框架式20
	平板式18
背板厚度	9
背板连接	搭边内嵌
挂衣杆	
裤架高度	600~1000
上衣高度	900~1200
长衣高度	1200~1500

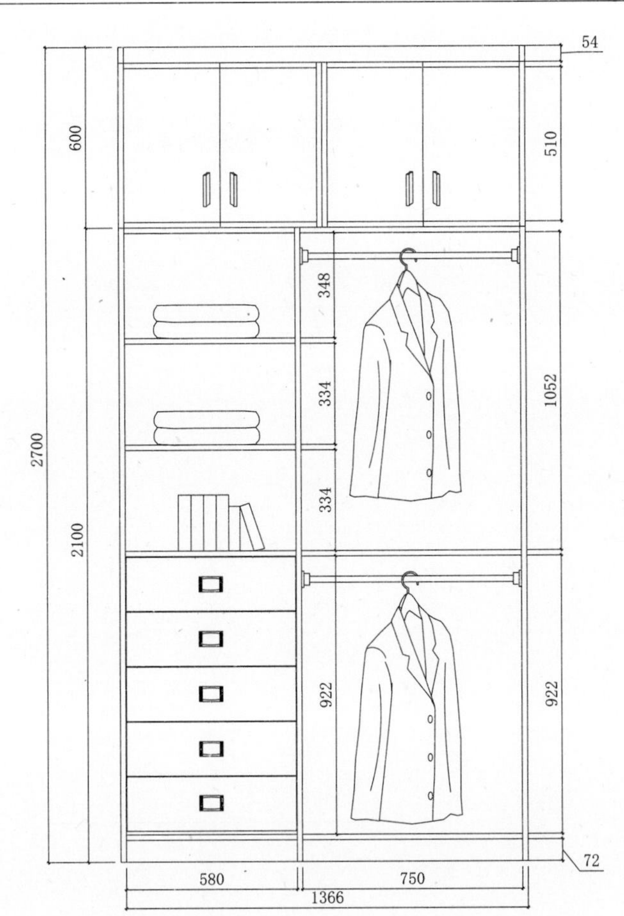

推拉门衣柜柜体(单位：mm)	
平板式编号	TLYG107#
框架式编号	
下柜高度	2100~2430
上柜高度	400~800
柜体宽度	1200~1700
柜体深度	550~600
柜板厚度	框架式20
	平板式18
背板厚度	9
背板连接	搭边内嵌
挂衣杆	
裤架高度	600~1000
上衣高度	900~1200
长衣高度	1200~1500

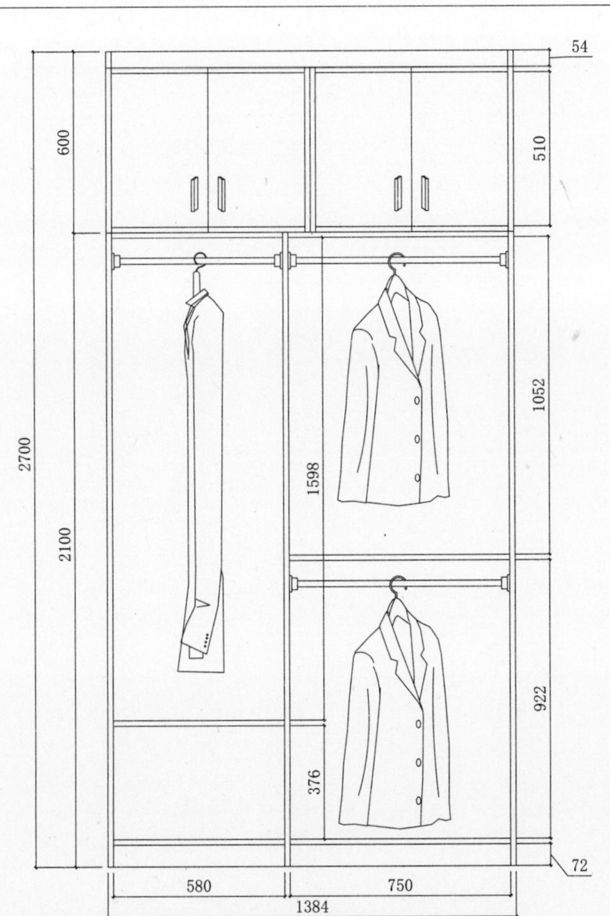

推拉门衣柜柜体(单位：mm)	
平板式编号	TLYG108#
框架式编号	
下柜高度	2100~2430
上柜高度	400~800
柜体宽度	1200~1700
柜体深度	550~600
柜板厚度	框架式20
	平板式18
背板厚度	9
背板连接	搭边内嵌
挂衣杆	
裤架高度	600~1000
上衣高度	900~1200
长衣高度	1200~1500

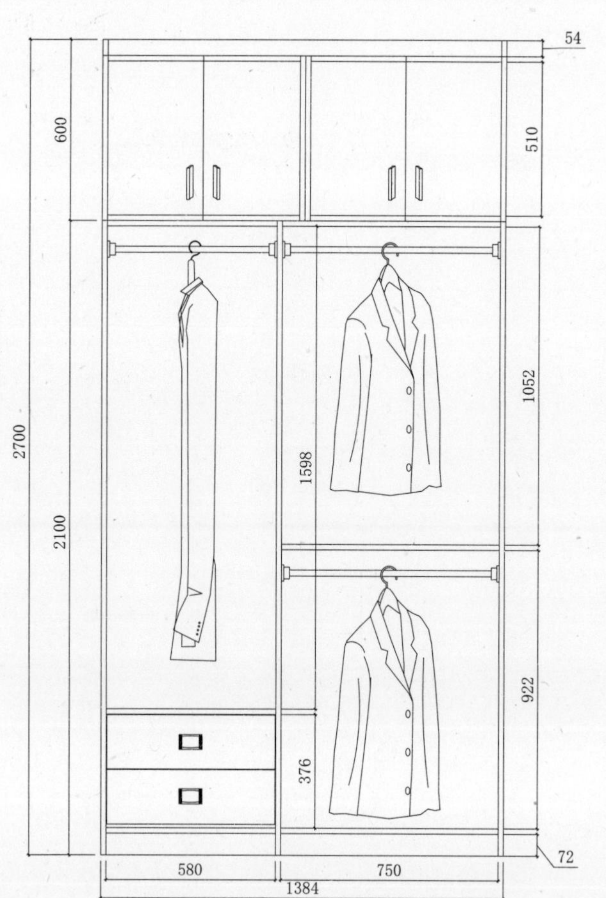

推拉门衣柜柜体(单位：mm)	
平板式编号	TLYG109#
框架式编号	
下柜高度	2100~2430
上柜高度	400~800
柜体宽度	1200~1700
柜体深度	550~600
柜板厚度	框架式20
	平板式18
背板厚度	9
背板连接	搭边内嵌
挂衣杆	
裤架高度	600~1000
上衣高度	900~1200
长衣高度	1200~1500

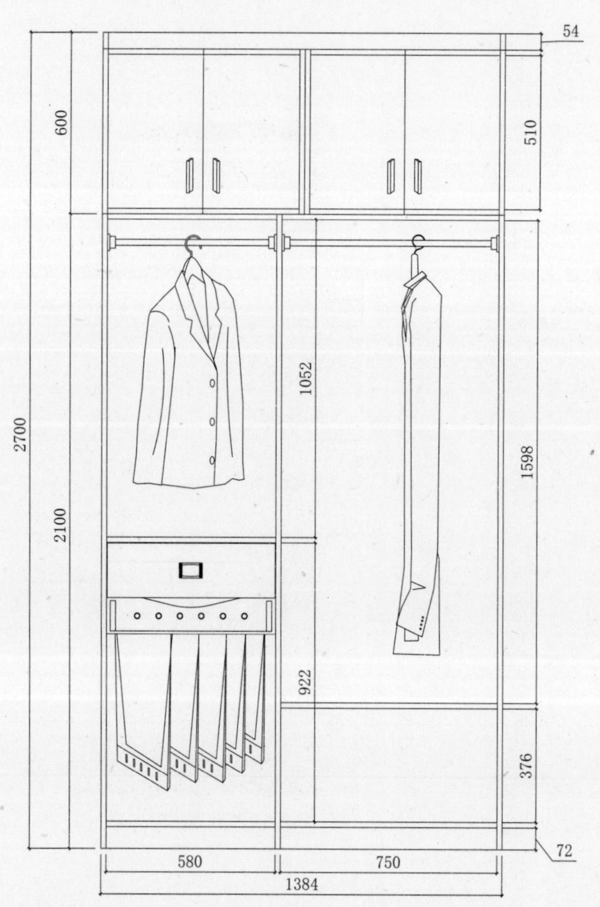

推拉门衣柜柜体(单位：mm)	
平板式编号	TLYG110#
框架式编号	
下柜高度	2100~2430
上柜高度	400~800
柜体宽度	1200~1700
柜体深度	550~600
柜板厚度	框架式20
	平板式18
背板厚度	9
背板连接	搭边内嵌
挂衣杆	
裤架高度	600~1000
上衣高度	900~1200
长衣高度	1200~1500

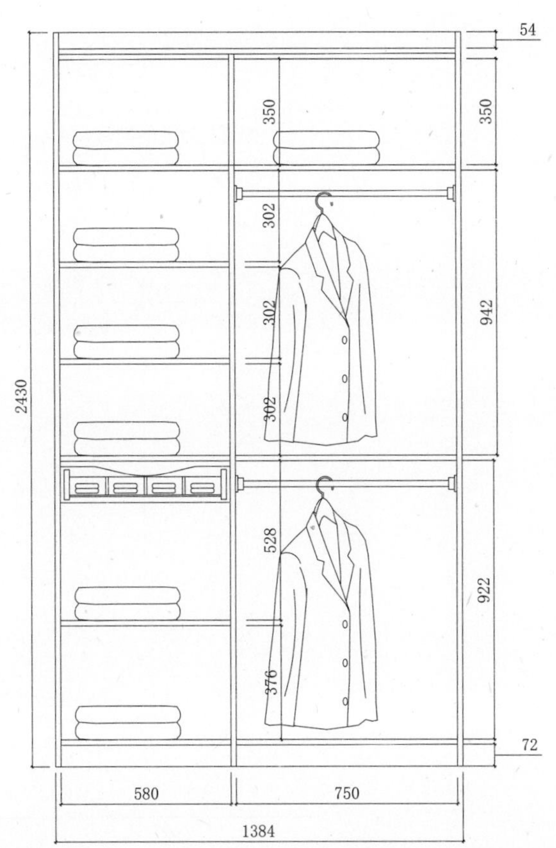

推拉门衣柜柜体(单位：mm)	
平板式编号	TLYG111#
框架式编号	
下柜高度	2100~2430
上柜高度	400~800
柜体宽度	1200~1700
柜体深度	550~600
柜板厚度	框架式20
	平板式18
背板厚度	9
背板连接	搭边内嵌
挂衣杆	
裤架高度	600~1000
上衣高度	900~1200
长衣高度	1200~1500

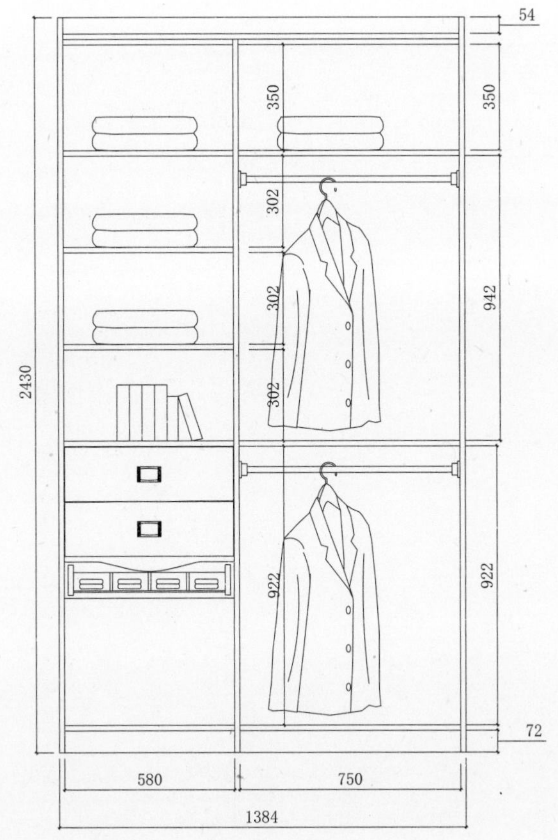

推拉门衣柜柜体(单位：mm)	
平板式编号	TLYG112#
框架式编号	
下柜高度	2100~2430
上柜高度	400~800
柜体宽度	1200~1700
柜体深度	550~600
柜板厚度	框架式20
	平板式18
背板厚度	9
背板连接	搭边内嵌
挂衣杆	
裤架高度	600~1000
上衣高度	900~1200
长衣高度	1200~1500

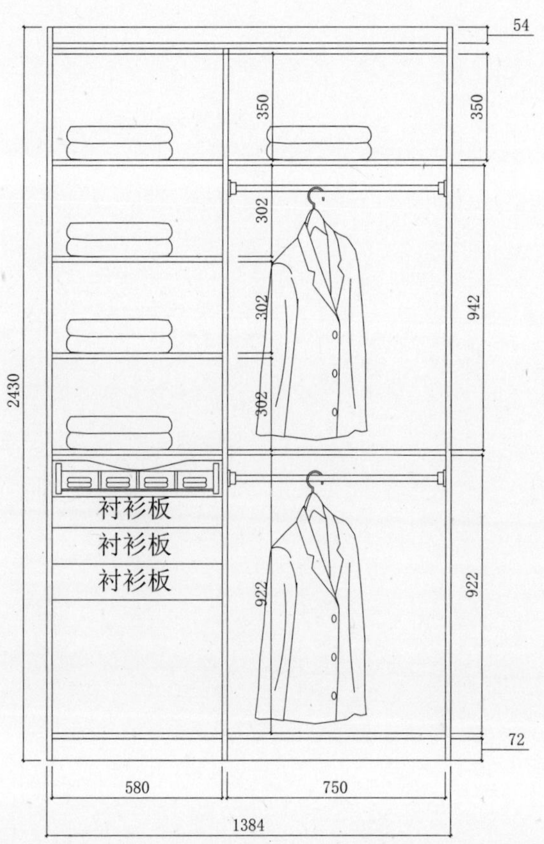

推拉门衣柜柜体(单位：mm)	
平板式编号	TLYG113#
框架式编号	
下柜高度	2100~2430
上柜高度	400~800
柜体宽度	1200~1700
柜体深度	550~600
柜板厚度	框架式20
	平板式18
背板厚度	9
背板连接	搭边内嵌
挂衣杆	
裤架高度	600~1000
上衣高度	900~1200
长衣高度	1200~1500

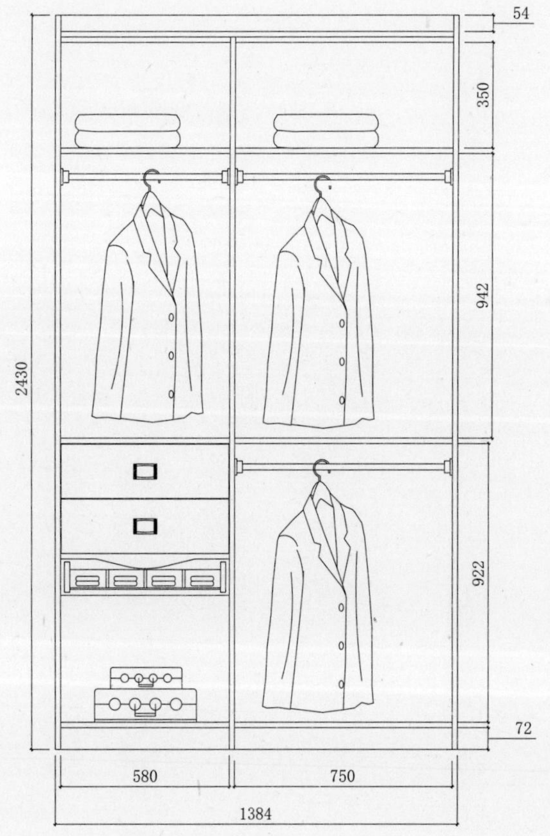

推拉门衣柜柜体(单位：mm)	
平板式编号	TLYG114#
框架式编号	
下柜高度	2100~2430
上柜高度	400~800
柜体宽度	1200~1700
柜体深度	550~600
柜板厚度	框架式20
	平板式18
背板厚度	9
背板连接	搭边内嵌
挂衣杆	
裤架高度	600~1000
上衣高度	900~1200
长衣高度	1200~1500

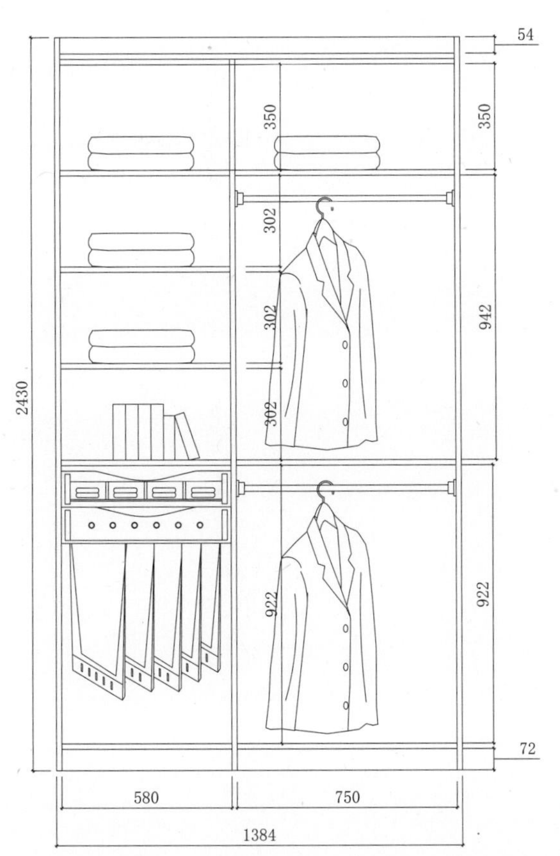

推拉门衣柜柜体(单位：mm)	
平板式编号	TLYG115#
框架式编号	
下柜高度	2100~2430
上柜高度	400~800
柜体宽度	1200~1700
柜体深度	550~600
柜板厚度	框架式20
	平板式18
背板厚度	9
背板连接	搭边内嵌
挂衣杆	
裤架高度	600~1000
上衣高度	900~1200
长衣高度	1200~1500

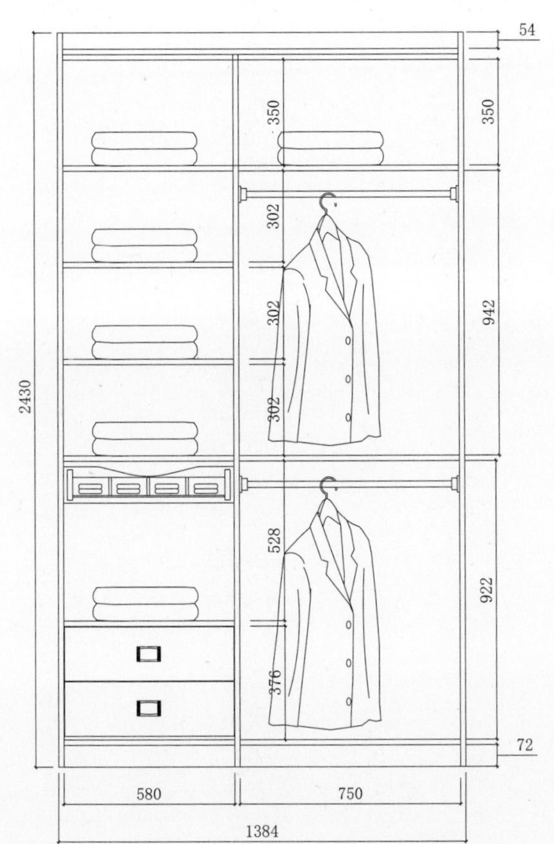

推拉门衣柜柜体(单位：mm)	
平板式编号	TLYG116#
框架式编号	
下柜高度	2100~2430
上柜高度	400~800
柜体宽度	1200~1700
柜体深度	550~600
柜板厚度	框架式20
	平板式18
背板厚度	9
背板连接	搭边内嵌
挂衣杆	
裤架高度	600~1000
上衣高度	900~1200
长衣高度	1200~1500

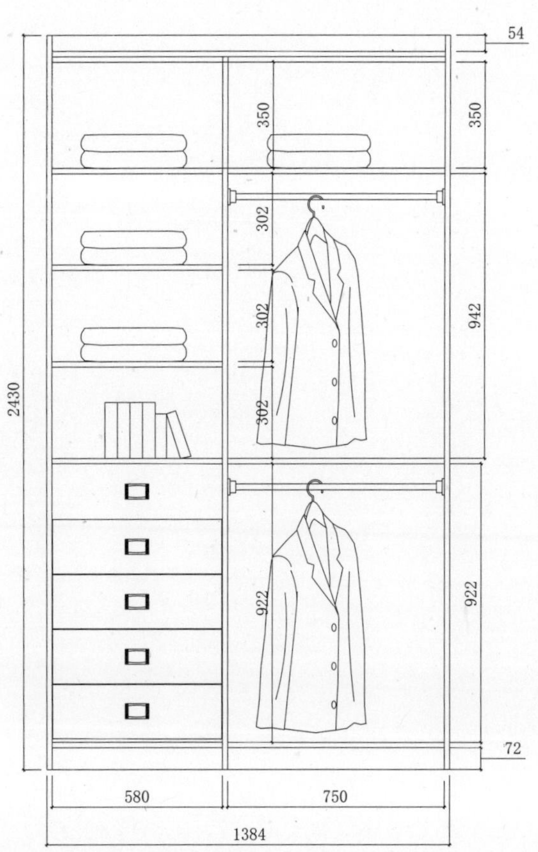

推拉门衣柜柜体(单位：mm)	
平板式编号	TLYG117#
框架式编号	
下柜高度	2100~2430
上柜高度	400~800
柜体宽度	1200~1700
柜体深度	550~600
柜板厚度	框架式20
	平板式18
背板厚度	9
背板连接	搭边内嵌
挂衣杆	
裤架高度	600~1000
上衣高度	900~1200
长衣高度	1200~1500

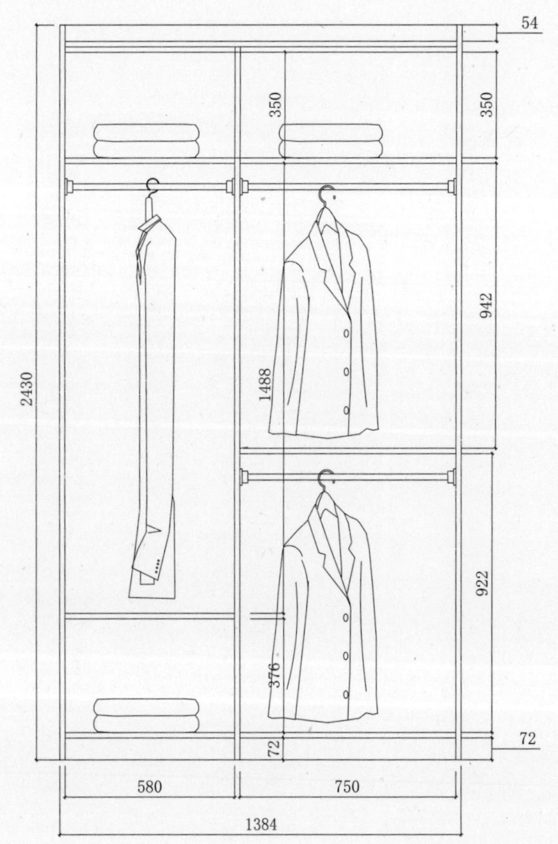

推拉门衣柜柜体(单位：mm)	
平板式编号	TLYG118#
框架式编号	
下柜高度	2100~2430
上柜高度	400~800
柜体宽度	1200~1700
柜体深度	550~600
柜板厚度	框架式20
	平板式18
背板厚度	9
背板连接	搭边内嵌
挂衣杆	
裤架高度	600~1000
上衣高度	900~1200
长衣高度	1200~1500

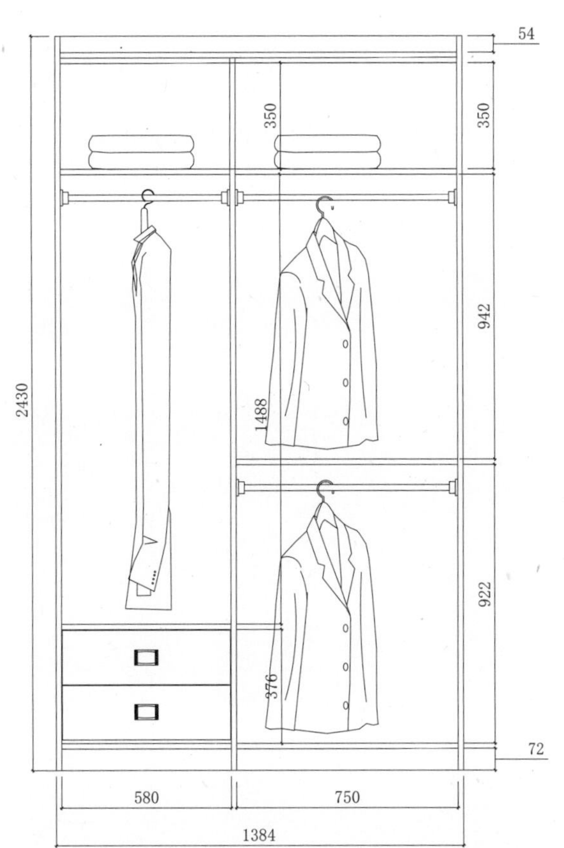

推拉门衣柜柜体(单位：mm)	
平板式编号	TLYG119#
框架式编号	
下柜高度	2100~2430
上柜高度	400~800
柜体宽度	1200~1700
柜体深度	550~600
柜板厚度	框架式20
	平板式18
背板厚度	9
背板连接	搭边内嵌
挂衣杆	
裤架高度	600~1000
上衣高度	900~1200
长衣高度	1200~1500

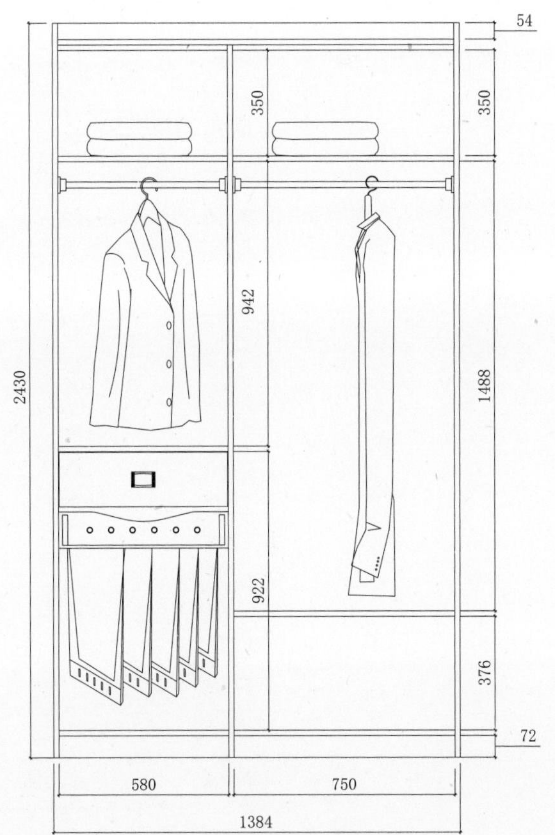

推拉门衣柜柜体(单位：mm)	
平板式编号	TLYG120#
框架式编号	
下柜高度	2100~2430
上柜高度	400~800
柜体宽度	1200~1700
柜体深度	550~600
柜板厚度	框架式20
	平板式18
背板厚度	9
背板连接	搭边内嵌
挂衣杆	
裤架高度	600~1000
上衣高度	900~1200
长衣高度	1200~1500

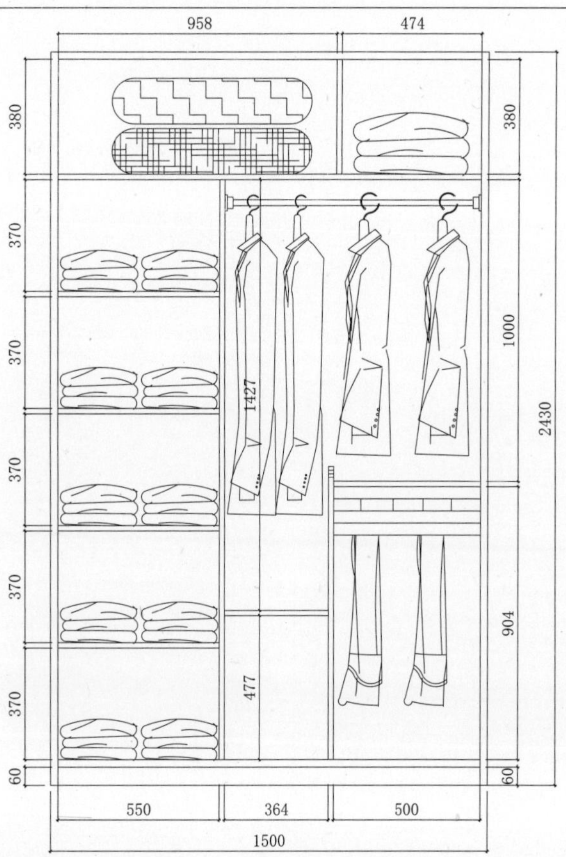

推拉门衣柜柜体(单位：mm)	
平板式编号	TLYG121#
框架式编号	
下柜高度	2100~2430
上柜高度	400~800
柜体宽度	1200~1700
柜体深度	550~600
柜板厚度	框架式20
	平板式18
背板厚度	9
背板连接	搭边内嵌
挂衣杆	
裤架高度	600~1000
上衣高度	900~1200
长衣高度	1200~1500

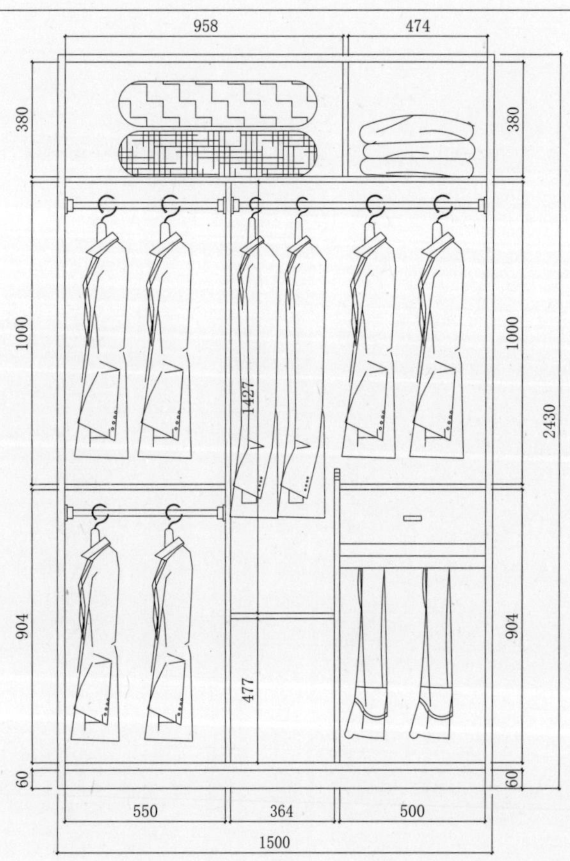

推拉门衣柜柜体(单位：mm)	
平板式编号	TLYG122#
框架式编号	
下柜高度	2100~2430
上柜高度	400~800
柜体宽度	1200~1700
柜体深度	550~600
柜板厚度	框架式20
	平板式18
背板厚度	9
背板连接	搭边内嵌
挂衣杆	
裤架高度	600~1000
上衣高度	900~1200
长衣高度	1200~1500

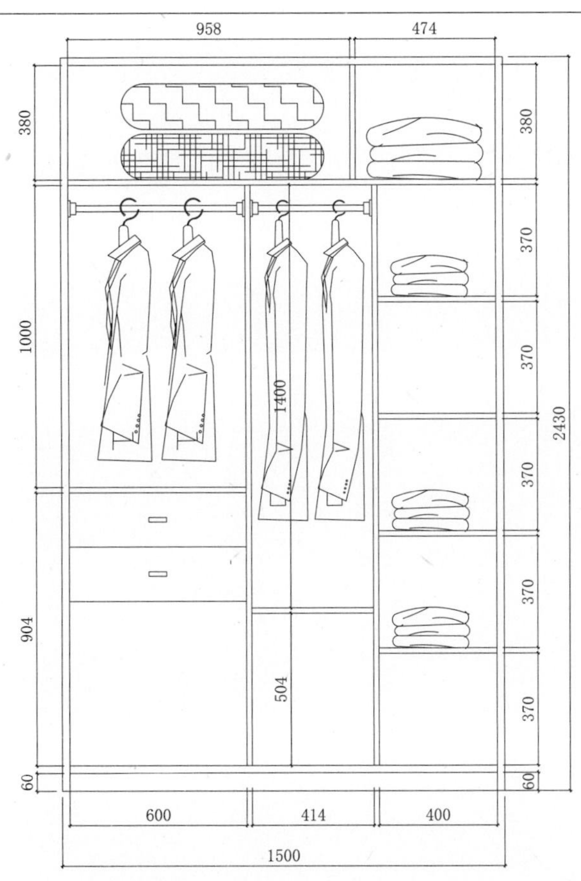

推拉门衣柜柜体(单位：mm)	
平板式编号	TLYG123#
框架式编号	
下柜高度	2100~2430
上柜高度	400~800
柜体宽度	1200~1700
柜体深度	550~600
柜板厚度	框架式20
	平板式18
背板厚度	9
背板连接	搭边内嵌
挂衣杆	
裤架高度	600~1000
上衣高度	900~1200
长衣高度	1200~1500

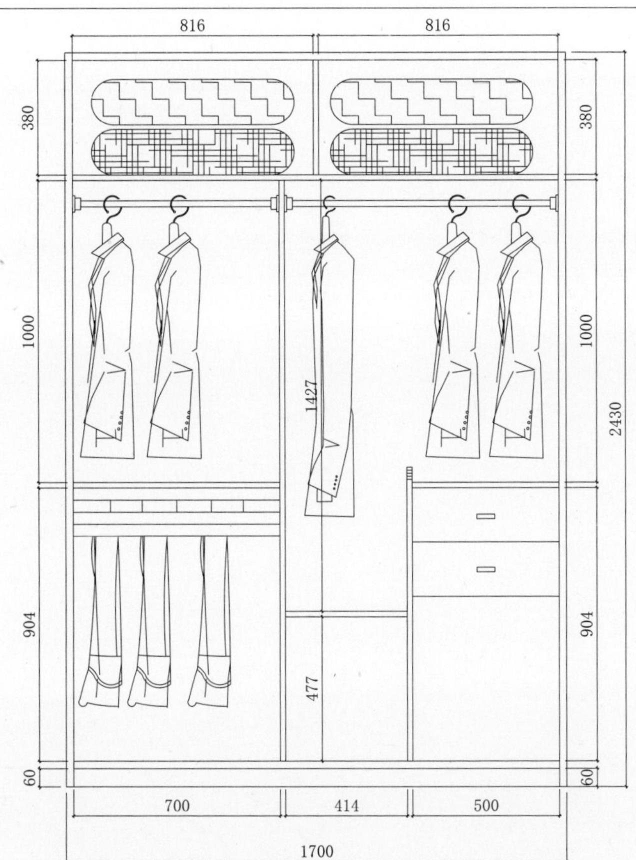

推拉门衣柜柜体(单位：mm)	
平板式编号	TLYG124#
框架式编号	
下柜高度	2100~2430
上柜高度	400~800
柜体宽度	1200~1700
柜体深度	550~600
柜板厚度	框架式20
	平板式18
背板厚度	9
背板连接	搭边内嵌
挂衣杆	
裤架高度	600~1000
上衣高度	900~1200
长衣高度	1200~1500

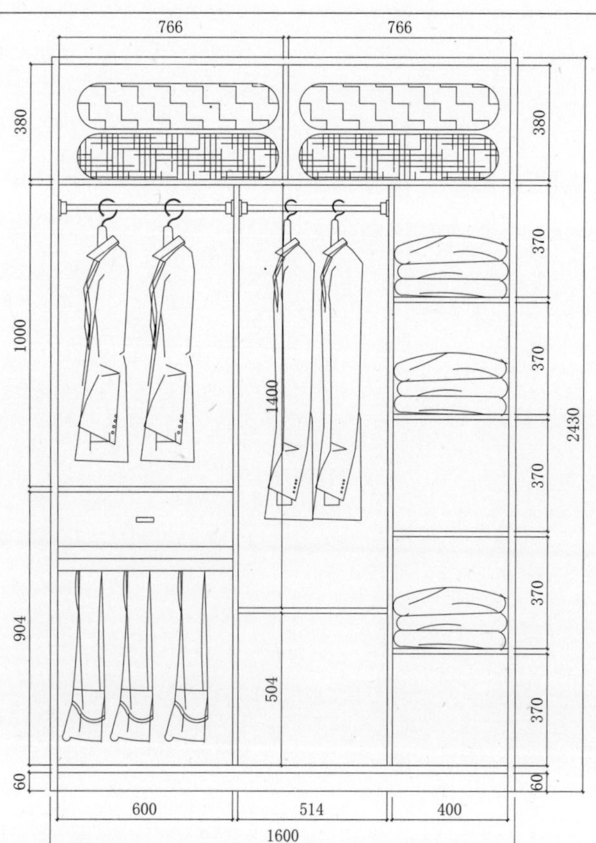

推拉门衣柜柜体(单位：mm)	
平板式编号	TLYG125#
框架式编号	
下柜高度	2100~2430
上柜高度	400~800
柜体宽度	1200~1700
柜体深度	550~600
柜板厚度	框架式20
	平板式18
背板厚度	9
背板连接	搭边内嵌
挂衣杆	
裤架高度	600~1000
上衣高度	900~1200
长衣高度	1200~1500

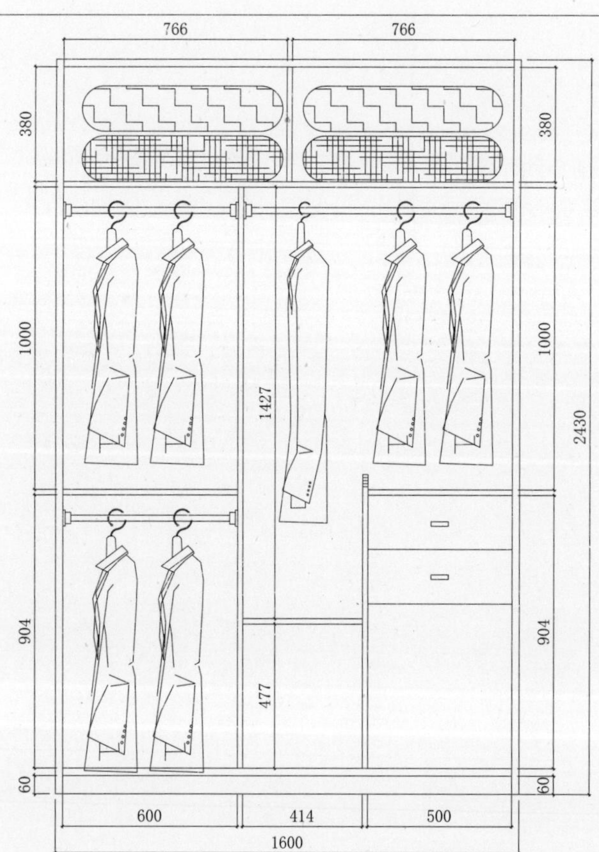

推拉门衣柜柜体(单位：mm)	
平板式编号	TLYG126#
框架式编号	
下柜高度	2100~2430
上柜高度	400~800
柜体宽度	1200~1700
柜体深度	550~600
柜板厚度	框架式20
	平板式18
背板厚度	9
背板连接	搭边内嵌
挂衣杆	
裤架高度	600~1000
上衣高度	900~1200
长衣高度	1200~1500

推拉门衣柜柜体(单位：mm)	
平板式编号	TLYG129#
框架式编号	
下柜高度	2100~2430
上柜高度	400~800
柜体宽度	1200~1700
柜体深度	550~600
柜板厚度	框架式20
	平板式18
背板厚度	9
背板连接	搭边内嵌
挂衣杆	
裤架高度	600~1000
上衣高度	900~1200
长衣高度	1200~1500

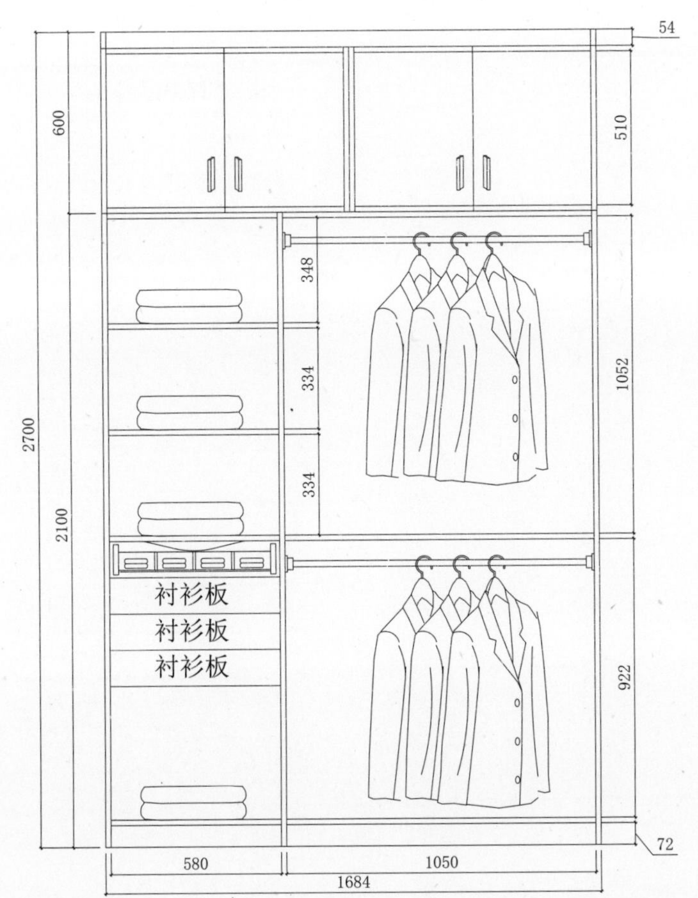

推拉门衣柜柜体(单位：mm)	
平板式编号	TLYG130#
框架式编号	
下柜高度	2100~2430
上柜高度	400~800
柜体宽度	1200~1700
柜体深度	550~600
柜板厚度	框架式20
	平板式18
背板厚度	9
背板连接	搭边内嵌
挂衣杆	
裤架高度	600~1000
上衣高度	900~1200
长衣高度	1200~1500

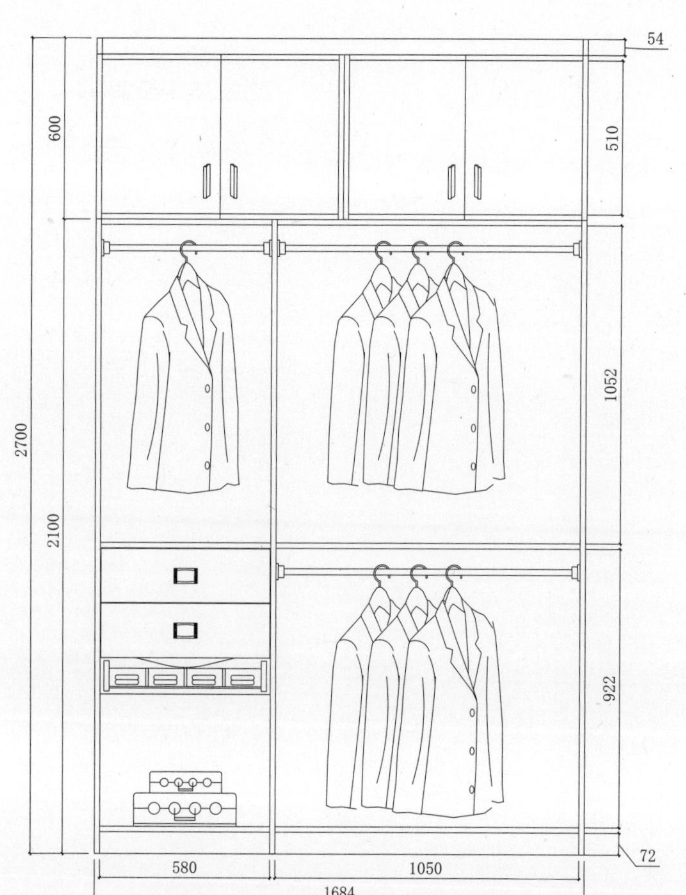

推拉门衣柜柜体(单位：mm)	
平板式编号	TLYG131#
框架式编号	
下柜高度	2100~2430
上柜高度	400~800
柜体宽度	1200~1700
柜体深度	550~600
柜板厚度	框架式20
	平板式18
背板厚度	9
背板连接	搭边内嵌
挂衣杆	
裤架高度	600~1000
上衣高度	900~1200
长衣高度	1200~1500

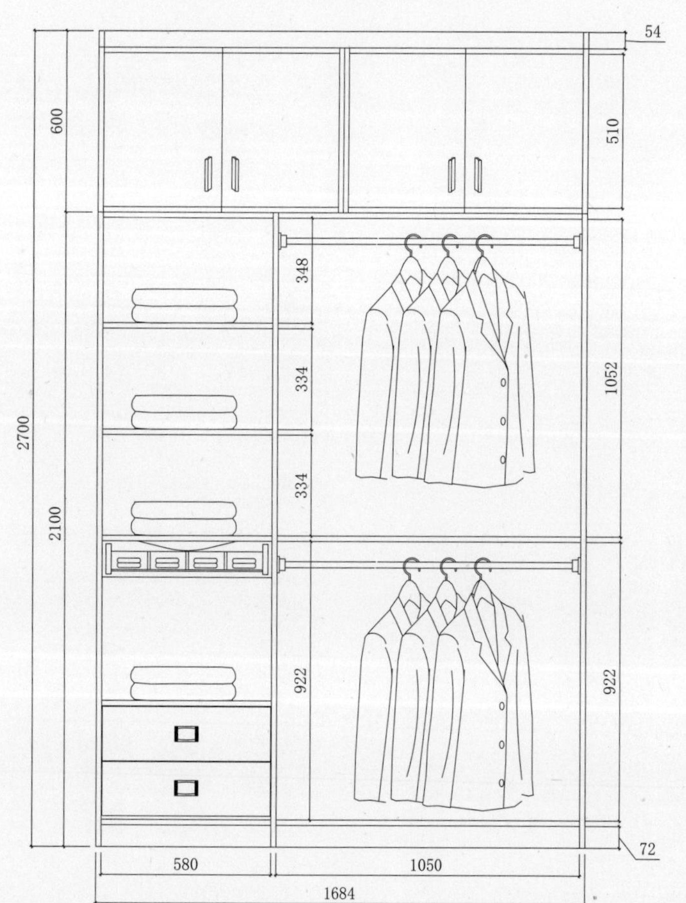

推拉门衣柜柜体(单位：mm)	
平板式编号	TLYG132#
框架式编号	
下柜高度	2100~2430
上柜高度	400~800
柜体宽度	1200~1700
柜体深度	550~600
柜板厚度	框架式20
	平板式18
背板厚度	9
背板连接	搭边内嵌
挂衣杆	
裤架高度	600~1000
上衣高度	900~1200
长衣高度	1200~1500

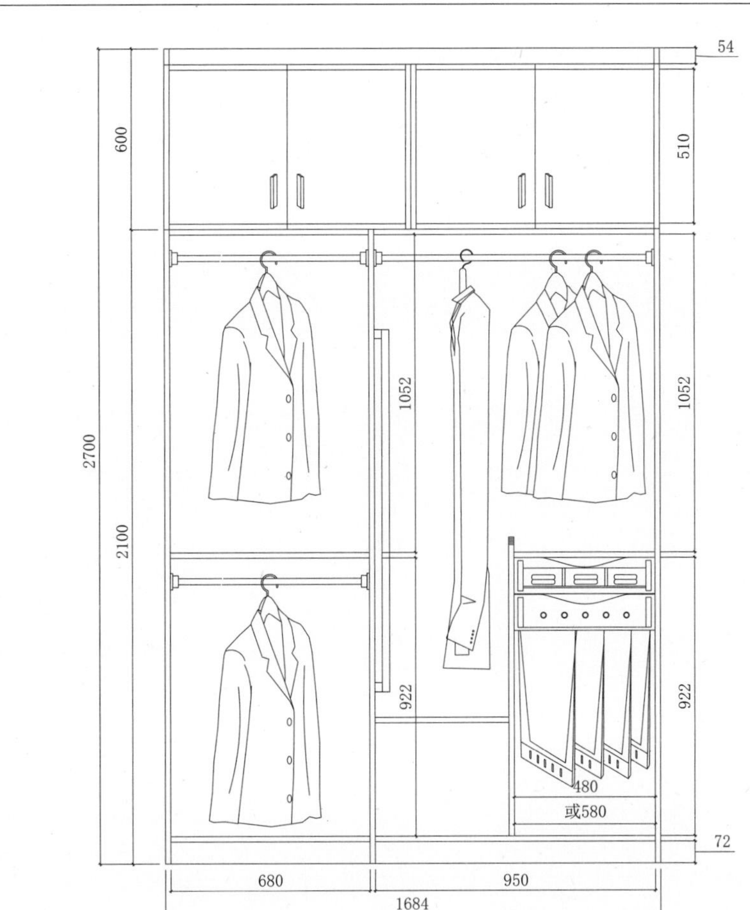

推拉门衣柜柜体(单位：mm)	
平板式编号	TLYG133#
框架式编号	
下柜高度	2100~2430
上柜高度	400~800
柜体宽度	1200~1700
柜体深度	550~600
柜板厚度	框架式20
	平板式18
背板厚度	9
背板连接	搭边内嵌
挂衣杆	
裤架高度	600~1000
上衣高度	900~1200
长衣高度	1200~1500

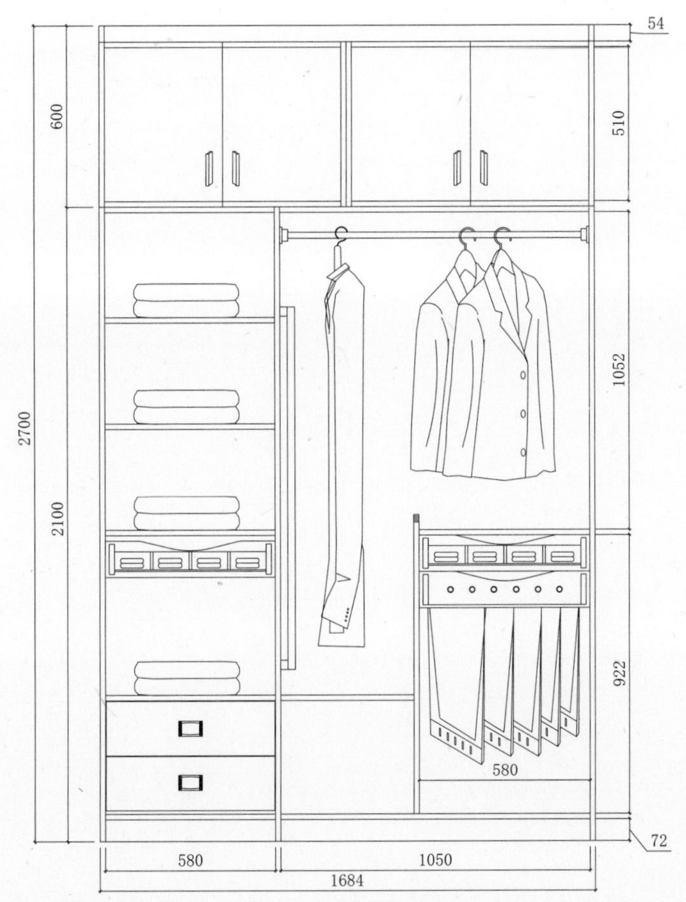

推拉门衣柜柜体(单位：mm)	
平板式编号	TLYG134#
框架式编号	
下柜高度	2100~2430
上柜高度	400~800
柜体宽度	1200~1700
柜体深度	550~600
柜板厚度	框架式20
	平板式18
背板厚度	9
背板连接	搭边内嵌
挂衣杆	
裤架高度	600~1000
上衣高度	900~1200
长衣高度	1200~1500

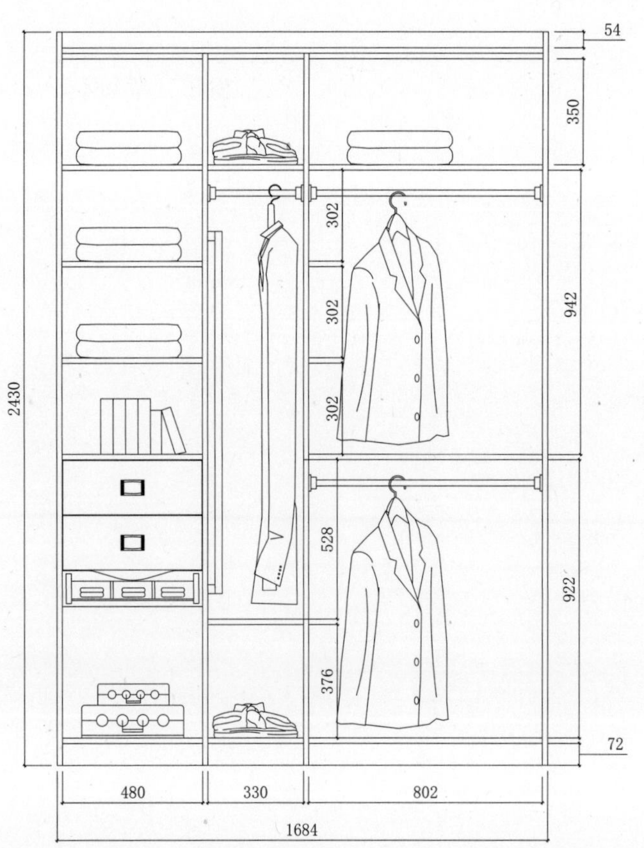

推拉门衣柜柜体(单位：mm)	
平板式编号	TLYG135#
框架式编号	
下柜高度	2100~2430
上柜高度	400~800
柜体宽度	1200~1700
柜体深度	550~600
柜板厚度	框架式20
	平板式18
背板厚度	9
背板连接	搭边内嵌
挂衣杆	
裤架高度	600~1000
上衣高度	900~1200
长衣高度	1200~1500

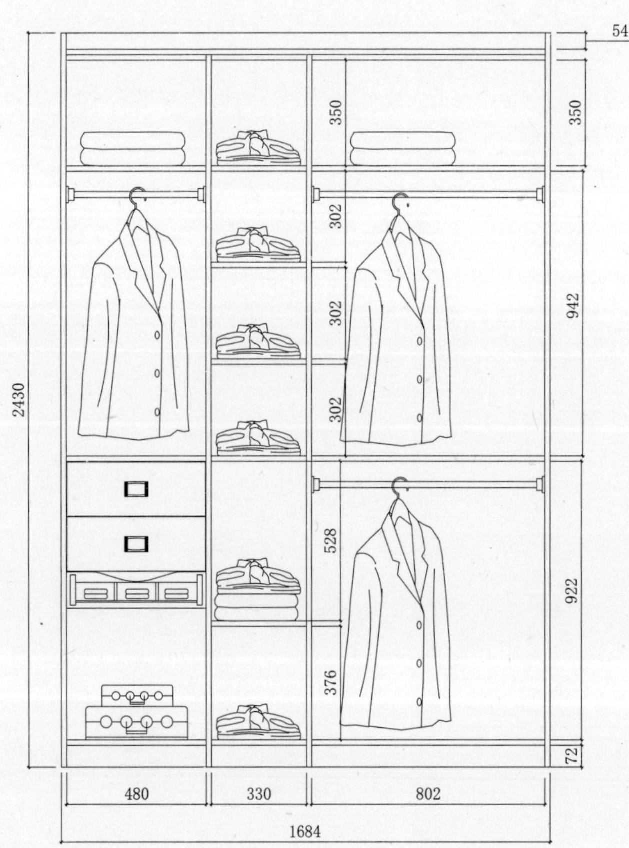

推拉门衣柜柜体(单位：mm)	
平板式编号	TLYG136#
框架式编号	
下柜高度	2100~2430
上柜高度	400~800
柜体宽度	1200~1700
柜体深度	550~600
柜板厚度	框架式20
	平板式18
背板厚度	9
背板连接	搭边内嵌
挂衣杆	
裤架高度	600~1000
上衣高度	900~1200
长衣高度	1200~1500

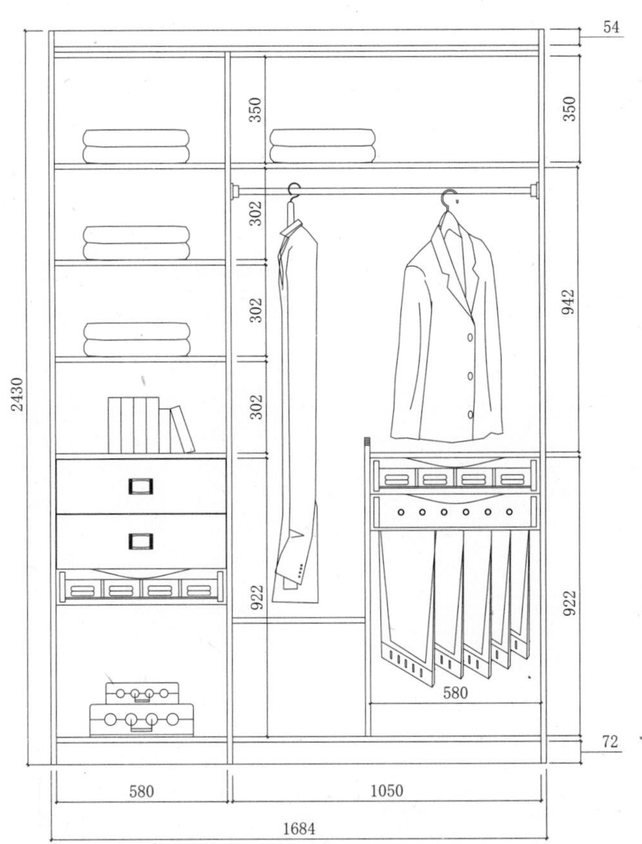

推拉门衣柜柜体(单位：mm)	
平板式编号	TLYG137#
框架式编号	
下柜高度	2100~2430
上柜高度	400~800
柜体宽度	1200~1700
柜体深度	550~600
柜板厚度	框架式20
	平板式18
背板厚度	9
背板连接	搭边内嵌
挂衣杆	
裤架高度	600~1000
上衣高度	900~1200
长衣高度	1200~1500

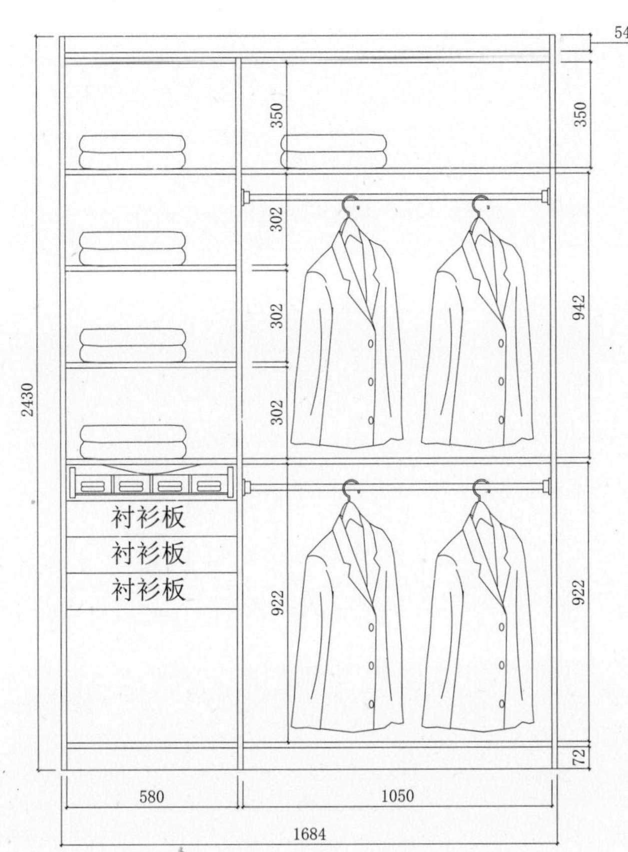

推拉门衣柜柜体(单位：mm)	
平板式编号	TLYG138#
框架式编号	
下柜高度	2100~2430
上柜高度	400~800
柜体宽度	1200~1700
柜体深度	550~600
柜板厚度	框架式20
	平板式18
背板厚度	9
背板连接	搭边内嵌
挂衣杆	
裤架高度	600~1000
上衣高度	900~1200
长衣高度	1200~1500

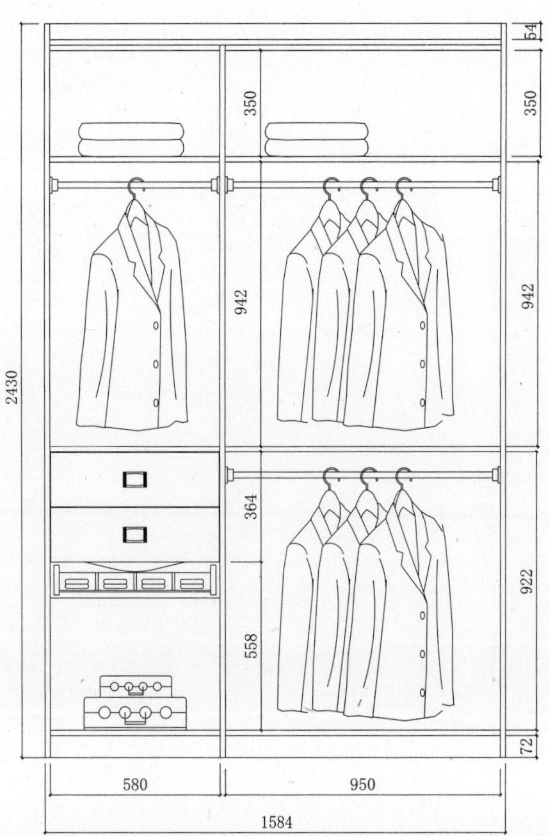

推拉门衣柜柜体(单位：mm)	
平板式编号	TLYG139#
框架式编号	
下柜高度	2100~2430
上柜高度	400~800
柜体宽度	1200~1700
柜体深度	550~600
柜板厚度	框架式20
	平板式18
背板厚度	9
背板连接	搭边内嵌
挂衣杆	
裤架高度	600~1000
上衣高度	900~1200
长衣高度	1200~1500

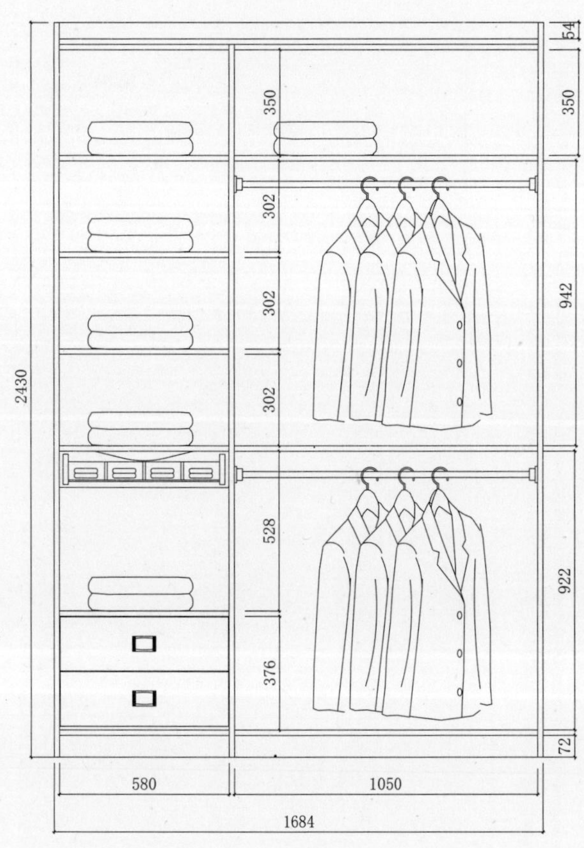

推拉门衣柜柜体(单位：mm)	
平板式编号	TLYG140#
框架式编号	
下柜高度	2100~2430
上柜高度	400~800
柜体宽度	1200~1700
柜体深度	550~600
柜板厚度	框架式20
	平板式18
背板厚度	9
背板连接	搭边内嵌
挂衣杆	
裤架高度	600~1000
上衣高度	900~1200
长衣高度	1200~1500

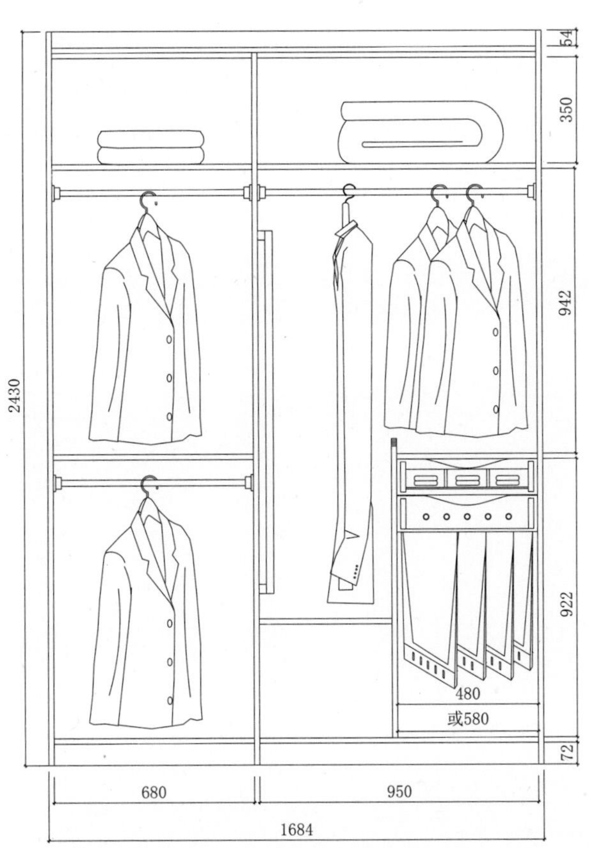

推拉门衣柜柜体(单位：mm)	
平板式编号	TLYG141#
框架式编号	
下柜高度	2100~2430
上柜高度	400~800
柜体宽度	1200~1700
柜体深度	550~600
柜板厚度	框架式20
	平板式18
背板厚度	9
背板连接	搭边内嵌
挂衣杆	
裤架高度	600~1000
上衣高度	900~1200
长衣高度	1200~1500

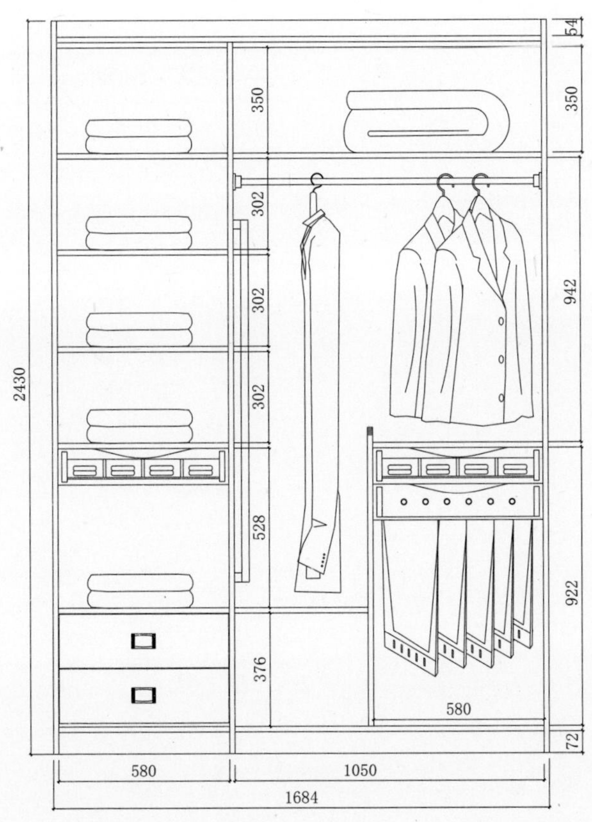

推拉门衣柜柜体(单位：mm)	
平板式编号	TLYG142#
框架式编号	
下柜高度	2100~2430
上柜高度	400~800
柜体宽度	1200~1700
柜体深度	550~600
柜板厚度	框架式20
	平板式18
背板厚度	9
背板连接	搭边内嵌
挂衣杆	
裤架高度	600~1000
上衣高度	900~1200
长衣高度	1200~1500

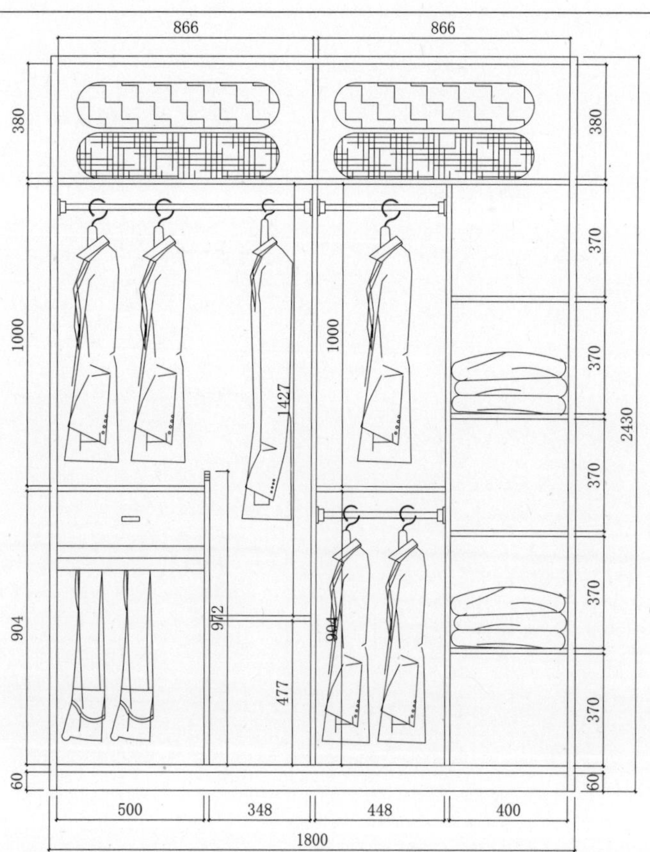

推拉门衣柜柜体(单位：mm)	
平板式编号	TLYG143#
框架式编号	
下柜高度	2100~2430
上柜高度	400~800
柜体宽度	1200~1700
柜体深度	550~600
柜板厚度	框架式20
	平板式18
背板厚度	9
背板连接	搭边内嵌
挂衣杆	
裤架高度	600~1000
上衣高度	900~1200
长衣高度	1200~1500

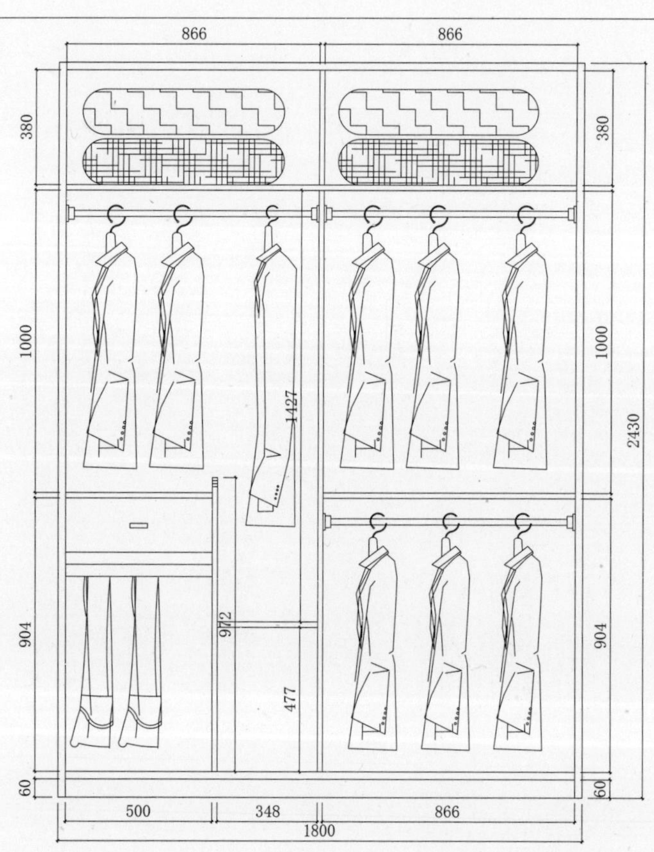

推拉门衣柜柜体(单位：mm)	
平板式编号	TLYG144#
框架式编号	
下柜高度	2100~2430
上柜高度	400~800
柜体宽度	1200~1700
柜体深度	550~600
柜板厚度	框架式20
	平板式18
背板厚度	9
背板连接	搭边内嵌
挂衣杆	
裤架高度	600~1000
上衣高度	900~1200
长衣高度	1200~1500

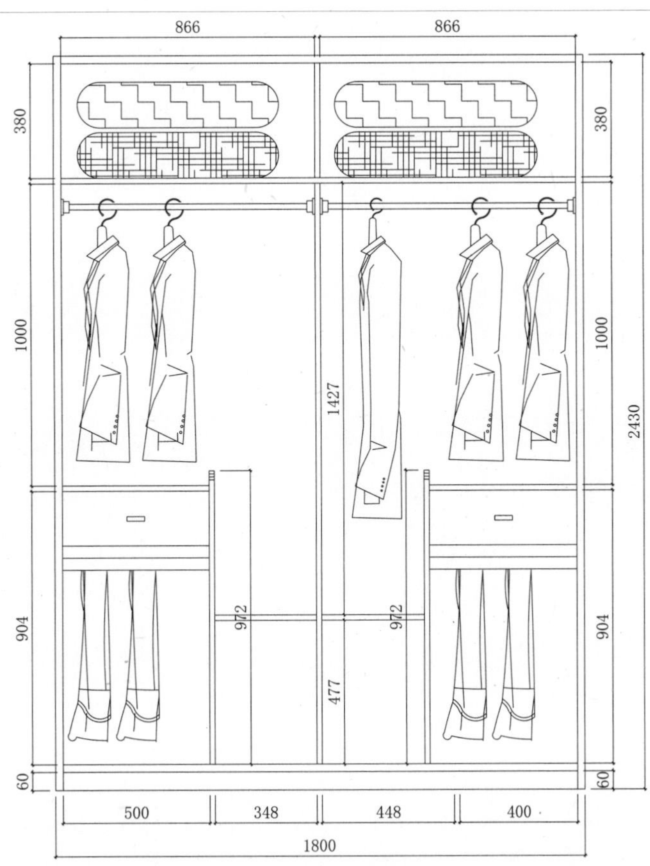

推拉门衣柜柜体(单位：mm)	
平板式编号	TLYG145#
框架式编号	
下柜高度	2100~2430
上柜高度	400~800
柜体宽度	1200~1700
柜体深度	550~600
柜板厚度	框架式20
	平板式18
背板厚度	9
背板连接	搭边内嵌
挂衣杆	
裤架高度	600~1000
上衣高度	900~1200
长衣高度	1200~1500

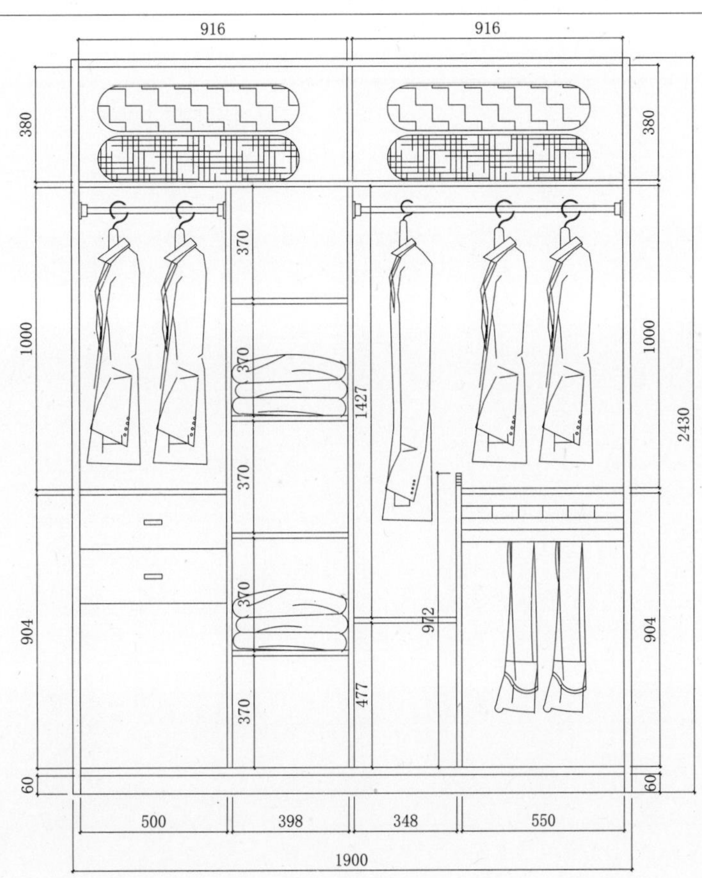

推拉门衣柜柜体(单位：mm)	
平板式编号	TLYG146#
框架式编号	
下柜高度	2100~2430
上柜高度	400~800
柜体宽度	1200~1700
柜体深度	550~600
柜板厚度	框架式20
	平板式18
背板厚度	9
背板连接	搭边内嵌
挂衣杆	
裤架高度	600~1000
上衣高度	900~1200
长衣高度	1200~1500

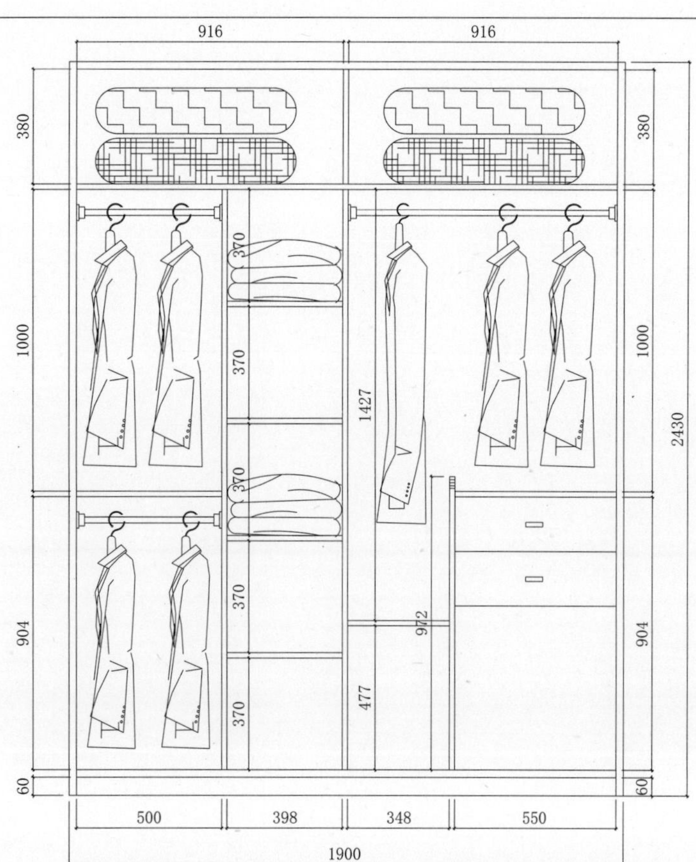

推拉门衣柜柜体(单位：mm)	
平板式编号	TLYG147#
框架式编号	
下柜高度	2100~2430
上柜高度	400~800
柜体宽度	1200~1700
柜体深度	550~600
柜板厚度	框架式20
	平板式18
背板厚度	9
背板连接	搭边内嵌
挂衣杆	
裤架高度	600~1000
上衣高度	900~1200
长衣高度	1200~1500

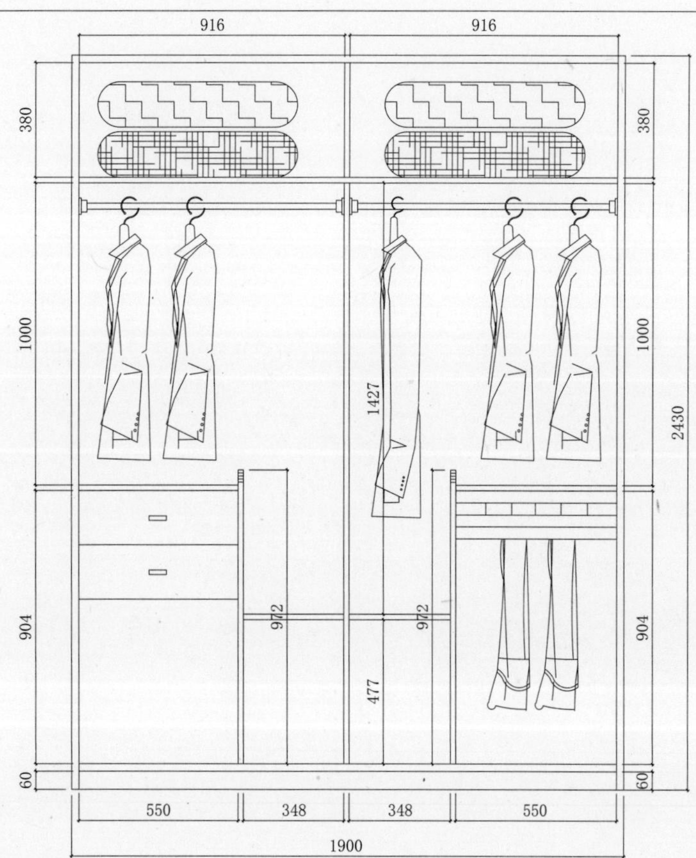

推拉门衣柜柜体(单位：mm)	
平板式编号	TLYG148#
框架式编号	
下柜高度	2100~2430
上柜高度	400~800
柜体宽度	1200~1700
柜体深度	550~600
柜板厚度	框架式20
	平板式18
背板厚度	9
背板连接	搭边内嵌
挂衣杆	
裤架高度	600~1000
上衣高度	900~1200
长衣高度	1200~1500

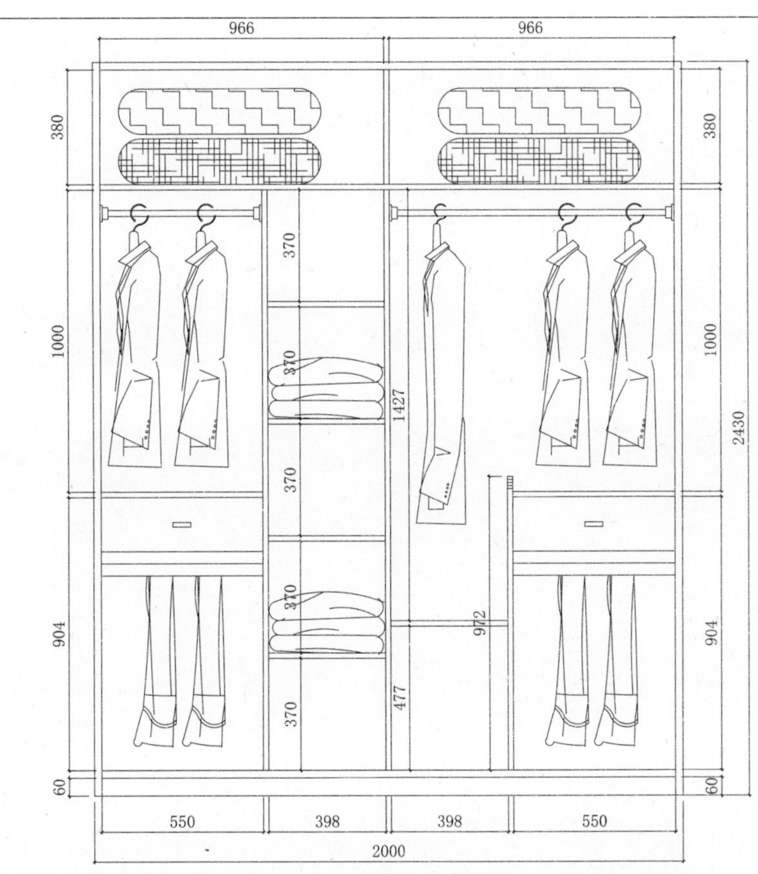

推拉门衣柜柜体(单位：mm)	
平板式编号	TLYG149#
框架式编号	
下柜高度	2100~2430
上柜高度	400~800
柜体宽度	1200~1700
柜体深度	550~600
柜板厚度	框架式20
	平板式18
背板厚度	9
背板连接	搭边内嵌
挂衣杆	
裤架高度	600~1000
上衣高度	900~1200
长衣高度	1200~1500

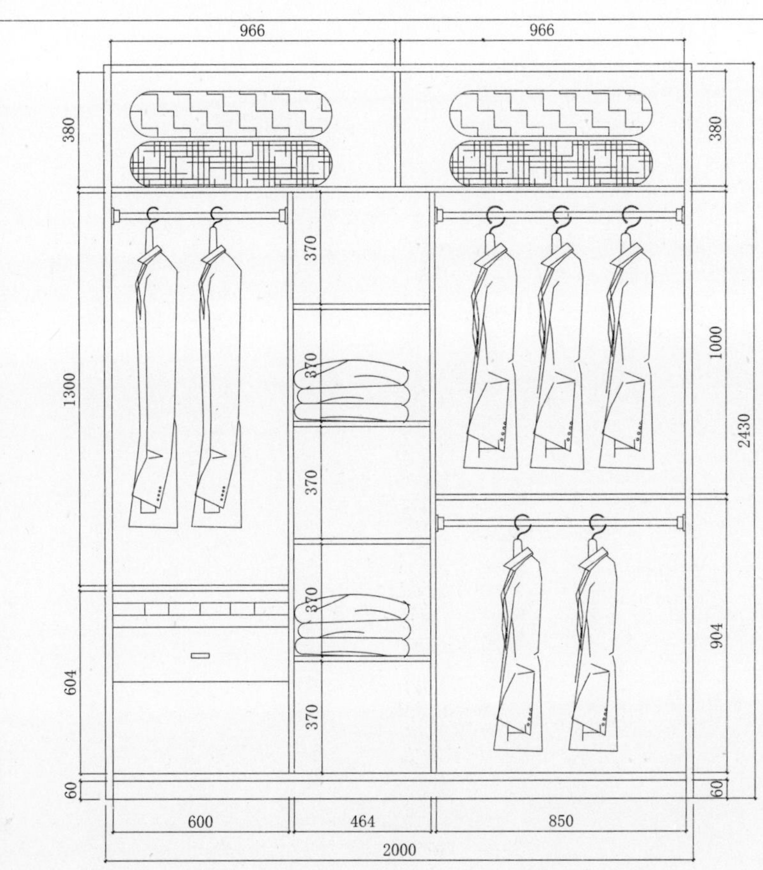

推拉门衣柜柜体(单位：mm)	
平板式编号	TLYG150#
框架式编号	
下柜高度	2100~2430
上柜高度	400~800
柜体宽度	1200~1700
柜体深度	550~600
柜板厚度	框架式20
	平板式18
背板厚度	9
背板连接	搭边内嵌
挂衣杆	
裤架高度	600~1000
上衣高度	900~1200
长衣高度	1200~1500

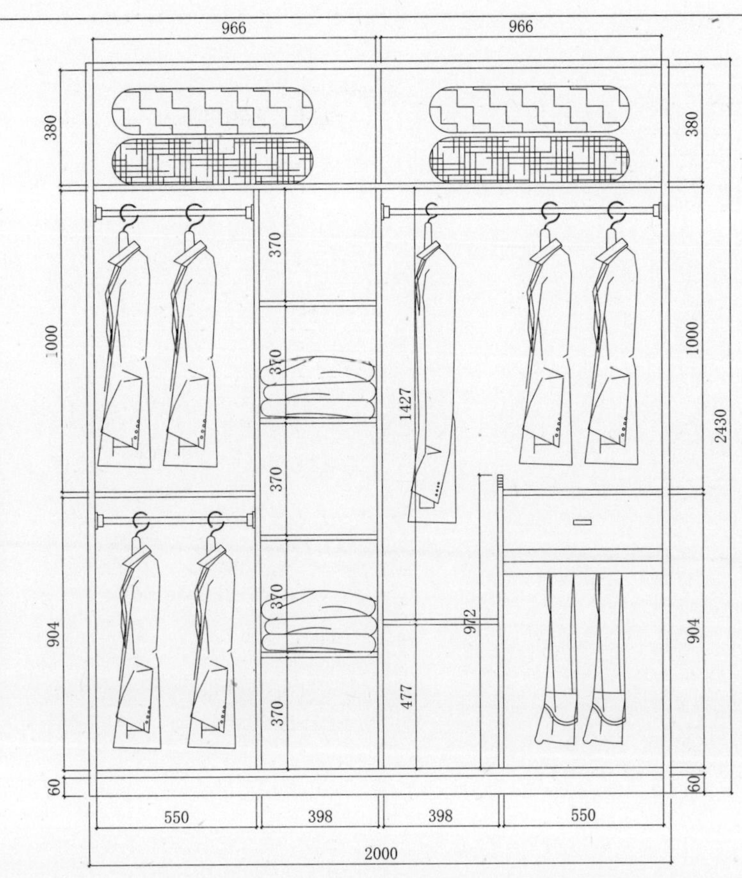

推拉门衣柜柜体(单位：mm)	
平板式编号	TLYG151#
框架式编号	
下柜高度	2100~2430
上柜高度	400~800
柜体宽度	1200~1700
柜体深度	550~600
柜板厚度	框架式20
	平板式18
背板厚度	9
背板连接	搭边内嵌
挂衣杆	
裤架高度	600~1000
上衣高度	900~1200
长衣高度	1200~1500

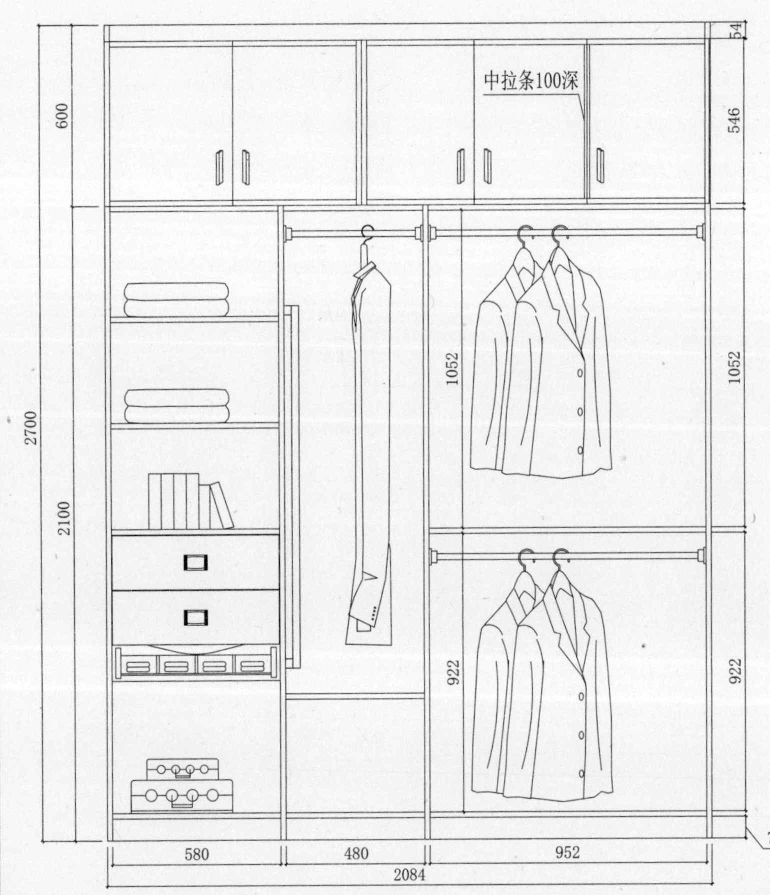

推拉门衣柜柜体(单位：mm)	
平板式编号	TLYG152#
框架式编号	
下柜高度	2100~2430
上柜高度	400~800
柜体宽度	1200~1700
柜体深度	550~600
柜板厚度	框架式20
	平板式18
背板厚度	9
背板连接	搭边内嵌
挂衣杆	
裤架高度	600~1000
上衣高度	900~1200
长衣高度	1200~1500

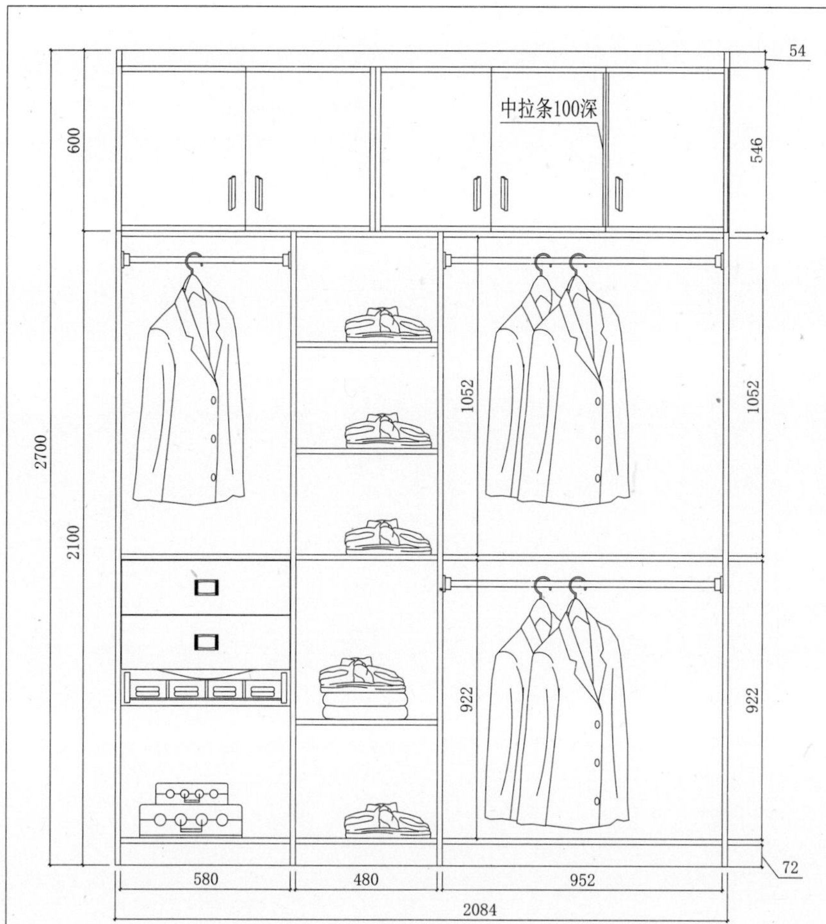

推拉门衣柜柜体(单位：mm)	
平板式编号	TLYG153#
框架式编号	
下柜高度	2100~2430
上柜高度	400~800
柜体宽度	1200~1700
柜体深度	550~600
柜板厚度	框架式20
	平板式18
背板厚度	9
背板连接	搭边内嵌
挂衣杆	
裤架高度	600~1000
上衣高度	900~1200
长衣高度	1200~1500

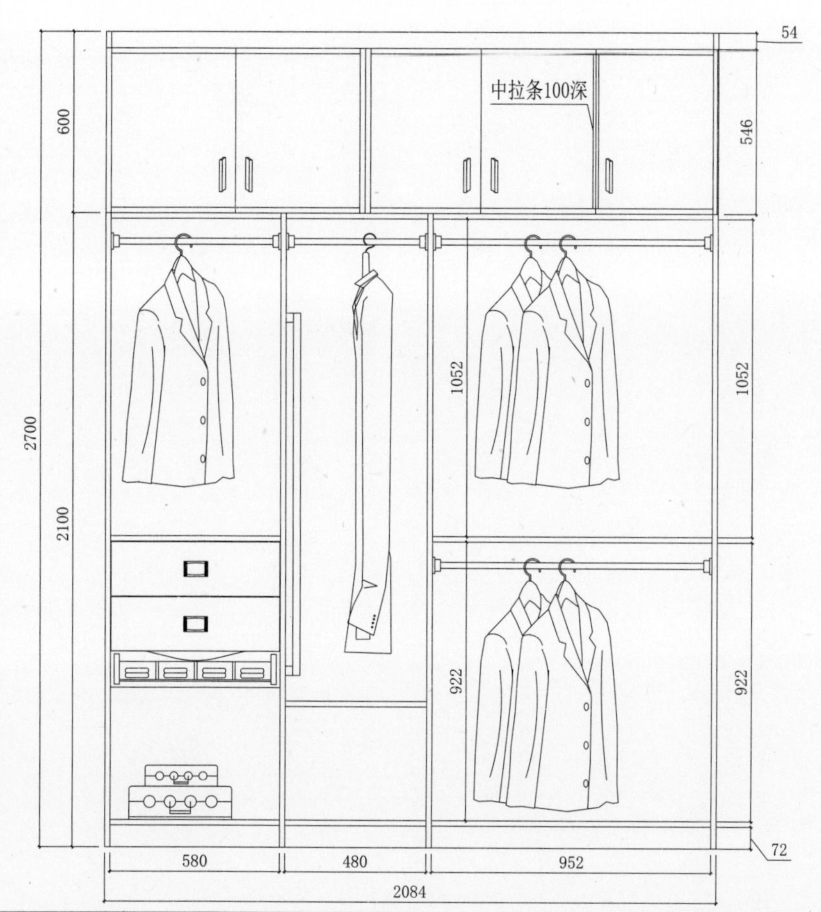

推拉门衣柜柜体(单位：mm)	
平板式编号	TLYG154#
框架式编号	
下柜高度	2100~2430
上柜高度	400~800
柜体宽度	1200~1700
柜体深度	550~600
柜板厚度	框架式20
	平板式18
背板厚度	9
背板连接	搭边内嵌
挂衣杆	
裤架高度	600~1000
上衣高度	900~1200
长衣高度	1200~1500

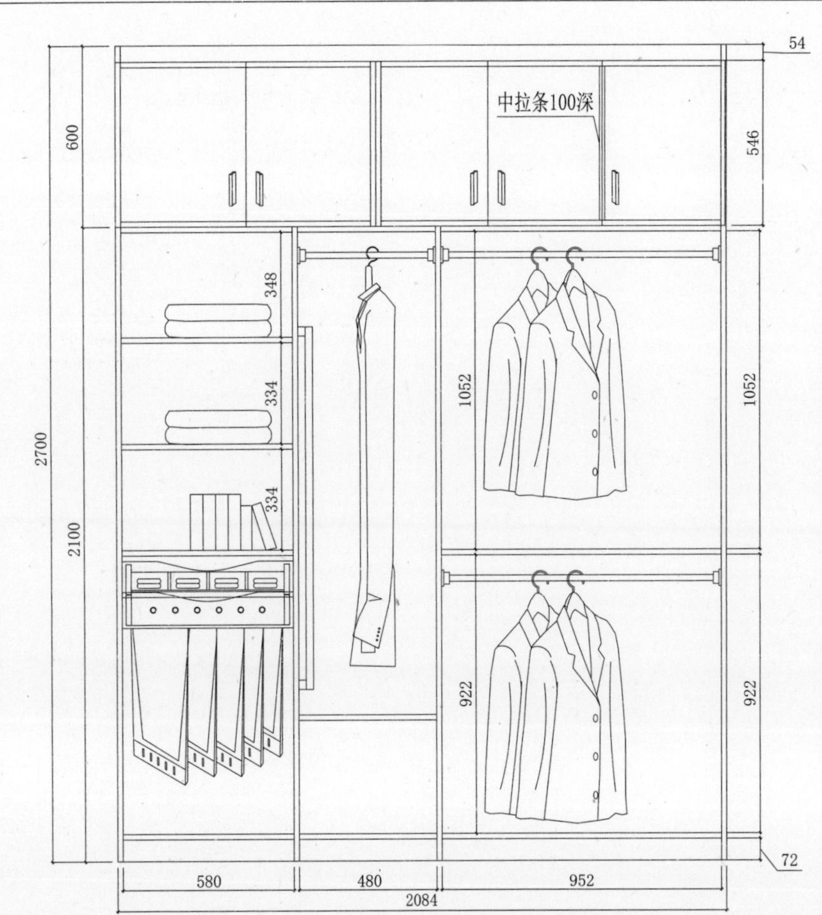

推拉门衣柜柜体(单位：mm)	
平板式编号	TLYG155#
框架式编号	
下柜高度	2100~2430
上柜高度	400~800
柜体宽度	1200~1700
柜体深度	550~600
柜板厚度	框架式20
	平板式18
背板厚度	9
背板连接	搭边内嵌
挂衣杆	
裤架高度	600~1000
上衣高度	900~1200
长衣高度	1200~1500

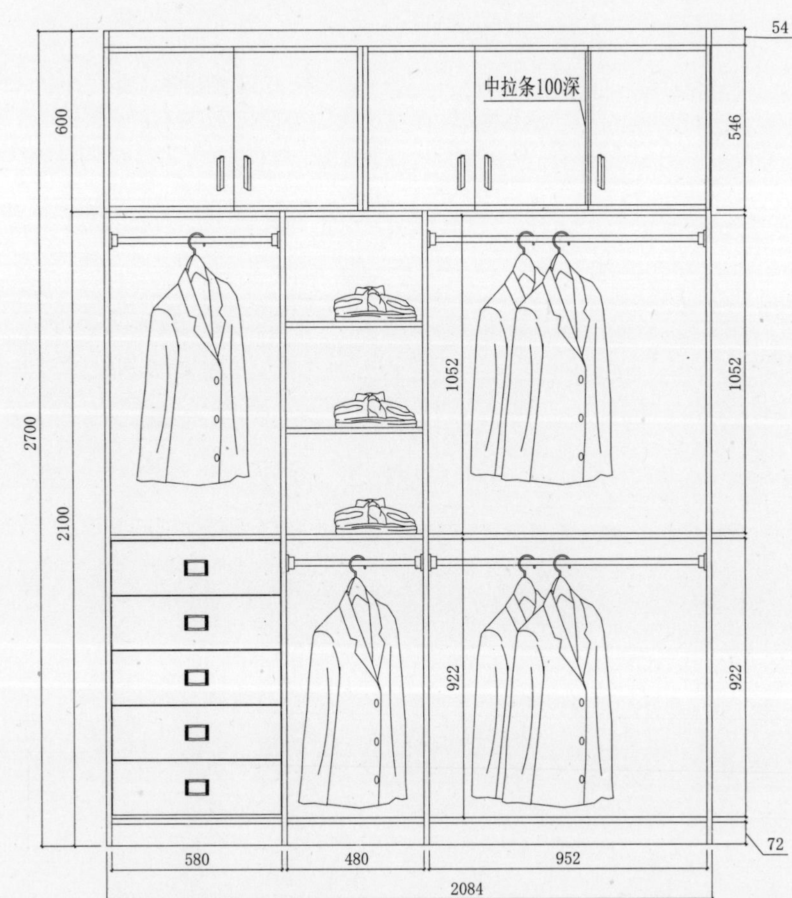

推拉门衣柜柜体(单位：mm)	
平板式编号	TLYG156#
框架式编号	
下柜高度	2100~2430
上柜高度	400~800
柜体宽度	1200~1700
柜体深度	550~600
柜板厚度	框架式20
	平板式18
背板厚度	9
背板连接	搭边内嵌
挂衣杆	
裤架高度	600~1000
上衣高度	900~1200
长衣高度	1200~1500

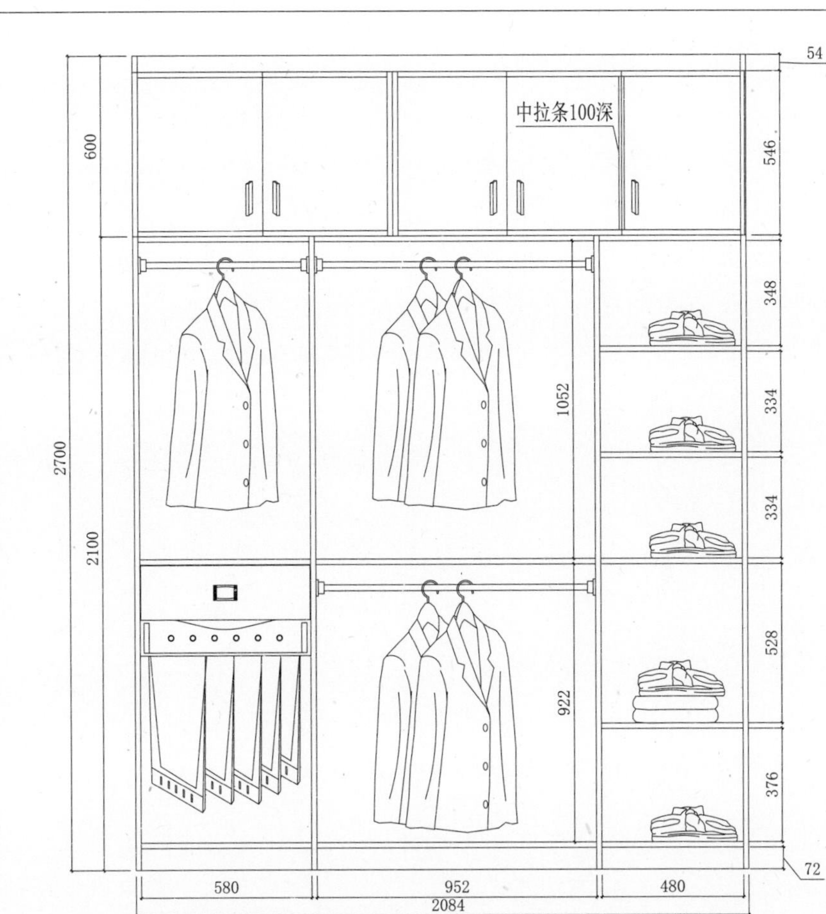

推拉门衣柜柜体(单位：mm)	
平板式编号	TLYG157#
框架式编号	
下柜高度	2100~2430
上柜高度	400~800
柜体宽度	1200~1700
柜体深度	550~600
柜板厚度	框架式20
	平板式18
背板厚度	9
背板连接	搭边内嵌
挂衣杆	
裤架高度	600~1000
上衣高度	900~1200
长衣高度	1200~1500

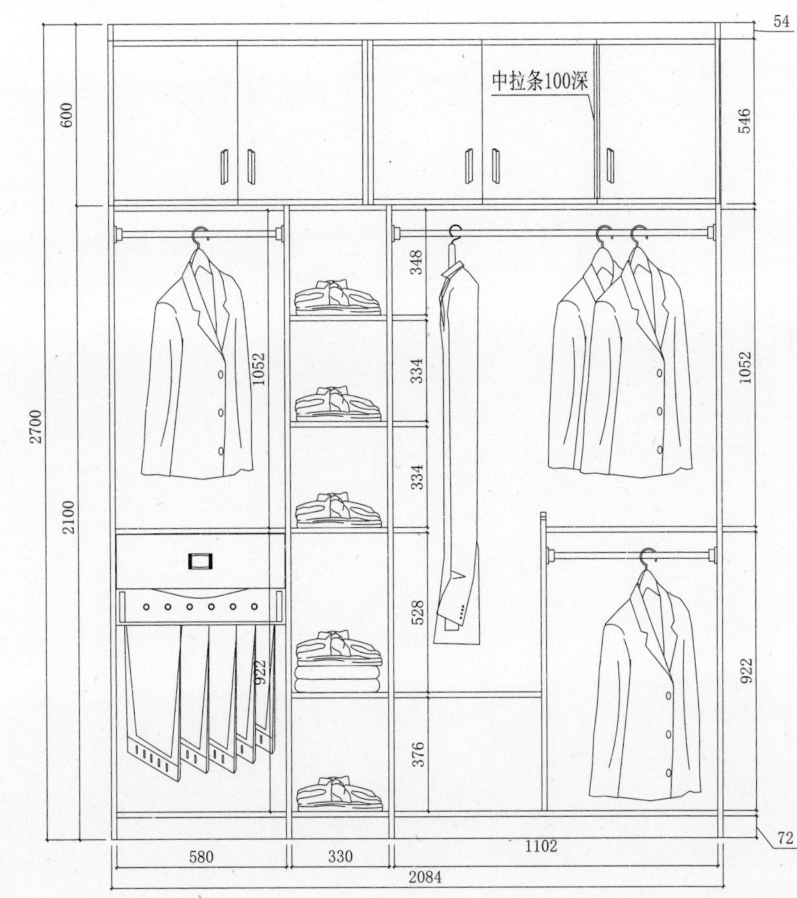

推拉门衣柜柜体(单位：mm)	
平板式编号	TLYG158#
框架式编号	
下柜高度	2100~2430
上柜高度	400~800
柜体宽度	1200~1700
柜体深度	550~600
柜板厚度	框架式20
	平板式18
背板厚度	9
背板连接	搭边内嵌
挂衣杆	
裤架高度	600~1000
上衣高度	900~1200
长衣高度	1200~1500

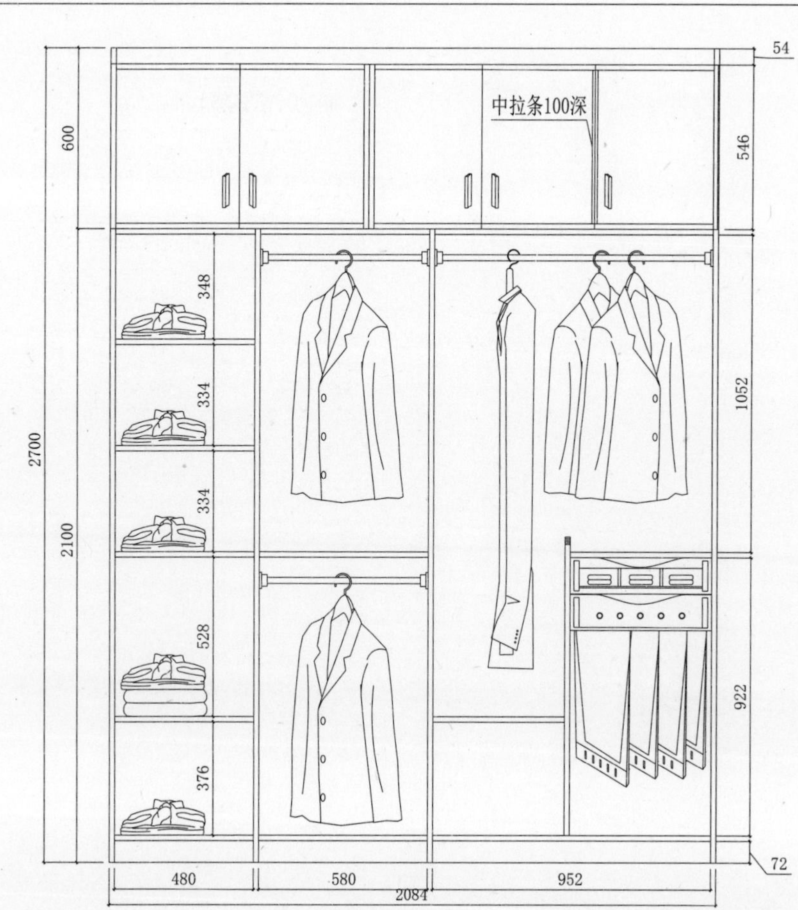

推拉门衣柜柜体(单位：mm)	
平板式编号	TLYG159#
框架式编号	
下柜高度	2100~2430
上柜高度	400~800
柜体宽度	1200~1700
柜体深度	550~600
柜板厚度	框架式20
	平板式18
背板厚度	9
背板连接	搭边内嵌
挂衣杆	
裤架高度	600~1000
上衣高度	900~1200
长衣高度	1200~1500

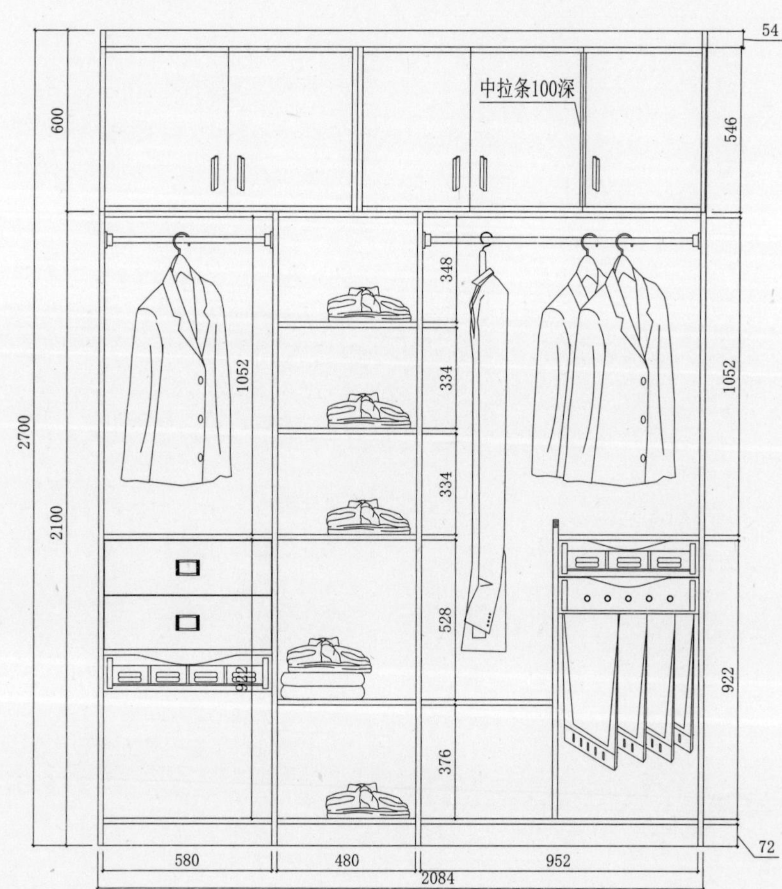

推拉门衣柜柜体(单位：mm)	
平板式编号	TLYG160#
框架式编号	
下柜高度	2100~2430
上柜高度	400~800
柜体宽度	1200~1700
柜体深度	550~600
柜板厚度	框架式20
	平板式18
背板厚度	9
背板连接	搭边内嵌
挂衣杆	
裤架高度	600~1000
上衣高度	900~1200
长衣高度	1200~1500

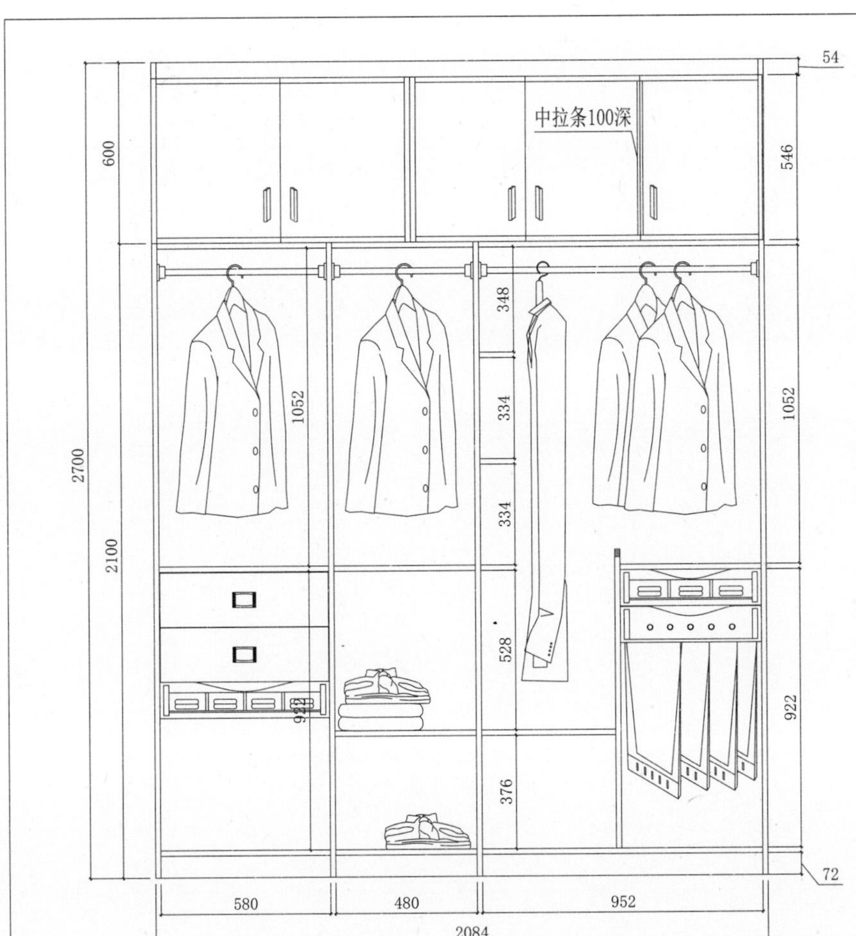

推拉门衣柜柜体(单位：mm)	
平板式编号	TLYG161#
框架式编号	
下柜高度	2100~2430
上柜高度	400~800
柜体宽度	1200~1700
柜体深度	550~600
柜板厚度	框架式20
	平板式18
背板厚度	9
背板连接	搭边内嵌
挂衣杆	
裤架高度	600~1000
上衣高度	900~1200
长衣高度	1200~1500

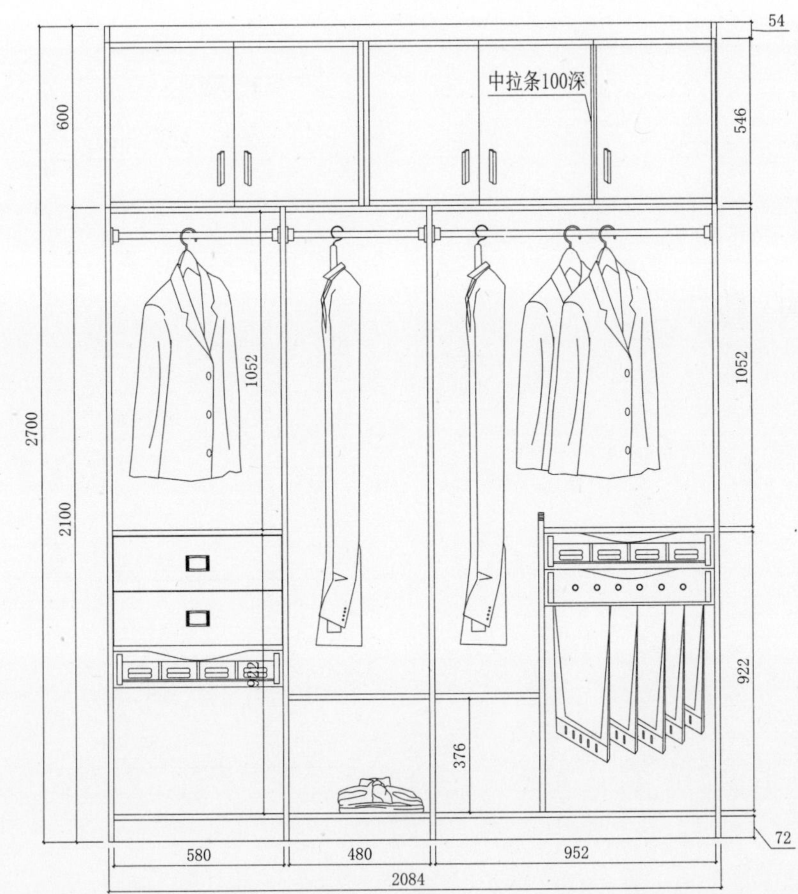

推拉门衣柜柜体(单位：mm)	
平板式编号	TLYG162#
框架式编号	
下柜高度	2100~2430
上柜高度	400~800
柜体宽度	1200~1700
柜体深度	550~600
柜板厚度	框架式20
	平板式18
背板厚度	9
背板连接	搭边内嵌
挂衣杆	
裤架高度	600~1000
上衣高度	900~1200
长衣高度	1200~1500

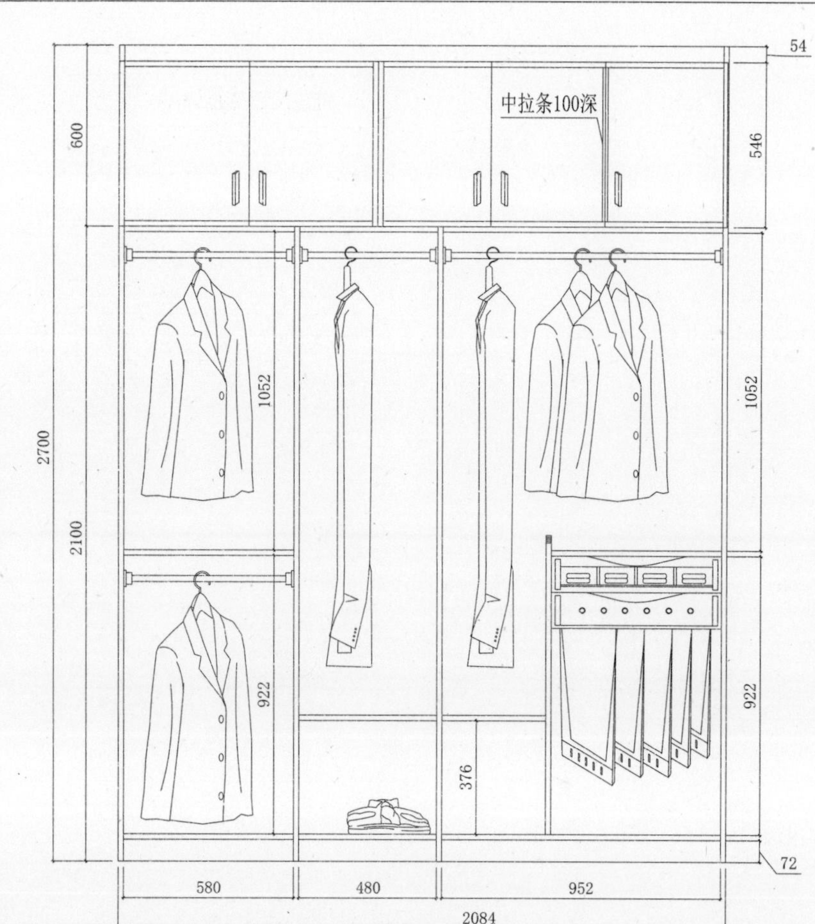

推拉门衣柜柜体(单位：mm)	
平板式编号	TLYG163#
框架式编号	
下柜高度	2100~2430
上柜高度	400~800
柜体宽度	1200~1700
柜体深度	550~600
柜板厚度	框架式20
	平板式18
背板厚度	9
背板连接	搭边内嵌
挂衣杆	
裤架高度	600~1000
上衣高度	900~1200
长衣高度	1200~1500

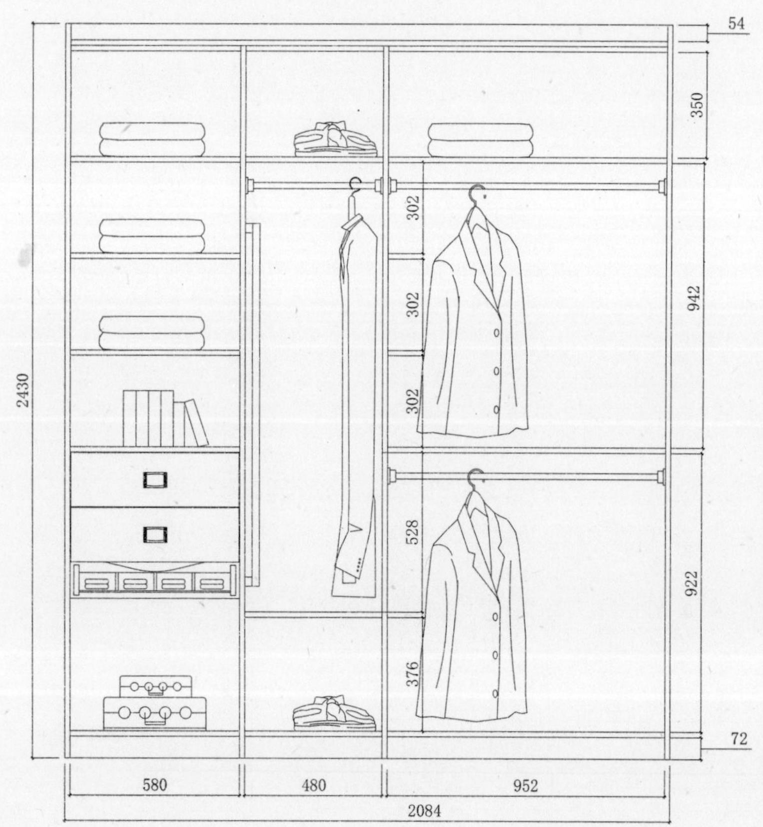

推拉门衣柜柜体(单位：mm)	
平板式编号	TLYG164#
框架式编号	
下柜高度	2100~2430
上柜高度	400~800
柜体宽度	1200~1700
柜体深度	550~600
柜板厚度	框架式20
	平板式18
背板厚度	9
背板连接	搭边内嵌
挂衣杆	
裤架高度	600~1000
上衣高度	900~1200
长衣高度	1200~1500

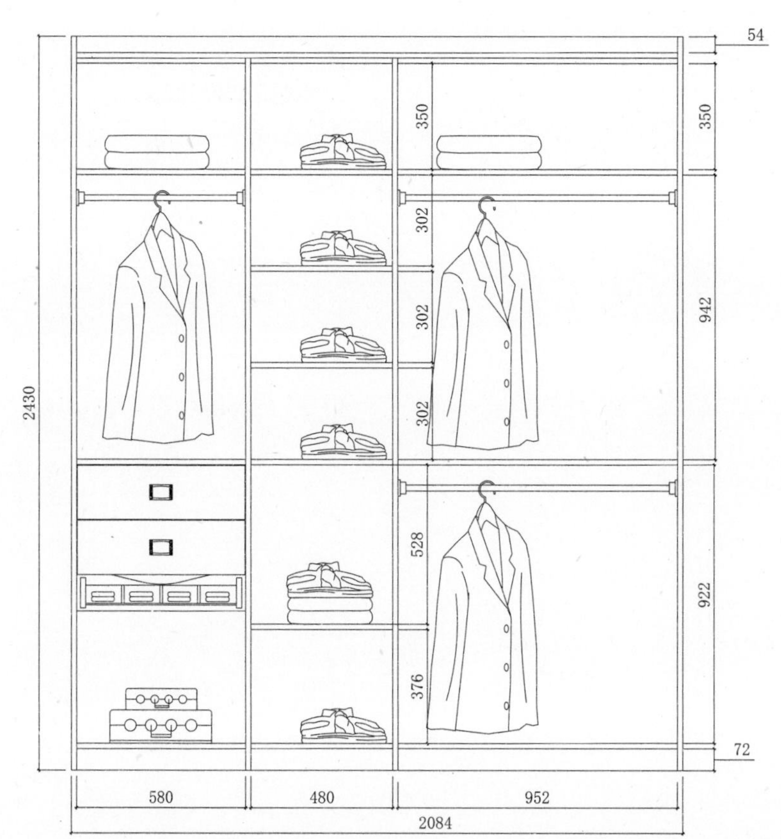

推拉门衣柜柜体(单位：mm)	
平板式编号	TLYG165#
框架式编号	
下柜高度	2100~2430
上柜高度	400~800
柜体宽度	1200~1700
柜体深度	550~600
柜板厚度	框架式20
	平板式18
背板厚度	9
背板连接	搭边内嵌
挂衣杆	
裤架高度	600~1000
上衣高度	900~1200
长衣高度	1200~1500

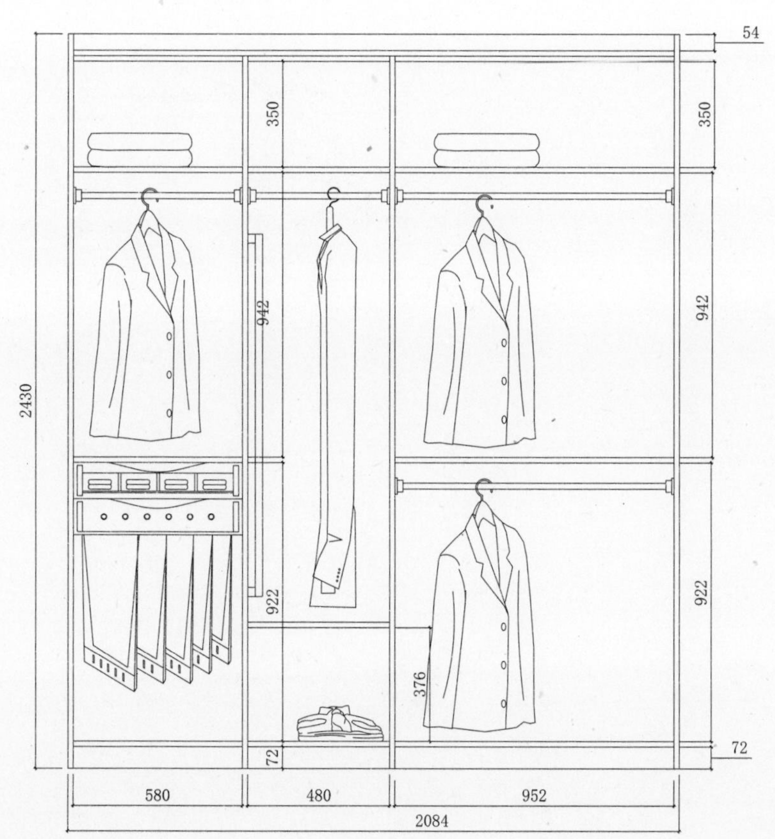

推拉门衣柜柜体(单位：mm)	
平板式编号	TLYG166#
框架式编号	
下柜高度	2100~2430
上柜高度	400~800
柜体宽度	1200~1700
柜体深度	550~600
柜板厚度	框架式20
	平板式18
背板厚度	9
背板连接	搭边内嵌
挂衣杆	
裤架高度	600~1000
上衣高度	900~1200
长衣高度	1200~1500

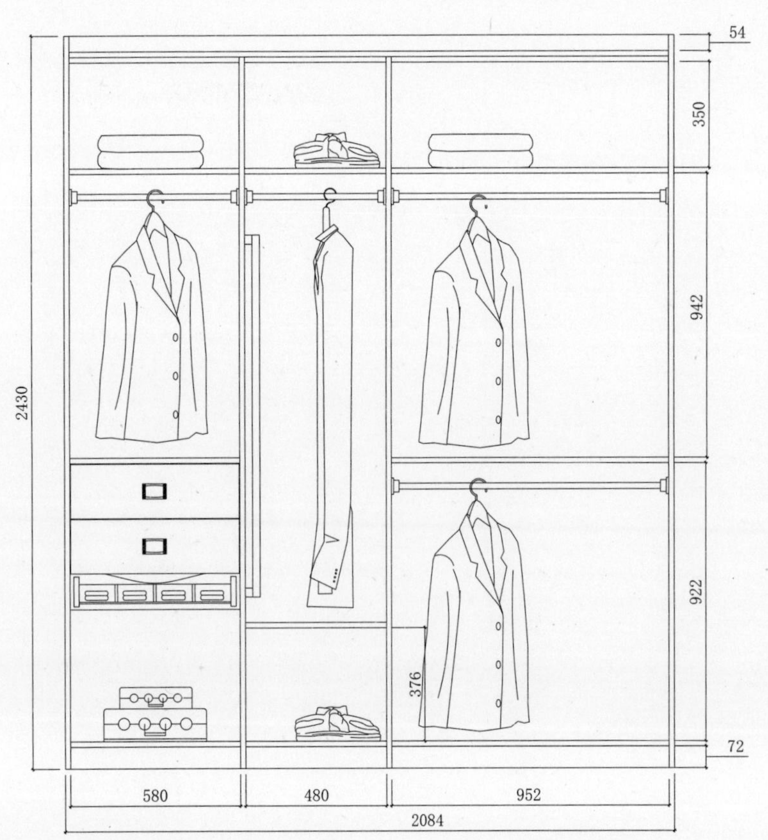

推拉门衣柜柜体(单位：mm)	
平板式编号	TLYG167#
框架式编号	
下柜高度	2100~2430
上柜高度	400~800
柜体宽度	1200~1700
柜体深度	550~600
柜板厚度	框架式20
	平板式18
背板厚度	9
背板连接	搭边内嵌
挂衣杆	
裤架高度	600~1000
上衣高度	900~1200
长衣高度	1200~1500

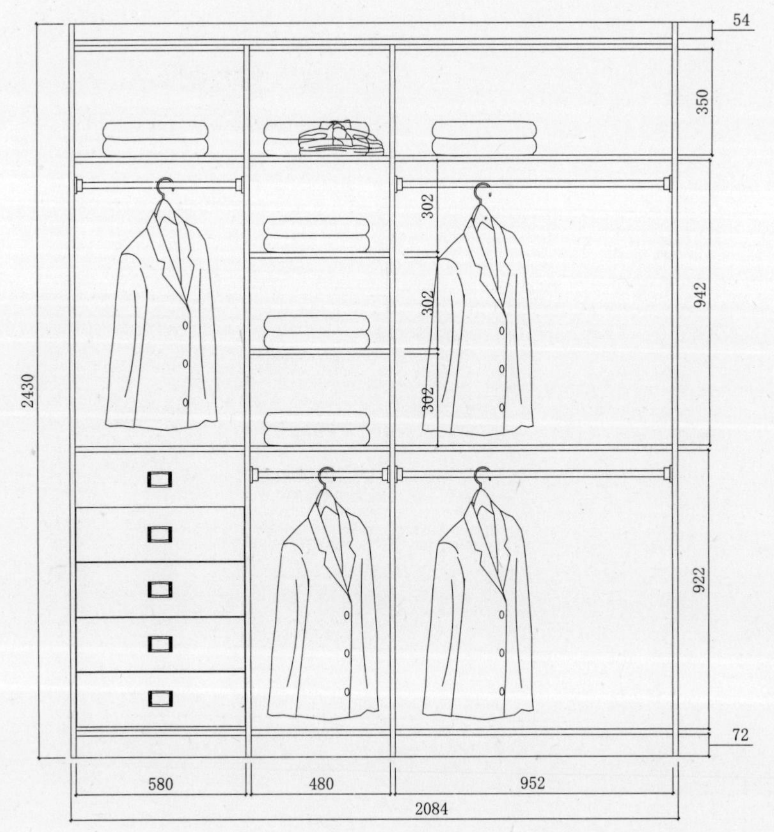

推拉门衣柜柜体(单位：mm)	
平板式编号	TLYG168#
框架式编号	
下柜高度	2100~2430
上柜高度	400~800
柜体宽度	1200~1700
柜体深度	550~600
柜板厚度	框架式20
	平板式18
背板厚度	9
背板连接	搭边内嵌
挂衣杆	
裤架高度	600~1000
上衣高度	900~1200
长衣高度	1200~1500

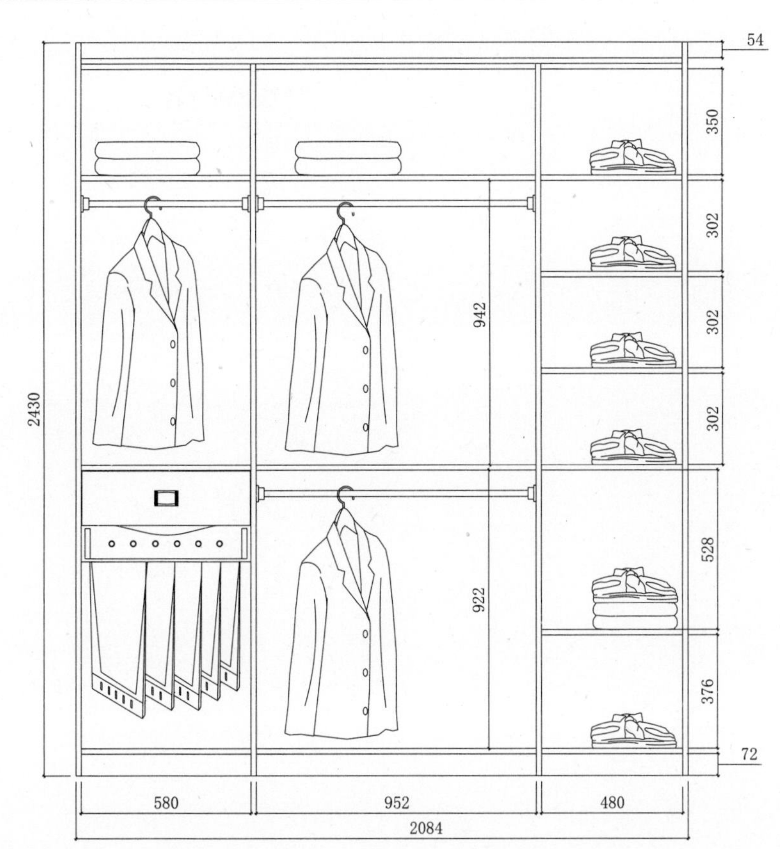

推拉门衣柜柜体(单位：mm)	
平板式编号	TLYG169#
框架式编号	
下柜高度	2100~2430
上柜高度	400~800
柜体宽度	1200~1700
柜体深度	550~600
柜板厚度	框架式20
	平板式18
背板厚度	9
背板连接	搭边内嵌
挂衣杆	
裤架高度	600~1000
上衣高度	900~1200
长衣高度	1200~1500

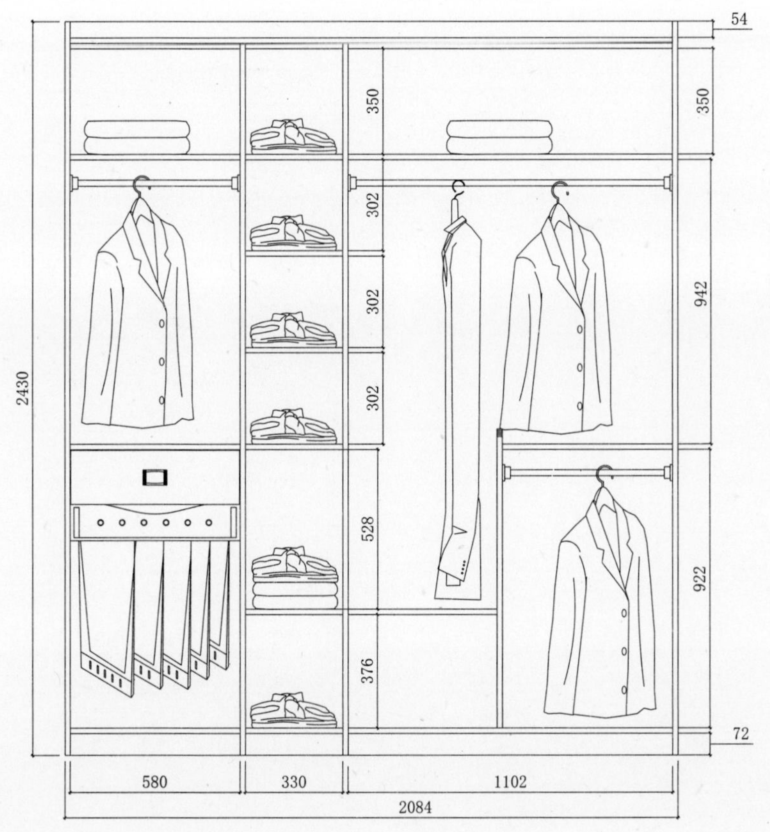

推拉门衣柜柜体(单位：mm)	
平板式编号	TLYG170#
框架式编号	
下柜高度	2100~2430
上柜高度	400~800
柜体宽度	1200~1700
柜体深度	550~600
柜板厚度	框架式20
	平板式18
背板厚度	9
背板连接	搭边内嵌
挂衣杆	
裤架高度	600~1000
上衣高度	900~1200
长衣高度	1200~1500

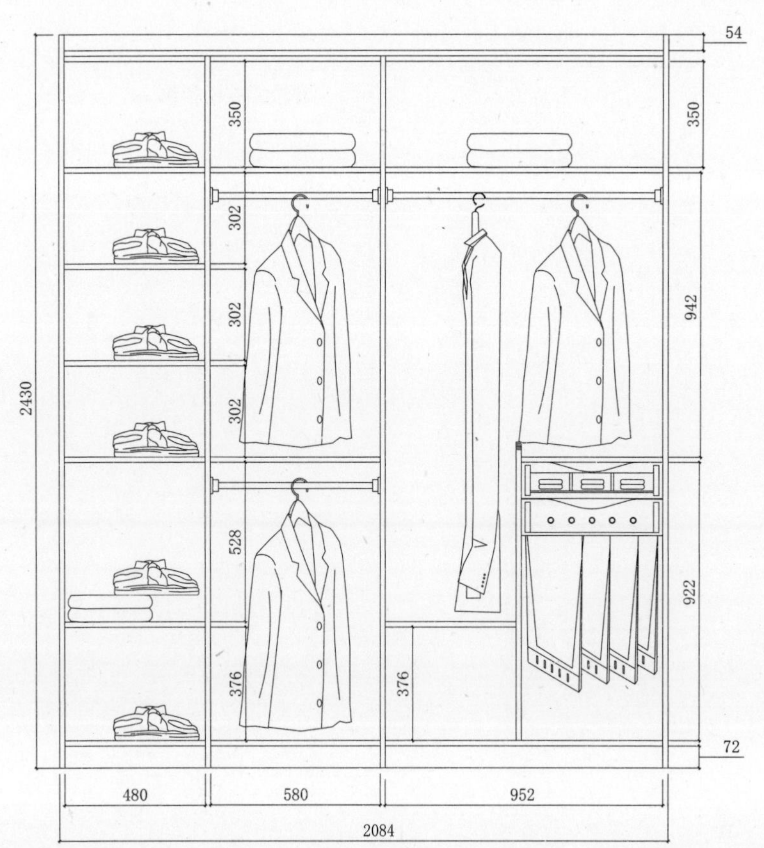

推拉门衣柜柜体(单位：mm)	
平板式编号	TLYG171#
框架式编号	
下柜高度	2100~2430
上柜高度	400~800
柜体宽度	1200~1700
柜体深度	550~600
柜板厚度	框架式20
	平板式18
背板厚度	9
背板连接	搭边内嵌
挂衣杆	
裤架高度	600~1000
上衣高度	900~1200
长衣高度	1200~1500

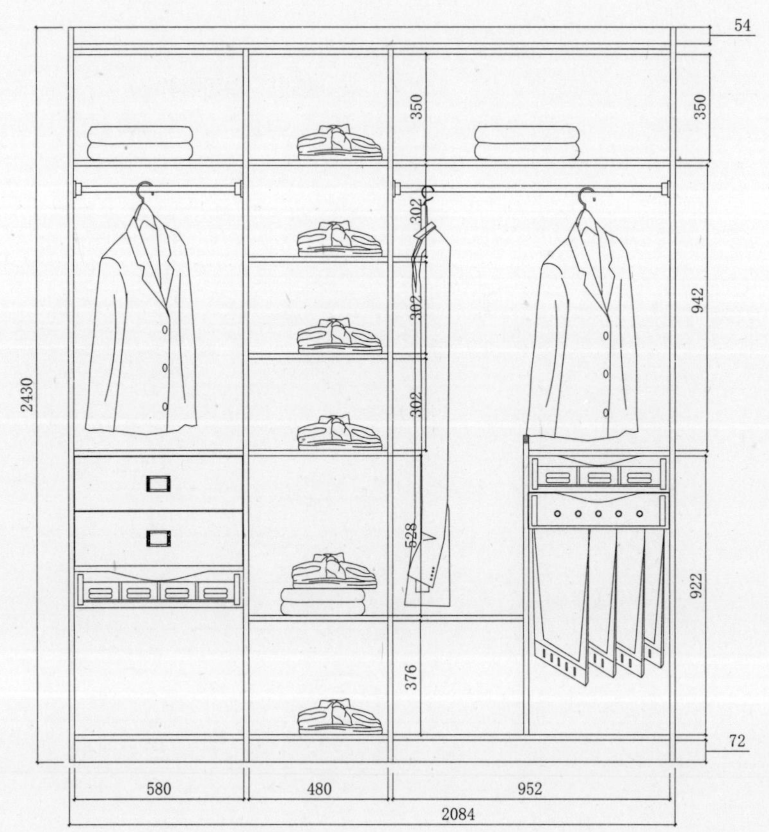

推拉门衣柜柜体(单位：mm)	
平板式编号	TLYG172#
框架式编号	
下柜高度	2100~2430
上柜高度	400~800
柜体宽度	1200~1700
柜体深度	550~600
柜板厚度	框架式20
	平板式18
背板厚度	9
背板连接	搭边内嵌
挂衣杆	
裤架高度	600~1000
上衣高度	900~1200
长衣高度	1200~1500

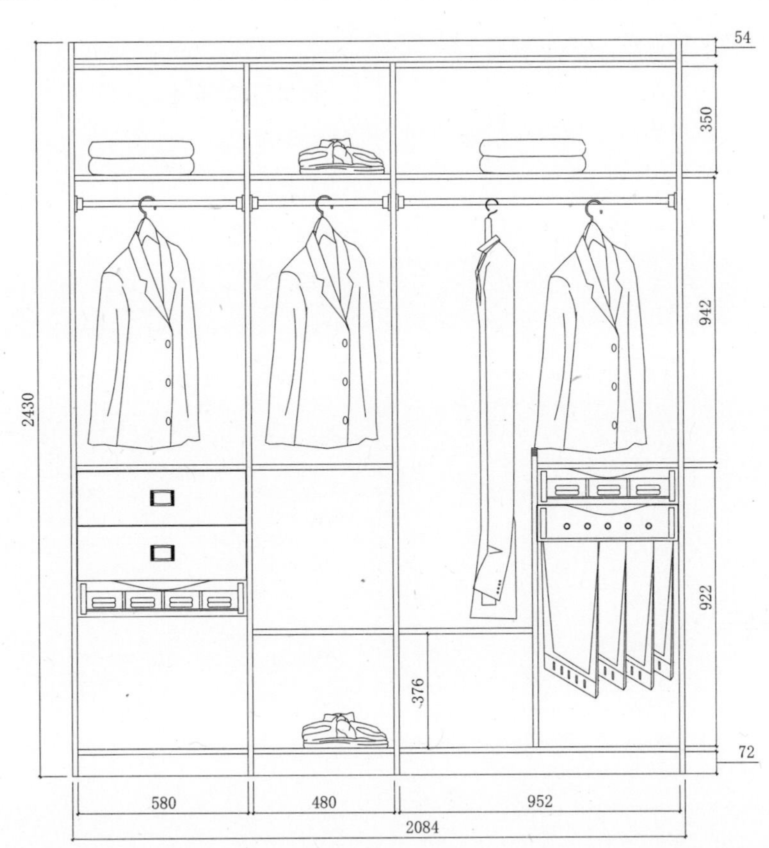

推拉门衣柜柜体(单位：mm)	
平板式编号	TLYG173#
框架式编号	
下柜高度	2100~2430
上柜高度	400~800
柜体宽度	1200~1700
柜体深度	550~600
柜板厚度	框架式20
	平板式18
背板厚度	9
背板连接	搭边内嵌
挂衣杆	
裤架高度	600~1000
上衣高度	900~1200
长衣高度	1200~1500

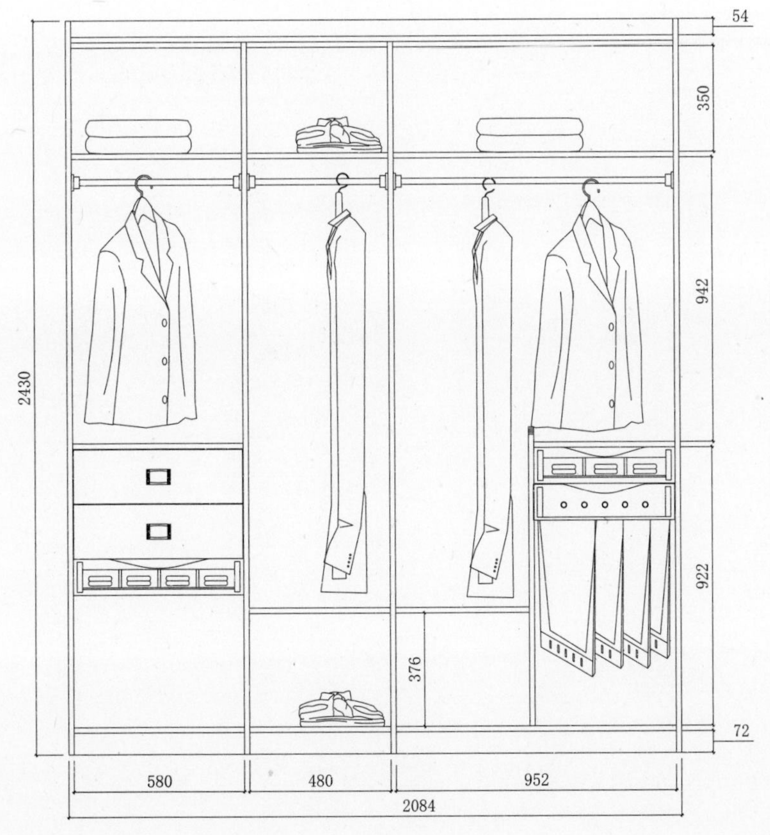

推拉门衣柜柜体(单位：mm)	
平板式编号	TLYG174#
框架式编号	
下柜高度	2100~2430
上柜高度	400~800
柜体宽度	1200~1700
柜体深度	550~600
柜板厚度	框架式20
	平板式18
背板厚度	9
背板连接	搭边内嵌
挂衣杆	
裤架高度	600~1000
上衣高度	900~1200
长衣高度	1200~1500

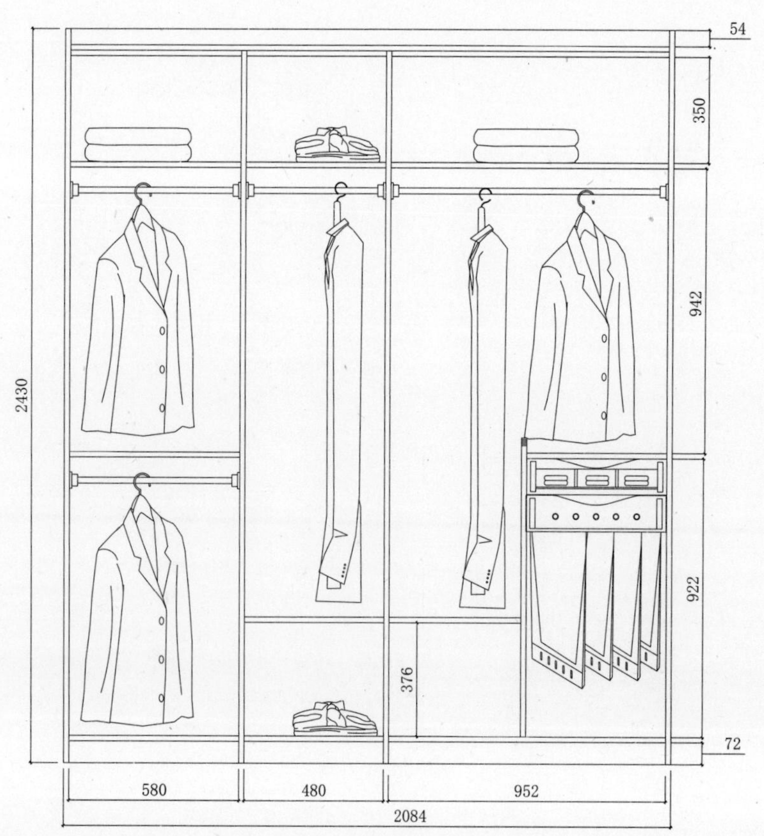

推拉门衣柜柜体(单位：mm)	
平板式编号	TLYG175#
框架式编号	
下柜高度	2100~2430
上柜高度	400~800
柜体宽度	1200~1700
柜体深度	550~600
柜板厚度	框架式20
	平板式18
背板厚度	9
背板连接	搭边内嵌
挂衣杆	
裤架高度	600~1000
上衣高度	900~1200
长衣高度	1200~1500

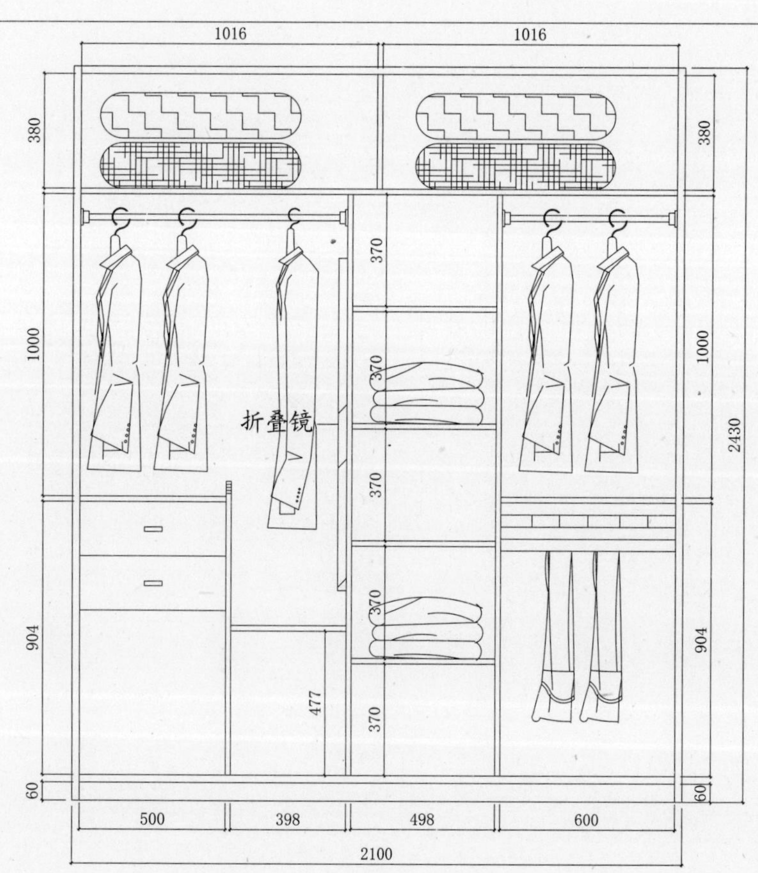

推拉门衣柜柜体(单位：mm)	
平板式编号	TLYG176#
框架式编号	
下柜高度	2100~2430
上柜高度	400~800
柜体宽度	1200~1700
柜体深度	550~600
柜板厚度	框架式20
	平板式18
背板厚度	9
背板连接	搭边内嵌
挂衣杆	
裤架高度	600~1000
上衣高度	900~1200
长衣高度	1200~1500

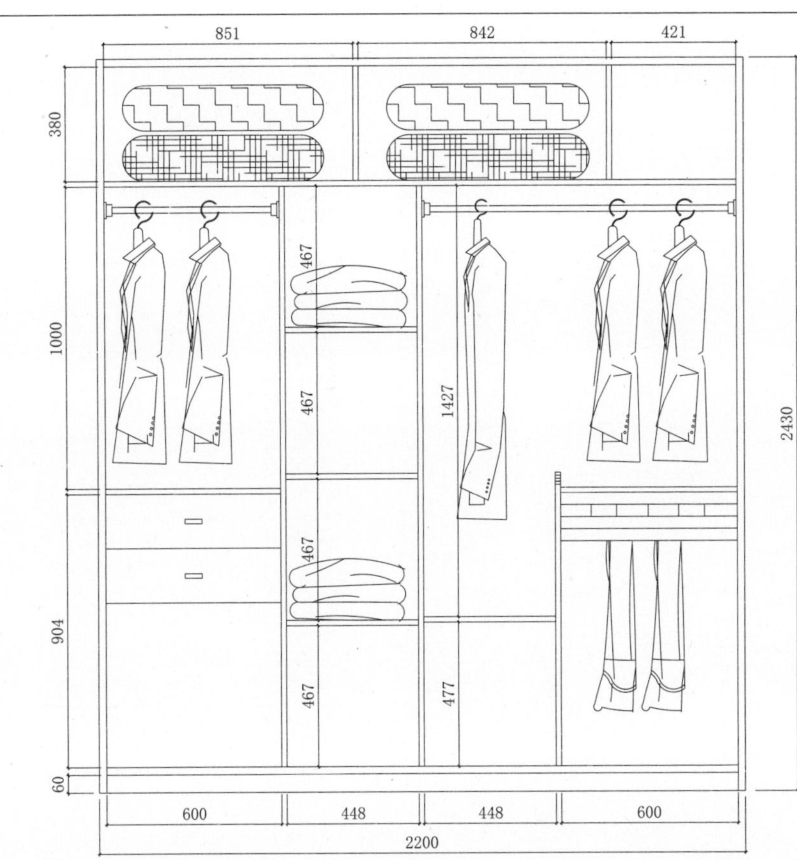

推拉门衣柜柜体(单位：mm)	
平板式编号	TLYG177#
框架式编号	
下柜高度	2100~2430
上柜高度	400~800
柜体宽度	1200~1700
柜体深度	550~600
柜板厚度	框架式20
	平板式18
背板厚度	9
背板连接	搭边内嵌
挂衣杆	
裤架高度	600~1000
上衣高度	900~1200
长衣高度	1200~1500

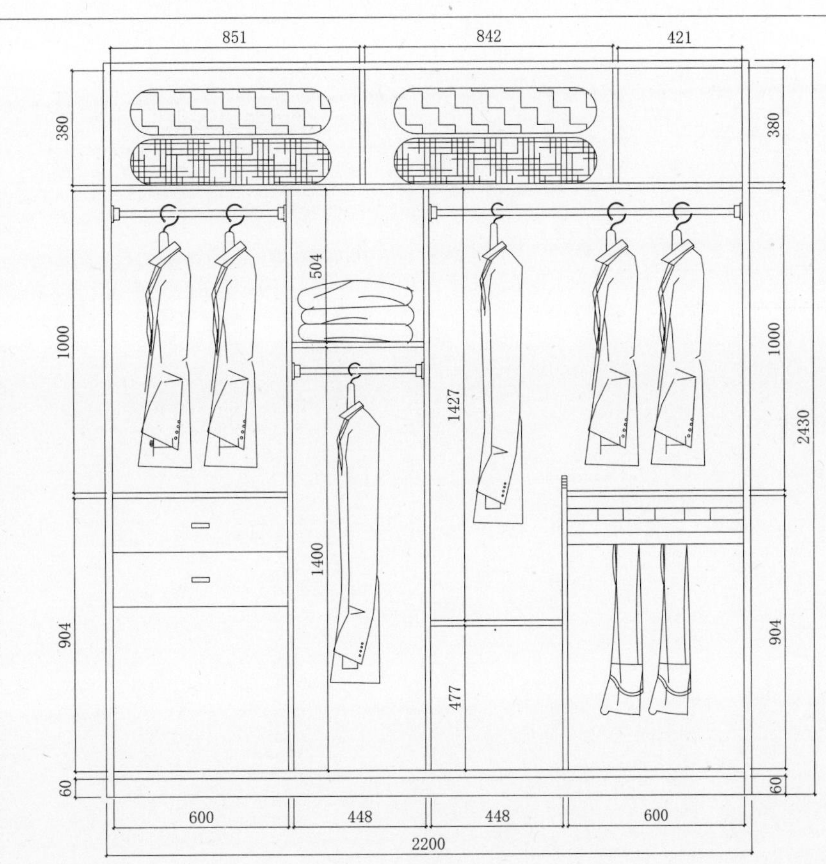

推拉门衣柜柜体(单位：mm)	
平板式编号	TLYG178#
框架式编号	
下柜高度	2100~2430
上柜高度	400~800
柜体宽度	1200~1700
柜体深度	550~600
柜板厚度	框架式20
	平板式18
背板厚度	9
背板连接	搭边内嵌
挂衣杆	
裤架高度	600~1000
上衣高度	900~1200
长衣高度	1200~1500

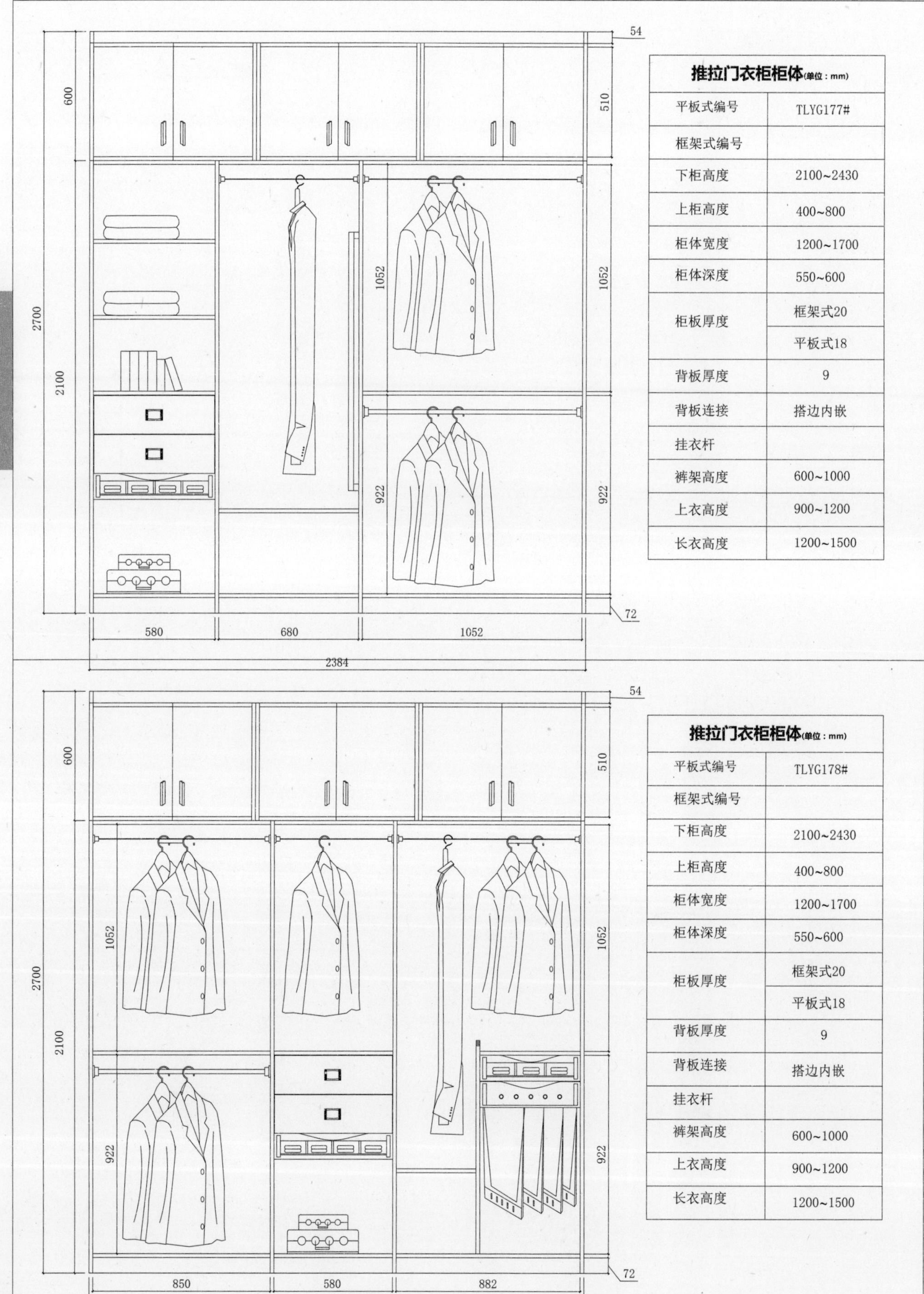

推拉门衣柜柜体(单位：mm)	
平板式编号	TLYG177#
框架式编号	
下柜高度	2100~2430
上柜高度	400~800
柜体宽度	1200~1700
柜体深度	550~600
柜板厚度	框架式20
	平板式18
背板厚度	9
背板连接	搭边内嵌
挂衣杆	
裤架高度	600~1000
上衣高度	900~1200
长衣高度	1200~1500

推拉门衣柜柜体(单位：mm)	
平板式编号	TLYG178#
框架式编号	
下柜高度	2100~2430
上柜高度	400~800
柜体宽度	1200~1700
柜体深度	550~600
柜板厚度	框架式20
	平板式18
背板厚度	9
背板连接	搭边内嵌
挂衣杆	
裤架高度	600~1000
上衣高度	900~1200
长衣高度	1200~1500

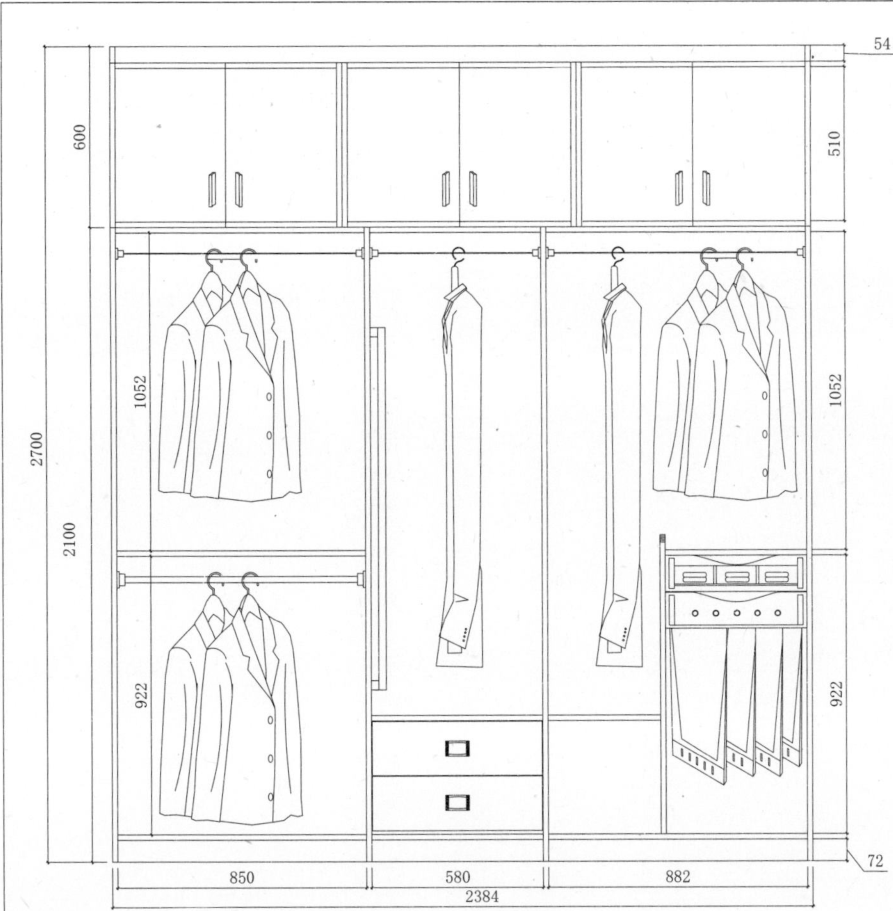

推拉门衣柜柜体(单位：mm)	
平板式编号	TLYG179#
框架式编号	
下柜高度	2100~2430
上柜高度	400~800
柜体宽度	1200~1700
柜体深度	550~600
柜板厚度	框架式20
	平板式18
背板厚度	9
背板连接	搭边内嵌
挂衣杆	
裤架高度	600~1000
上衣高度	900~1200
长衣高度	1200~1500

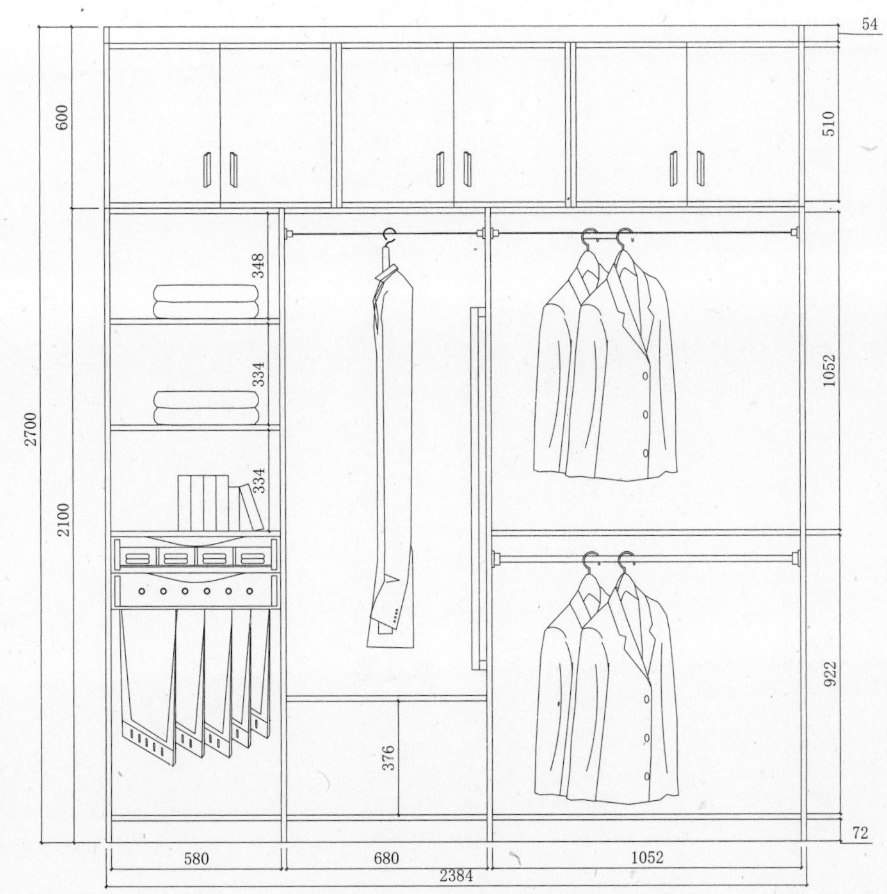

推拉门衣柜柜体(单位：mm)	
平板式编号	TLYG180#
框架式编号	
下柜高度	2100~2430
上柜高度	400~800
柜体宽度	1200~1700
柜体深度	550~600
柜板厚度	框架式20
	平板式18
背板厚度	9
背板连接	搭边内嵌
挂衣杆	
裤架高度	600~1000
上衣高度	900~1200
长衣高度	1200~1500

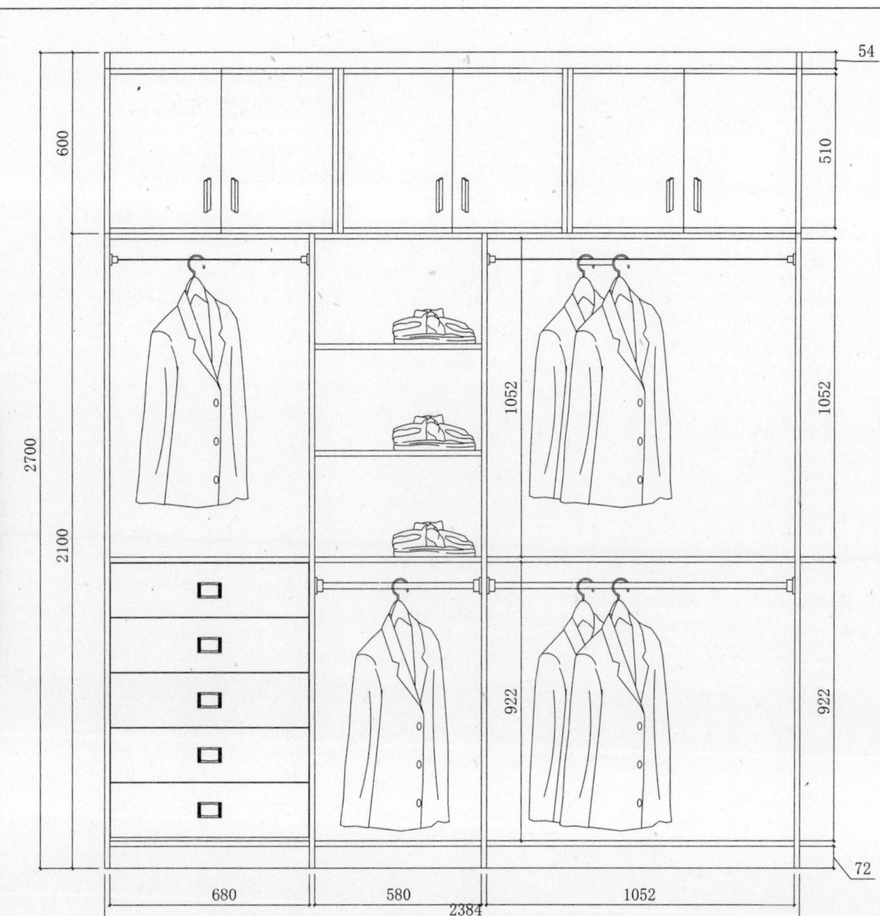

推拉门衣柜柜体(单位：mm)	
平板式编号	TLYG181#
框架式编号	
下柜高度	2100~2430
上柜高度	400~800
柜体宽度	1200~1700
柜体深度	550~600
柜板厚度	框架式20
	平板式18
背板厚度	9
背板连接	搭边内嵌
挂衣杆	
裤架高度	600~1000
上衣高度	900~1200
长衣高度	1200~1500

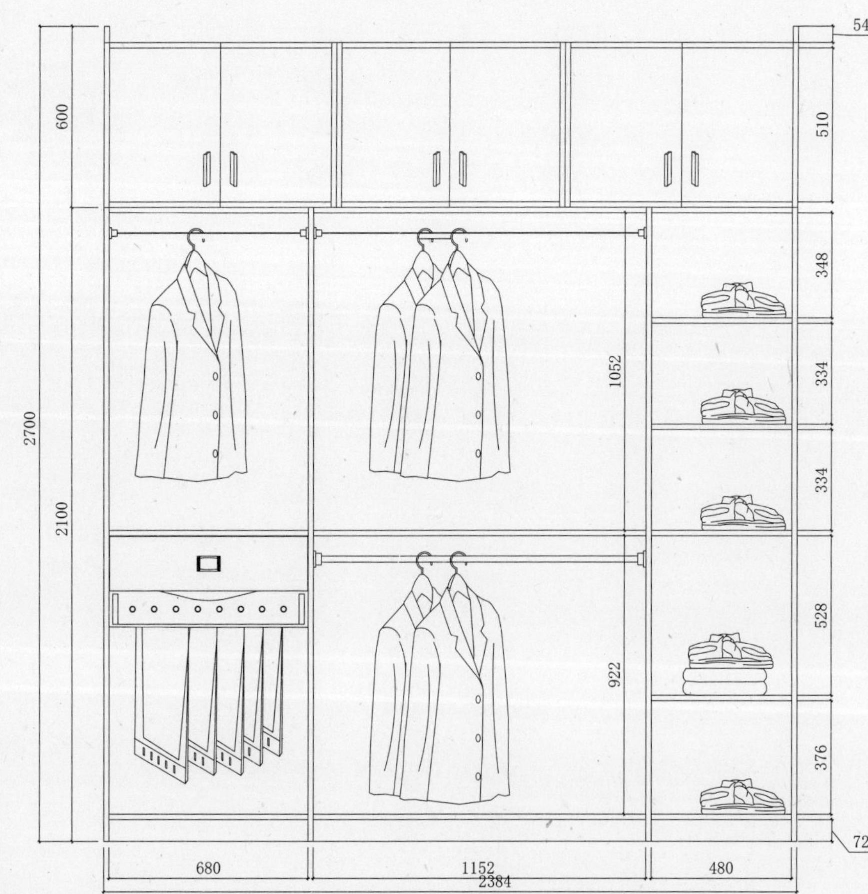

推拉门衣柜柜体(单位：mm)	
平板式编号	TLYG182#
框架式编号	
下柜高度	2100~2430
上柜高度	400~800
柜体宽度	1200~1700
柜体深度	550~600
柜板厚度	框架式20
	平板式18
背板厚度	9
背板连接	搭边内嵌
挂衣杆	
裤架高度	600~1000
上衣高度	900~1200
长衣高度	1200~1500

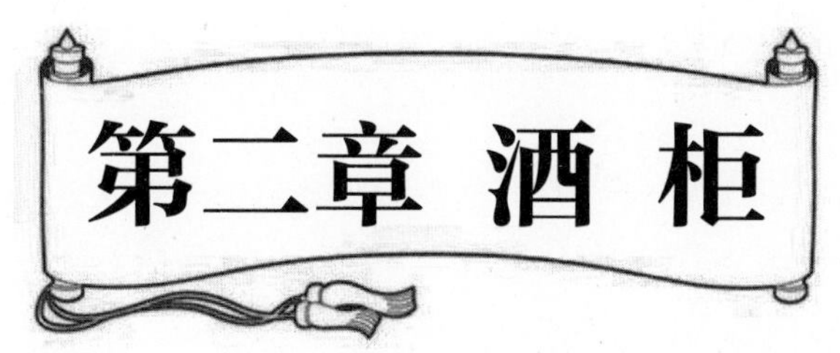

第二章 酒柜

第一节 酒柜基本知识

1）名门汇定制酒柜由 1# 柜、2# 柜、3# 柜、5# 柜、6# 柜（可调节柜）组成，门板厚度为 18~22mm，柜体板厚度为 18mm，背板 9mm。

2）柜体的高度有 2100mm 和 2430mm 两种，酒柜深度为 400mm（包含背板 9mm），地面到腰线上部的距离为 865mm（为固定尺寸），在腰线上部进行高度的调节，酒柜腰线上部的层板做普通层板或 8mm 玻璃层板，酒柜腰线上部以玻璃门板为主，抽屉高度、宽度以实际设计尺寸为主，深度为 350mm。

3）转角柜由 5# 柜的内转角和外转角，这两个柜子标准高度为 2100mm 和 2430mm 两种设计。

4）柜身高度低于 2100mm 的尺寸以 32mm 的倍数递减。

5）柜体尺寸：

1# 柜（300~700mm 无柜门）；

2# 柜（700~1000mm 双柜门）；

3# 柜（1000~1400mm 三柜门）；

4# 柜（1400~1800mm 四柜门）；

6# 柜 150~300mm 和 720~1680mm（外尺寸）两种可调节尺寸；

7# 柜为自由组合搭配的酒柜案例。

6）柜门尺寸（以柜体宽度为设计基准）。

7）腰线（865mm）以下为固定尺寸，可做 1~2 层活动层板或不做层板（具体根据客户需求）。

8）1# 柜为无柜门，2# 柜为双开门，3# 柜为三开门，4# 柜为四开门，5# 为内、外转角柜，6# 可调节柜。

9）收口板的宽度尺寸为 80~180mm 之间调节。层板至层板的中间位以 32mm 的倍数加或减，当遇到与门板的饺链孔位有冲突时，调节层板位置。铰链孔位的原则是 1m 以下为 2 个，1000~1600mm 为 3 个，1600~2400mm 为 4 个。饺链孔径为 35mm，上下离边为 120mm，左右离边 23mm（孔中间），中间平分。

10）酒柜的内部标准：

腰线上部的层板距离：300~400mm（标准为8mm玻璃层板）；

储酒格规格为：90mm×90mm或100mm×100mm（为内空尺寸）可做平格或45度斜格。

11）罗马柱与柜体设计原则：可参照柜门配件章节。

第二节 酒柜整体展示

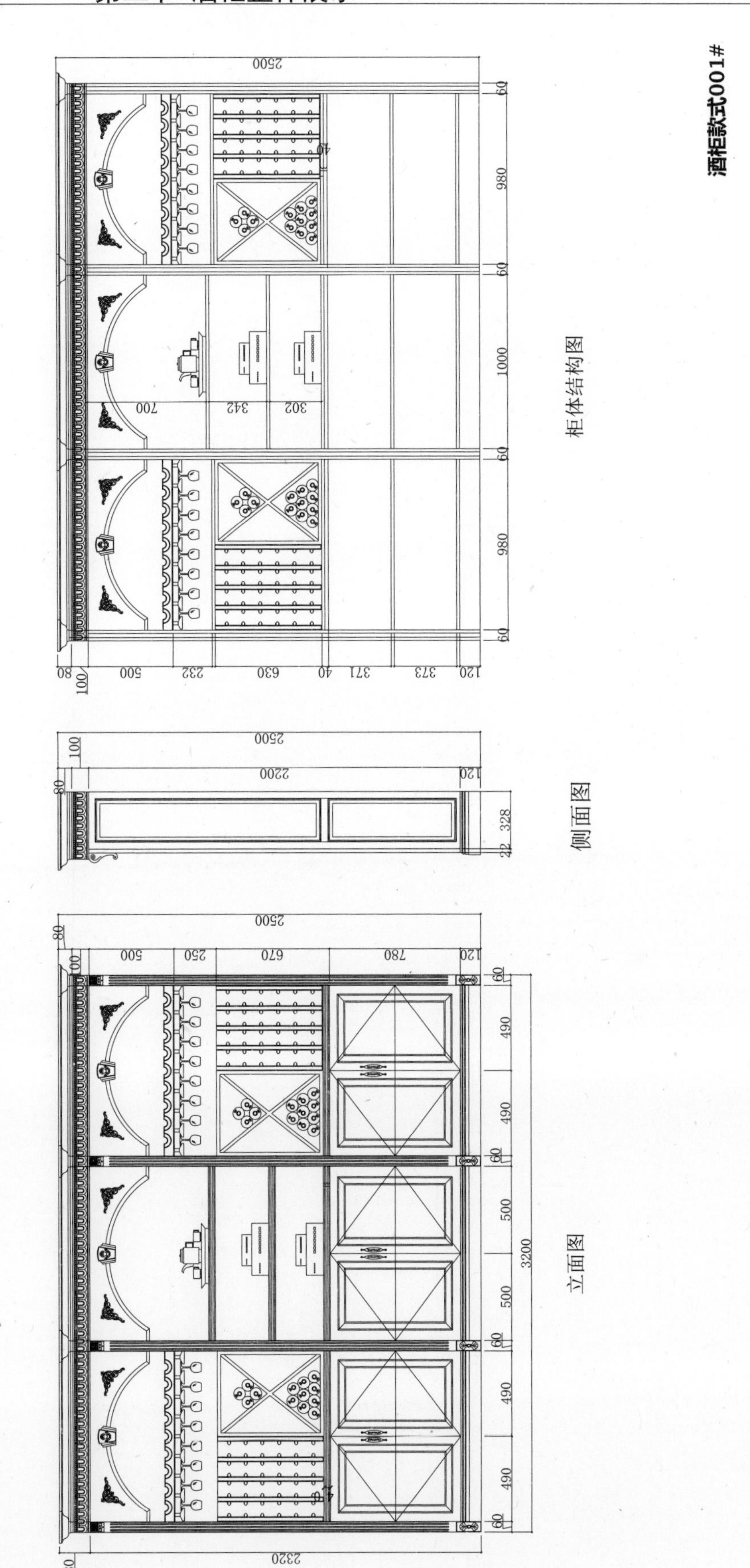

平面图

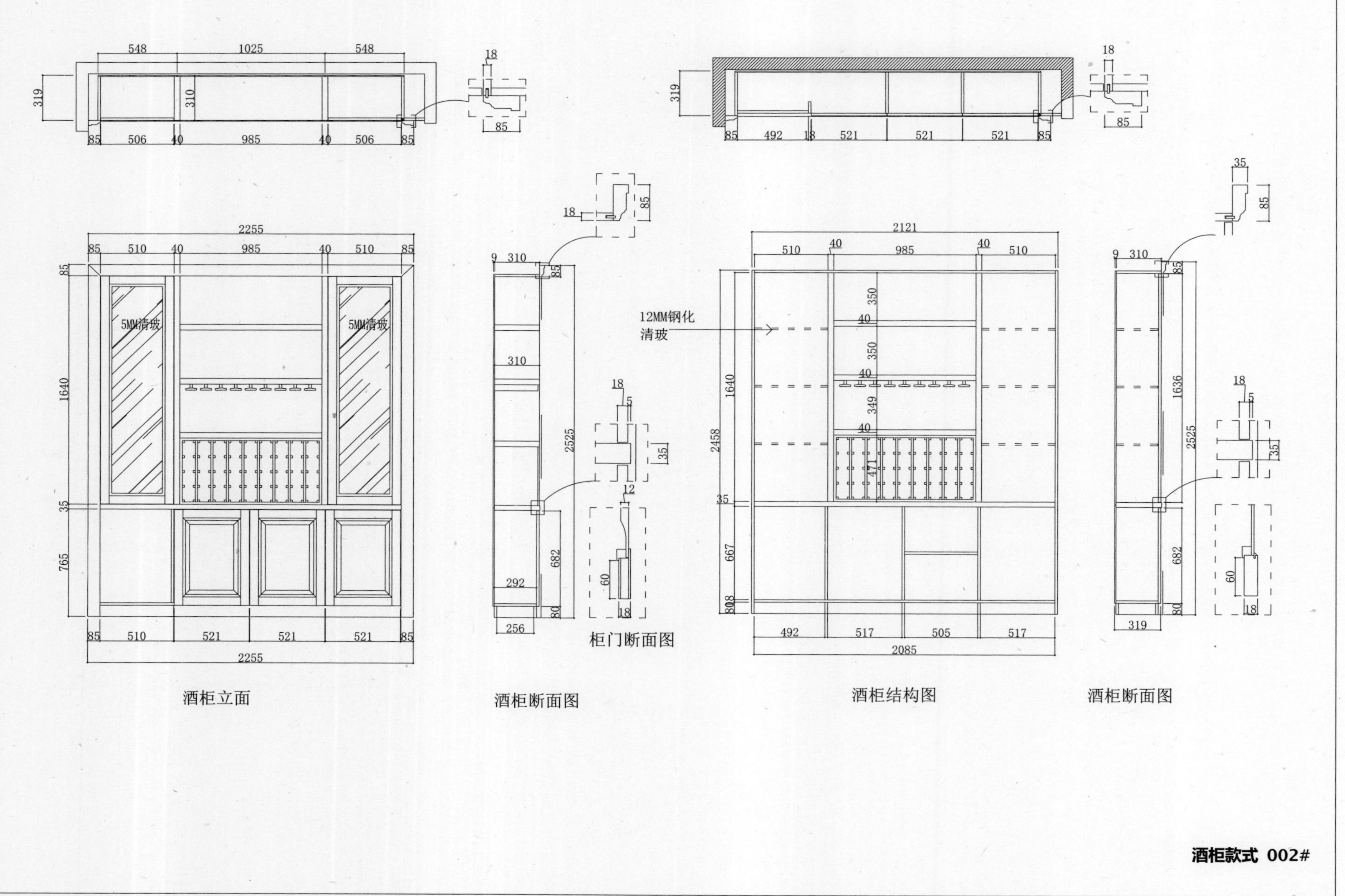
5MM清玻
5MM清玻
柜门断面图
酒柜立面
酒柜断面图
12MM钢化
清玻
酒柜结构图
酒柜断面图
酒柜款式 002#

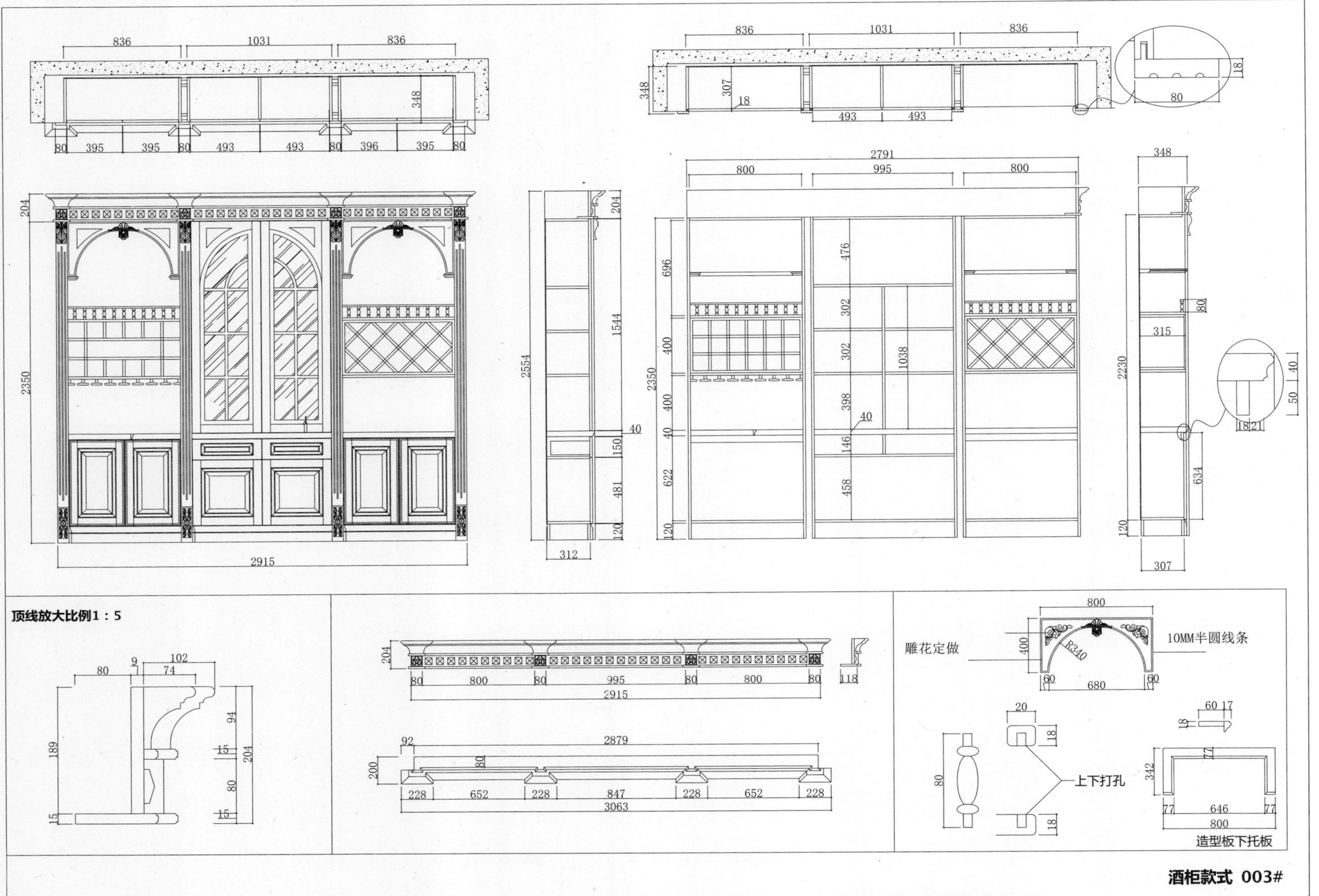

酒柜款式 003#

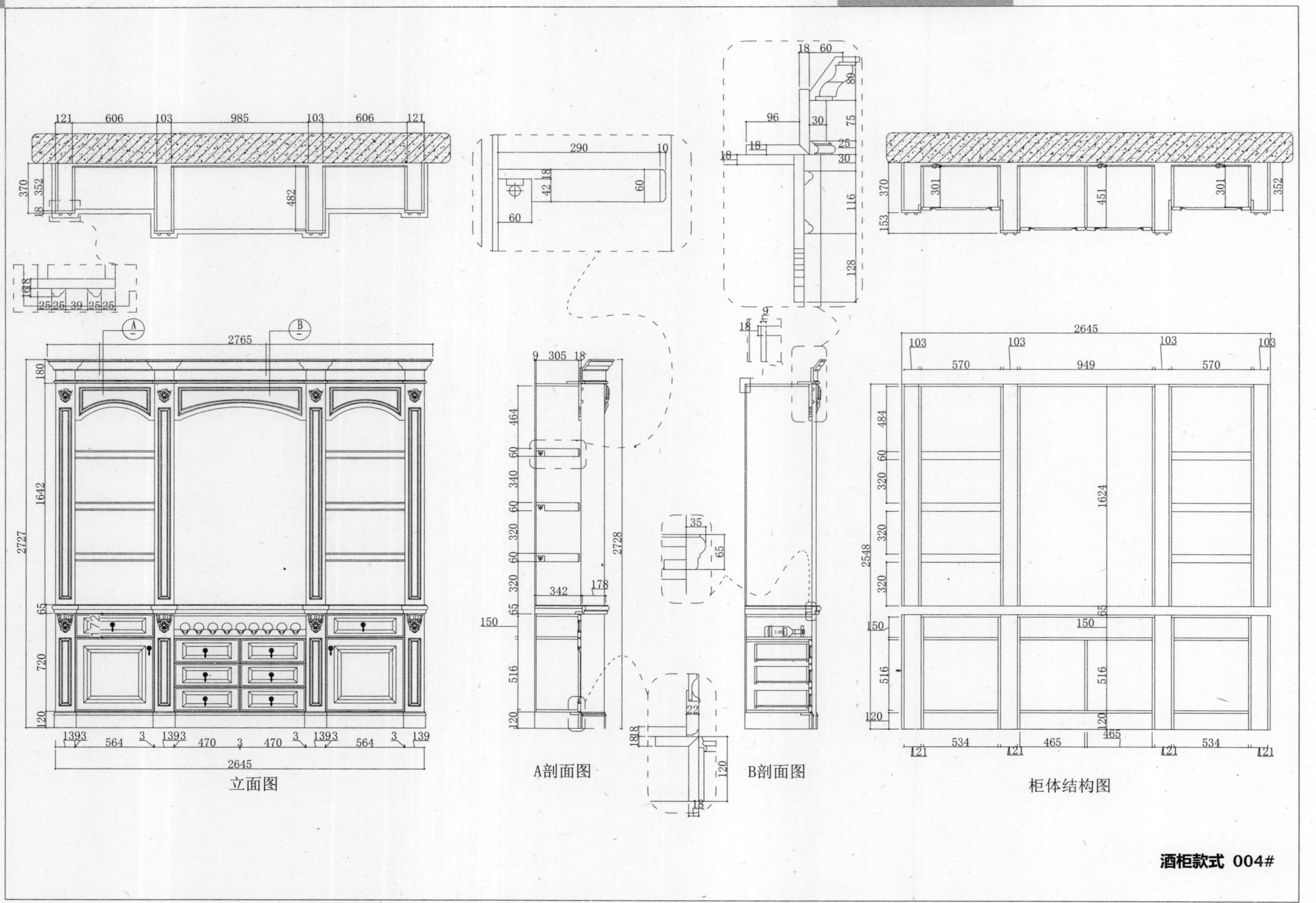

立面图
A剖面图
B剖面图
柜体结构图
酒柜款式 004#

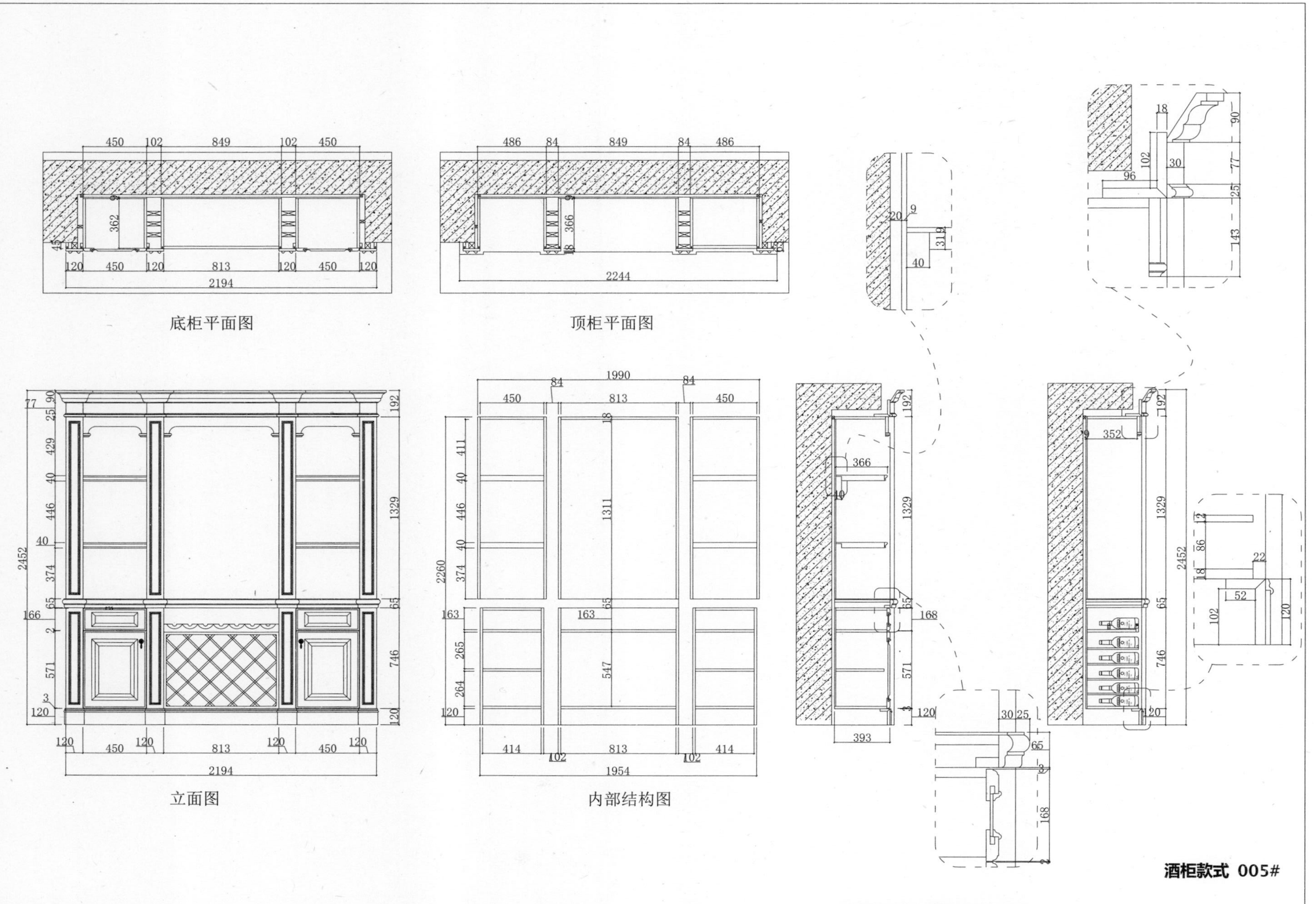
底柜平面图
顶柜平面图
立面图
内部结构图
酒柜款式 005#

酒柜款式 006#

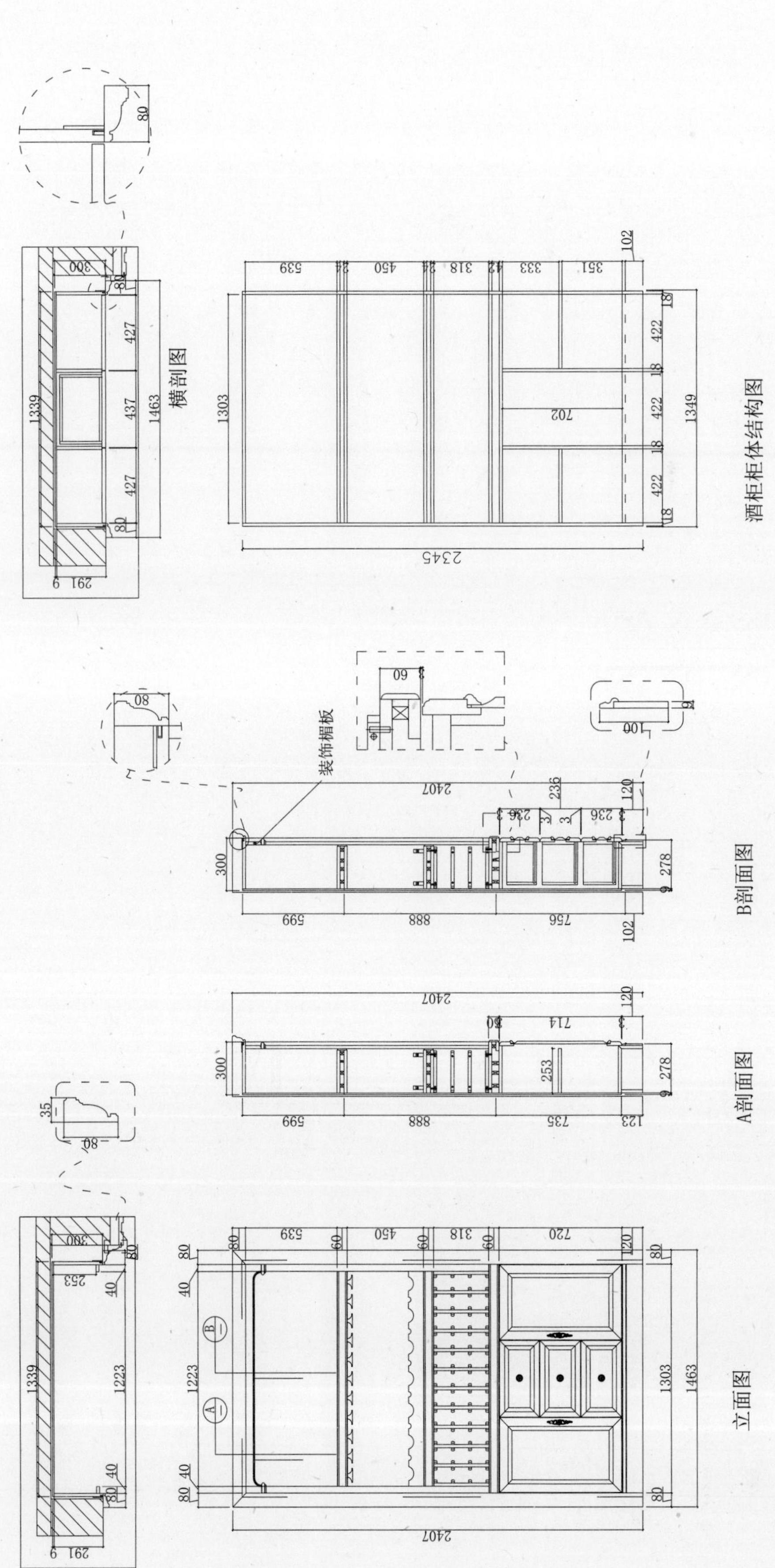

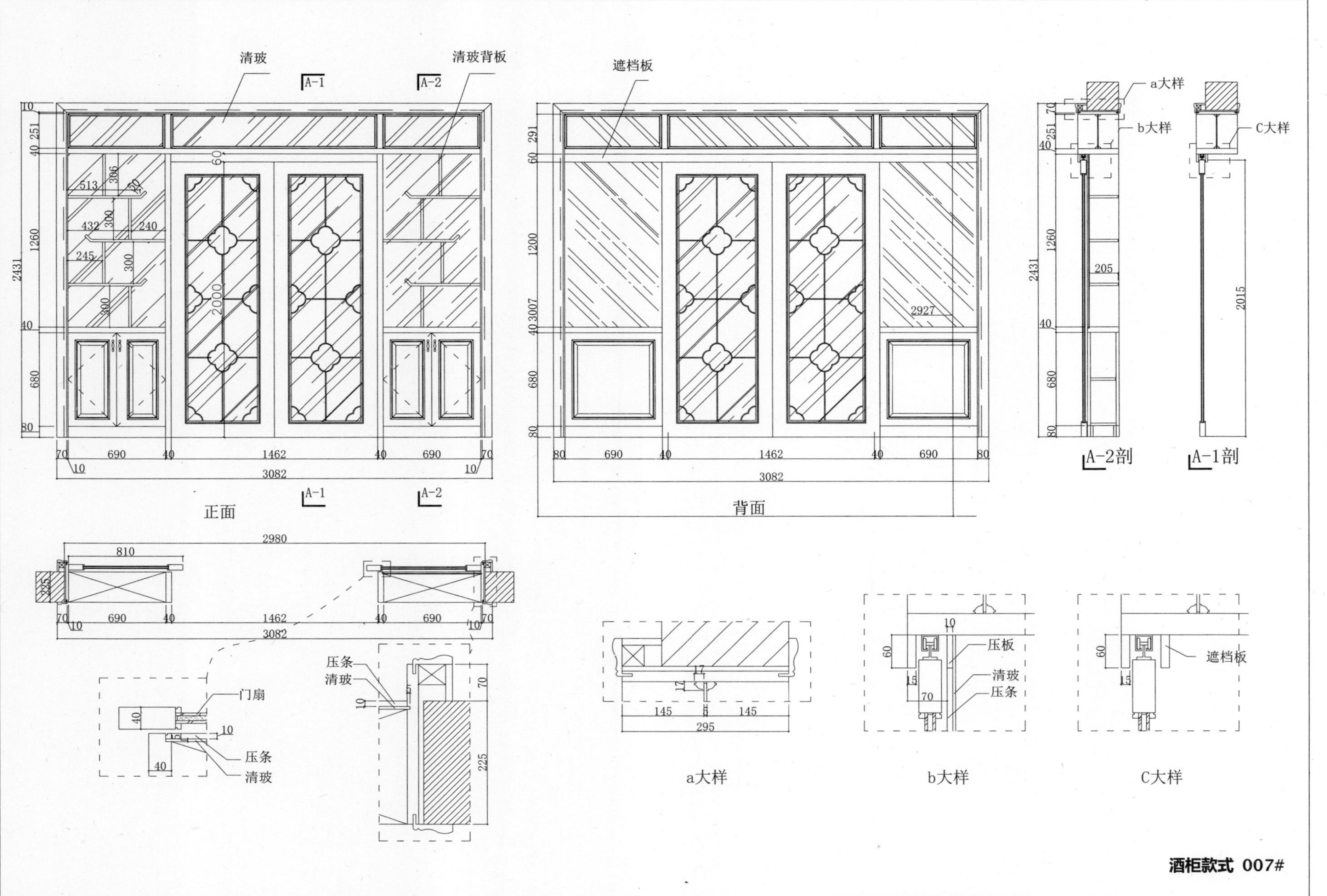

酒柜款式 007#

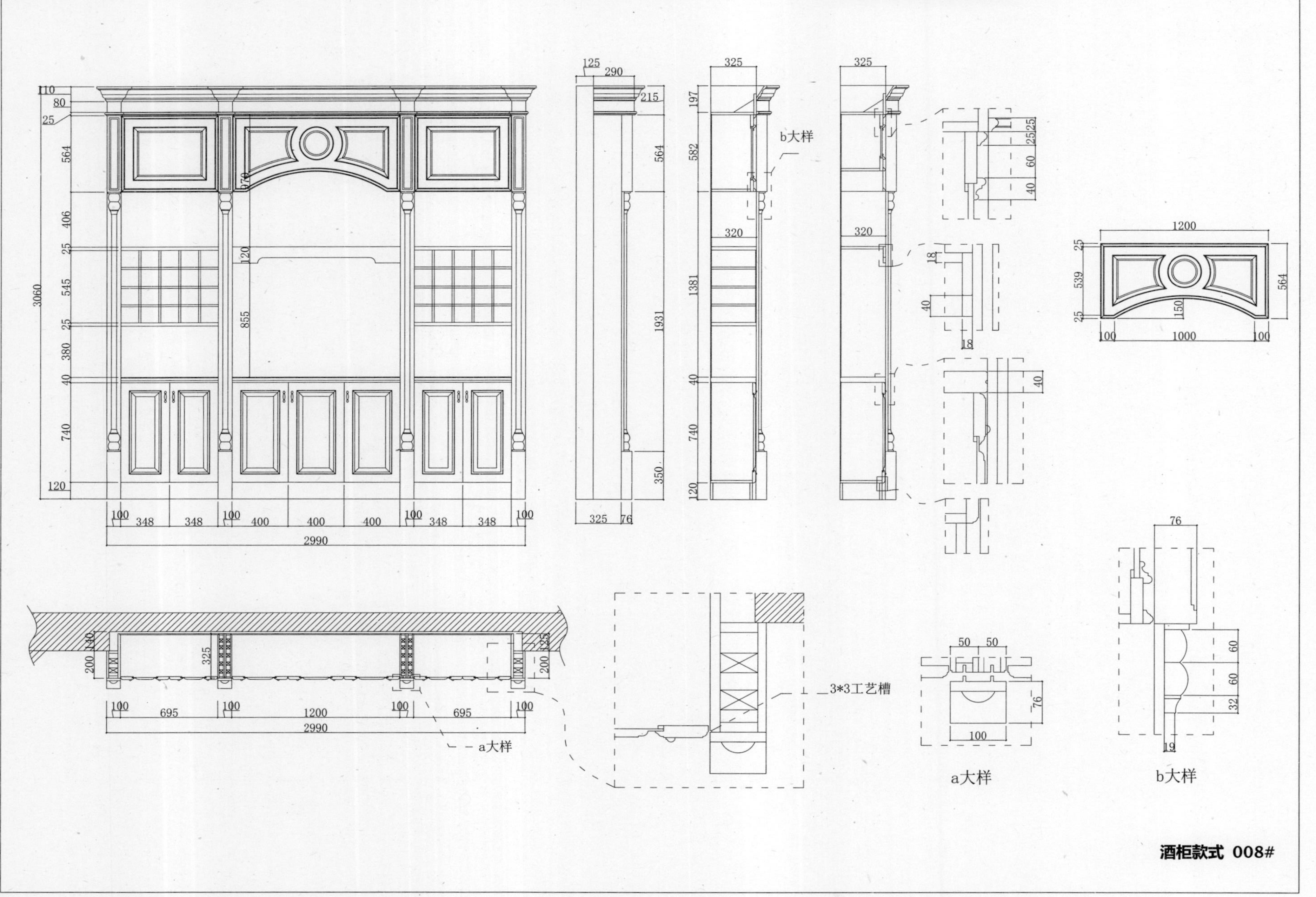
b大样
3*3工艺槽
a大样
a大样
b大样
酒柜款式 008#

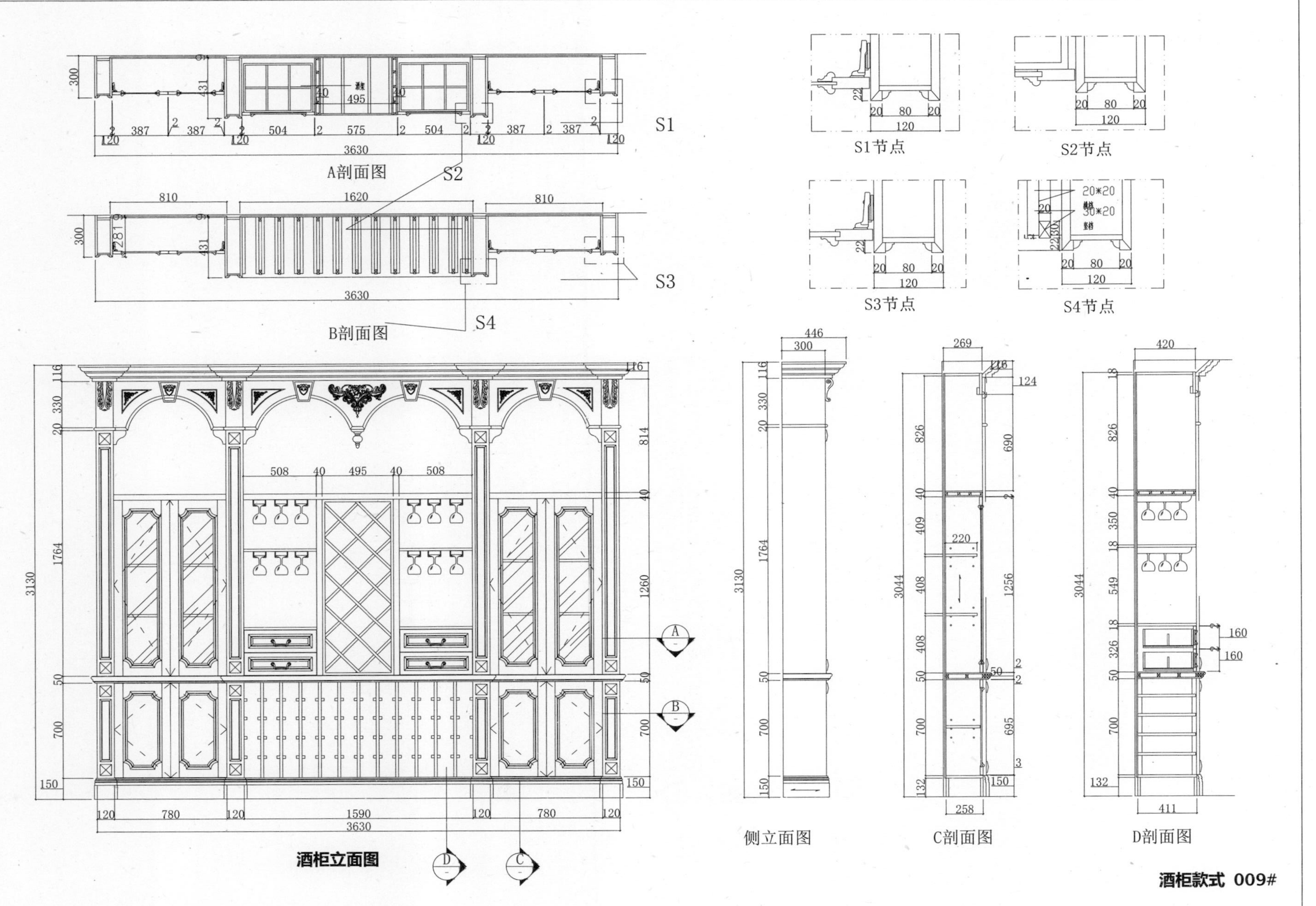

酒柜款式 009#

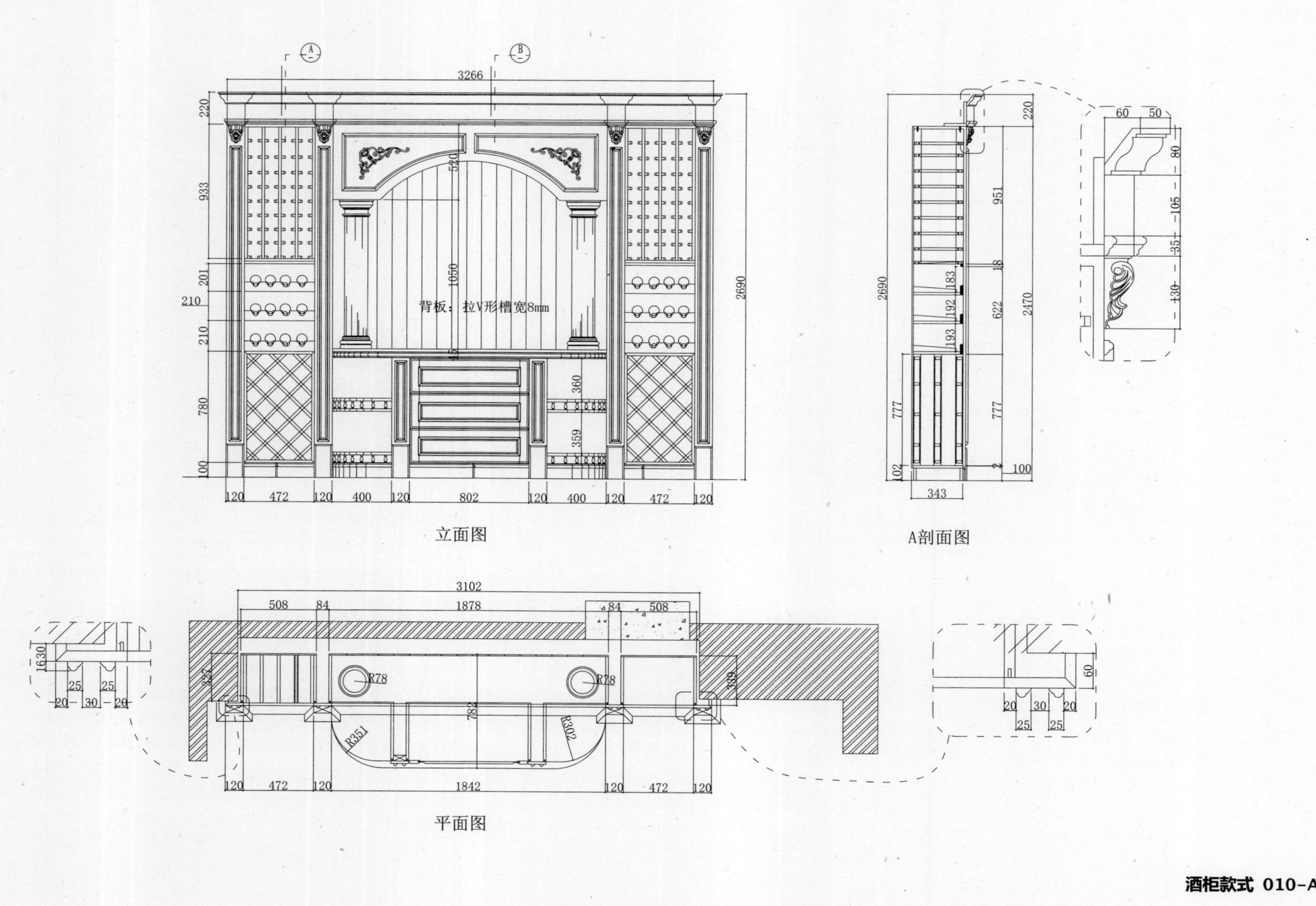
立面图
A剖面图
平面图
背板：拉V形槽宽8mm
酒柜款式 010-A#

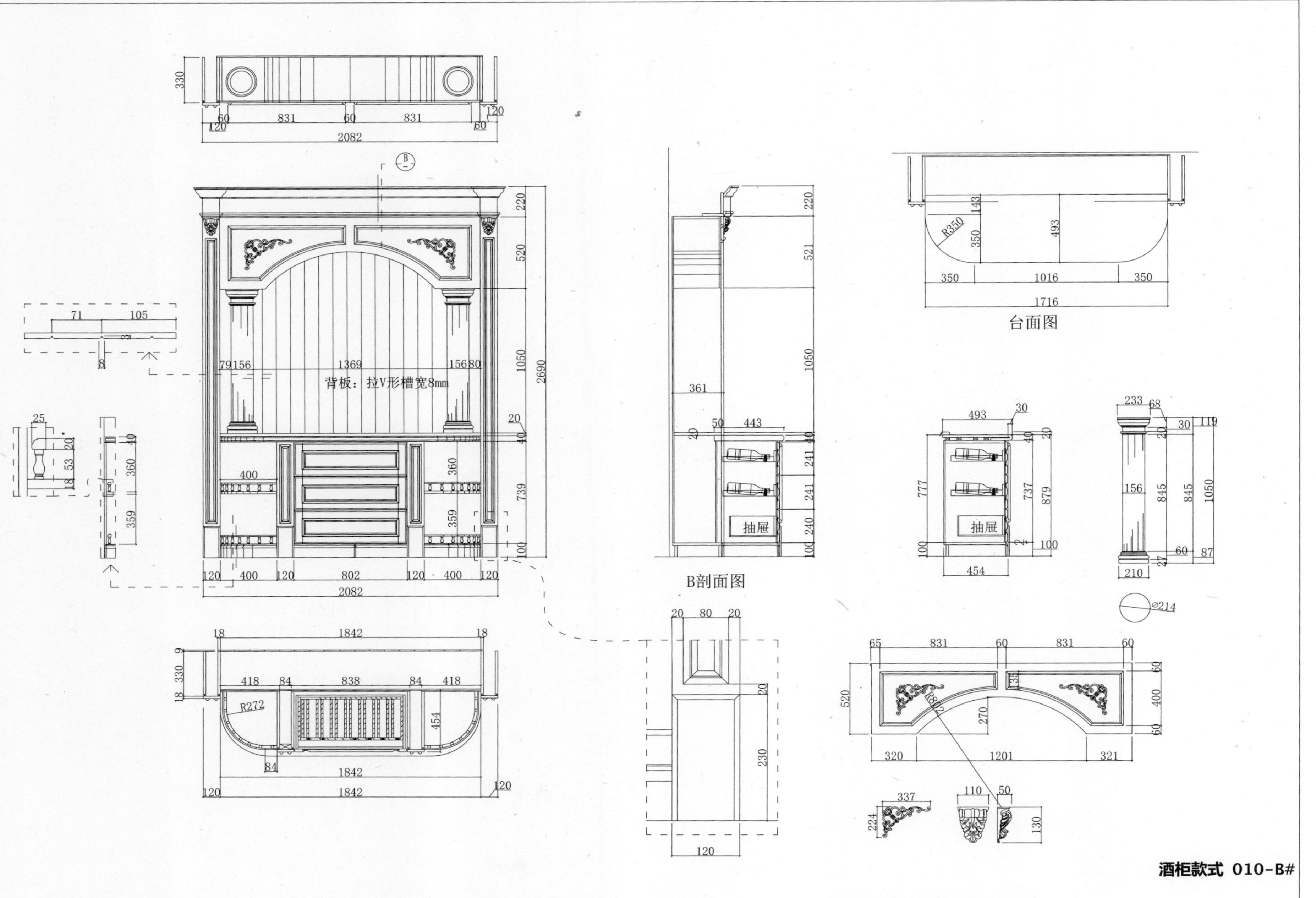
台面图
抽屉
B剖面图
背板：拉V形槽宽8mm
酒柜款式 010-B#

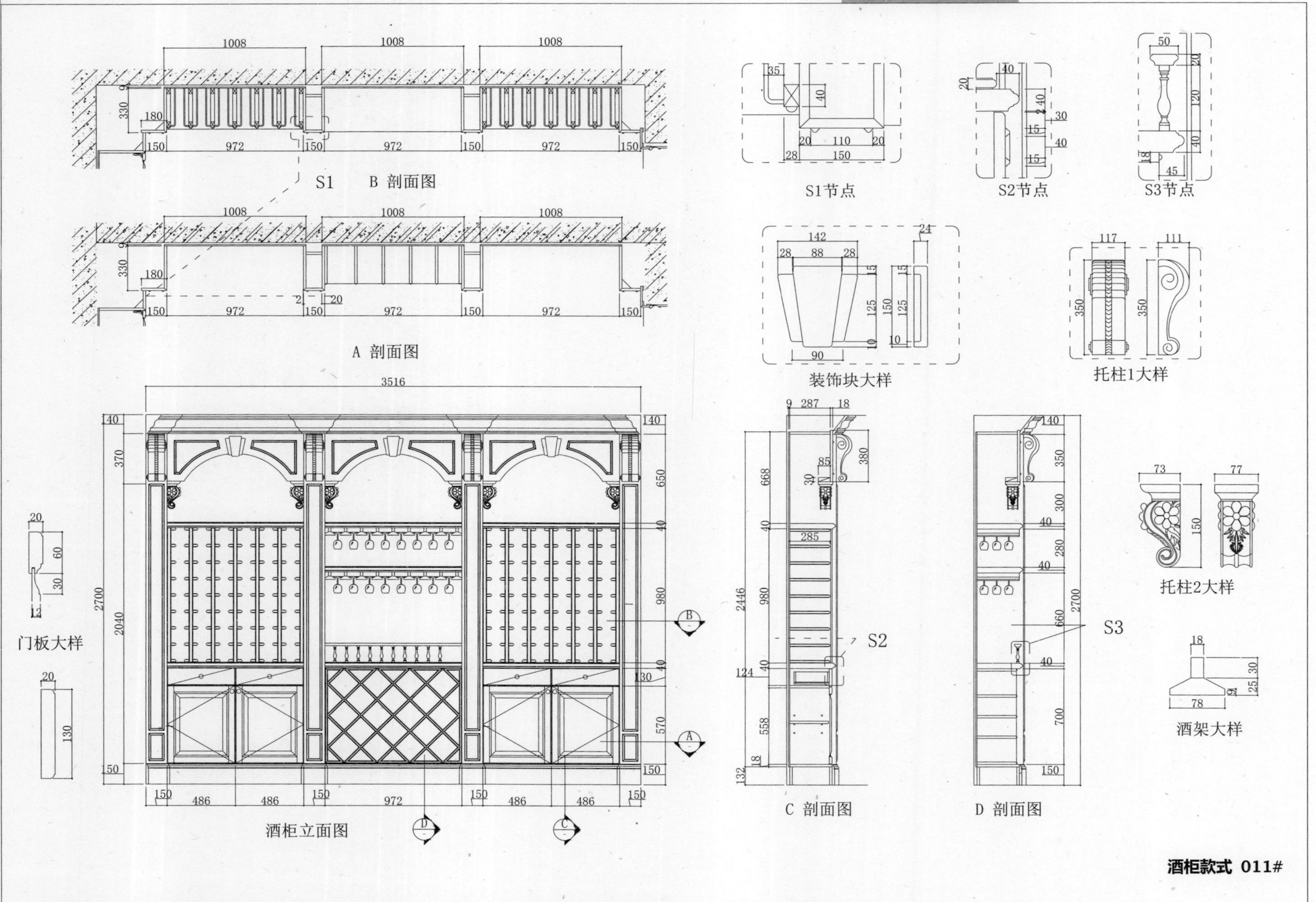
S1
B 剖面图
A 剖面图
S1节点
S2节点
S3节点
装饰块大样
托柱1大样
门板大样
酒柜立面图
S2
C 剖面图
S3
D 剖面图
托柱2大样
酒架大样
酒柜款式 011#

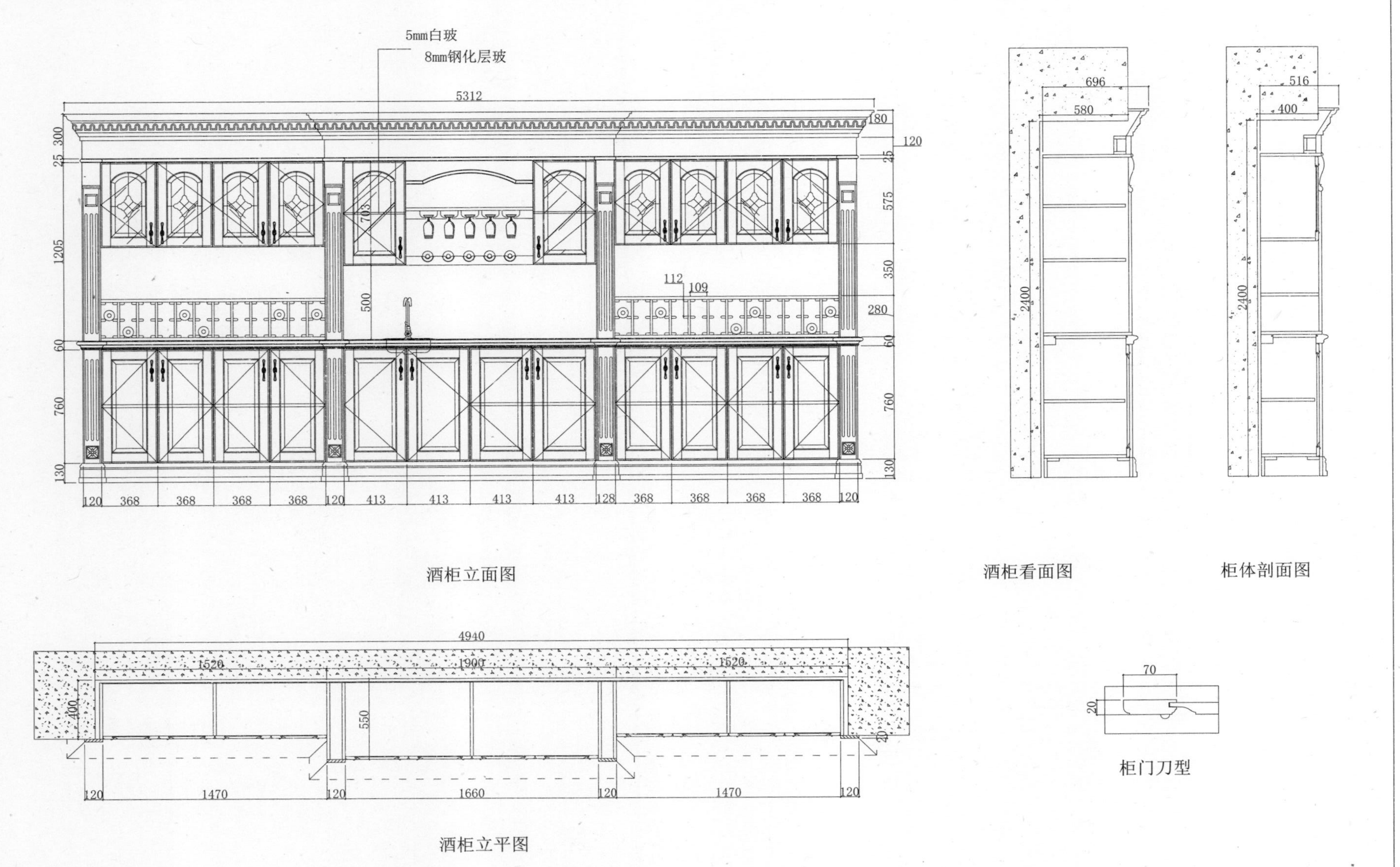

酒柜款式 012#

酒柜款式 013-A#

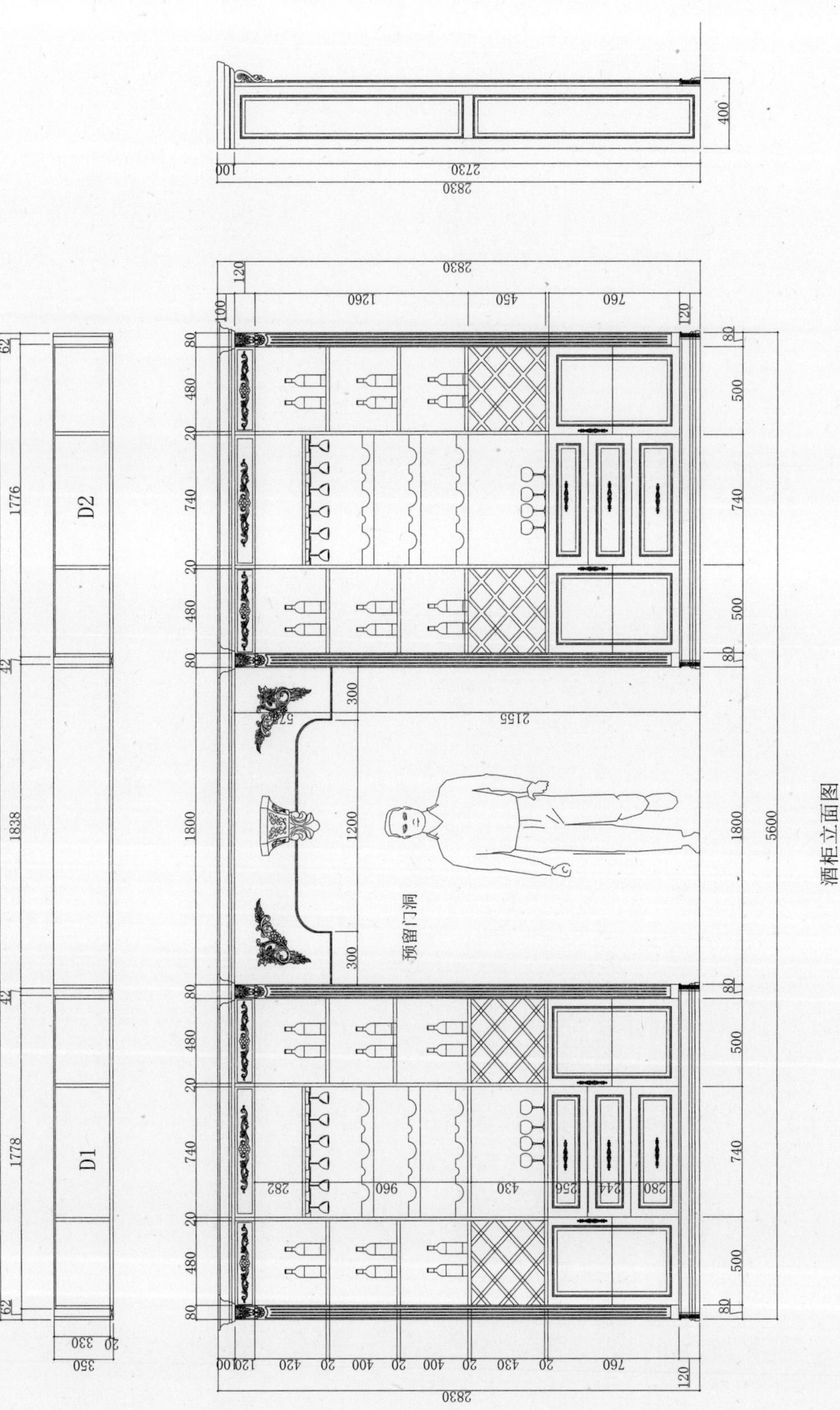

酒柜款式 013-B#

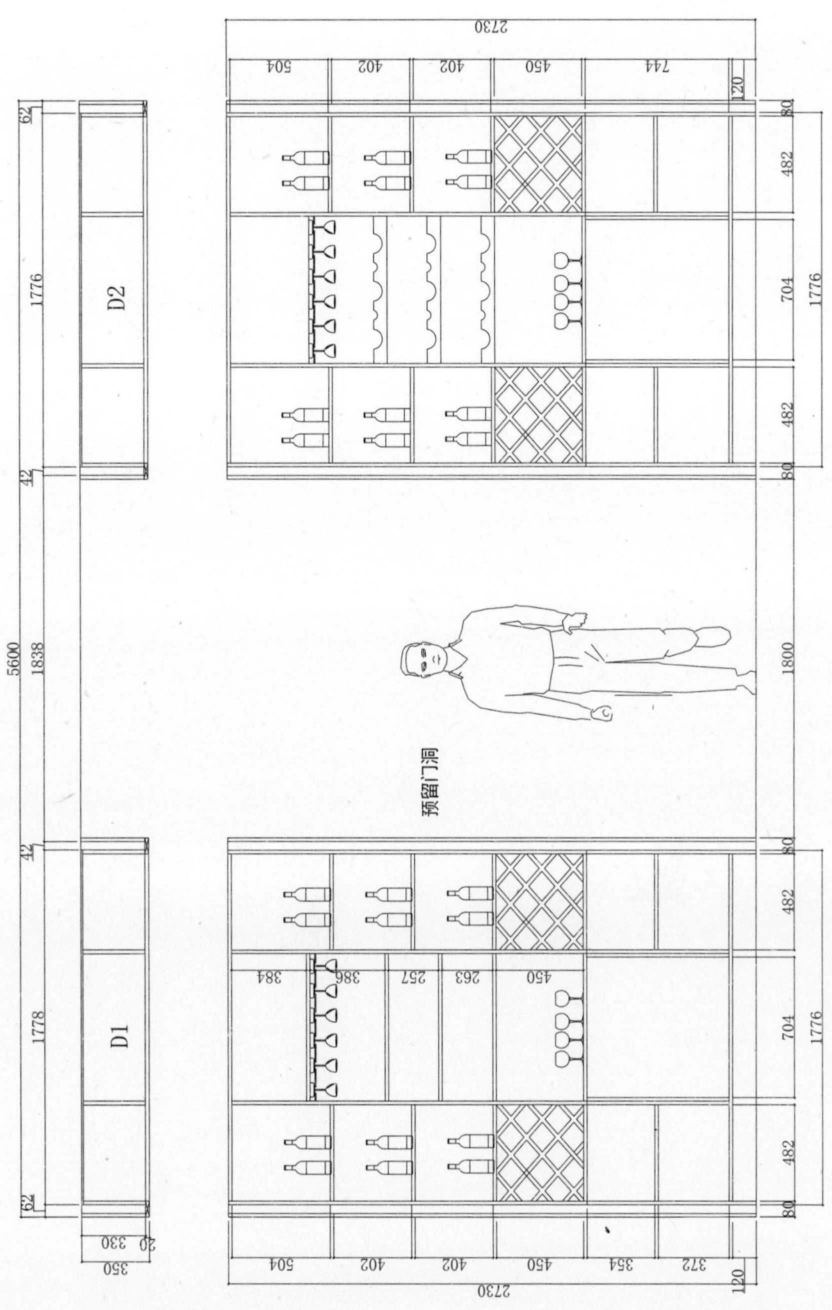

D2
D1
预留门洞
5600
1776
1838
1778
42
62
2730
504
402
450
744
354
372
120
80
482
704
1800
350
330
20

酒柜

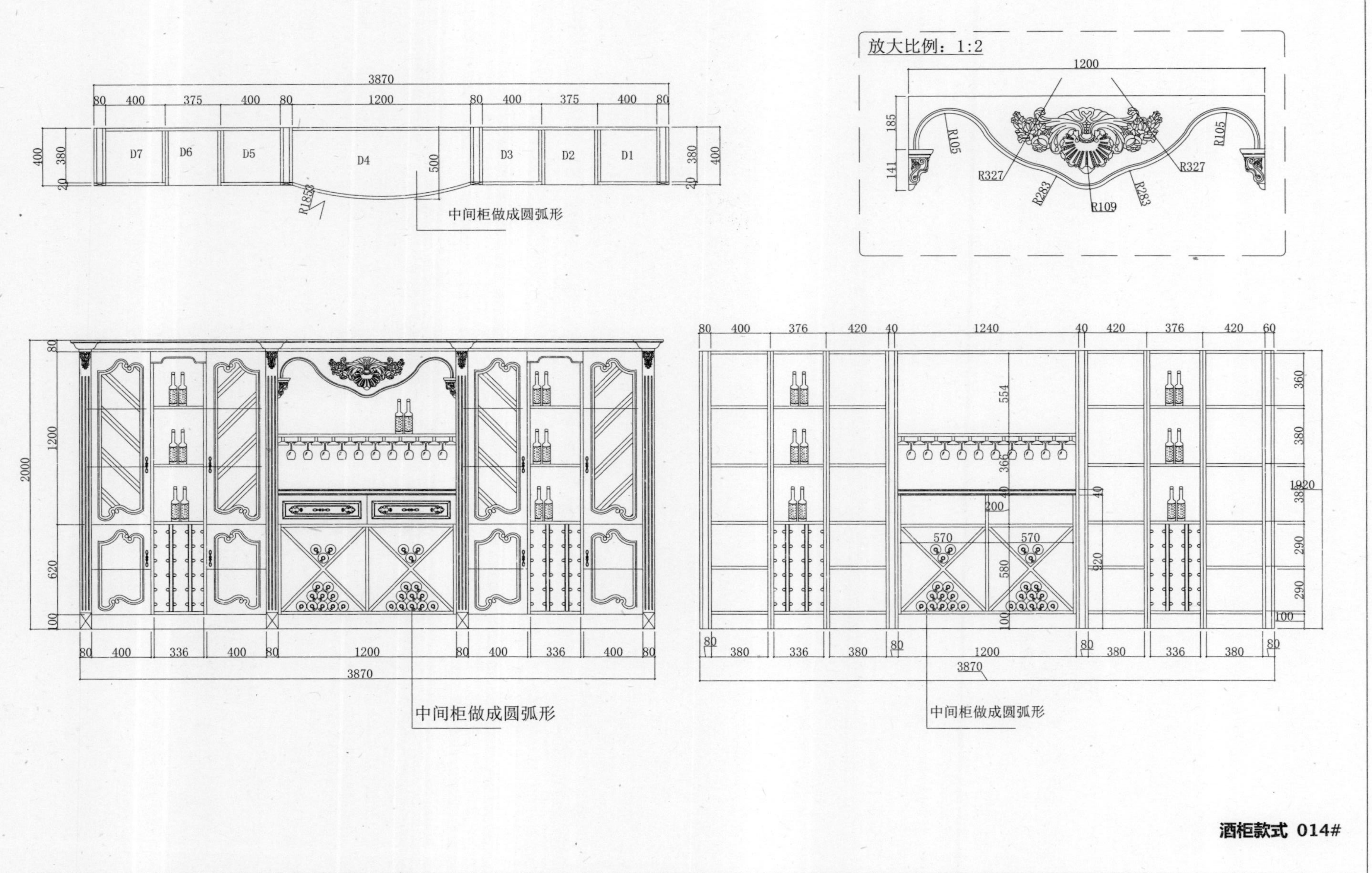

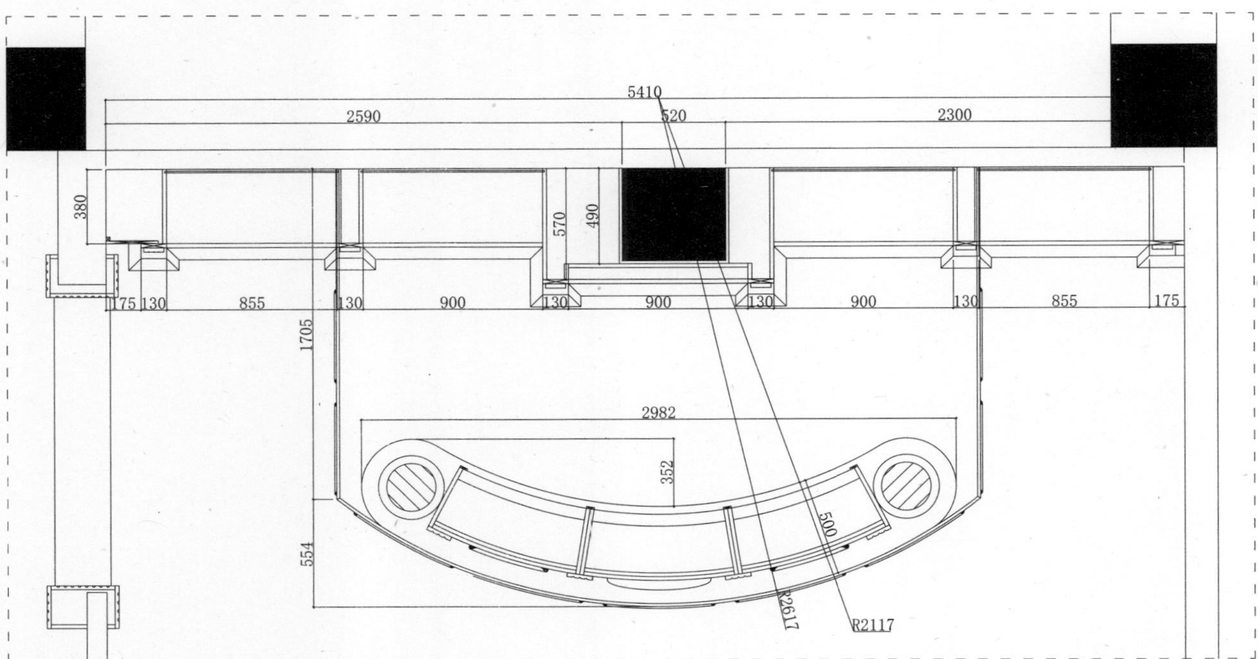

酒吧台平面图

酒柜款式 015-A#

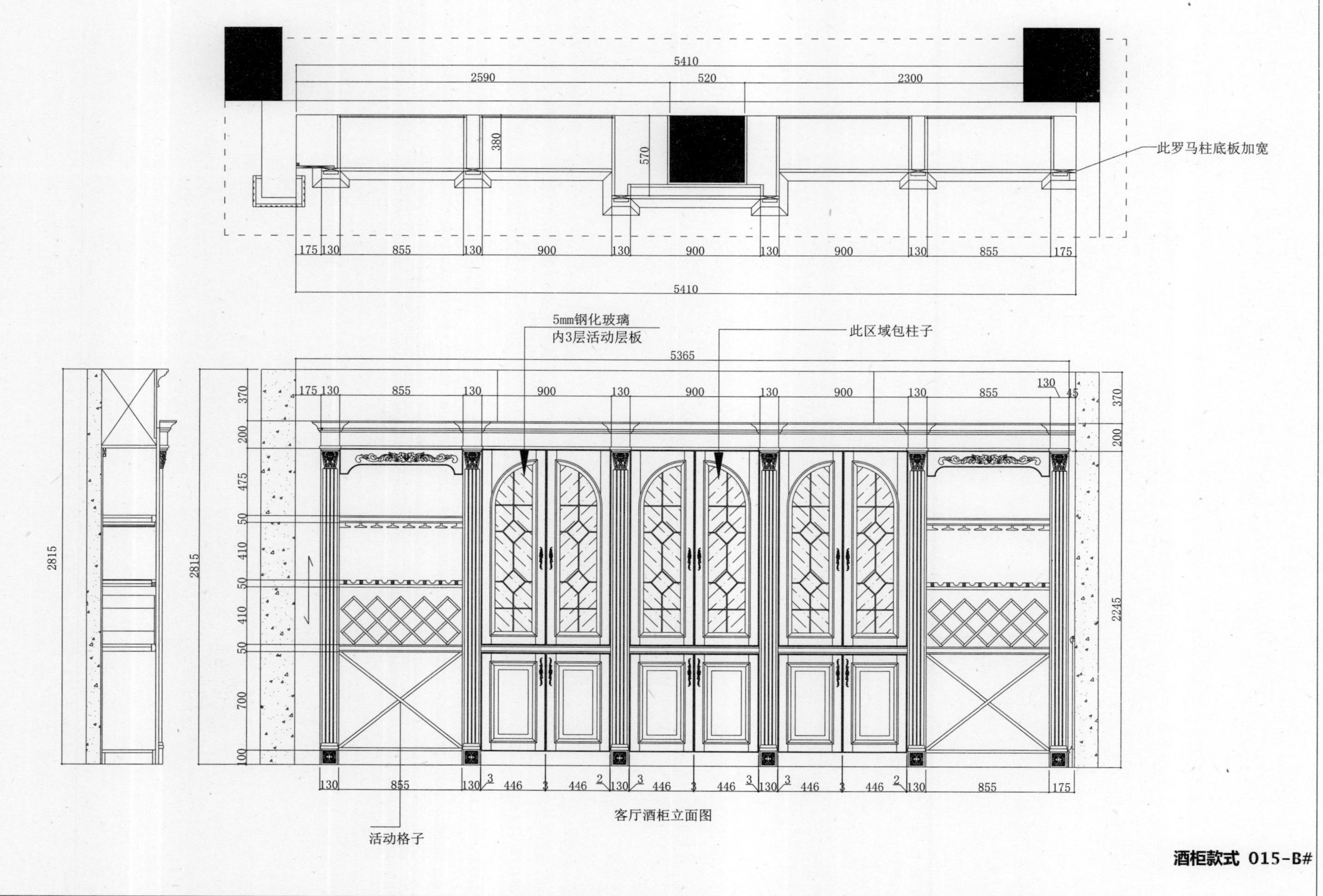

客厅酒柜立面图

酒柜款式 015-B#

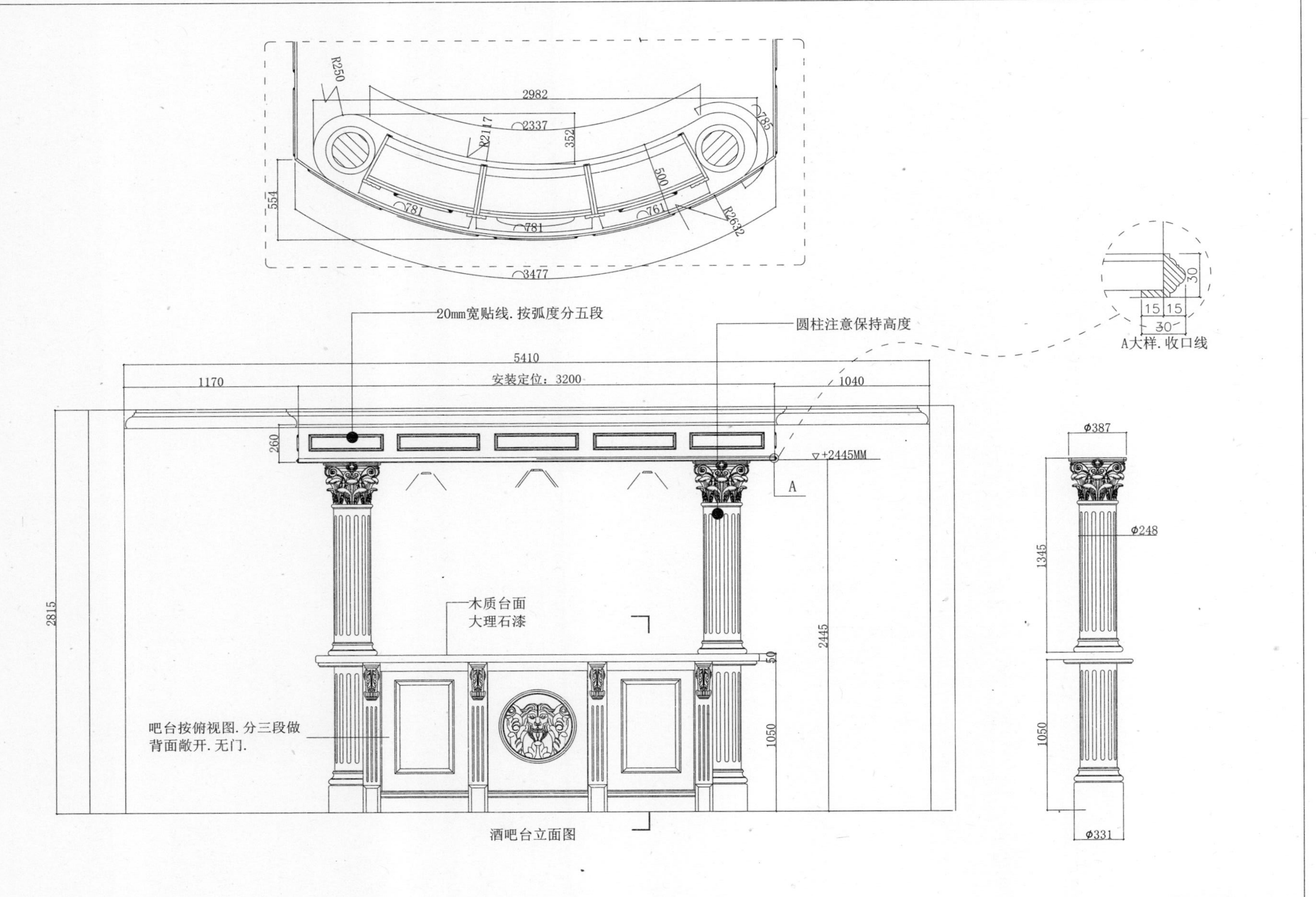
R250
2982
2337
R2117
352
785
500
554
781
781
761
R2632
3477
20mm宽贴线. 按弧度分五段
圆柱注意保持高度
30
15 15
30
A大样. 收口线
5410
1170
安装定位: 3200
1040
260
▽+2445MM
A
ϕ387
ϕ248
1345
2815
木质台面
大理石漆
2445
50
吧台按俯视图. 分三段做
背面敞开. 无门.
1050
1050
酒吧台立面图
ϕ331
酒柜款式 015-C#

酒窖款式 001-A#

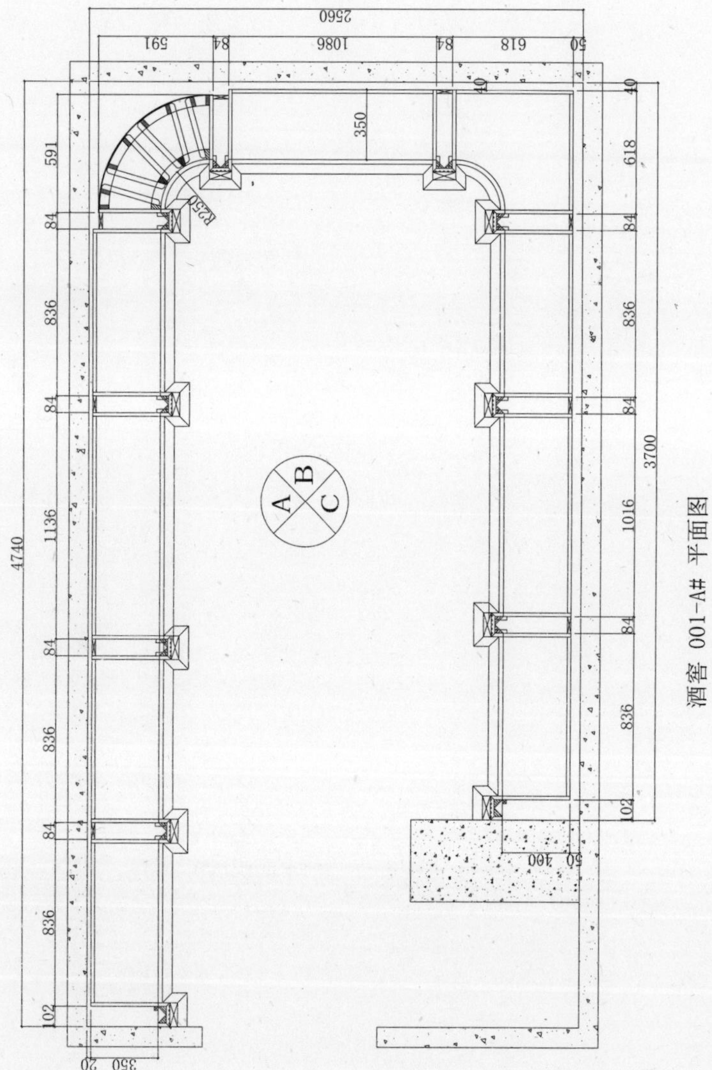

酒窖 001-A# 平面图

酒窖款式 001-B#

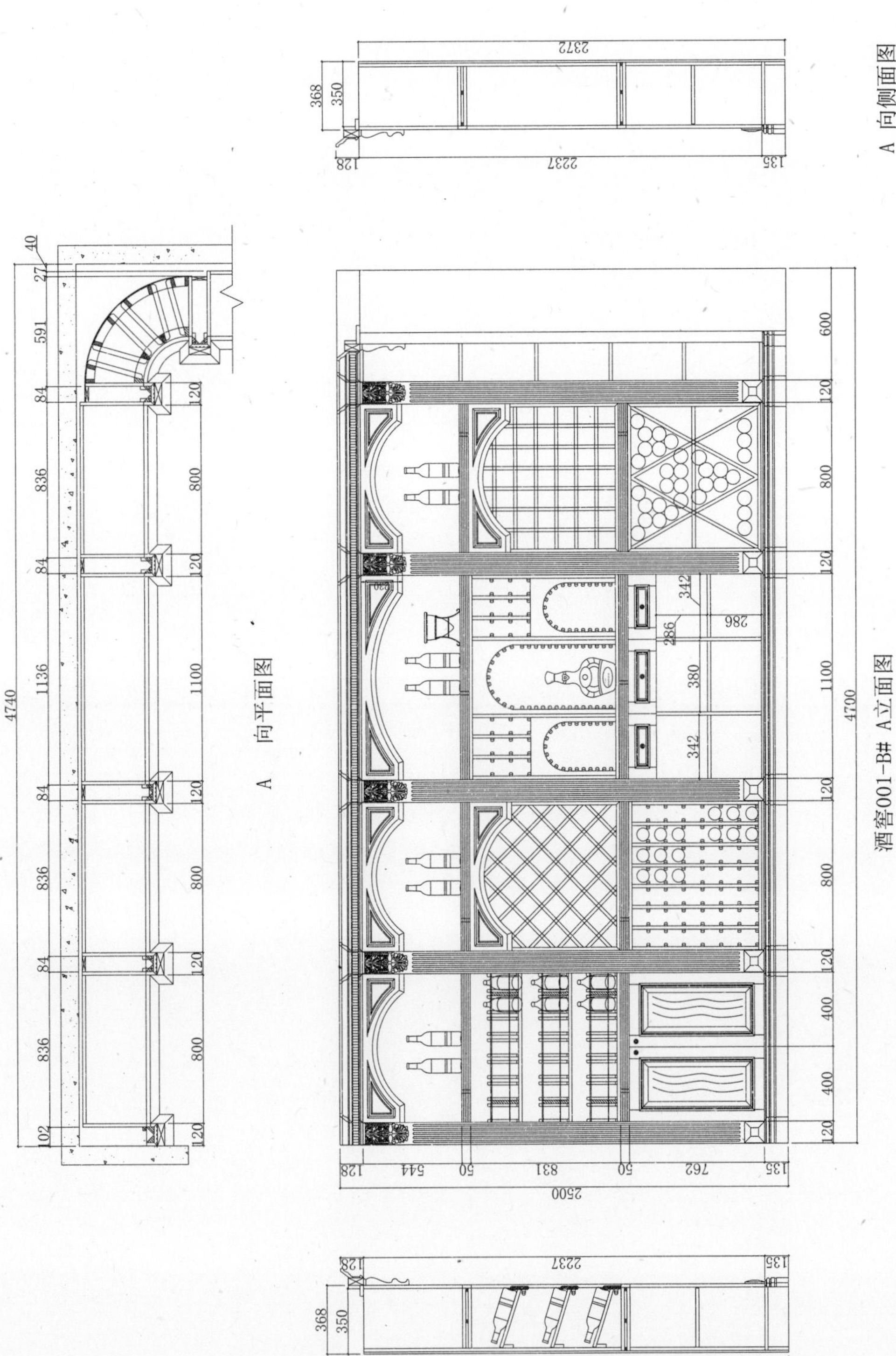
A 向侧面图
A 向平面图
酒窖001-B# A立面图
4740
4700
2500
2372
2237
368
350
128
135
836
1136
84
591
27
40
102
800
1100
120
600
400
544
50
831
762
342
286
380

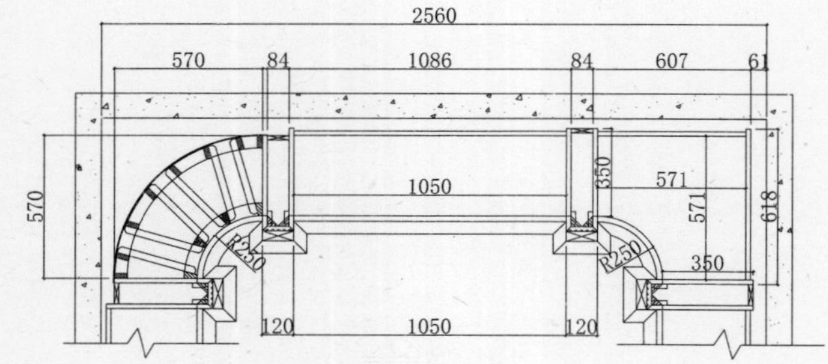

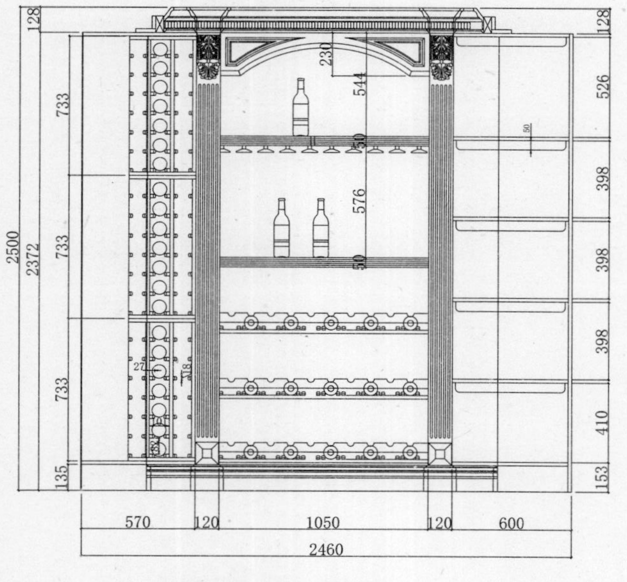

酒窖001-C# B立面图

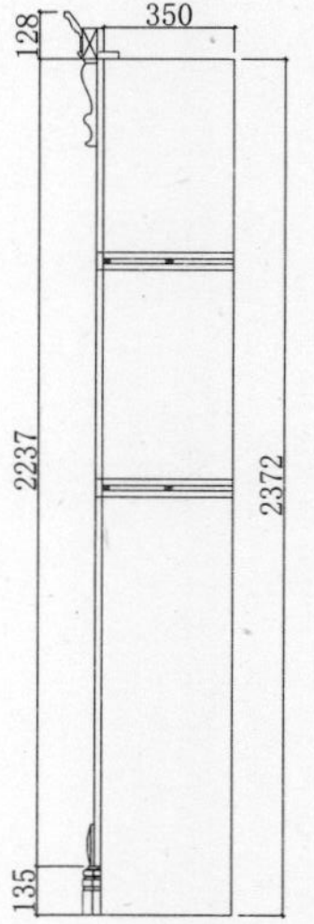

B 向侧面图

酒窖款式 001-C#

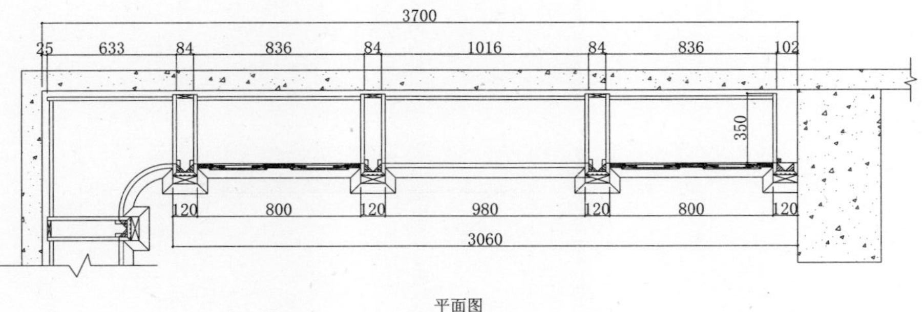

平面图

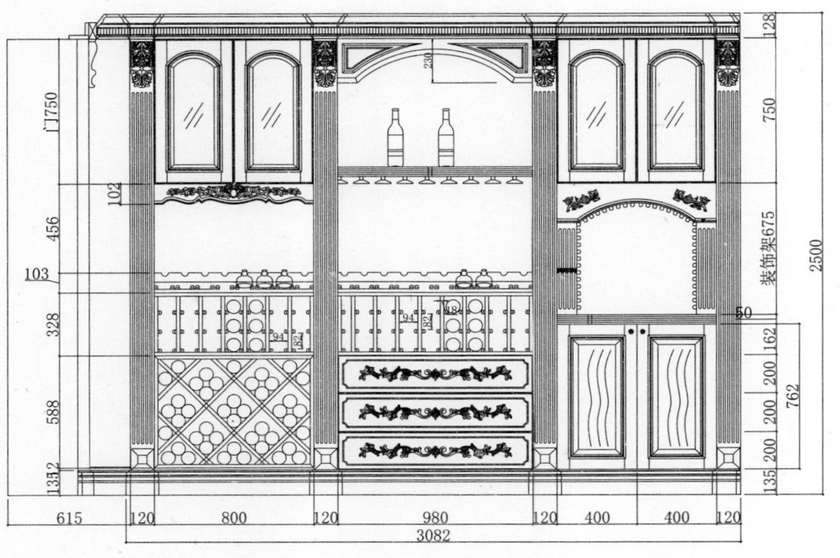

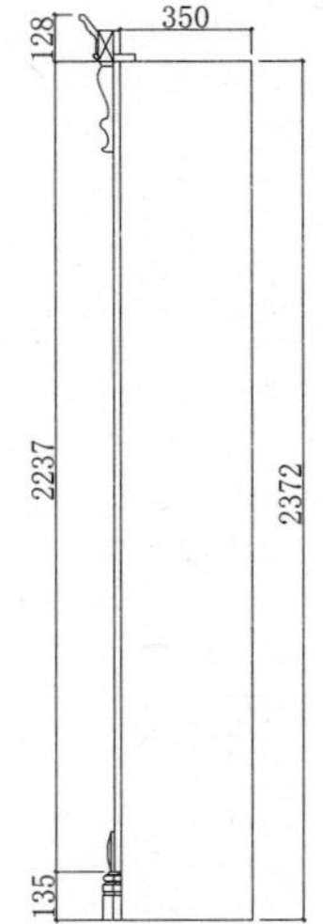

酒窖001-D# C立面图

酒窖款式 001-D#

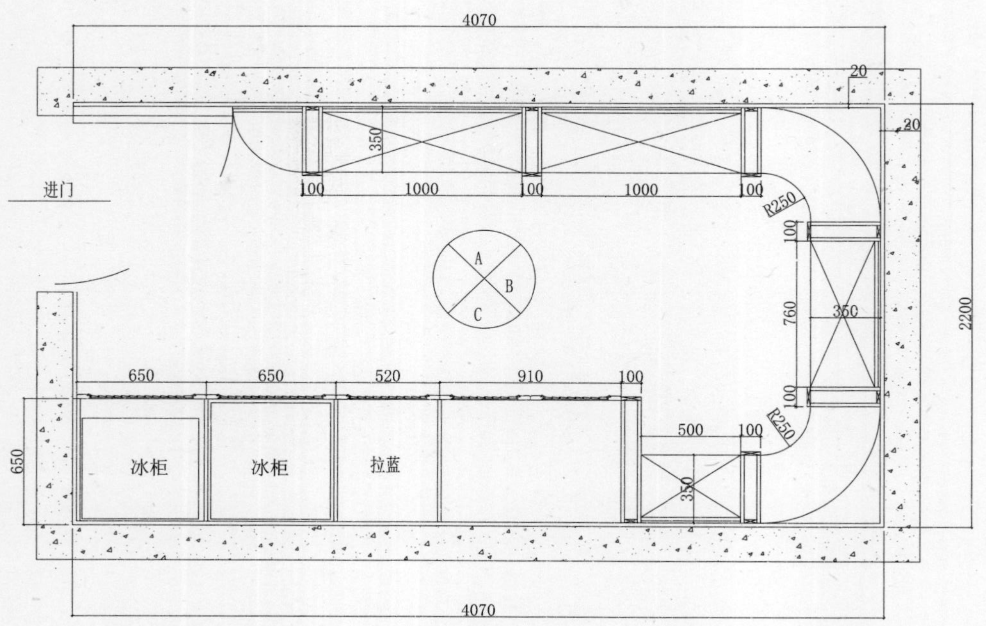

酒窖 002# 平面图

酒窖款式 002-A#

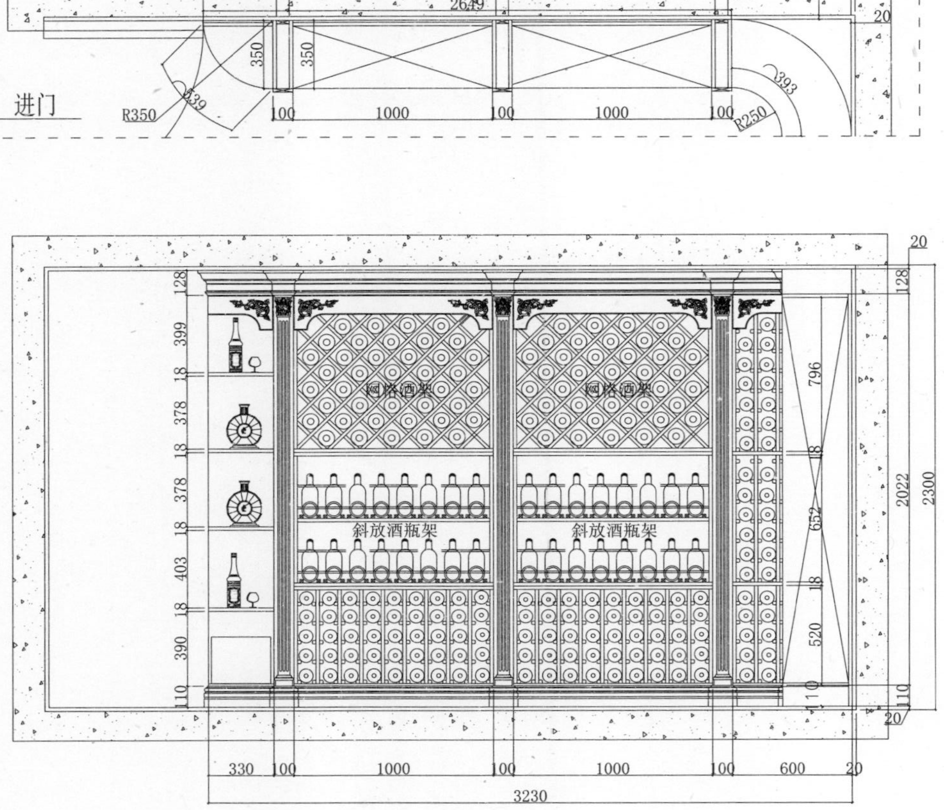

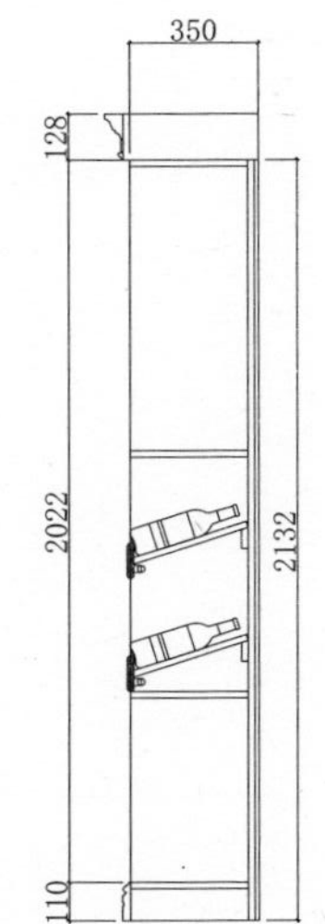

酒窖002# A立面图

酒窖款式 002-B#

酒窖款式 002-C#

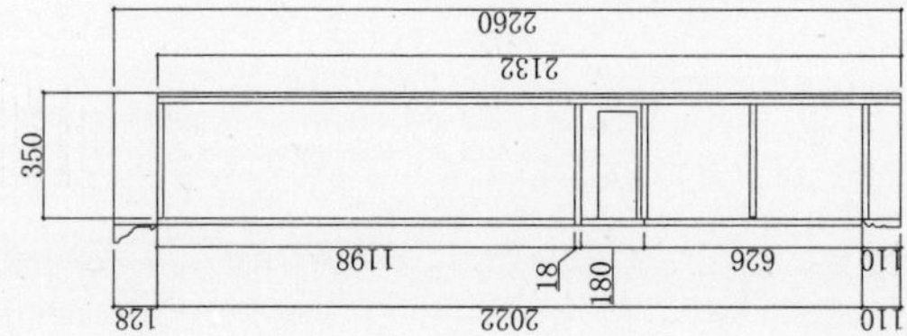

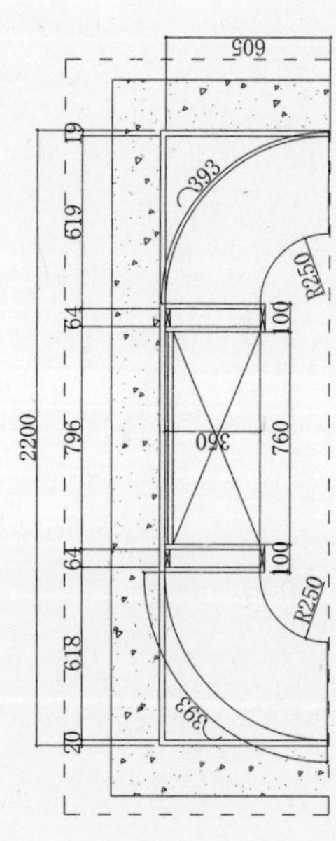

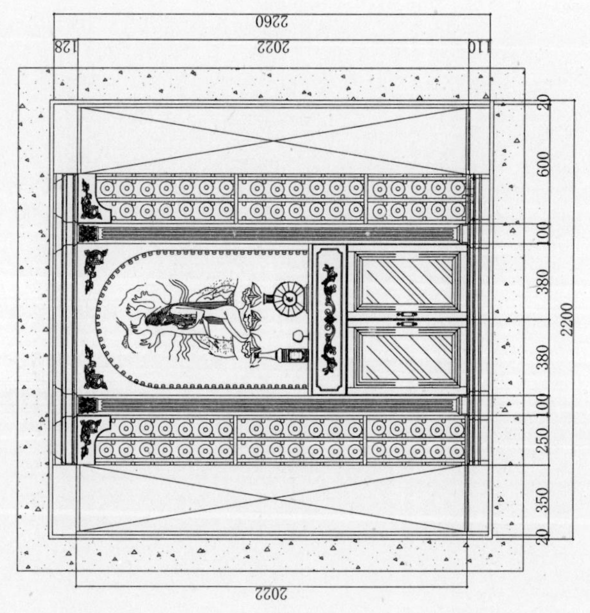

酒窖002# B立面图

酒窖款式 002-D#

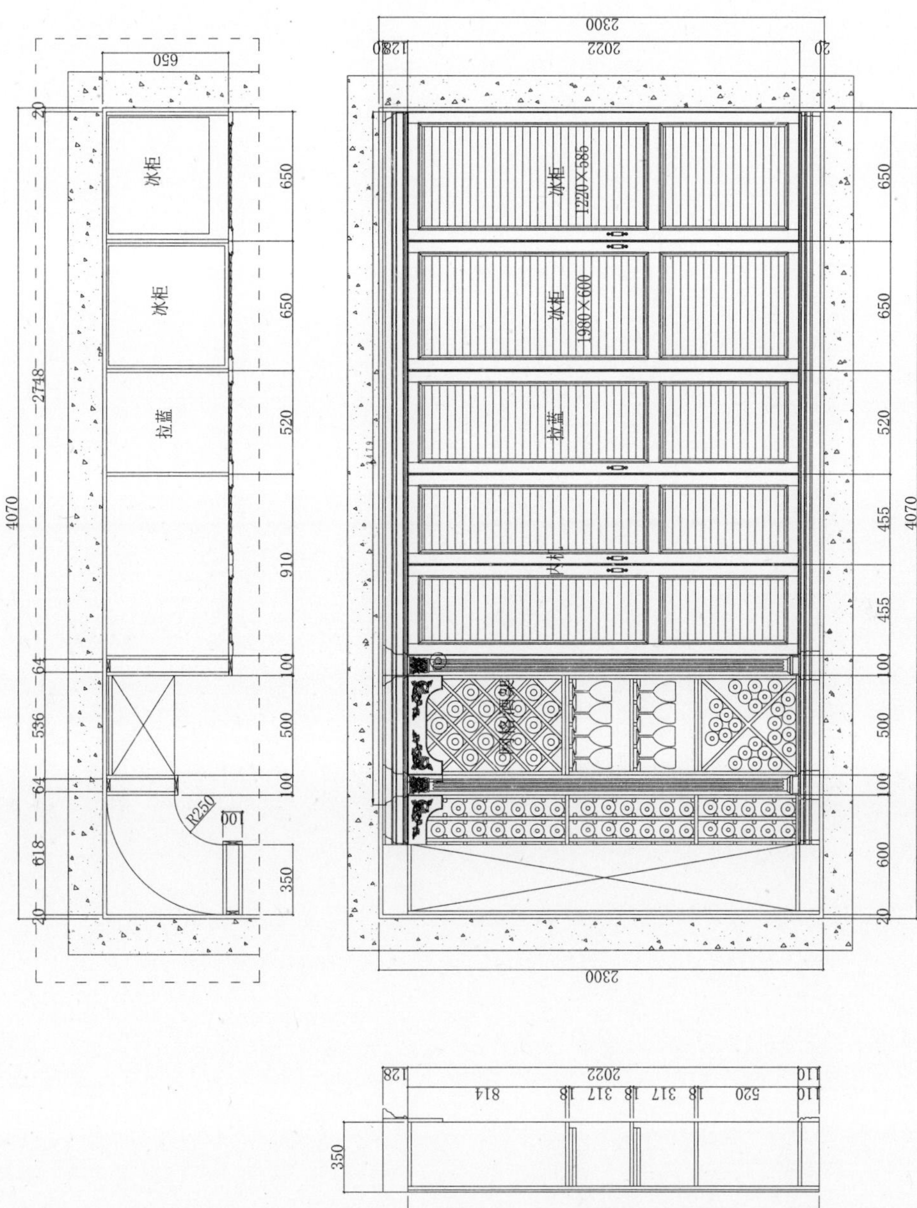

酒窖002# C立面图

第三节 酒柜单元柜展示

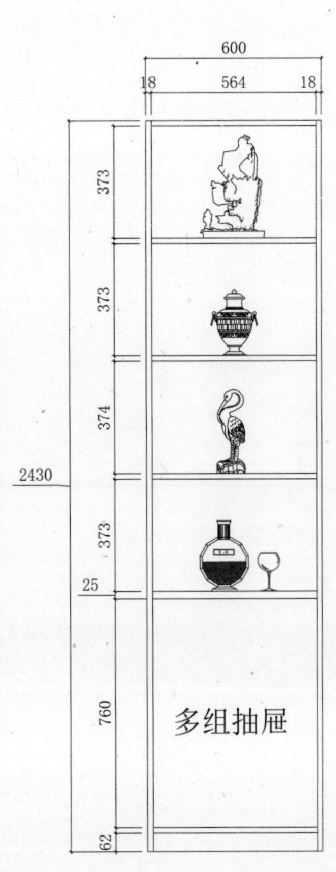

酒柜1#柜(单位：mm)	
平板式编号	JG101#
框架式编号	
柜体高度	2100~2430
柜体宽度	400~700
柜体深度	350~450
柜板厚度	框架式20
	平板式18
背板厚度	9
背板连接	搭边内嵌
楣　板	
木珠围栏	
酒　架	
酒 杯 架	

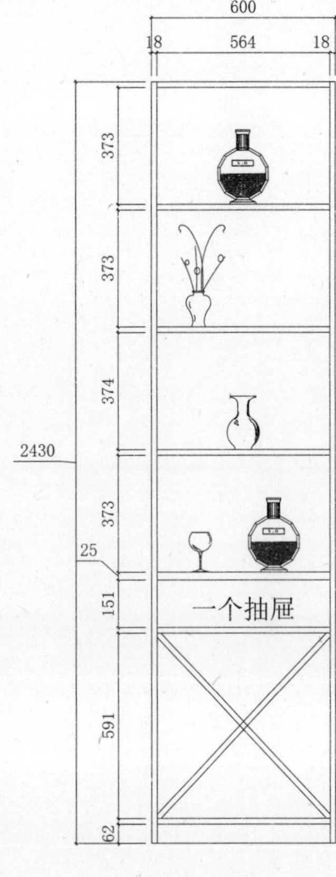

酒柜1#柜(单位：mm)	
平板式编号	JG102#
框架式编号	
柜体高度	2100~2430
柜体宽度	400~700
柜体深度	350~450
柜板厚度	框架式20
	平板式18
背板厚度	9
背板连接	搭边内嵌
楣　板	
木珠围栏	
酒　架	
酒 杯 架	

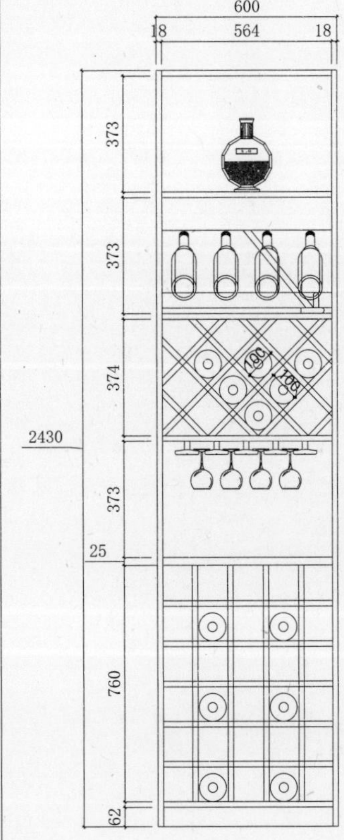

酒柜1#柜(单位：mm)	
平板式编号	JG103#
框架式编号	
柜体高度	2100-2430
柜体宽度	400-700
柜体深度	350-450
柜板厚度	框架式20
	平板式18
背板厚度	9
背板连接	搭边内嵌
楣　板	
木珠围栏	
酒　架	
酒 杯 架	

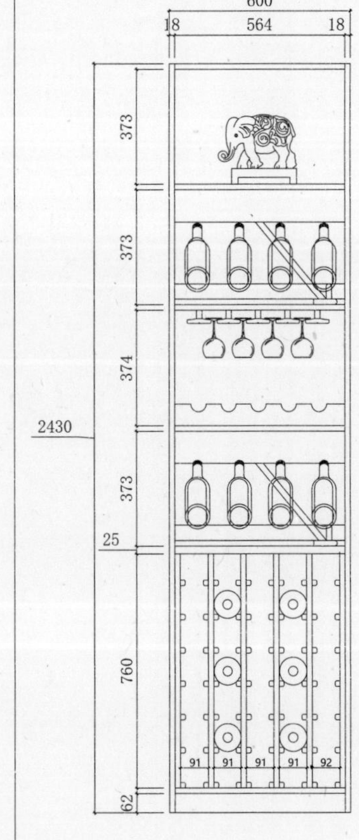

酒柜1#柜(单位：mm)	
平板式编号	JG104#
框架式编号	
柜体高度	2100-2430
柜体宽度	400-700
柜体深度	350-450
柜板厚度	框架式20
	平板式18
背板厚度	9
背板连接	搭边内嵌
楣　板	
木珠围栏	
酒　架	
酒 杯 架	

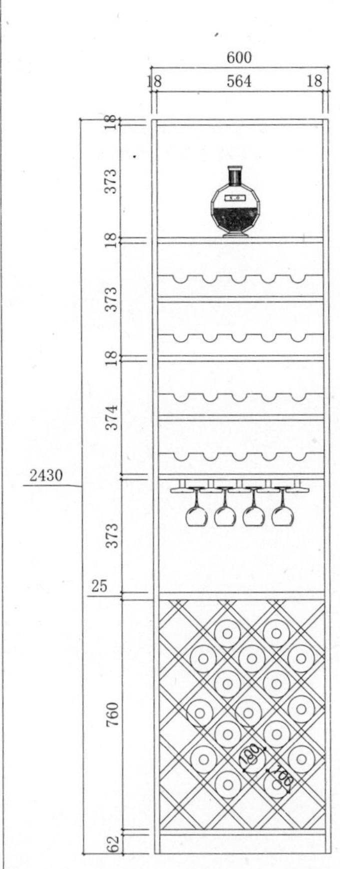

酒柜1#柜(单位：mm)	
平板式编号	JG105#
框架式编号	
柜体高度	2100~2430
柜体宽度	400~700
柜体深度	350~450
柜板厚度	框架式20
	平板式18
背板厚度	9
背板连接	搭边内嵌
楣　板	
木珠围栏	
酒　架	
酒 杯 架	

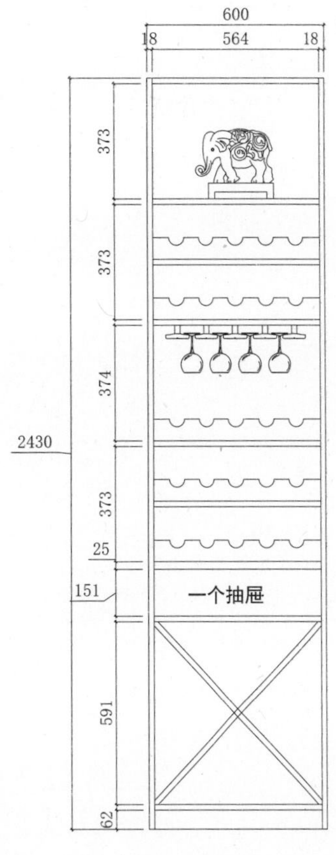

酒柜1#柜(单位：mm)	
平板式编号	JG106#
框架式编号	
柜体高度	2100~2430
柜体宽度	400~700
柜体深度	350~450
柜板厚度	框架式20
	平板式18
背板厚度	9
背板连接	搭边内嵌
楣　板	
木珠围栏	
酒　架	
酒 杯 架	

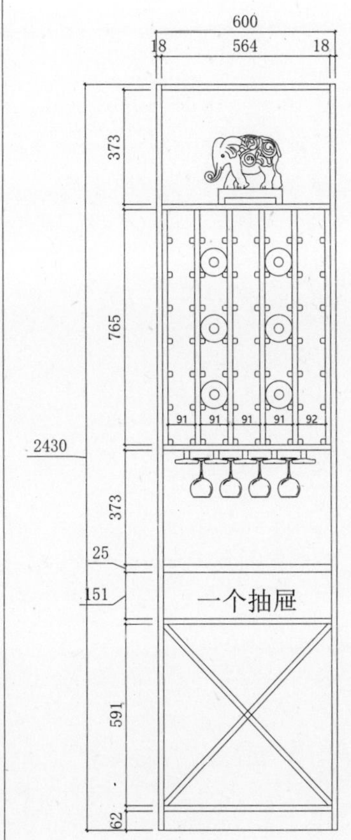

酒柜1#柜(单位：mm)	
平板式编号	JG107#
框架式编号	
柜体高度	2100-2430
柜体宽度	400-700
柜体深度	350-450
柜板厚度	框架式20
	平板式18
背板厚度	9
背板连接	搭边内嵌
楣　板	
木珠围栏	
酒　架	
酒 杯 架	

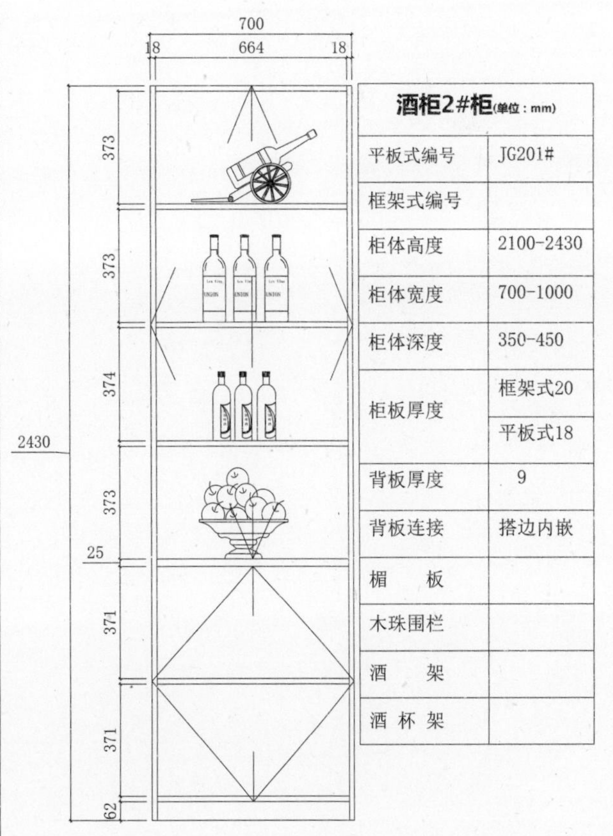

酒柜2#柜(单位：mm)	
平板式编号	JG201#
框架式编号	
柜体高度	2100-2430
柜体宽度	700-1000
柜体深度	350-450
柜板厚度	框架式20
	平板式18
背板厚度	9
背板连接	搭边内嵌
楣　板	
木珠围栏	
酒　架	
酒 杯 架	

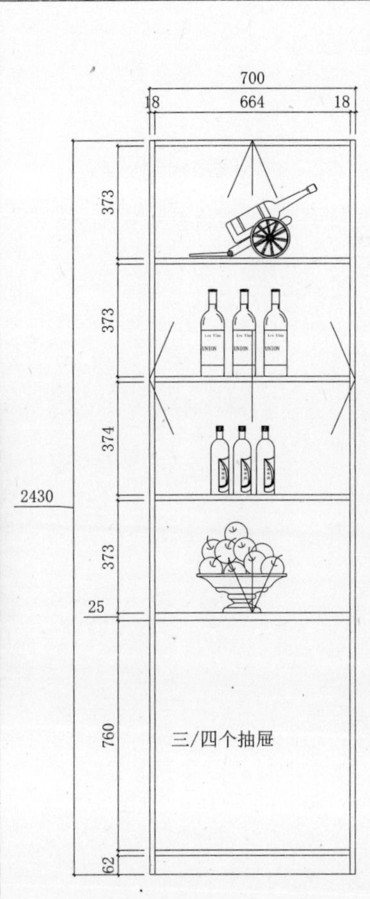

酒柜2#柜(单位：mm)	
平板式编号	JG202#
框架式编号	
柜体高度	2100~2430
柜体宽度	700~1300
柜体深度	350~450
柜板厚度	框架式20
	平板式18
背板厚度	9
背板连接	搭边内嵌
楣　板	
木珠围栏	
酒　架	
酒杯架	

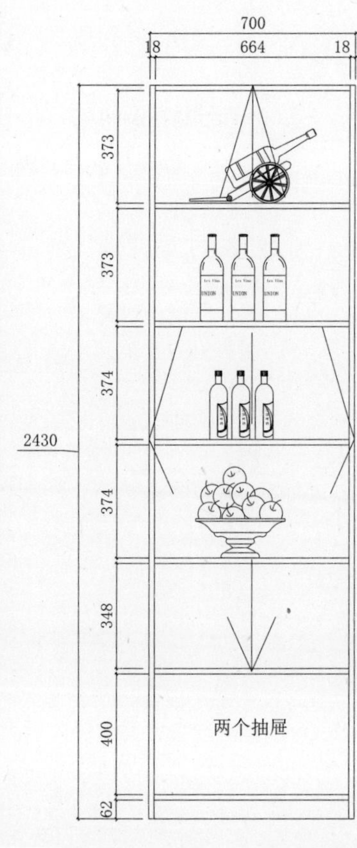

酒柜2#柜(单位：mm)	
平板式编号	JG203#
框架式编号	
柜体高度	2100~2430
柜体宽度	700~1300
柜体深度	350~450
柜板厚度	框架式20
	平板式18
背板厚度	9
背板连接	搭边内嵌
楣　板	
木珠围栏	
酒　架	
酒杯架	

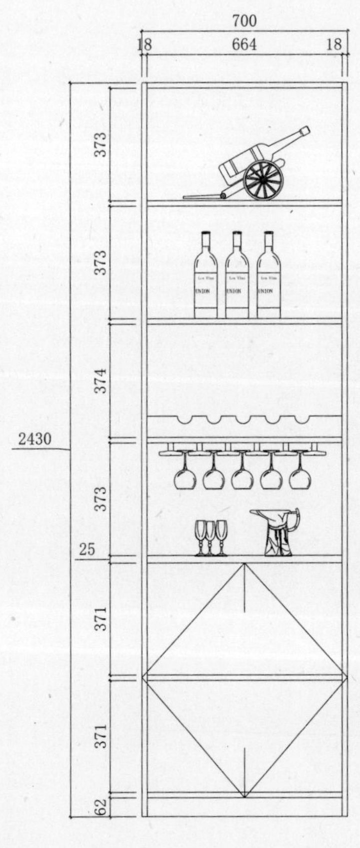

酒柜2#柜(单位：mm)	
平板式编号	JG204#
框架式编号	
柜体高度	2100-2430
柜体宽度	700-1000
柜体深度	350-450
柜板厚度	框架式20
	平板式18
背板厚度	9
背板连接	搭边内嵌
楣　板	
木珠围栏	
酒　架	
酒杯架	

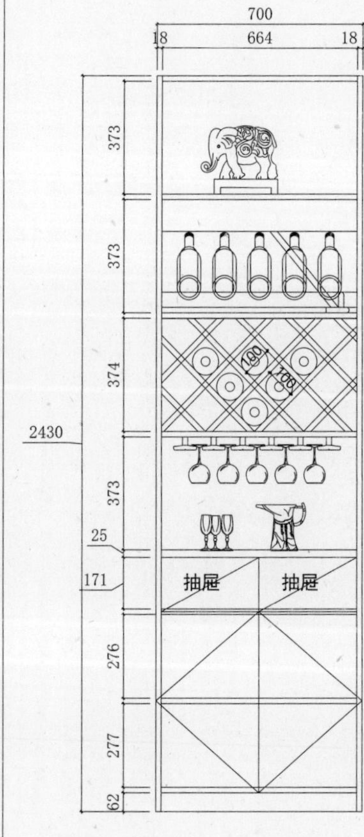

酒柜2#柜(单位：mm)	
平板式编号	JG205#
框架式编号	
柜体高度	2100-2430
柜体宽度	700-1000
柜体深度	350-450
柜板厚度	框架式20
	平板式18
背板厚度	9
背板连接	搭边内嵌
楣　板	
木珠围栏	
酒　架	
酒杯架	

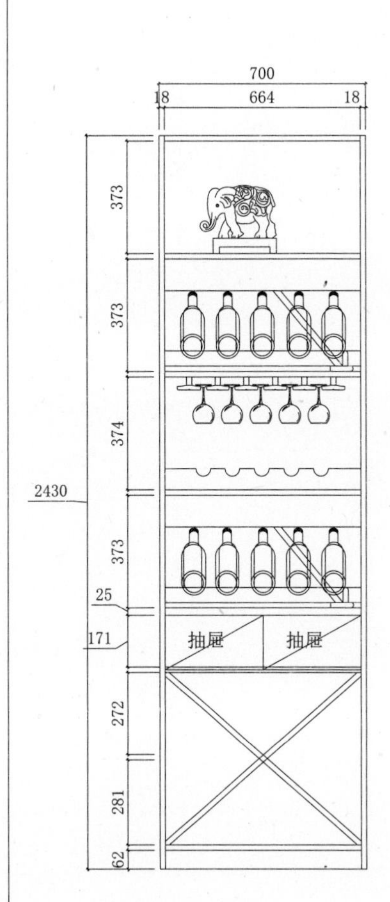

酒柜2#柜(单位：mm)	
平板式编号	JG206#
框架式编号	
柜体高度	2100~2430
柜体宽度	700~1300
柜体深度	350~450
柜板厚度	框架式20
	平板式18
背板厚度	9
背板连接	搭边内嵌
楣　板	
木珠围栏	
酒　架	
酒 杯 架	

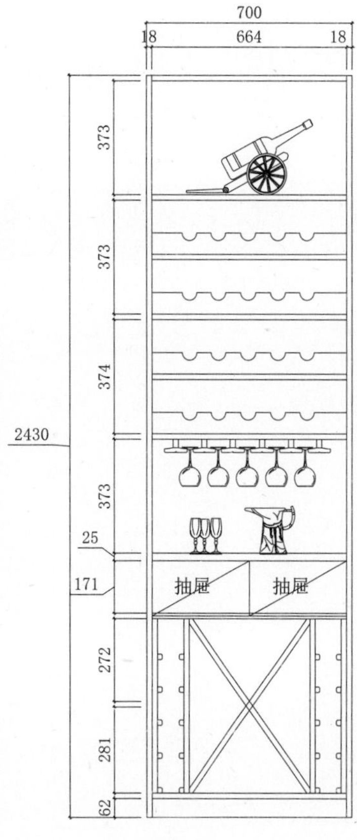

酒柜2#柜(单位：mm)	
平板式编号	JG207#
框架式编号	
柜体高度	2100~2430
柜体宽度	700~1300
柜体深度	350~450
柜板厚度	框架式20
	平板式18
背板厚度	9
背板连接	搭边内嵌
楣　板	
木珠围栏	
酒　架	
酒 杯 架	

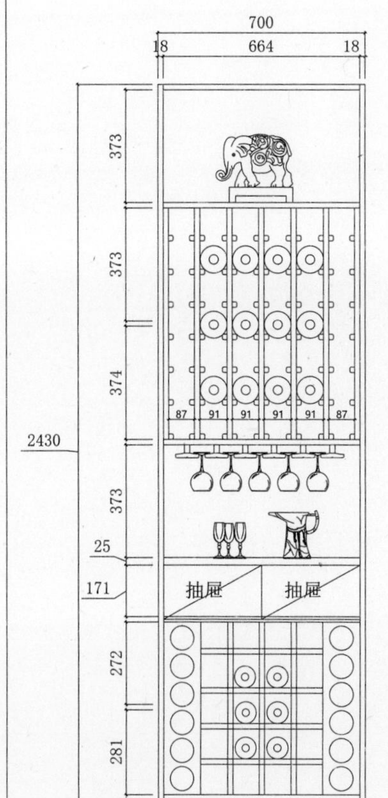

酒柜2#柜(单位：mm)	
平板式编号	JG208#
框架式编号	
柜体高度	2100-2430
柜体宽度	700-1000
柜体深度	350-450
柜板厚度	框架式20
	平板式18
背板厚度	9
背板连接	搭边内嵌
楣　板	
木珠围栏	
酒　架	
酒 杯 架	

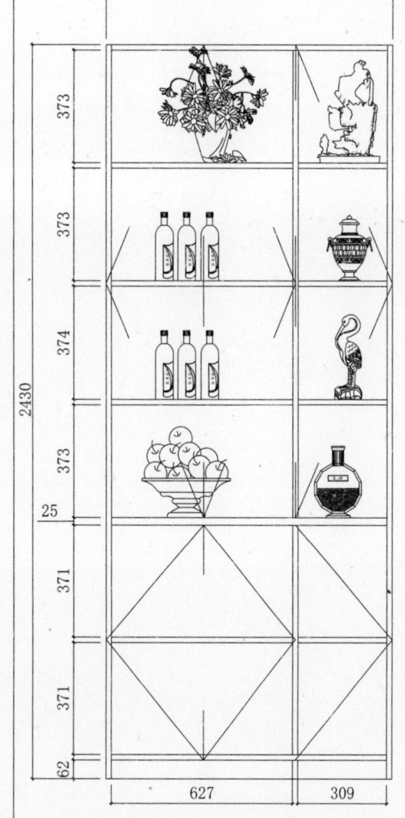

平板式编号	JG301#
框架式编号	
柜体高度	2100-2430
柜体宽度	1000-1400
柜体深度	350-450
柜板厚度	框架式20
	平板式18
背板厚度	9
背板连接	搭边内嵌
楣　板	
木珠围栏	
酒　架	
酒 杯 架	

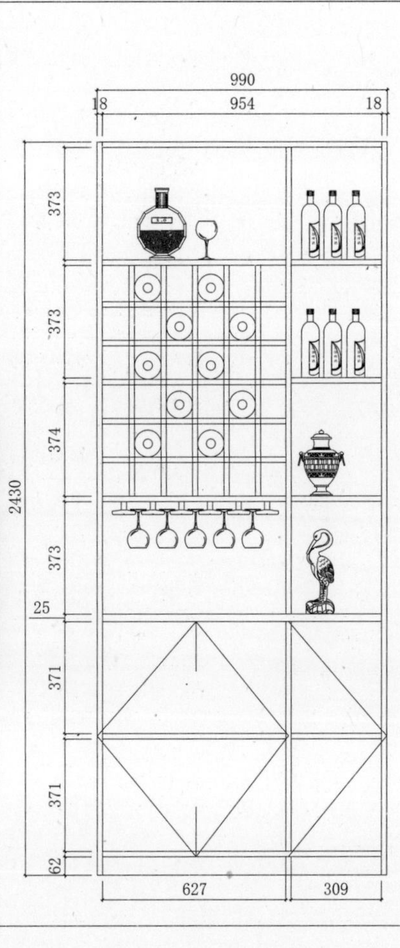

酒柜3#柜(单位：mm)	
平板式编号	JG302#
框架式编号	
柜体高度	2100~2430
柜体宽度	1000~1400
柜体深度	350~450
柜板厚度	框架式20
	平板式18
背板厚度	
背板连接	搭边内嵌
楣　板	
木珠围栏	
酒　架	
酒杯架	

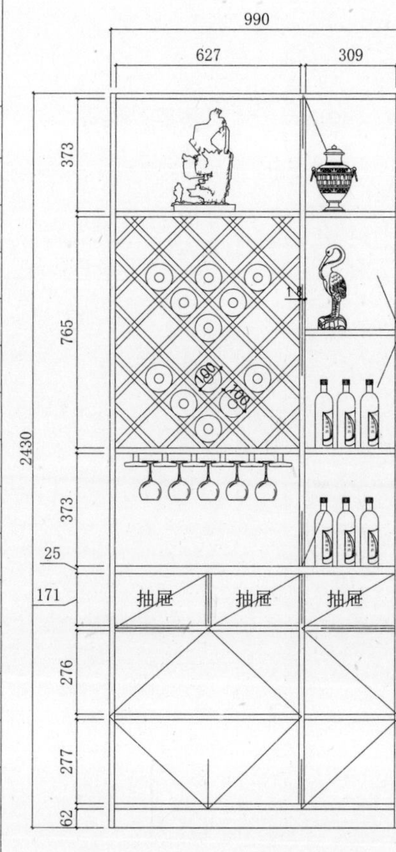

酒柜3#柜(单位：mm)	
平板式编号	JG303#
框架式编号	
柜体高度	2100~2430
柜体宽度	1000~1400
柜体深度	350~450
柜板厚度	框架式20
	平板式18
背板厚度	
背板连接	搭边内嵌
楣　板	
木珠围栏	
酒　架	
酒杯架	

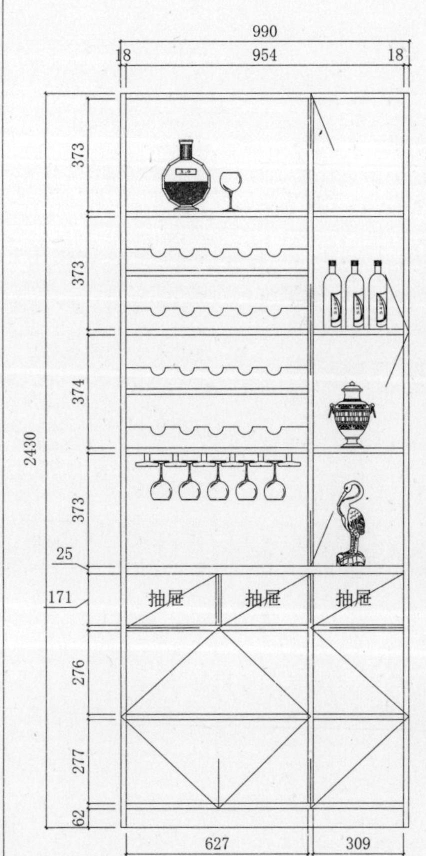

酒柜3#柜(单位：mm)	
平板式编号	JG304#
框架式编号	
柜体高度	2100-2430
柜体宽度	1000-1400
柜体深度	350-450
柜板厚度	框架式20
	平板式18
背板厚度	9
背板连接	搭边内嵌
楣　板	
木珠围栏	
酒　架	
酒杯架	

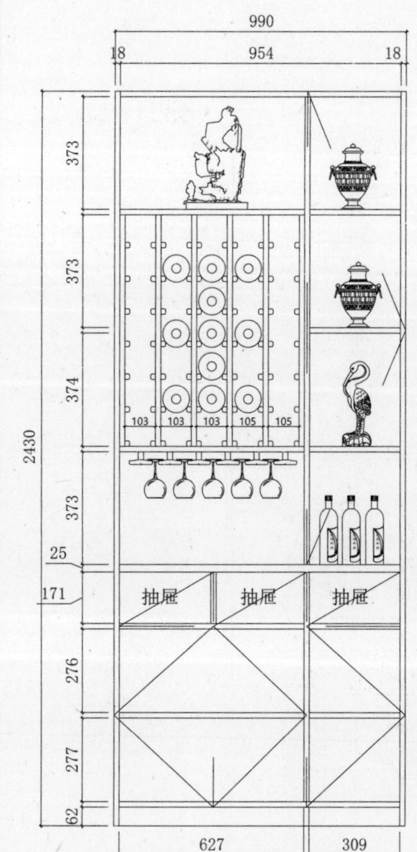

酒柜3#柜(单位：mm)	
平板式编号	JG305#
框架式编号	
柜体高度	2100-2430
柜体宽度	1000-1400
柜体深度	350-450
柜板厚度	框架式20
	平板式18
背板厚度	9
背板连接	搭边内嵌
楣　板	
木珠围栏	
酒　架	
酒杯架	

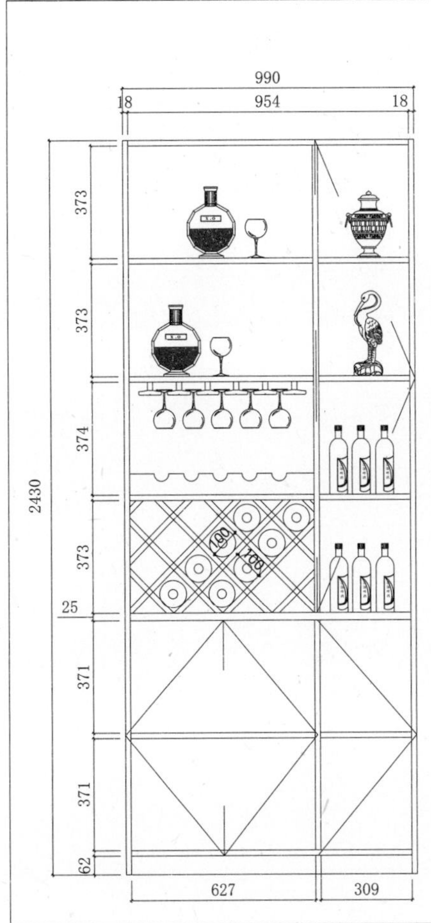

酒柜3#柜(单位：mm)	
平板式编号	JG306#
框架式编号	
柜体高度	2100~2430
柜体宽度	1000~1400
柜体深度	350~450
柜板厚度	框架式20
	平板式18
背板厚度	
背板连接	搭边内嵌
楣　板	
木珠围栏	
酒　架	
酒 杯 架	

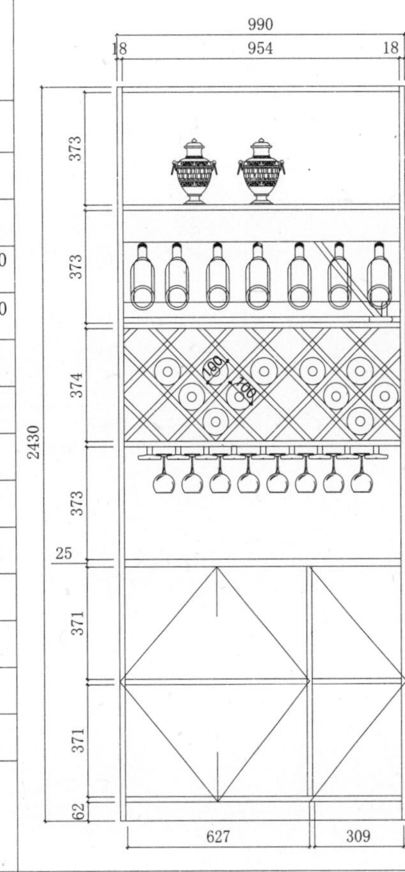

酒柜3#柜(单位：mm)	
平板式编号	JG307#
框架式编号	
柜体高度	2100~2430
柜体宽度	1000~1400
柜体深度	350~450
柜板厚度	框架式20
	平板式18
背板厚度	9
背板连接	搭边内嵌
楣　板	
木珠围栏	
酒　架	
酒 杯 架	

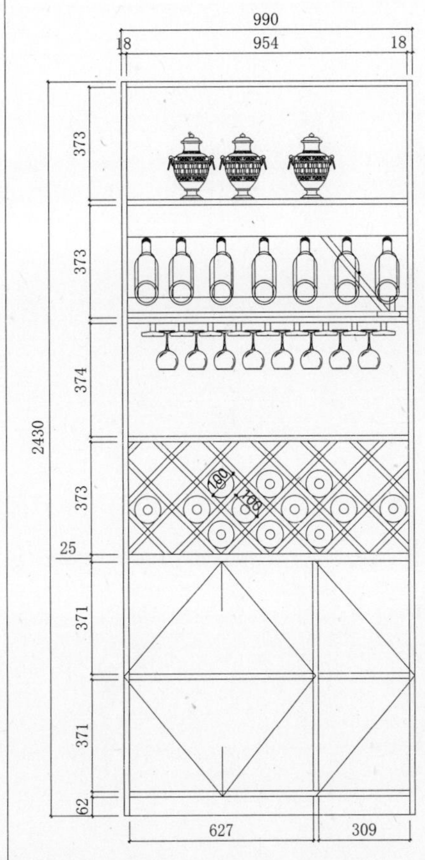

酒柜3#柜(单位：mm)	
平板式编号	JG308#
框架式编号	
柜体高度	2100-2430
柜体宽度	1000-1400
柜体深度	350-450
柜板厚度	框架式20
	平板式18
背板厚度	9
背板连接	搭边内嵌
楣　板	
木珠围栏	
酒　架	
酒 杯 架	

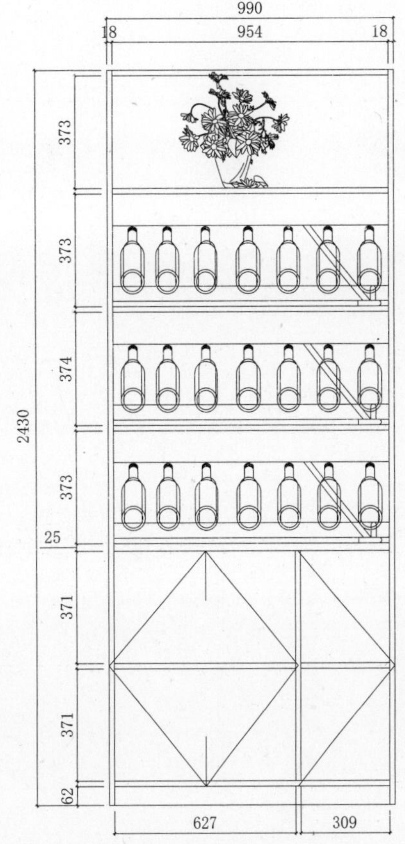

酒柜3#柜(单位：mm)	
平板式编号	JG309#
框架式编号	
柜体高度	2100-2430
柜体宽度	1000-1400
柜体深度	350-450
柜板厚度	框架式20
	平板式18
背板厚度	9
背板连接	搭边内嵌
楣　板	
木珠围栏	
酒　架	
酒 杯 架	

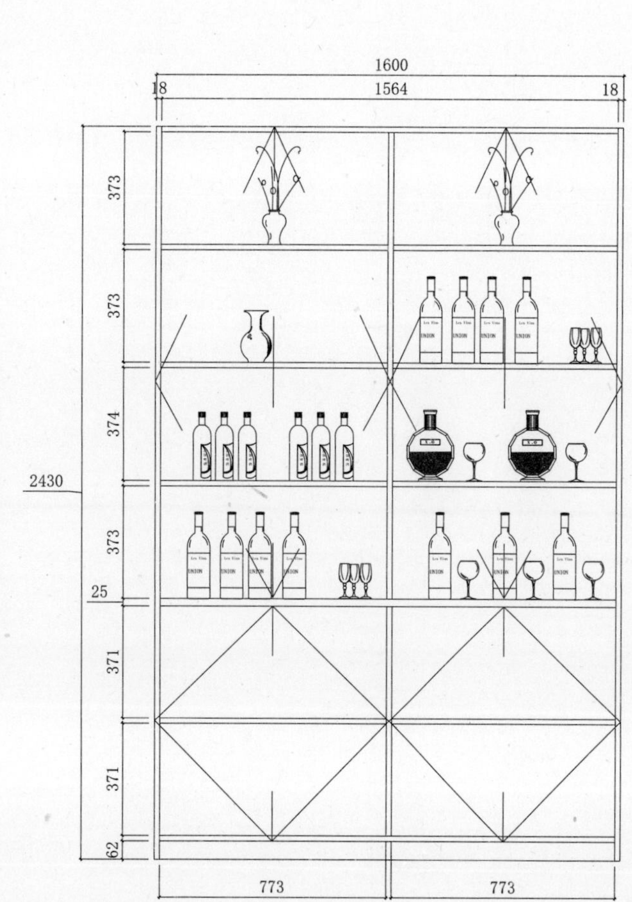

酒柜4#柜(单位：mm)	
平板式编号	JG401#
框架式编号	
柜体高度	2100~2430
柜体宽度	1400~1800
柜体深度	350~450
柜板厚度	框架式20
	平板式18
背板厚度	9
背板连接	搭边内嵌
楣　板	
木珠围栏	
酒　架	
酒 杯 架	

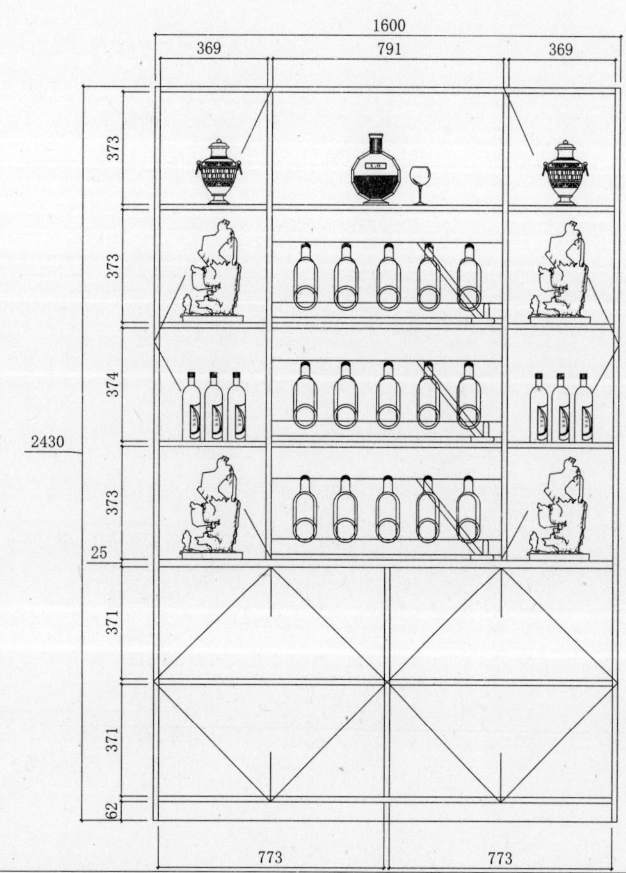

酒柜4#柜(单位：mm)	
平板式编号	JG402#
框架式编号	
柜体高度	2100-2430
柜体宽度	1400-1800
柜体深度	350-450
柜板厚度	框架式20
	平板式18
背板厚度	9
背板连接	搭边内嵌
楣　板	
木珠围栏	
酒　架	
酒 杯 架	

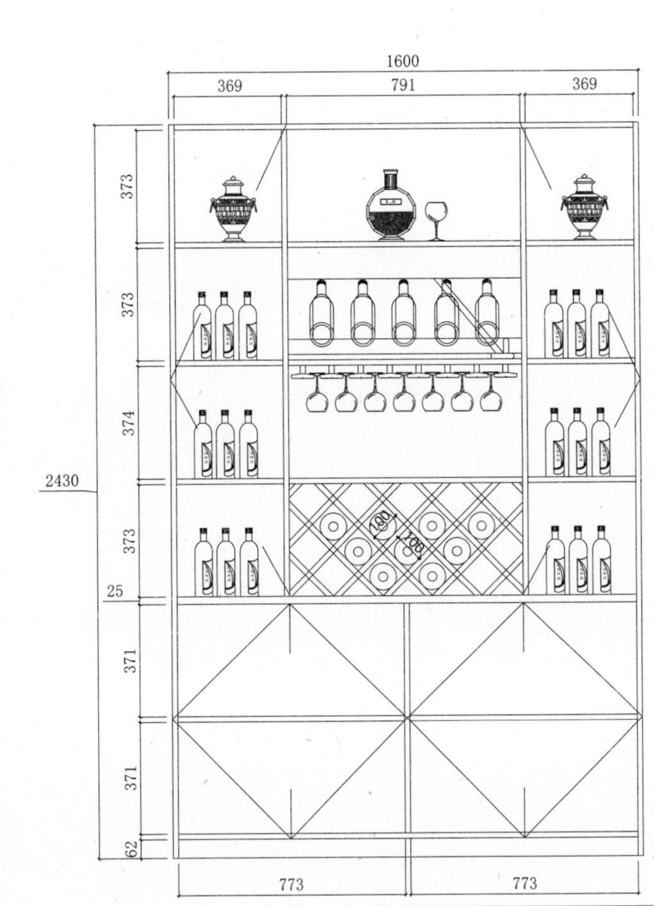

酒柜4#柜(单位：mm)	
平板式编号	JG403#
框架式编号	
柜体高度	2100~2430
柜体宽度	1400~1800
柜体深度	350~450
柜板厚度	框架式20
	平板式18
背板厚度	9
背板连接	搭边内嵌
楣　板	
木珠围栏	
酒　架	
酒 杯 架	

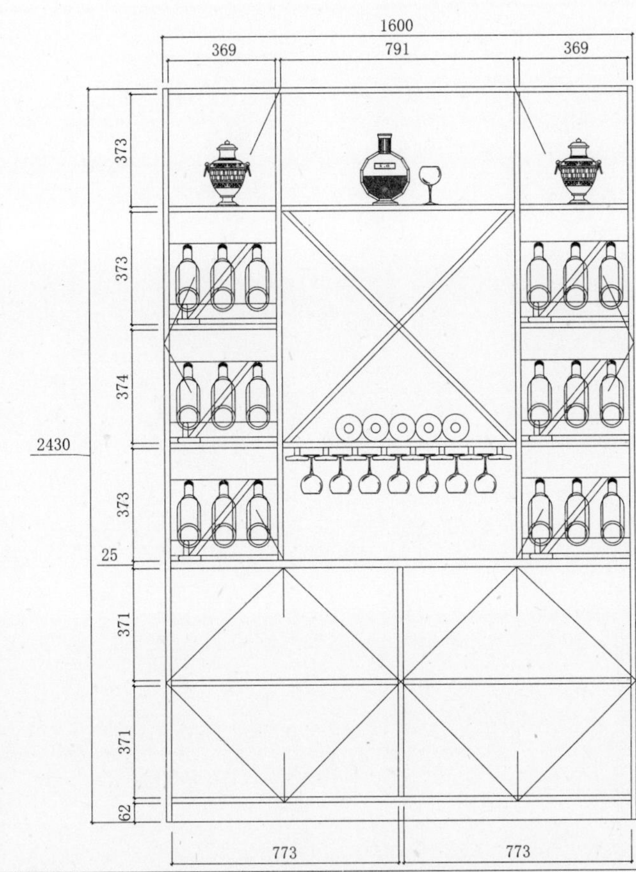

酒柜4#柜(单位：mm)	
平板式编号	JG404#
框架式编号	
柜体高度	2100-2430
柜体宽度	1400-1800
柜体深度	350-450
柜板厚度	框架式20
	平板式18
背板厚度	9
背板连接	搭边内嵌
楣　板	
木珠围栏	
酒　架	
酒 杯 架	

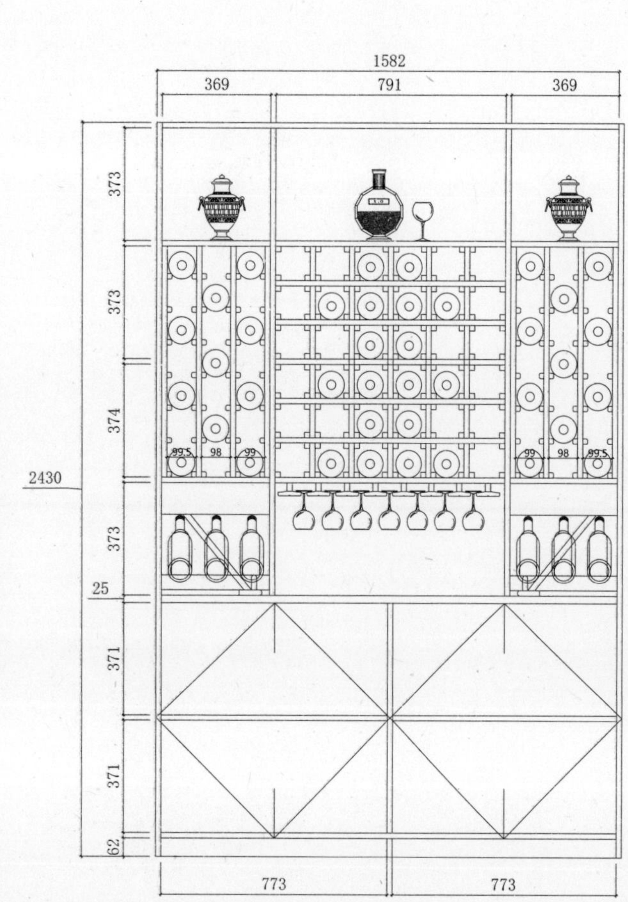

酒柜4#柜(单位：mm)	
平板式编号	JG405#
框架式编号	
柜体高度	2100~2430
柜体宽度	1400~1800
柜体深度	350~450
柜板厚度	框架式20
	平板式18
背板厚度	9
背板连接	搭边内嵌
楣　板	
木珠围栏	
酒　架	
酒 杯 架	

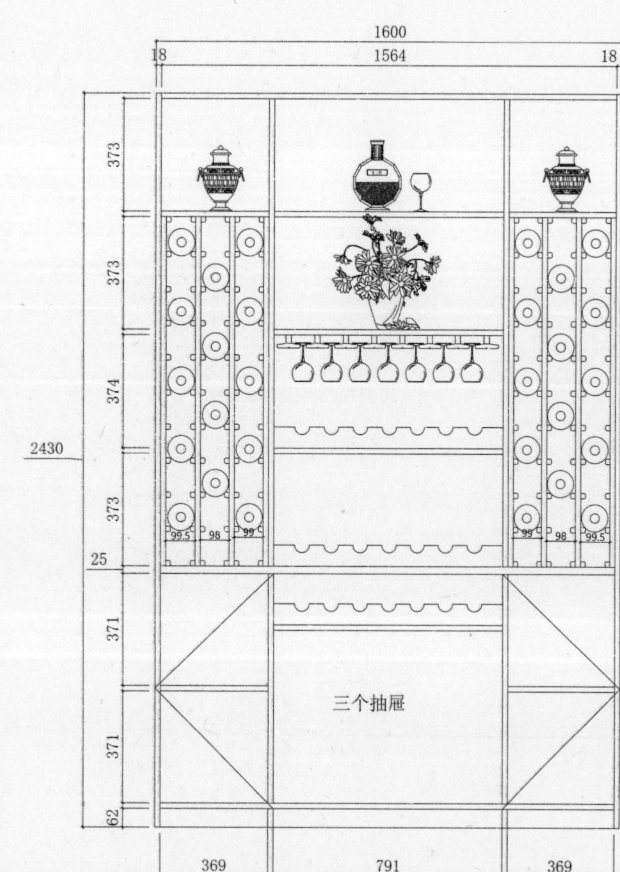

酒柜4#柜(单位：mm)	
平板式编号	JG406#
框架式编号	
柜体高度	2100-2430
柜体宽度	1400-1800
柜体深度	350-450
柜板厚度	框架式20
	平板式18
背板厚度	9
背板连接	搭边内嵌
楣　板	
木珠围栏	
酒　架	
酒 杯 架	

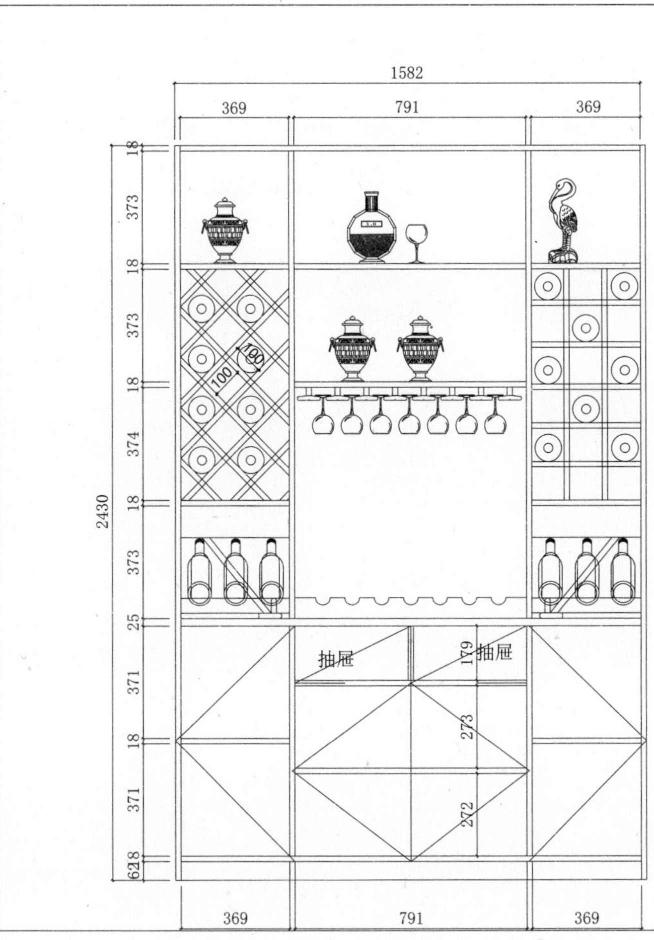

酒柜4#柜(单位：mm)	
平板式编号	JG407#
框架式编号	
柜体高度	2100~2430
柜体宽度	1400~1800
柜体深度	350~450
柜板厚度	框架式20
	平板式18
背板厚度	9
背板连接	搭边内嵌
楣　板	
木珠围栏	
酒　架	
酒杯架	

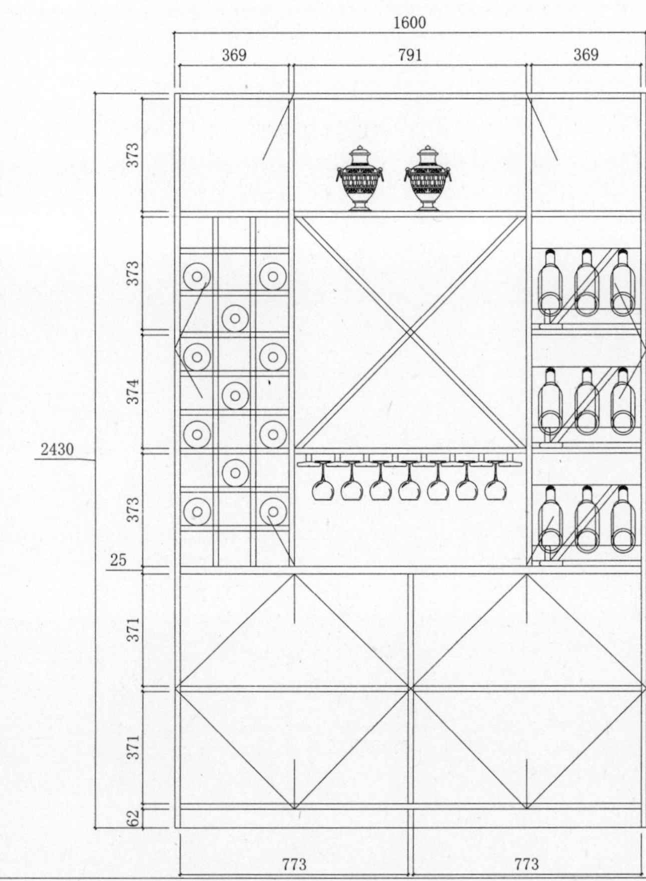

酒柜4#柜(单位：mm)	
平板式编号	JG408#
框架式编号	
柜体高度	2100-2430
柜体宽度	1400-1800
柜体深度	350-450
柜板厚度	框架式20
	平板式18
背板厚度	9
背板连接	搭边内嵌
楣　板	
木珠围栏	
酒　架	
酒杯架	

酒柜

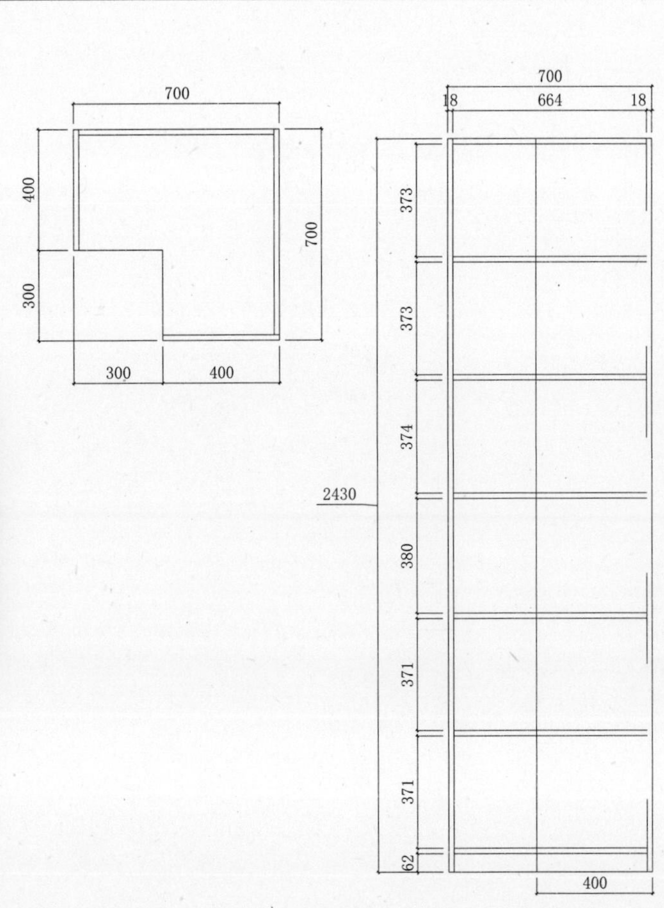

酒柜5#转角柜(单位：mm)	
平板式编号	JG501#
框架式编号	
柜体高度	2100~2430
柜体宽度	700~700
柜体深度	350~450
柜板厚度	框架式20
	平板式18
背板厚度	9
背板连接	搭边内嵌
楣　板	
木珠围栏	
酒　架	
酒 杯 架	

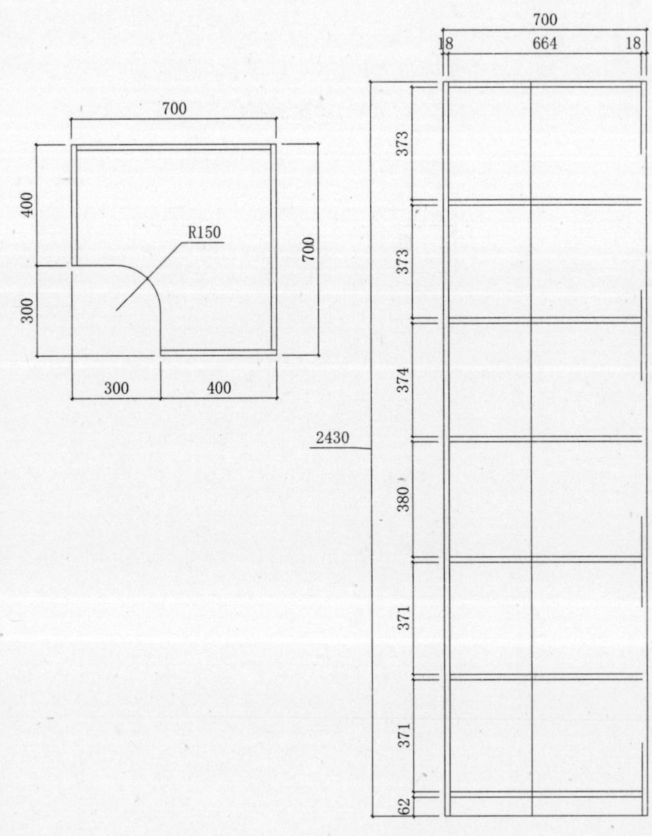

酒柜5#转角柜(单位：mm)	
平板式编号	JG502#
框架式编号	
柜体高度	2100~2430
柜体宽度	700~700
柜体深度	350~450
柜板厚度	框架式20
	平板式18
背板厚度	9
背板连接	搭边内嵌
楣　板	
木珠围栏	
酒　架	
酒 杯 架	

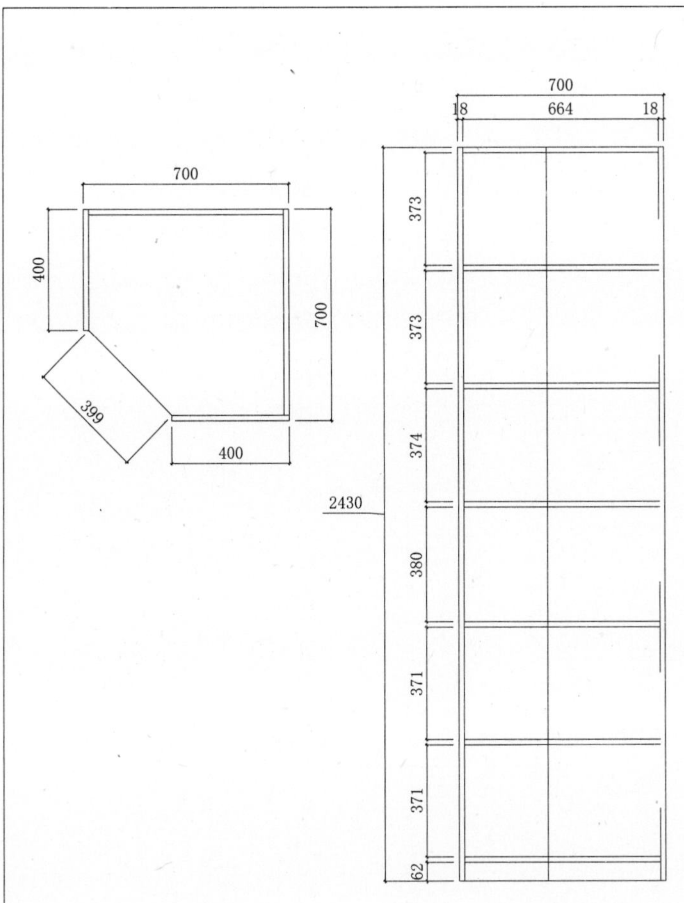

酒柜5#转角柜(单位：mm)	
平板式编号	JG503#
框架式编号	
柜体高度	2100~2430
柜体宽度	700~700
柜体深度	350~450
柜板厚度	框架式20
	平板式18
背板厚度	9
背板连接	搭边内嵌
楣　板	
木珠围栏	
酒　架	
酒 杯 架	

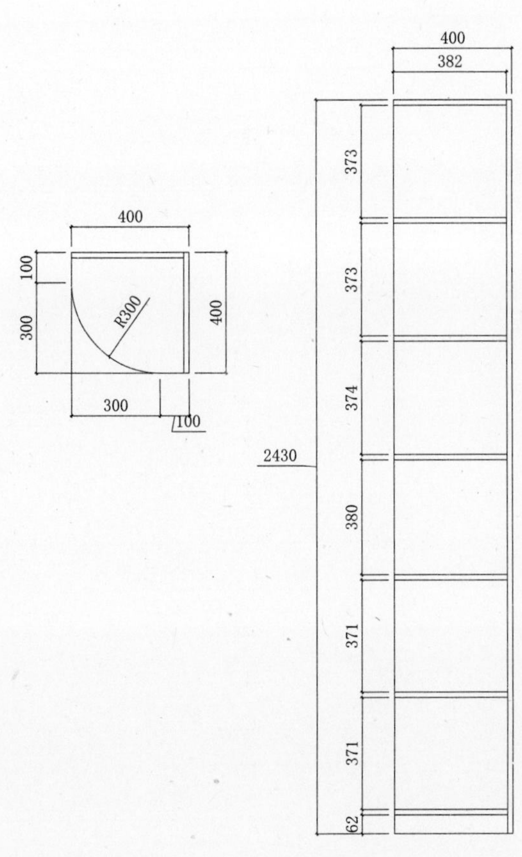

酒柜5#转角柜(单位：mm)	
平板式编号	JG504#
框架式编号	
柜体高度	2100~2430
柜体宽度	700~700
柜体深度	350~450
柜板厚度	框架式20
	平板式18
背板厚度	9
背板连接	搭边内嵌
楣　板	
木珠围栏	
酒　架	
酒 杯 架	

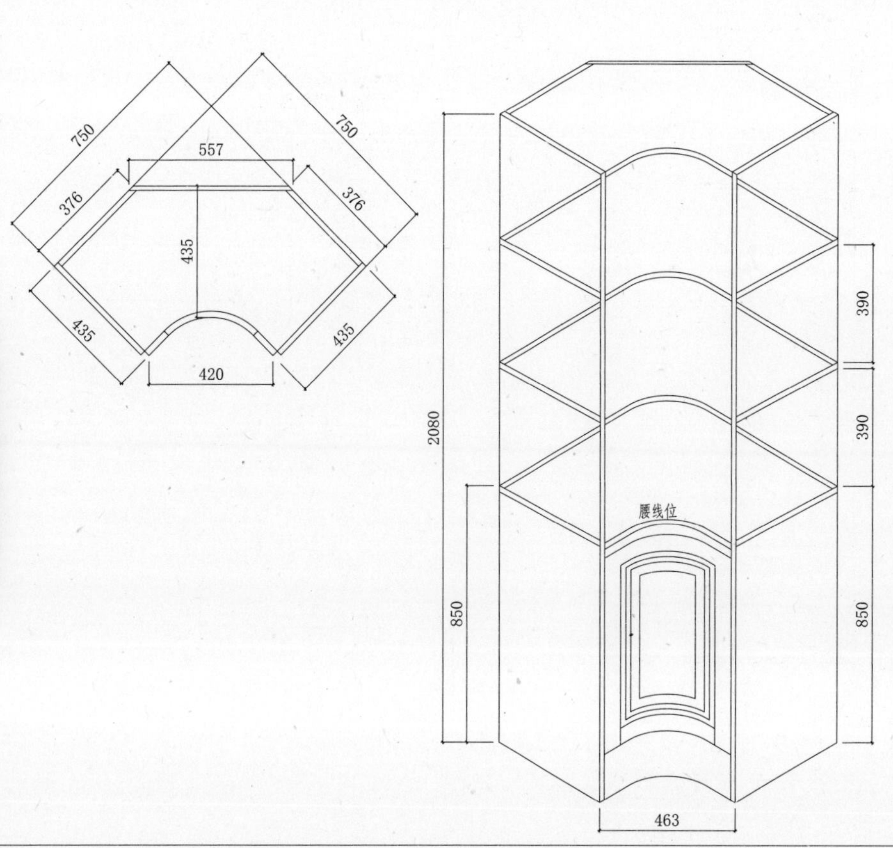

酒柜5#转角柜(单位：mm)	
平板式编号	JG505#
框架式编号	
柜体高度	2100~2430
柜体宽度	700~700
柜体深度	350~450
柜板厚度	框架式20
	平板式18
背板厚度	9
背板连接	搭边内嵌
楣　板	
木珠围栏	
酒　架	
酒 杯 架	

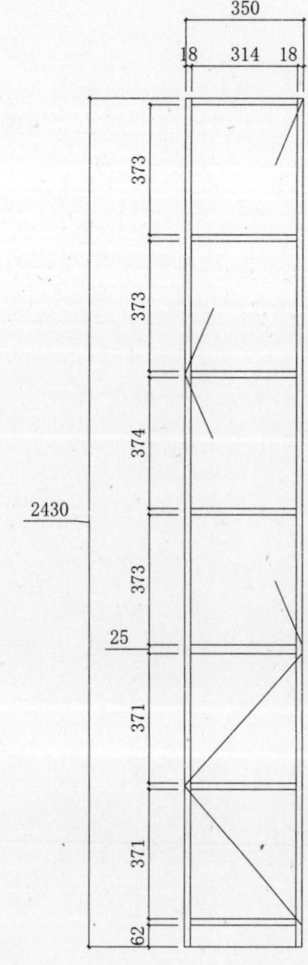

酒柜6#柜(单位：mm)	
平板式编号	JG601#
框架式编号	
柜体高度	2100~2430
柜体宽度	150~400
柜体深度	350~450
柜板厚度	框架式20
	平板式18
背板厚度	9
背板连接	搭边内嵌
楣　板	
木珠围栏	
酒　架	
酒 杯 架	

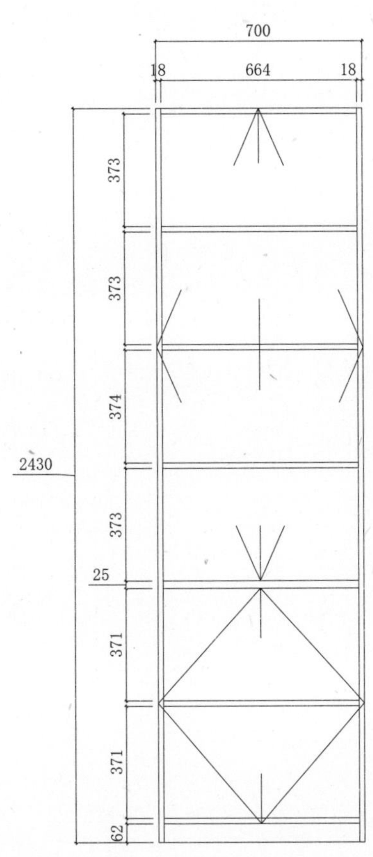

酒柜6#柜(单位：mm)	
平板式编号	JG602#
框架式编号	
柜体高度	2100~2430
柜体宽度	150~400
柜体深度	350~450
柜板厚度	框架式20
	平板式18
背板厚度	9
背板连接	搭边内嵌
楣　板	
木珠围栏	
酒　架	
酒 杯 架	

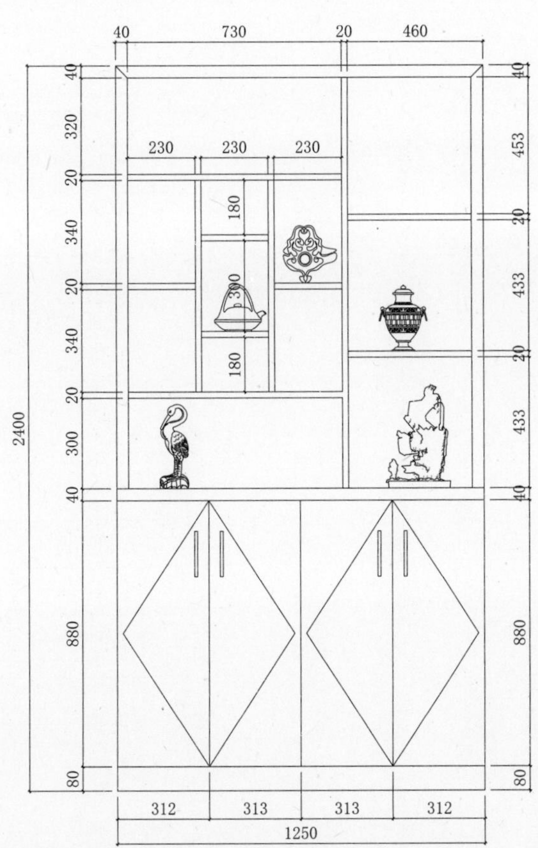

酒柜7#柜(单位：mm)	
平板式编号	JG701#
框架式编号	
柜体高度	2400
柜体宽度	1250
柜体深度	350~450
柜板厚度	框架式20
	平板式18
背板厚度	9
背板连接	搭边内嵌
楣　板	
木珠围栏	
酒　架	
酒 杯 架	

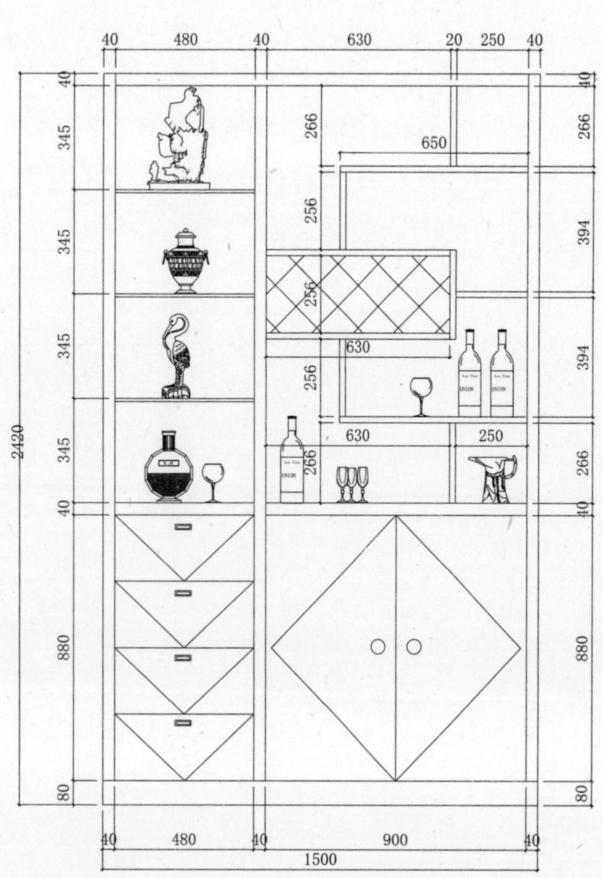

酒柜7#柜(单位：mm)	
平板式编号	JG702#
框架式编号	
柜体高度	2100~2430
柜体宽度	1500
柜体深度	350~450
柜板厚度	框架式20
	平板式18
背板厚度	9
背板连接	搭边内嵌
楣　板	
木珠围栏	
酒　架	
酒 杯 架	

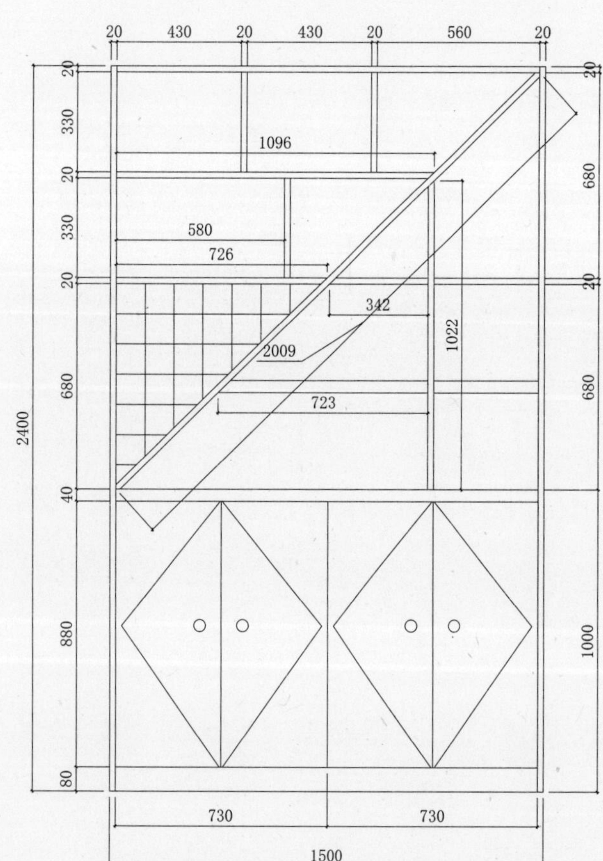

酒柜7#柜(单位：mm)	
平板式编号	JG703#
框架式编号	
柜体高度	2400
柜体宽度	1500
柜体深度	350~450
柜板厚度	框架式20
	平板式18
背板厚度	9
背板连接	搭边内嵌
楣　板	
木珠围栏	
酒　架	
酒 杯 架	

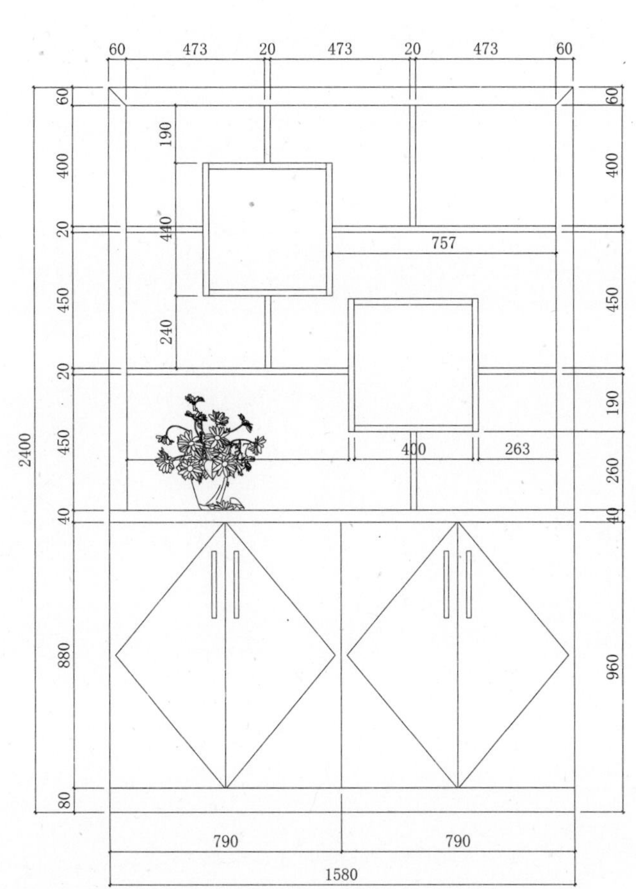

酒柜7#柜(单位：mm)	
平板式编号	JG704#
框架式编号	
柜体高度	2400
柜体宽度	1580
柜体深度	350~450
柜板厚度	框架式20
	平板式18
背板厚度	9
背板连接	搭边内嵌
楣　板	
木珠围栏	
酒　架	
酒 杯 架	

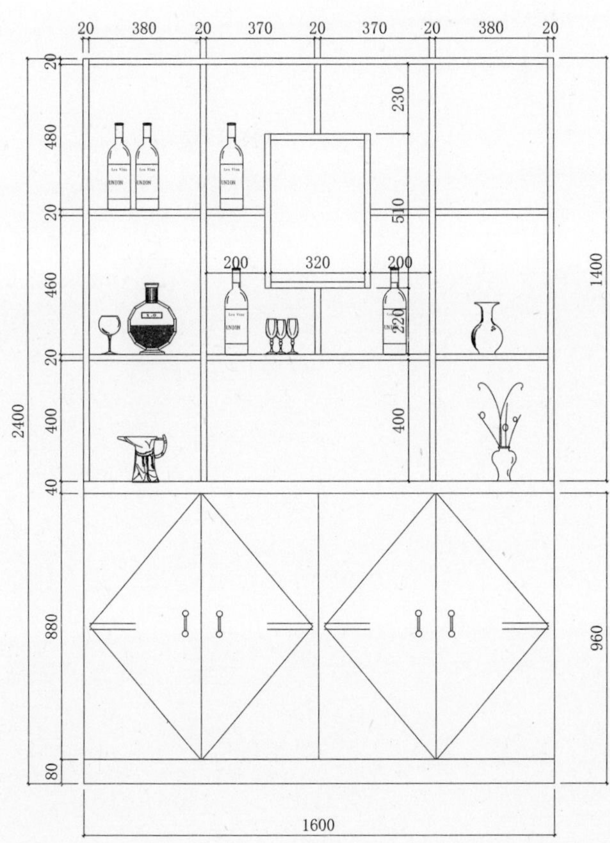

酒柜7#柜(单位：mm)	
平板式编号	JG705#
框架式编号	
柜体高度	2400
柜体宽度	1600
柜体深度	350~450
柜板厚度	框架式20
	平板式18
背板厚度	9
背板连接	搭边内嵌
楣　板	
木珠围栏	
酒　架	
酒 杯 架	

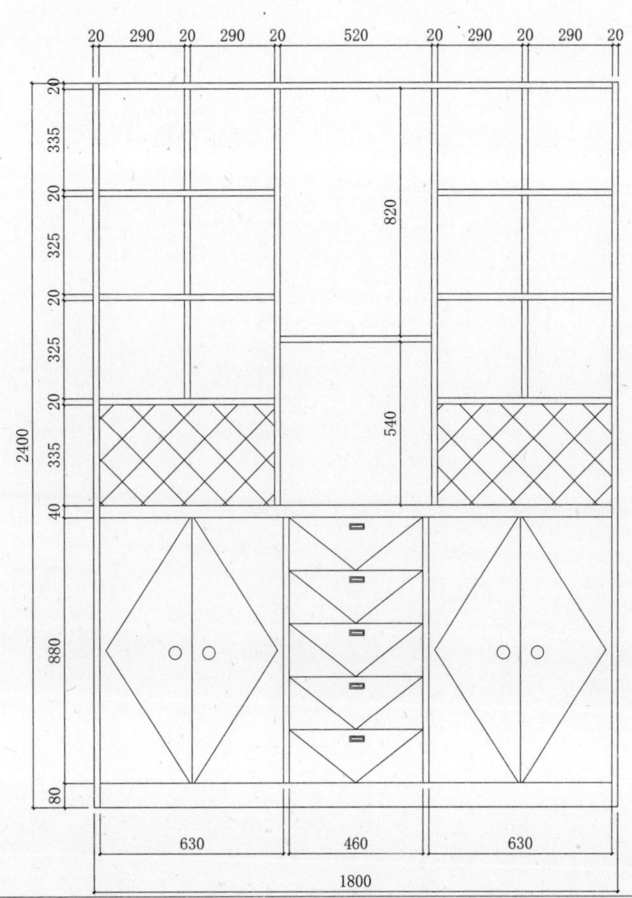

酒柜7#柜(单位：mm)	
平板式编号	JG706#
框架式编号	
柜体高度	2400
柜体宽度	1800
柜体深度	350~450
柜板厚度	框架式20
	平板式18
背板厚度	9
背板连接	搭边内嵌
楣　板	
木珠围栏	
酒　架	
酒 杯 架	

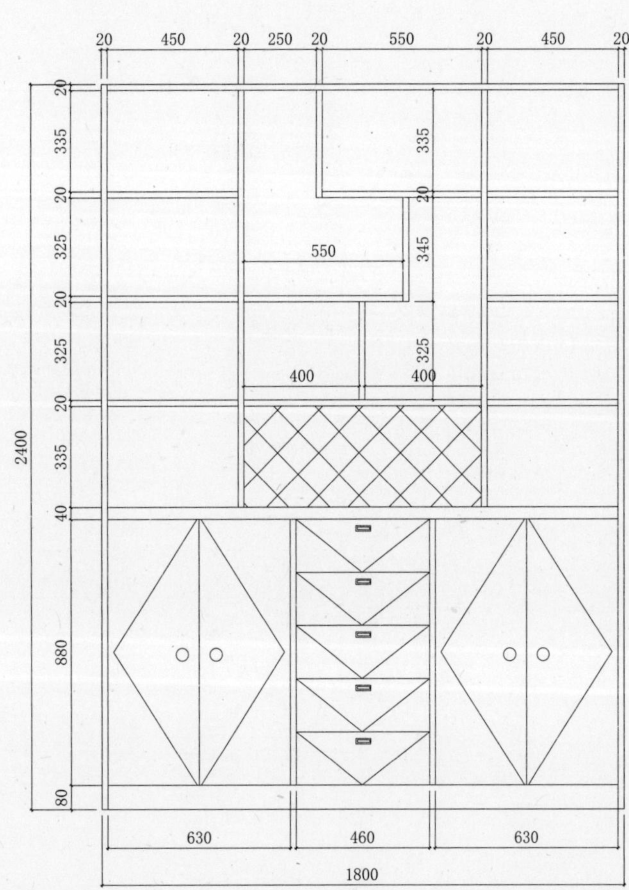

酒柜7#柜(单位：mm)	
平板式编号	JG707#
框架式编号	
柜体高度	2400
柜体宽度	1800
柜体深度	350~450
柜板厚度	框架式20
	平板式18
背板厚度	9
背板连接	搭边内嵌
楣　板	
木珠围栏	
酒　架	
酒 杯 架	

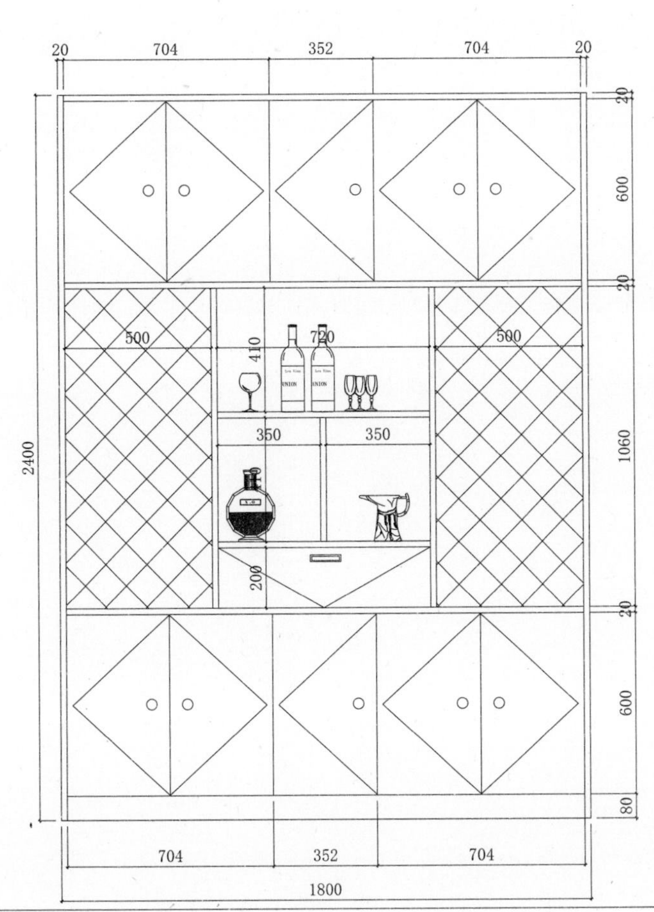

酒柜7#柜(单位：mm)	
平板式编号	JG708#
框架式编号	
柜体高度	2400
柜体宽度	1800
柜体深度	350~450
柜板厚度	框架式20
	平板式18
背板厚度	9
背板连接	搭边内嵌
楣　板	
木珠围栏	
酒　架	
酒 杯 架	

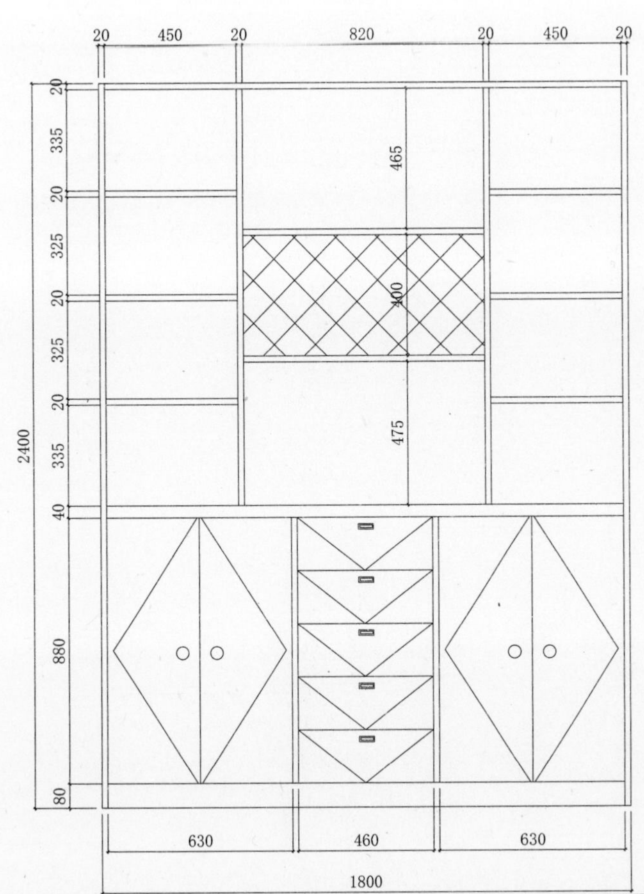

酒柜7#柜(单位：mm)	
平板式编号	JG709#
框架式编号	
柜体高度	2400
柜体宽度	1800
柜体深度	350~450
柜板厚度	框架式20
	平板式18
背板厚度	9
背板连接	搭边内嵌
楣　板	
木珠围栏	
酒　架	
酒 杯 架	

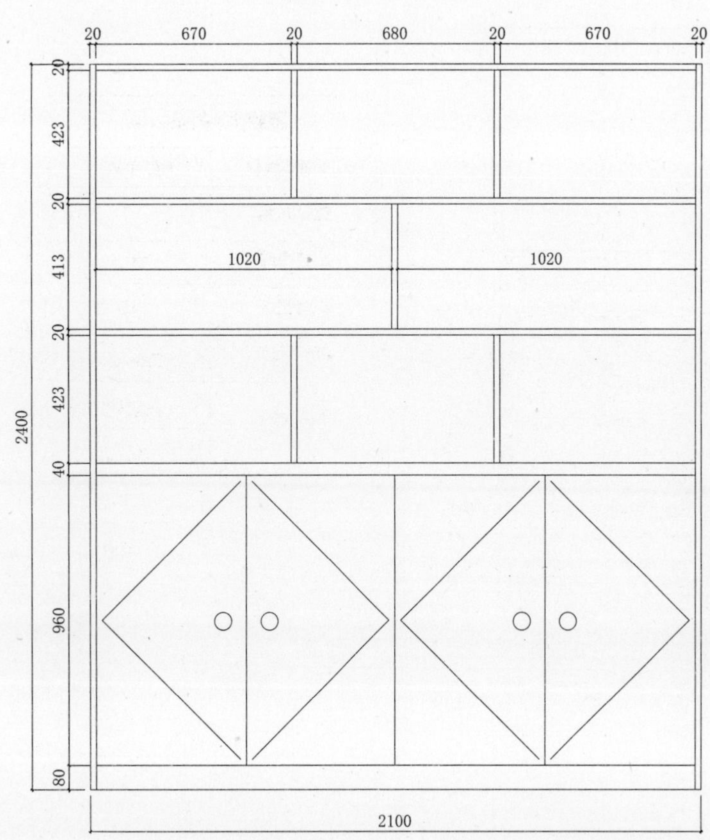

酒柜7#柜(单位：mm)	
平板式编号	JG-710#
框架式编号	
柜体高度	2400
柜体宽度	2100
柜体深度	350~450
柜板厚度	框架式20
	平板式18
背板厚度	9
背板连接	搭边内嵌
楣　板	
木珠围栏	
酒　架	
酒 杯 架	

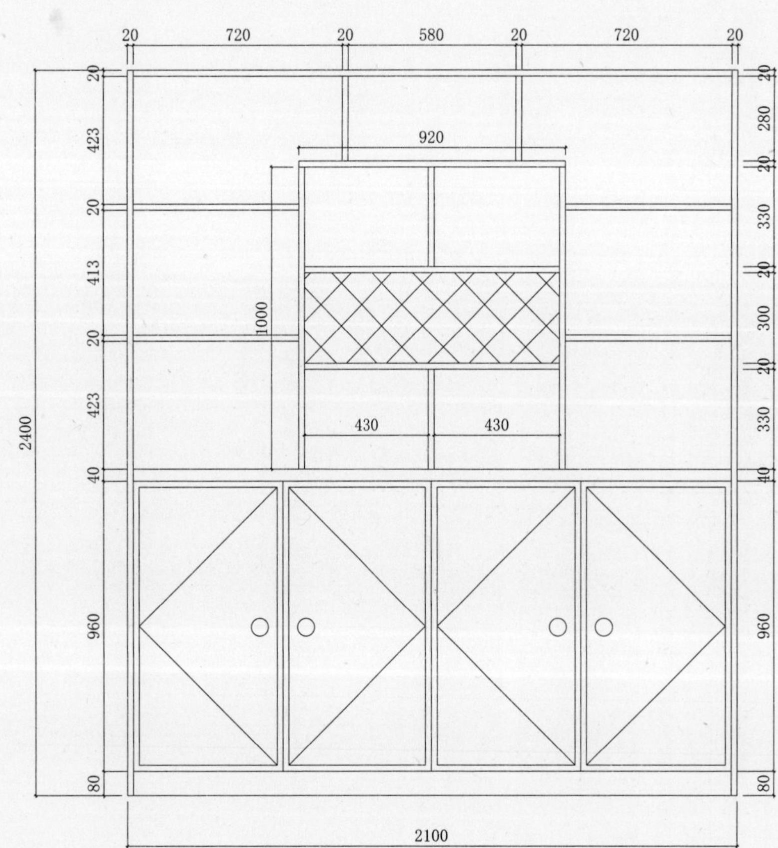

酒柜7#柜(单位：mm)	
平板式编号	JG-711#
框架式编号	
柜体高度	2400
柜体宽度	2100
柜体深度	350~450
柜板厚度	框架式20
	平板式18
背板厚度	9
背板连接	搭边内嵌
楣　板	
木珠围栏	
酒　架	
酒 杯 架	

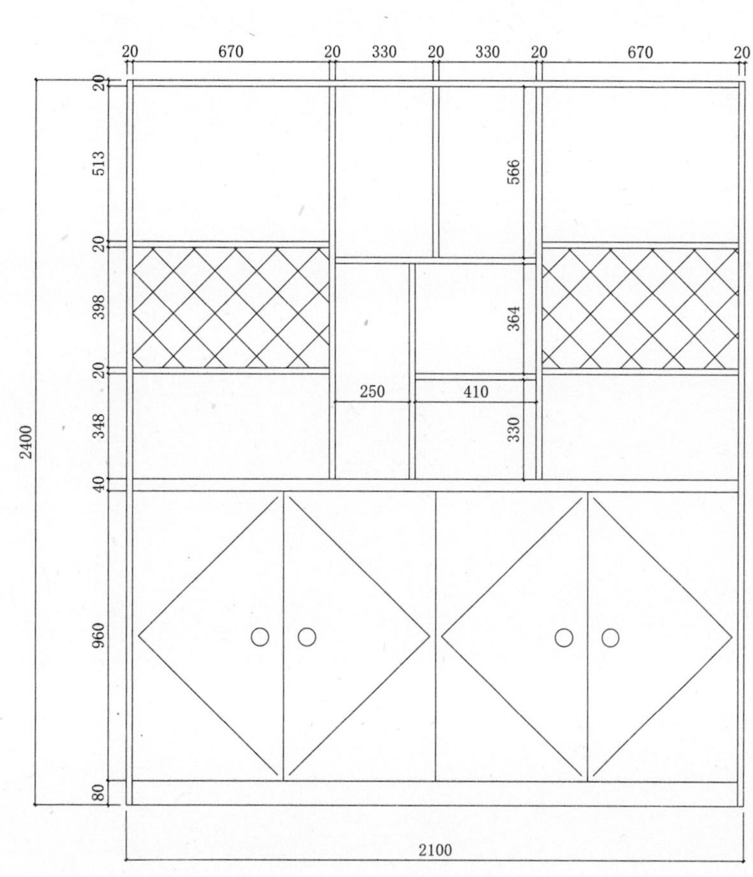

酒柜7#柜(单位：mm)	
平板式编号	JG-712#
框架式编号	
柜体高度	2400
柜体宽度	2100
柜体深度	350~450
柜板厚度	框架式20
	平板式18
背板厚度	9
背板连接	搭边内嵌
楣　板	
木珠围栏	
酒　架	
酒杯架	

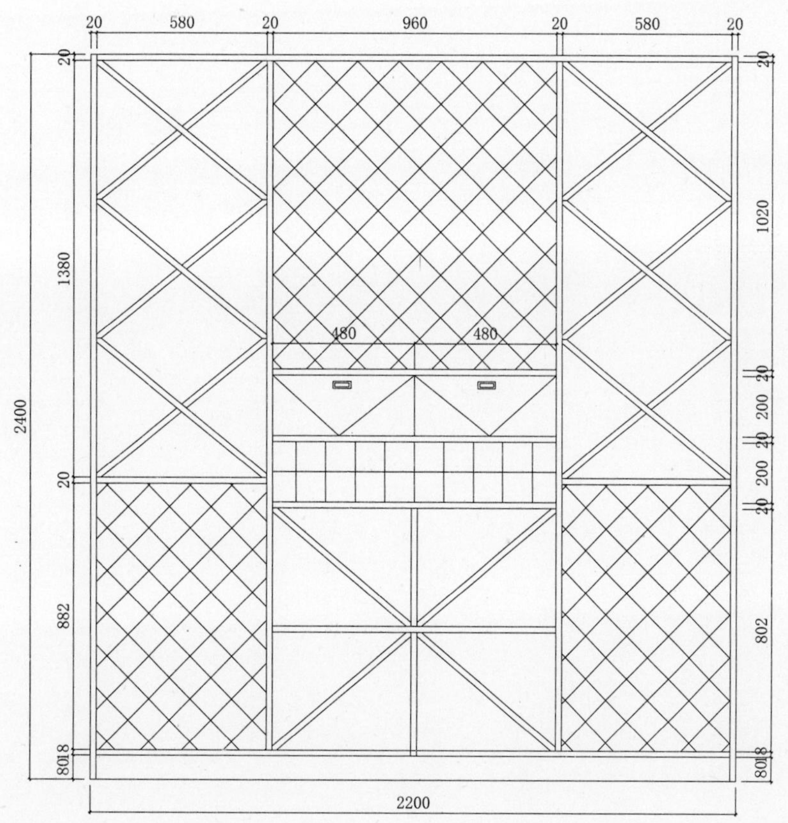

酒柜7#柜(单位：mm)	
平板式编号	JG-713#
框架式编号	
柜体高度	2400
柜体宽度	2200
柜体深度	350~450
柜板厚度	框架式20
	平板式18
背板厚度	9
背板连接	搭边内嵌
楣　板	
木珠围栏	
酒　架	
酒杯架	

第四节 酒柜配件款式

1. 酒柜配件基本知识

1）酒柜配件是为装饰酒柜，以满足客户对于酒柜的多功能、美观性的体现。主要分为酒架、杯架、围栏等部件组成。配件的应用应遵循设计理论常识，例如酒架的尺寸应满足酒瓶的直径大小，酒架空间太小酒瓶无法放入；酒架空间太大，酒瓶放入会显得太空，影响美观等等。

2）酒柜配件的安装应该是工厂做好配件后，现场直接安装，不应在现场再组装配件，而影响安装进程。

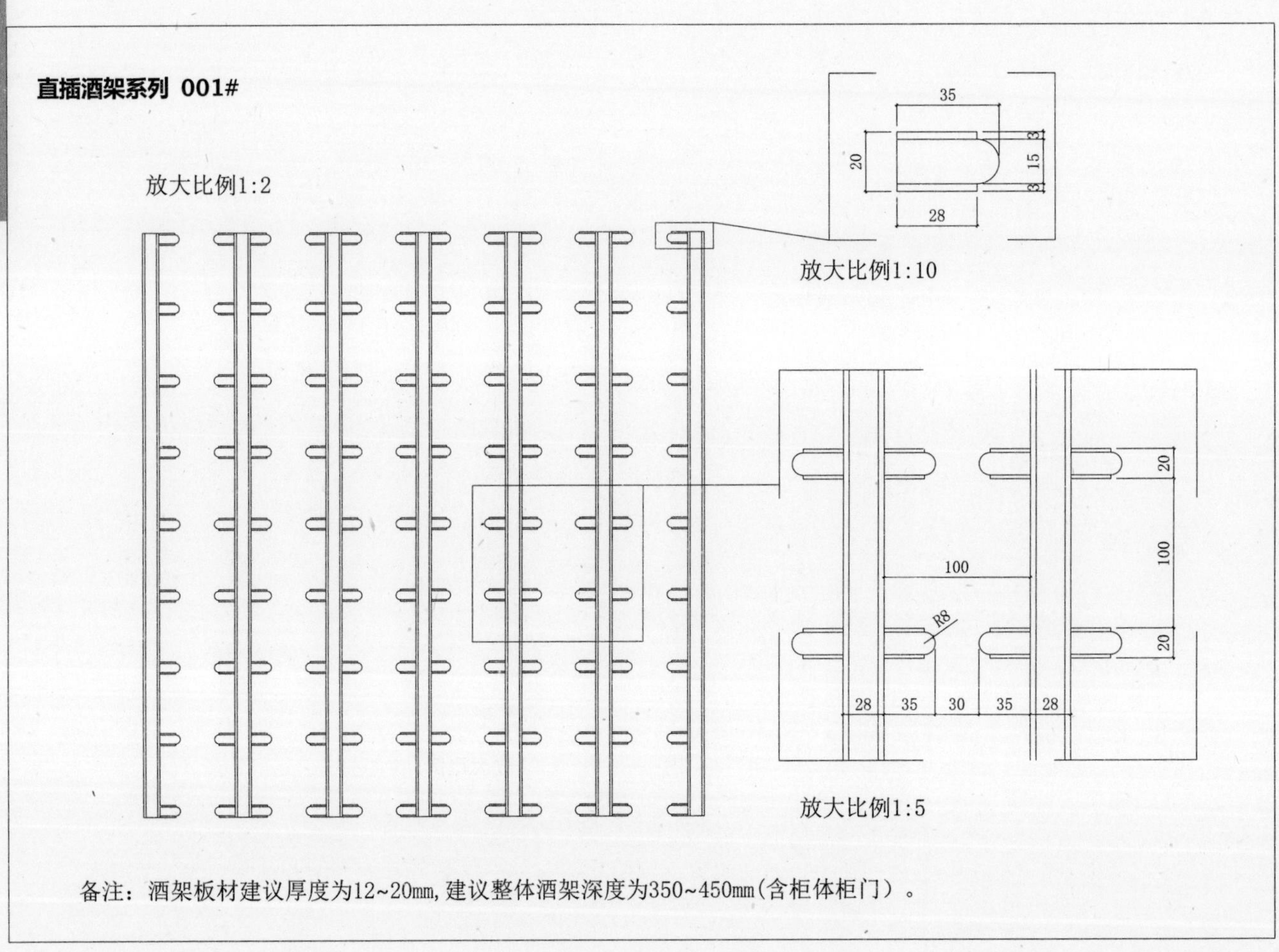

2. 酒柜配件基本尺寸标准

酒架，主要分为十字酒架、45°斜插酒架、平放酒架、斜放酒架等。

直插酒架系列 002#

放大比例1:2

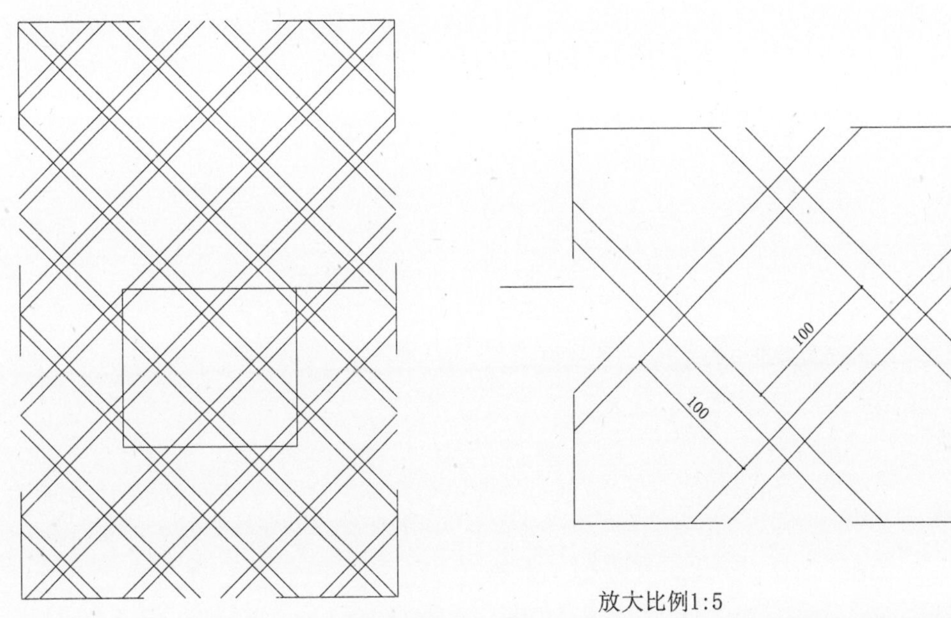

放大比例1:5

备注：酒架板材建议厚度为12~20mm，建议整体酒架深度为350~450mm(不含柜门）。

直插酒架系列 003#

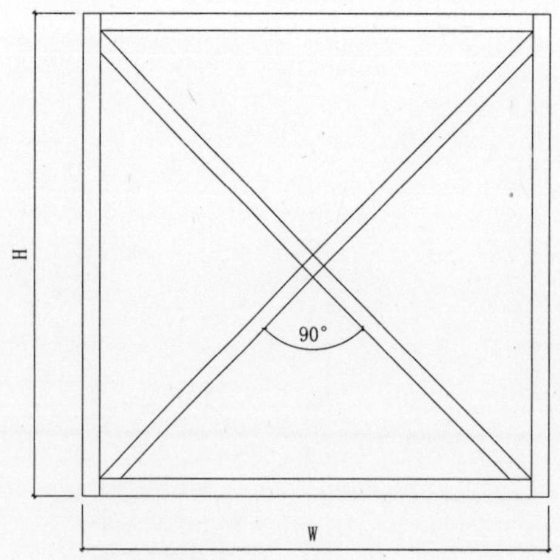

放大比例1:2

备注：酒架板材建议厚度为12~20mm，建议整体酒架深度为350~450mm（不含柜门）。

直插酒架系列 004#

放大比例1:2

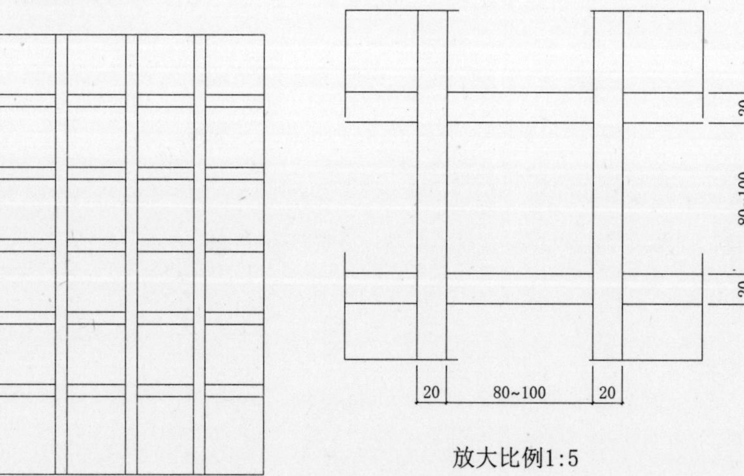

放大比例1:5

备注：酒架板材建议厚度为12~20mm，建议整体酒架深度为350~450mm（不含柜门）。

平置酒架系列 001#

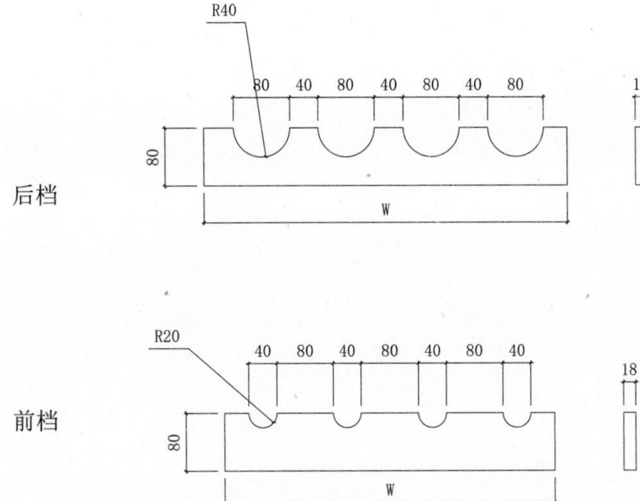

放大比例1:2

30°斜置酒架系列 002#

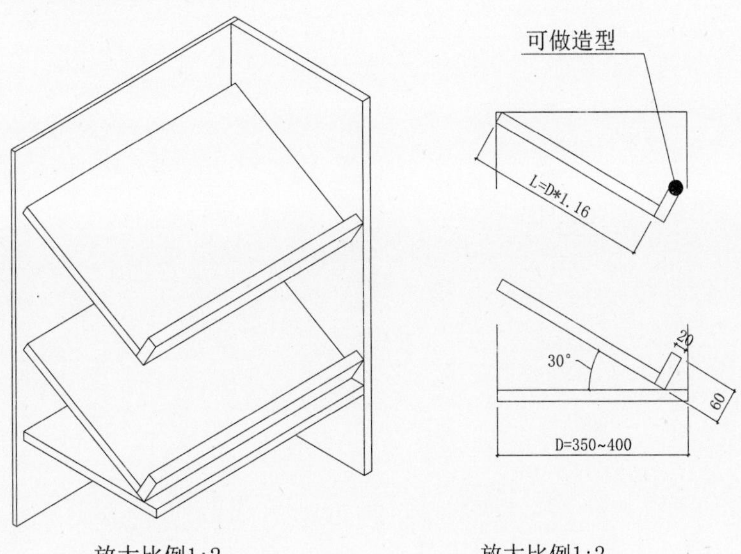

放大比例1:2　　　　放大比例1:2

备注：酒架板材建议厚度为12~20mm,建议整体酒架深度为350~450mm(不含柜门)。

20°斜置酒架系列 003#

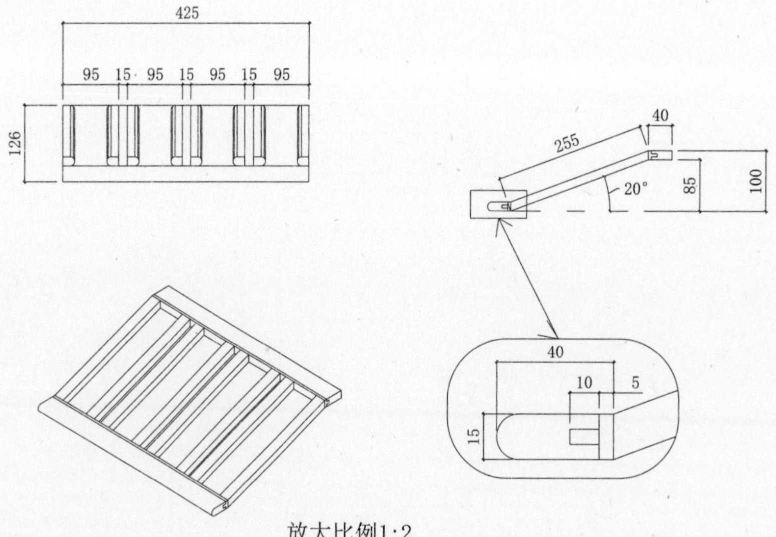

放大比例1:2

备注：酒架板材建议厚度为12~20mm,建议整体酒架深度为350~450mm(不含柜门）。

12°横置酒架系列 004#

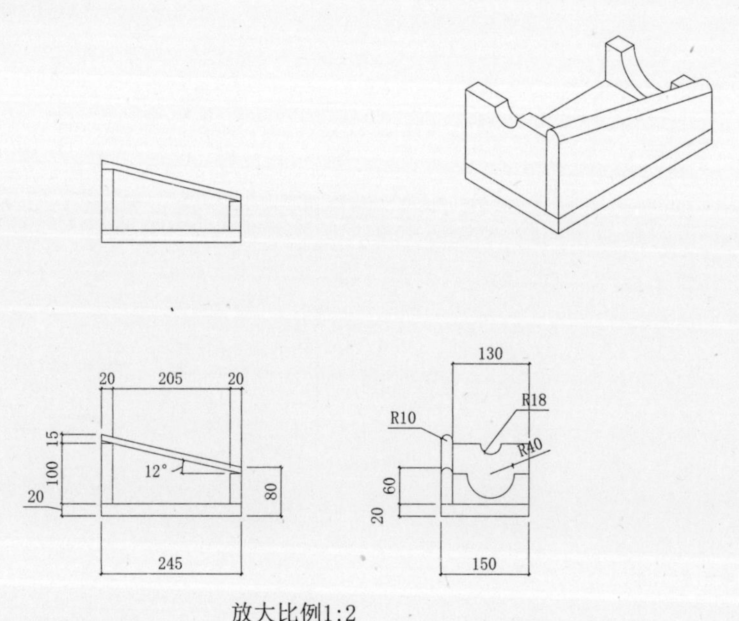

放大比例1:2

木珠围栏 001#

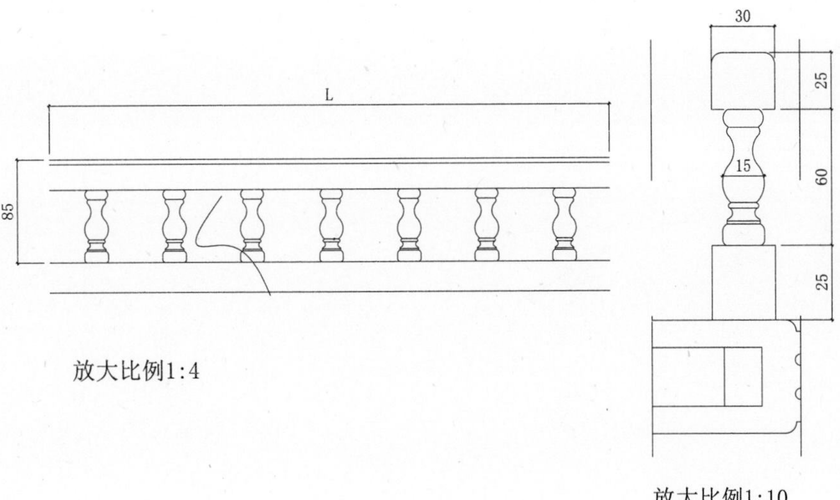

放大比例1:4

放大比例1:10

木珠围栏 002#

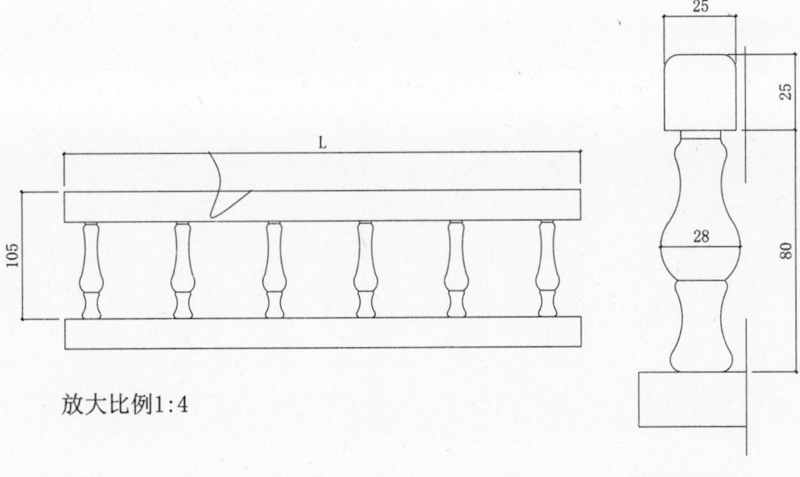

放大比例1:4

放大比例1:10

酒柜

木珠围栏 003#

酒杯架 001#

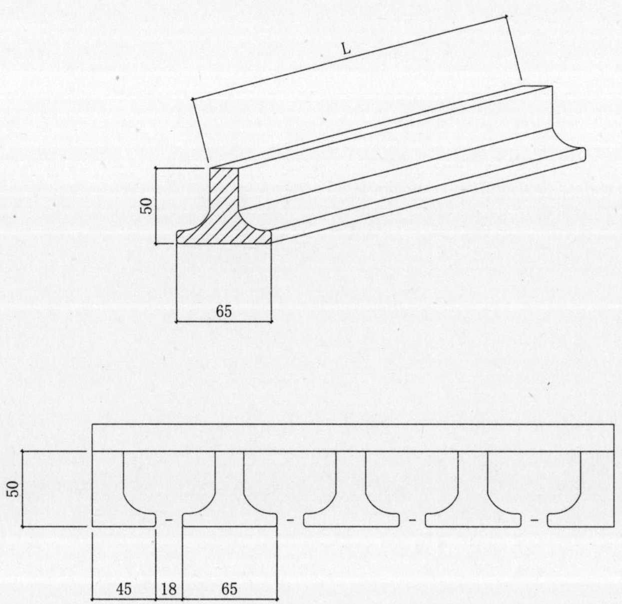

放大比例1：5

酒杯架 002#

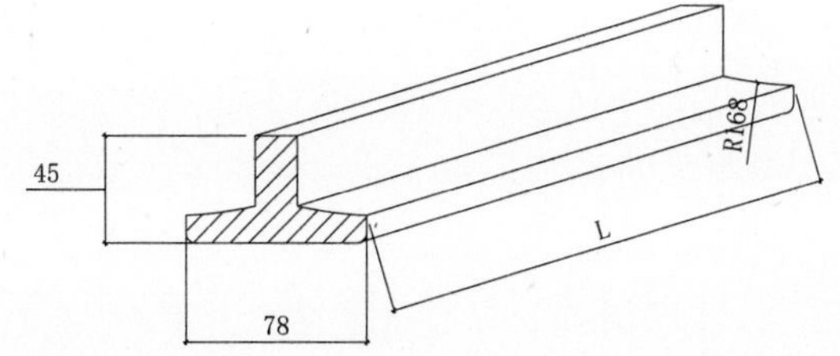

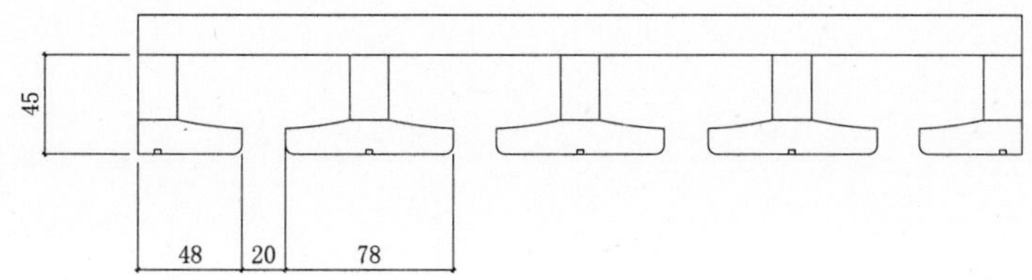

放大比例1：5

酒杯架 003#

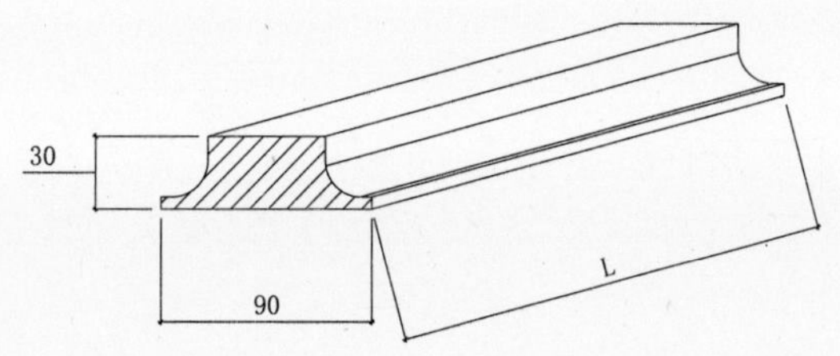

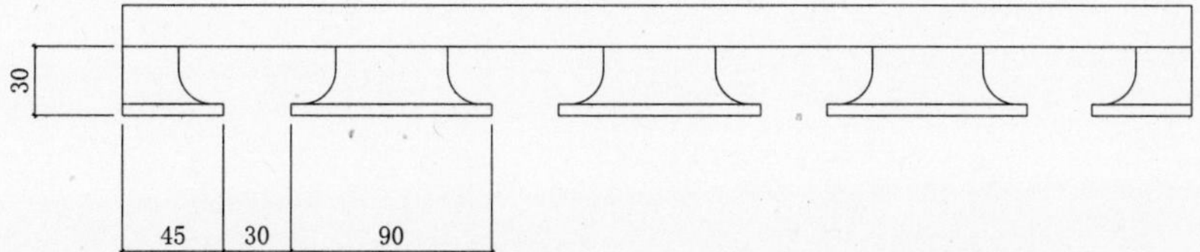

放大比例1：5

酒柜

酒杯架 004#

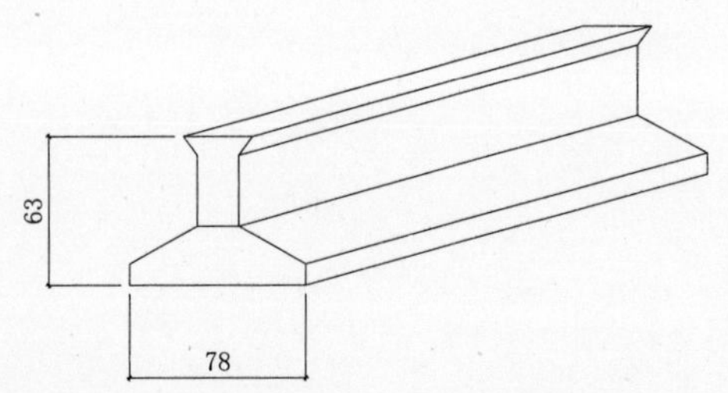

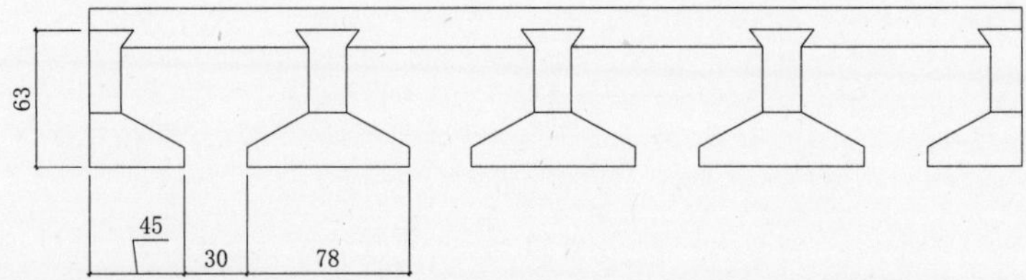

放大比例1:5

楣板编号：MB-001

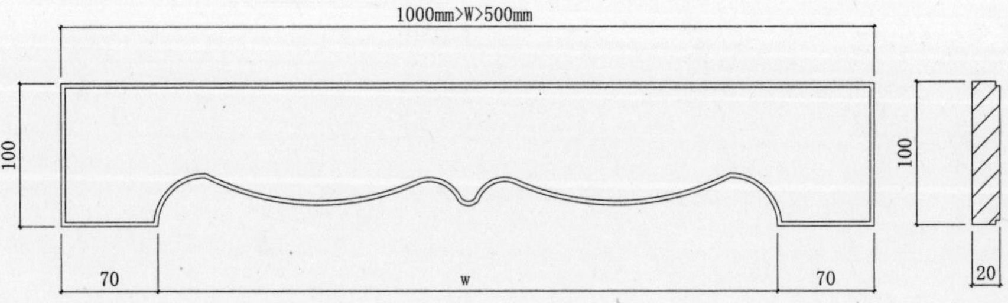

放大比例1:4

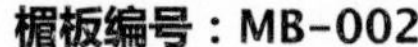

楣板编号：MB-002

阴雕角花

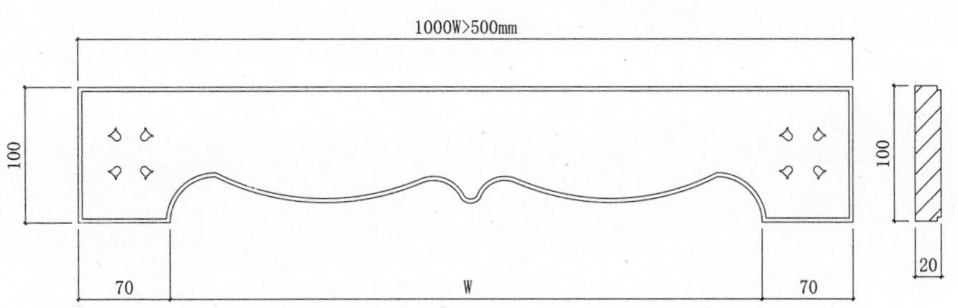

放大比例1:4

楣板编号：MB-003

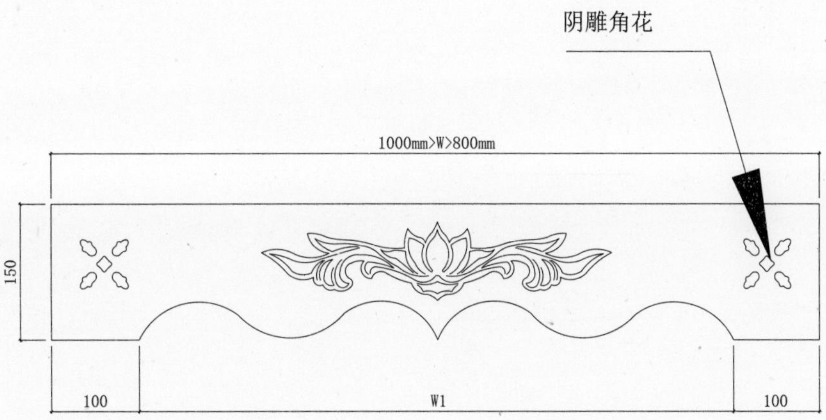

注：MB003楣板可选配雕花

放大比例1:3

楣板编号：MB-004

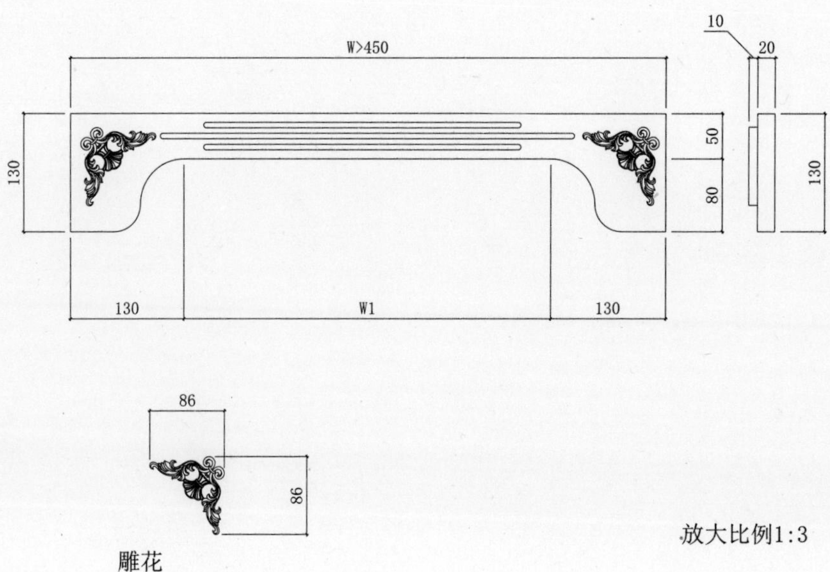

放大比例1:3

楣板编号：MB-005

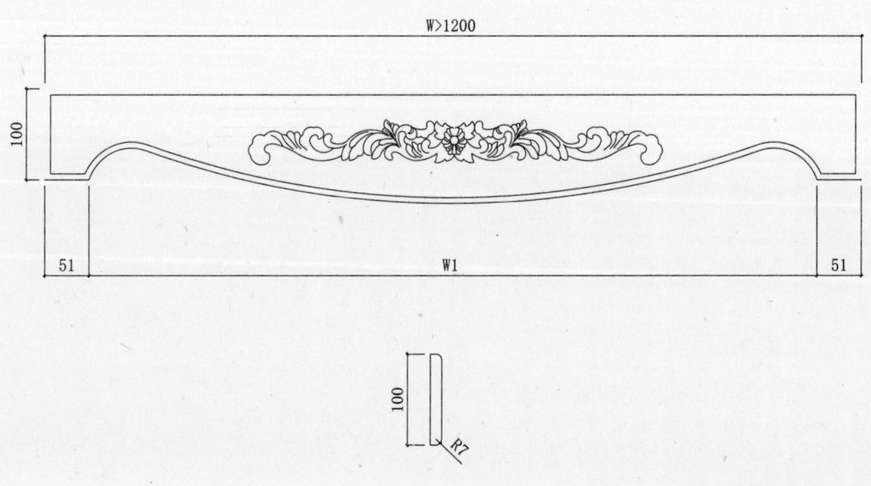

放大比例1:3

注：MB004楣板可选配雕花，当此楣板无雕花时，楣板长度为1200mm>W>800mm。

楣板编号：MB-006

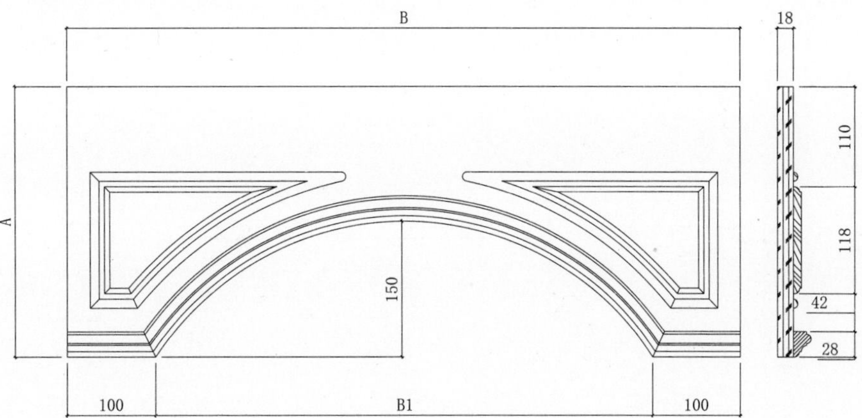

A=250~400之间,B=764~1000之间,

放大比例1:3

楣板编号：MB-007

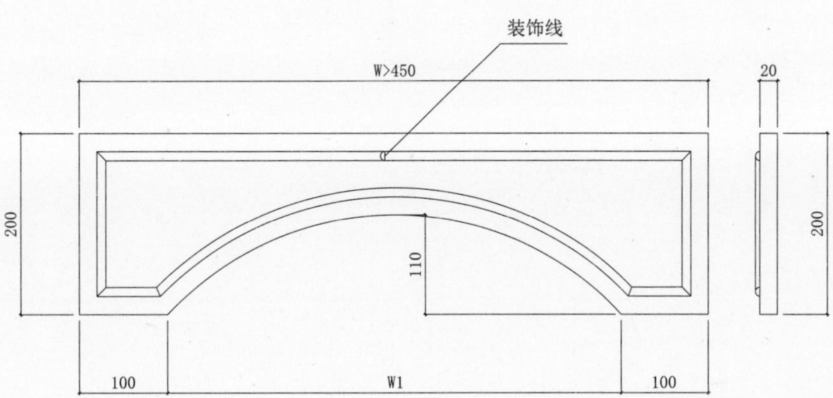

R5
10
半圆线1:10

放大比例1:3

楣板编号：MB-008

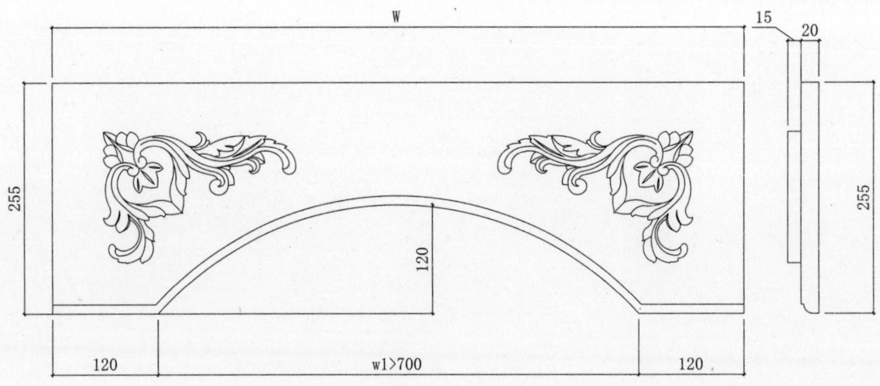

放大比例1:3

楣板编号：MB-009

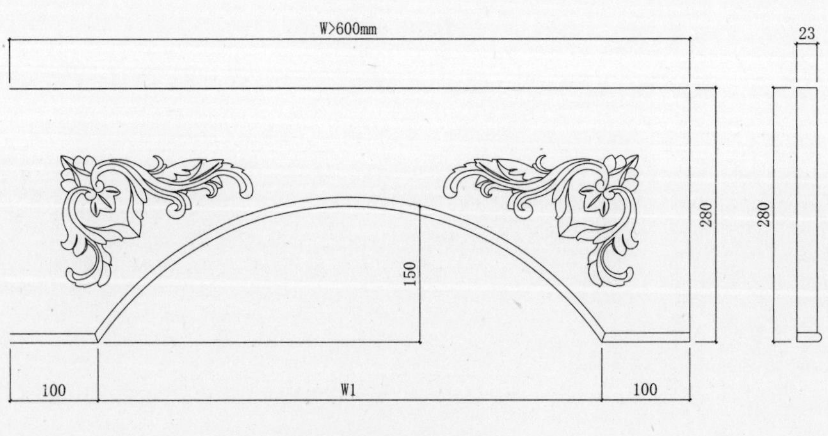

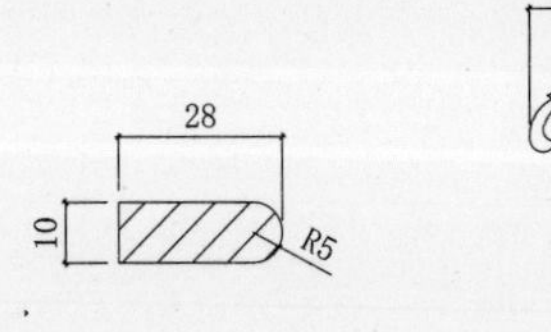

放大比例1:3

楣板编号：MB-010

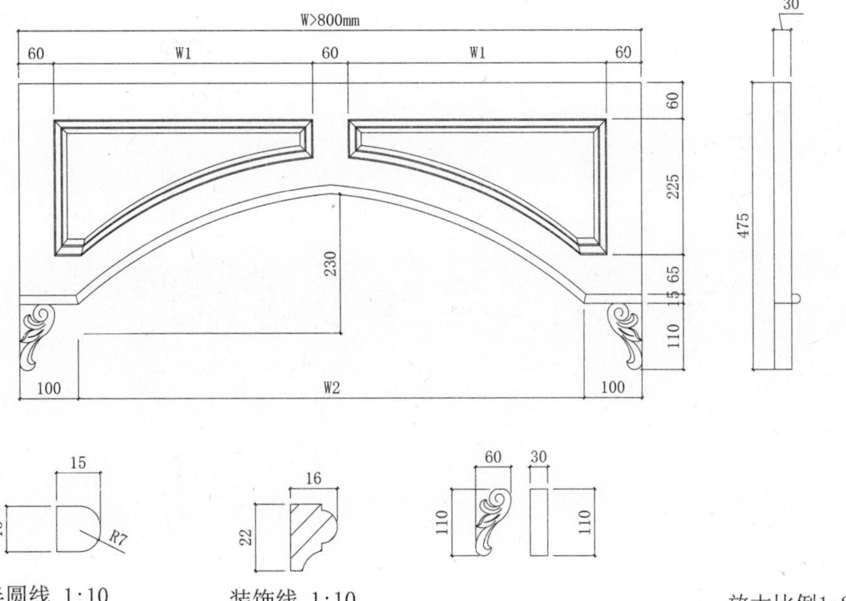

楣板编号：MB-011

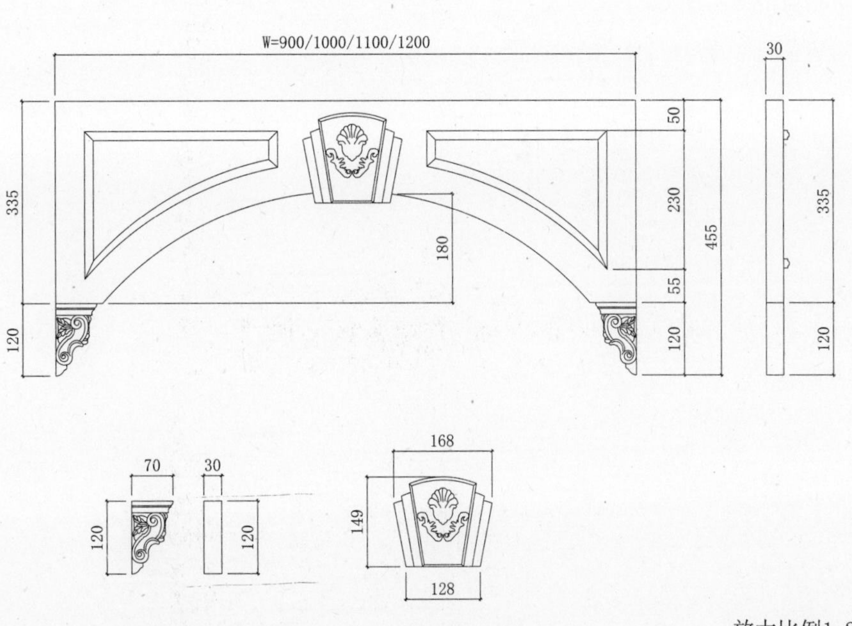

楣板编号：MB-012

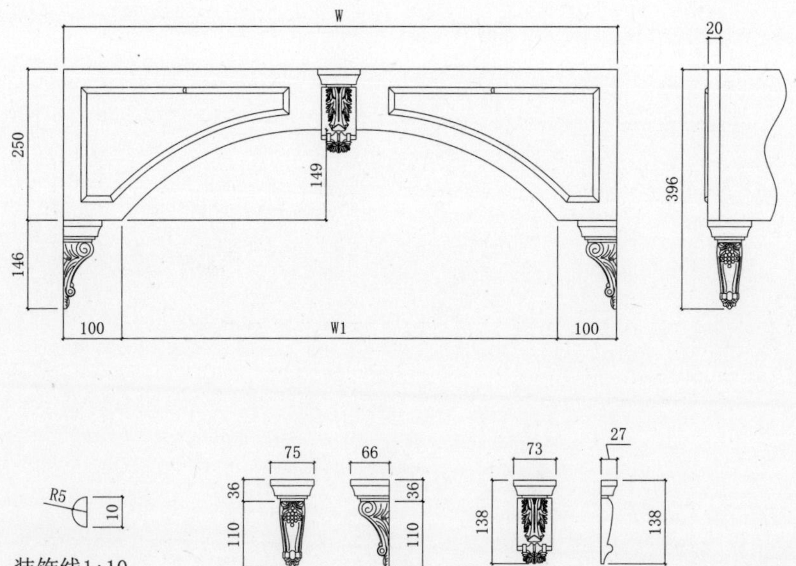

放大比例1:2

楣板编号：MB-013

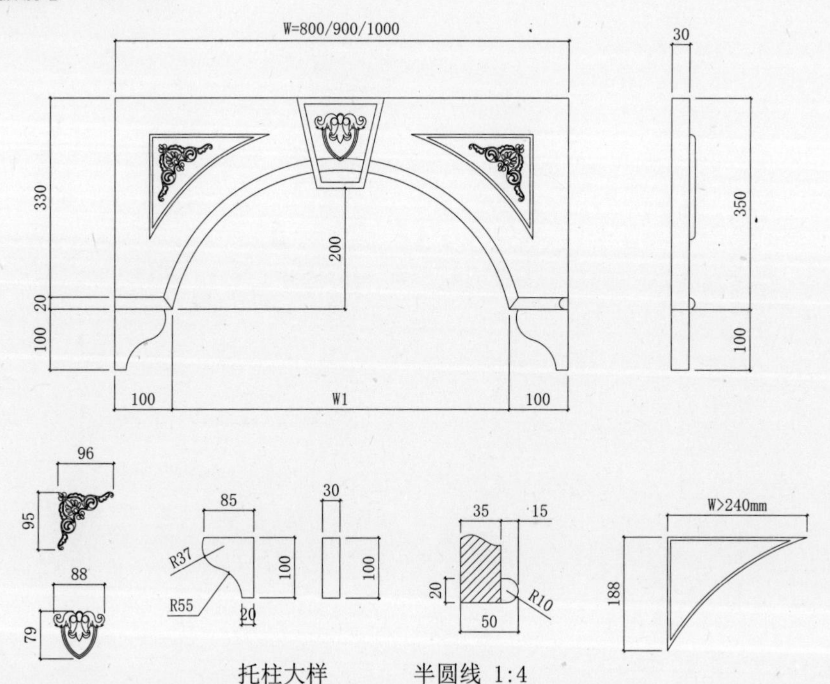

放大比例1:2

楣板编号：MB-014

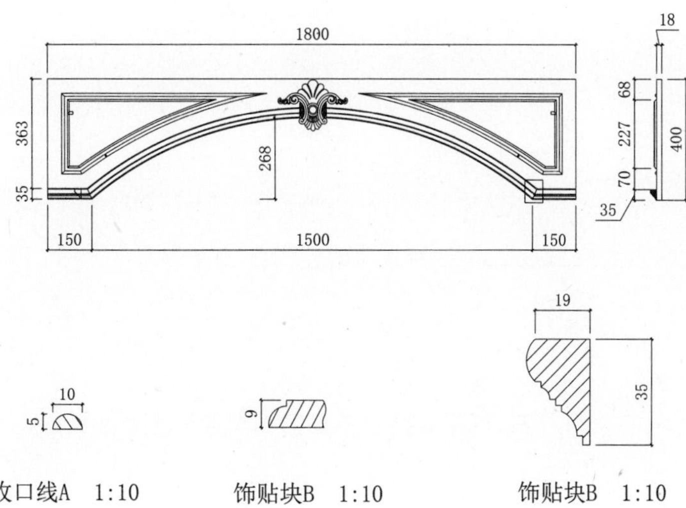

收口线A 1:10　　饰贴块B 1:10　　饰贴块B 1:10

放大比例1:2

楣板编号：MB-015

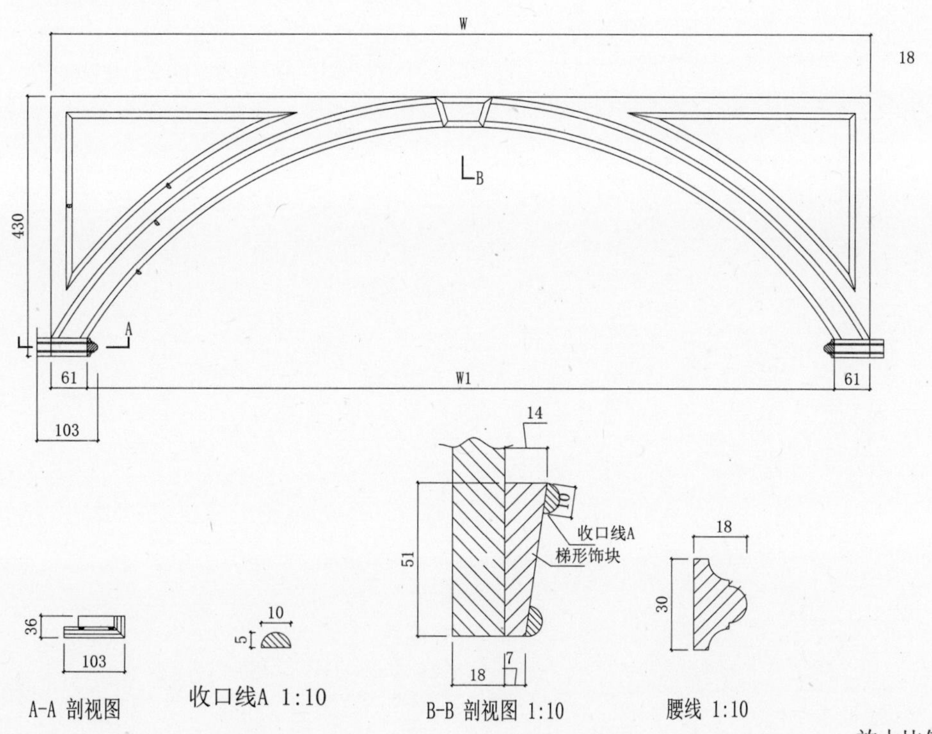

A-A 剖视图　　收口线A 1:10　　B-B 剖视图 1:10　　腰线 1:10

放大比例1:2

楣板编号：MB-016

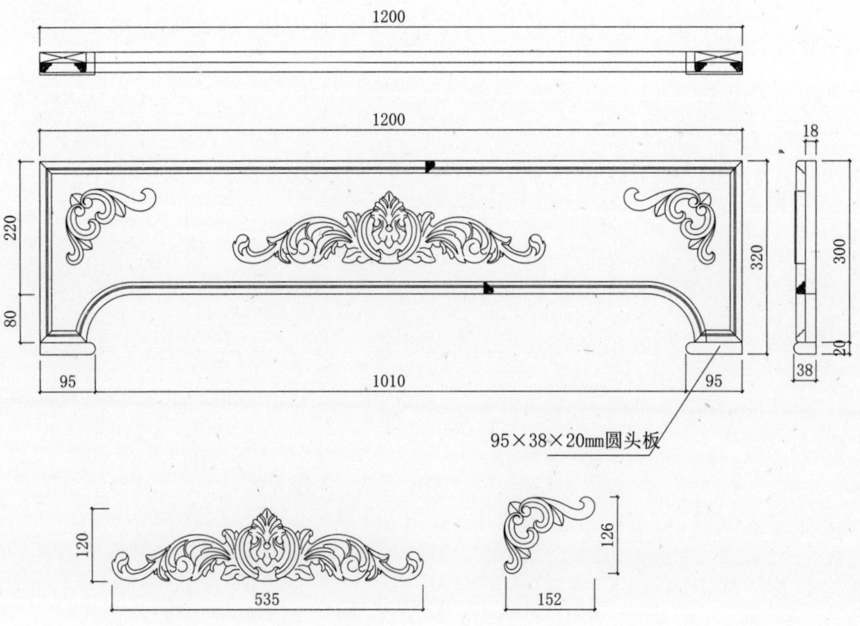

备注：1200以上按比例调节，1200以内固定值。

放大比例1:2

楣板编号：MB-017

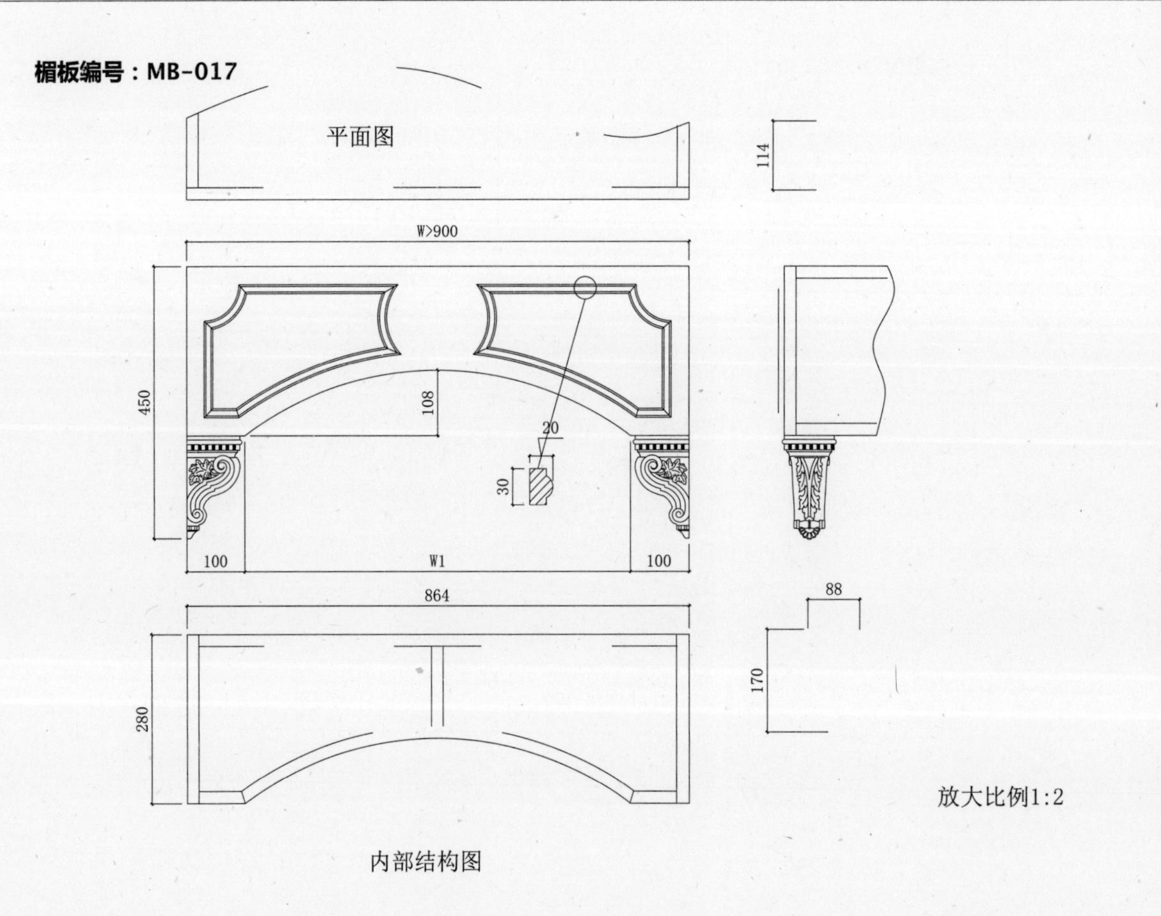

放大比例1:2

楣板编号：MB-018

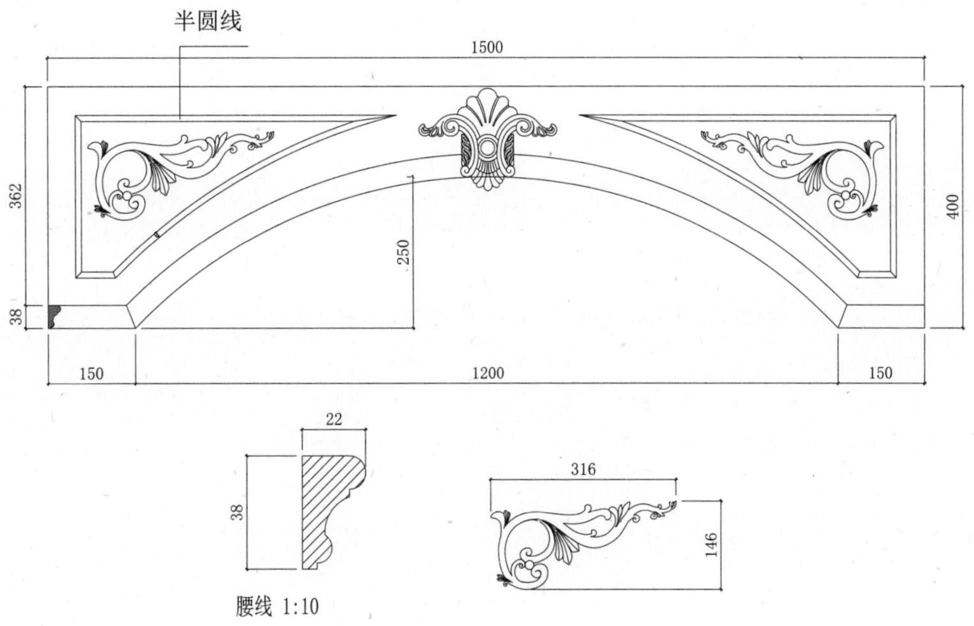

备注：1500以上按比例调节，1500为固定值

放大比例1:2

楣板编号：MB-019

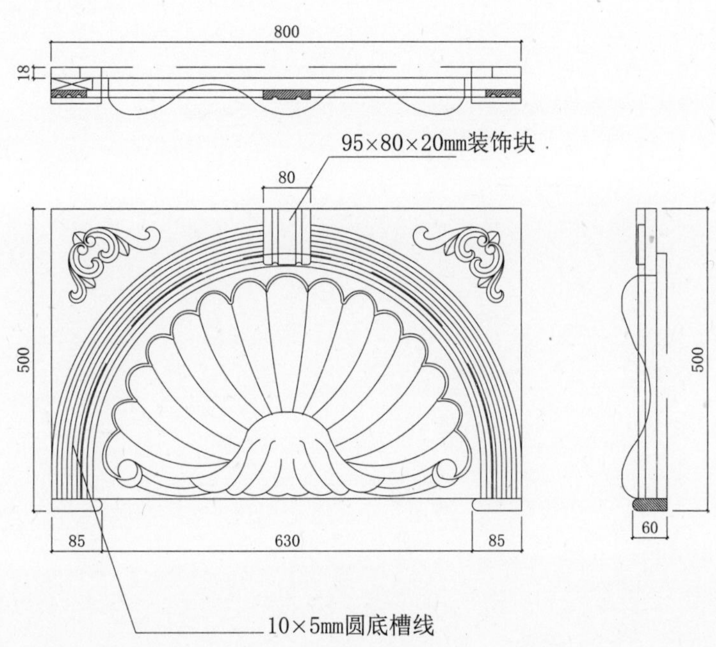

放大比例1:2

酒柜

楣板编号：MB-020

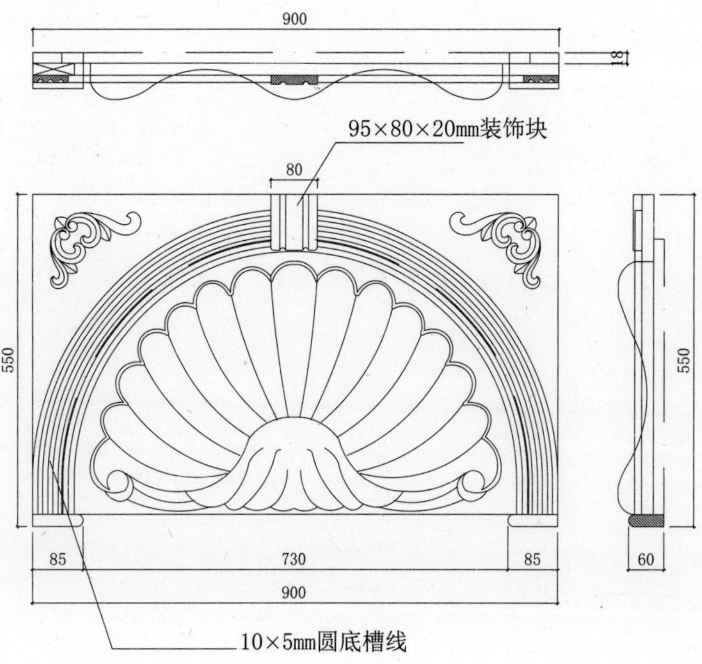

放大比例1:2

楣板编号：MB-021

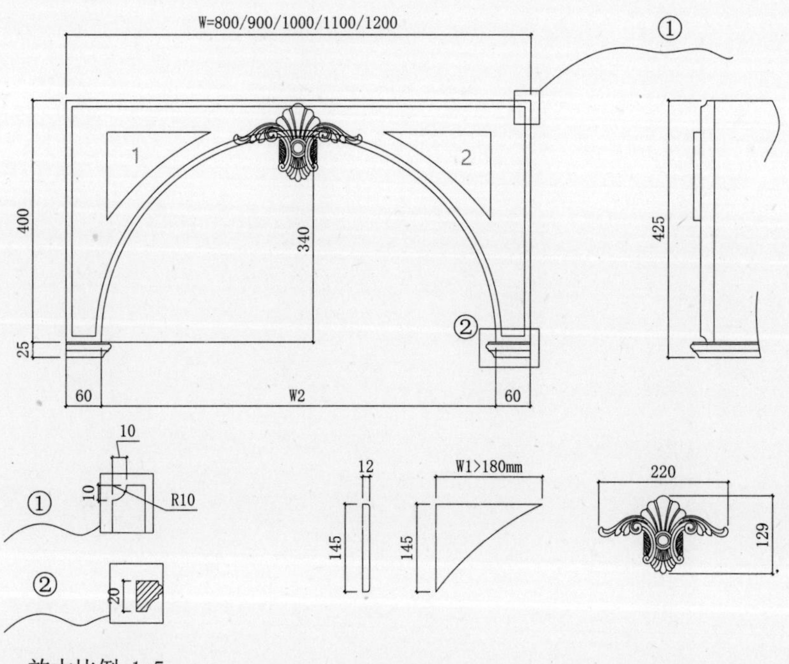

放大比例 1:5

放大比例1:2

楣板编号：MB-022

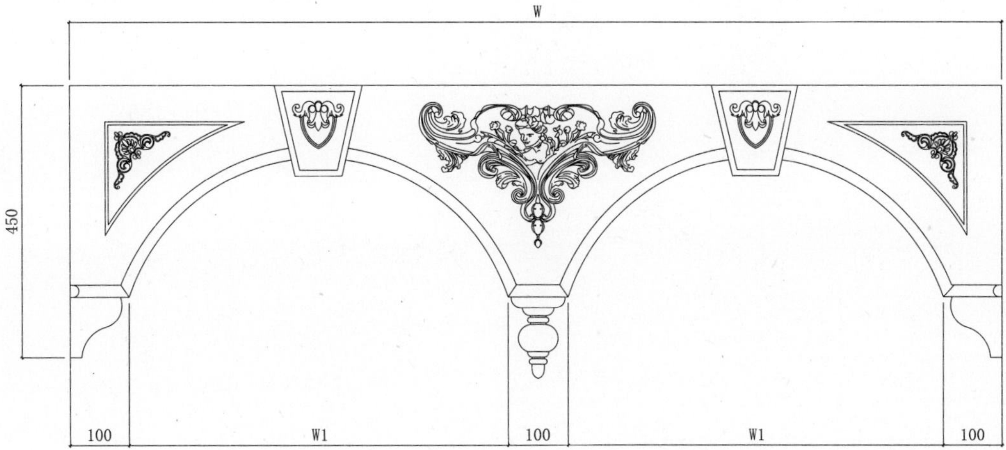

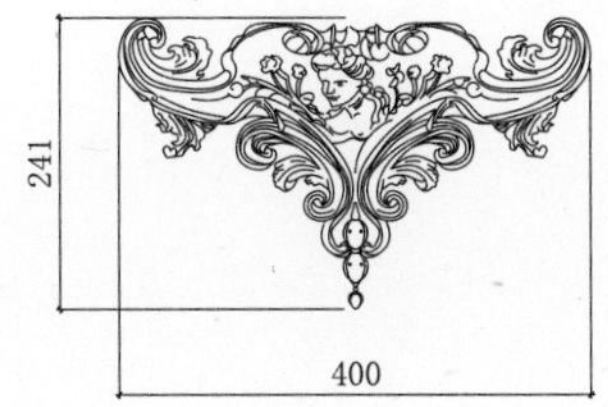

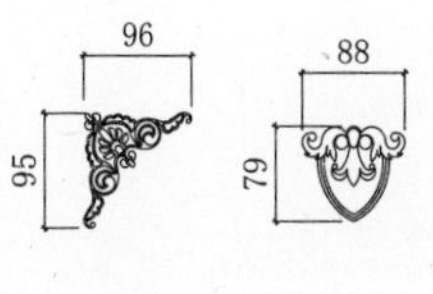

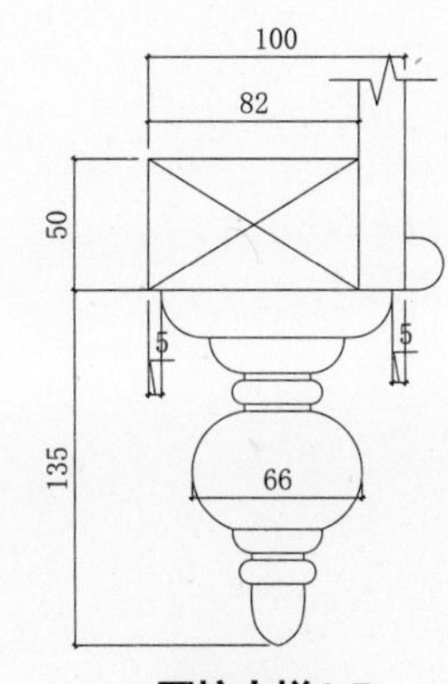

圆柱大样1:5

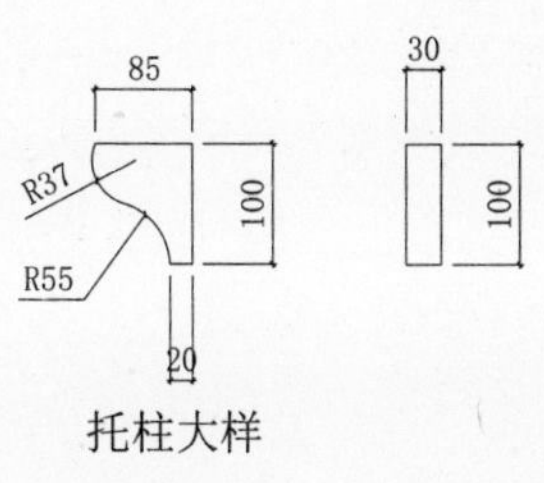

托柱大样

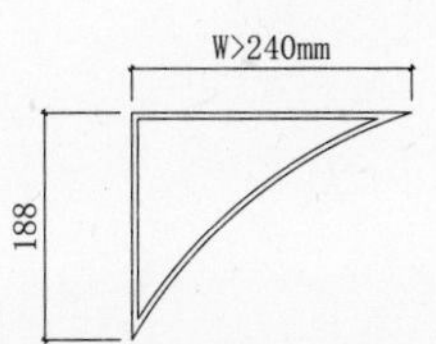

放大比例1:2

酒柜

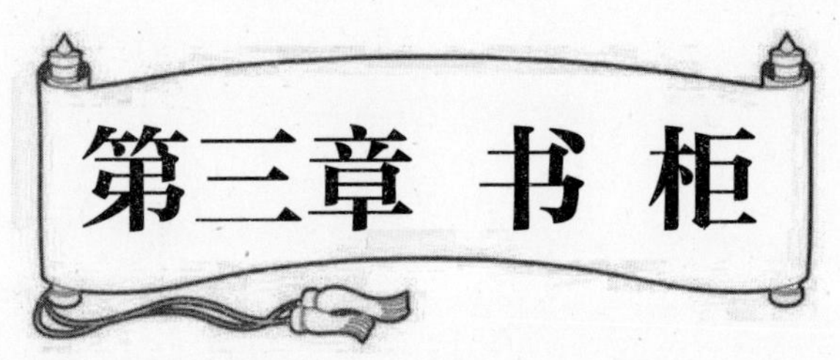

第三章 书柜

第一节 书柜基本知识

1）名门汇定制书柜由 1# 柜、2# 柜、3# 柜、4# 柜转角柜组成，门板厚度为 18~22mm，柜身板厚度为 18mm，背板 9mm。

2）柜身的高度有 2100mm 和 2430mm 两种，书柜深度为 300~400mm（包含背板 14mm），抽屉高度、宽度以实际设计尺寸为主，深 250mm，300mm，350mm 等规格。

3）转角柜由 6# 柜的内转角和外转角，这两个柜子标准高度为 800-2430mm，高度根据旁边柜体高度确定。

4）柜体尺寸：

1# 柜单门高柜门高柜（600~1500mm 双柜门）可选择搭配玻璃门等；

2# 柜多柜门上柜（300~1800mm 单柜门）可用于 1#、2# 柜顶柜，4# 柜上柜等；

3# 柜多柜门下柜（600~1000mm 双柜门）可单独使用，也可与 3# 柜组合应用；

4# 柜转角柜（650~850mm 外尺寸）主要应用于柜体转角处及单边不靠墙时使用。

5）柜门尺寸（以柜体宽度为设计基准，尽量做到门板均等，美观）。

6）收口板的宽度尺寸为 50~150mm 调节，层板中间位以 32mm 的倍数加或减，当遇到与门板的饺链孔位有冲突时，调节层板。饺链孔位的原则是 1m 以下为 2 个，1000~1600mm 为 3 个，1600~2400 为 4 个。饺链孔径为 35mm，上下离边为 120mm，左右离边 23mm（孔中间），中间平分。

7）书柜开放背板：根据设计风格选择相应的背板造型、平板无造型、背板铣槽、拼板等等，厚度一般为 12~22mm。

8）罗马柱与柜体设计原则：以实际情况为主。

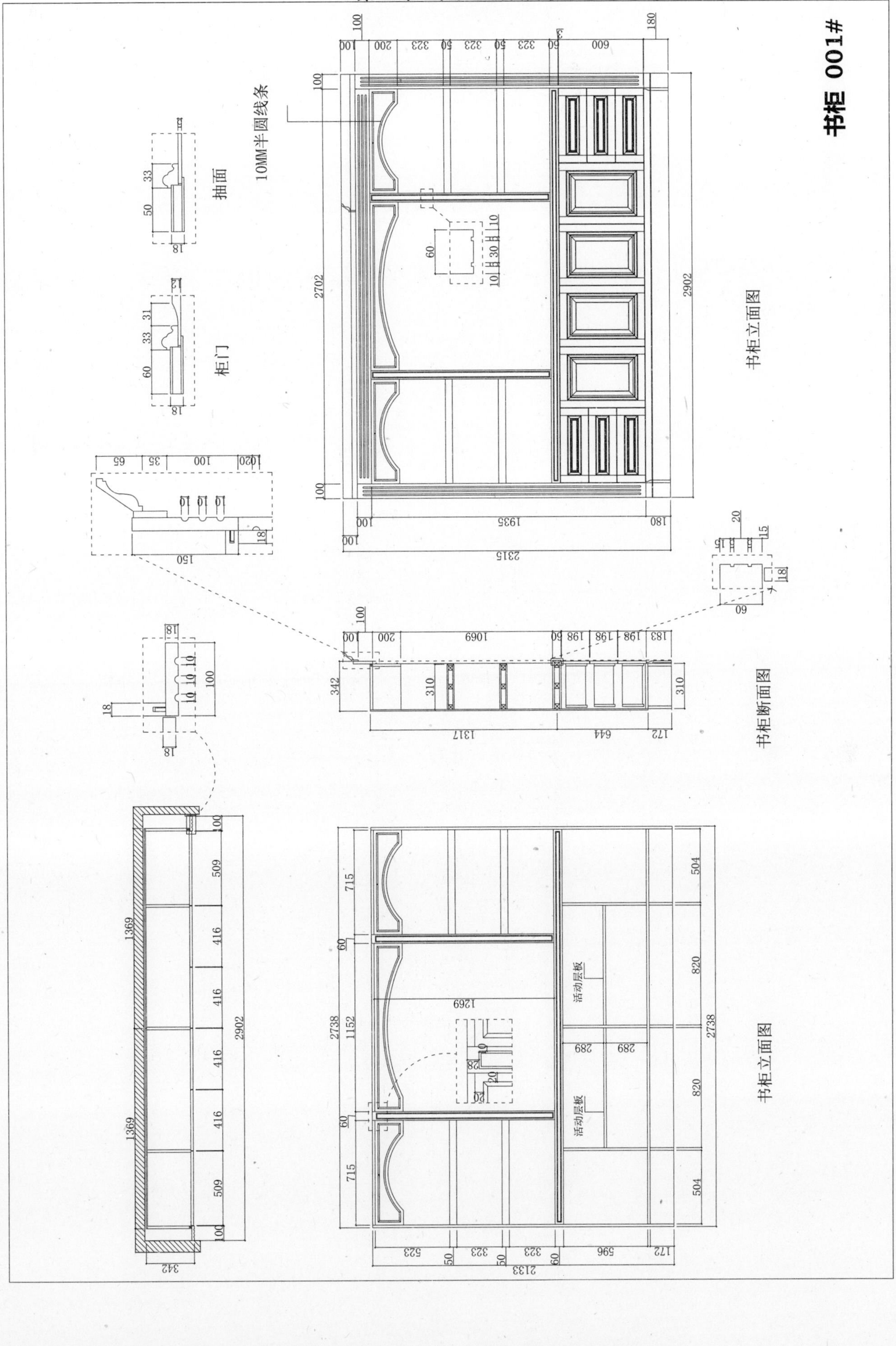

第二节 书柜整体展示

书柜 001#

10MM半圆线条

书柜立面图

抽面

柜门

书柜断面图

活动层板

活动层板

书柜立面图

书柜

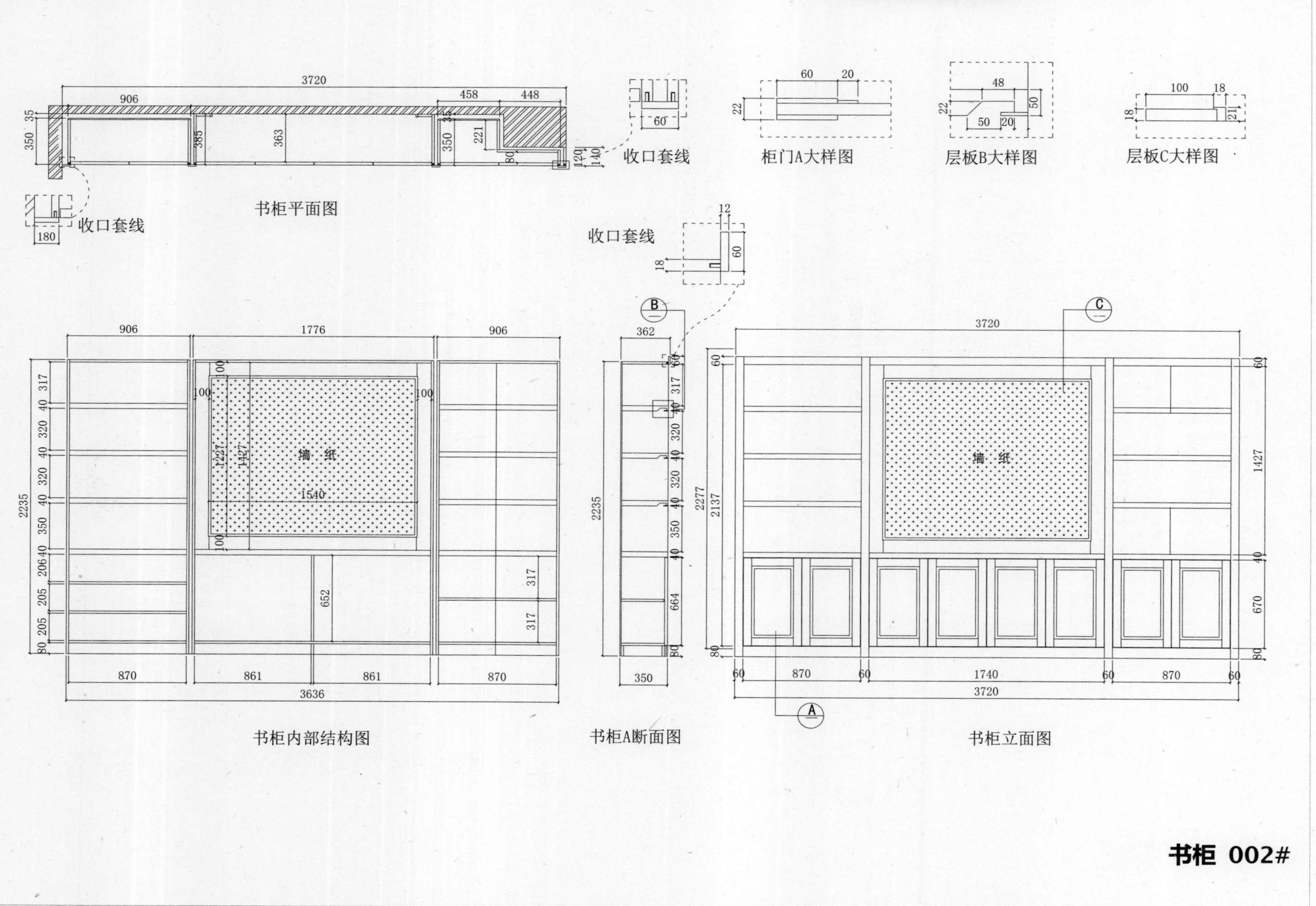
收口套线
柜门A大样图
层板B大样图
层板C大样图
书柜平面图
收口套线
收口套线
墙纸
墙纸
书柜内部结构图
书柜A断面图
书柜立面图
书柜 002#

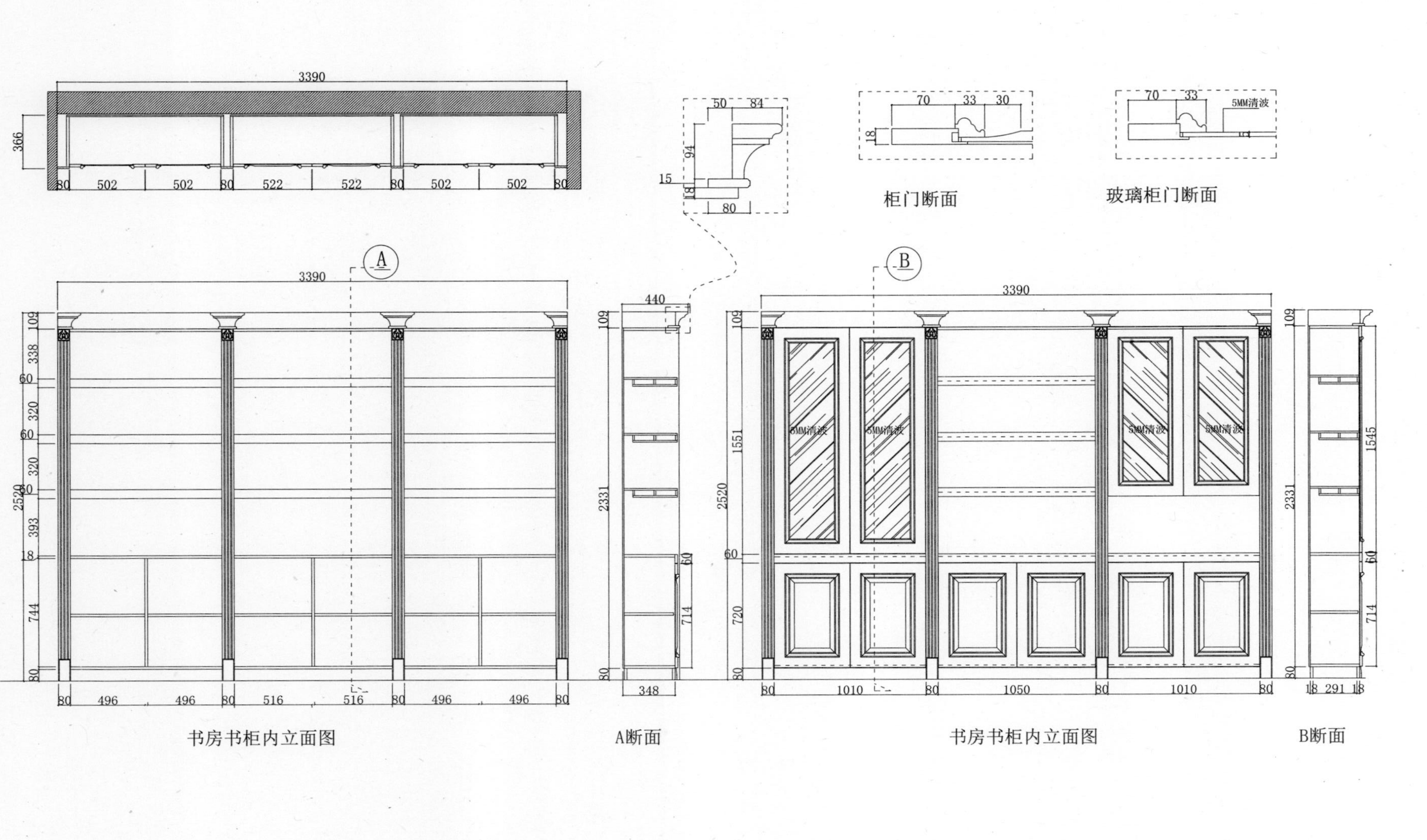
3390
366
80 502 502 80 522 522 80 502 502 80
50 84
94
15
18
80
70 33 30
18
柜门断面
70 33
5MM清波
玻璃柜门断面
A
B
3390
109 338 60 320 60 320 60 393 18 744 80
2520
80 496 496 80 516 516 80 496 496 80
书房书柜内立面图
440
109 2331 80
60 714
348
A断面
109 1551 60 720 80
2520
5MM清波
80 1010 80 1050 80 1010 80
书房书柜内立面图
109 2331 80
1545 60 714
18 291 18
B断面

书柜 003#

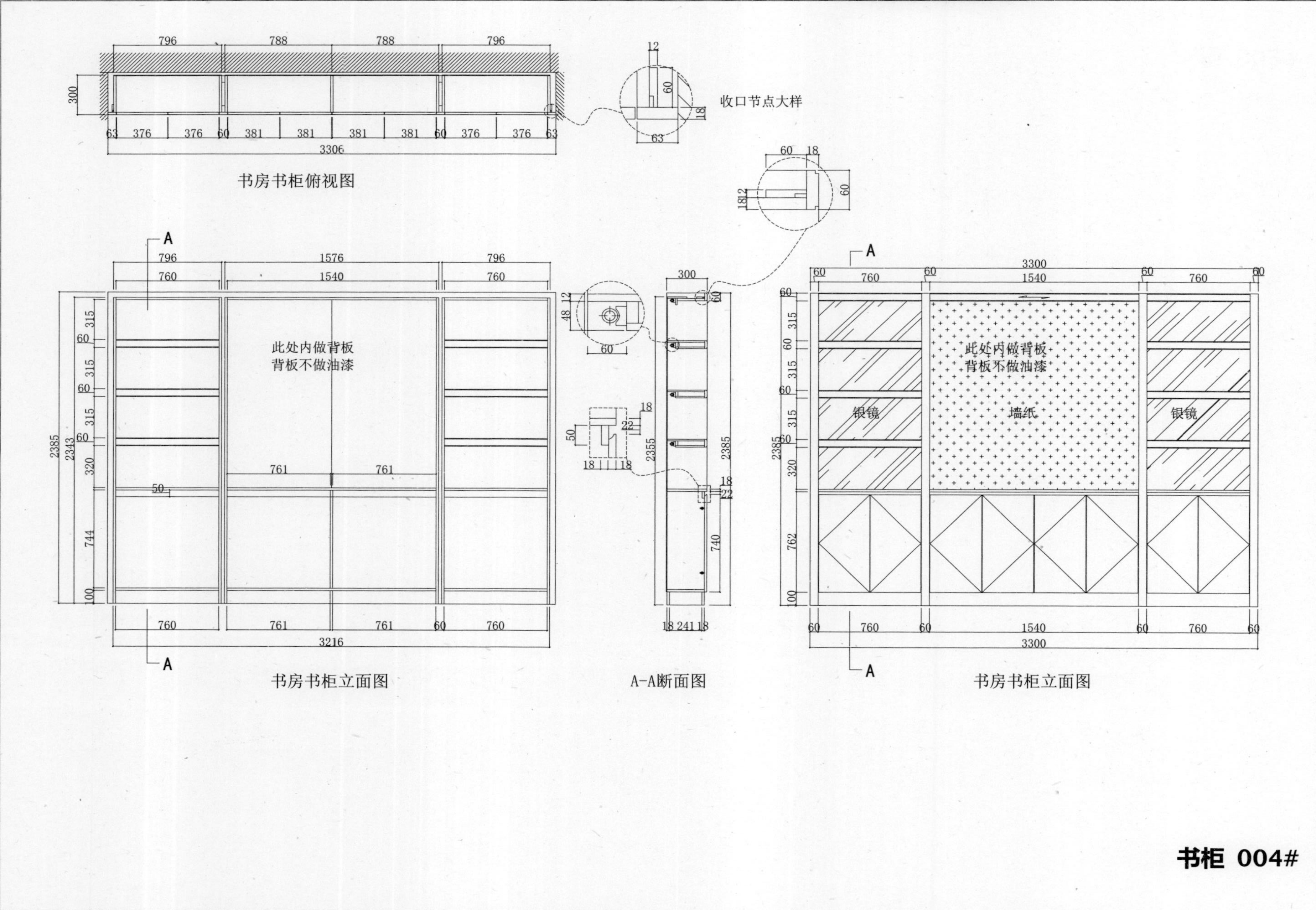
书房书柜俯视图
收口节点大样
此处内做背板
背板不做油漆
书房书柜立面图
A-A断面图
银镜
墙纸
书房书柜立面图
书柜 004#

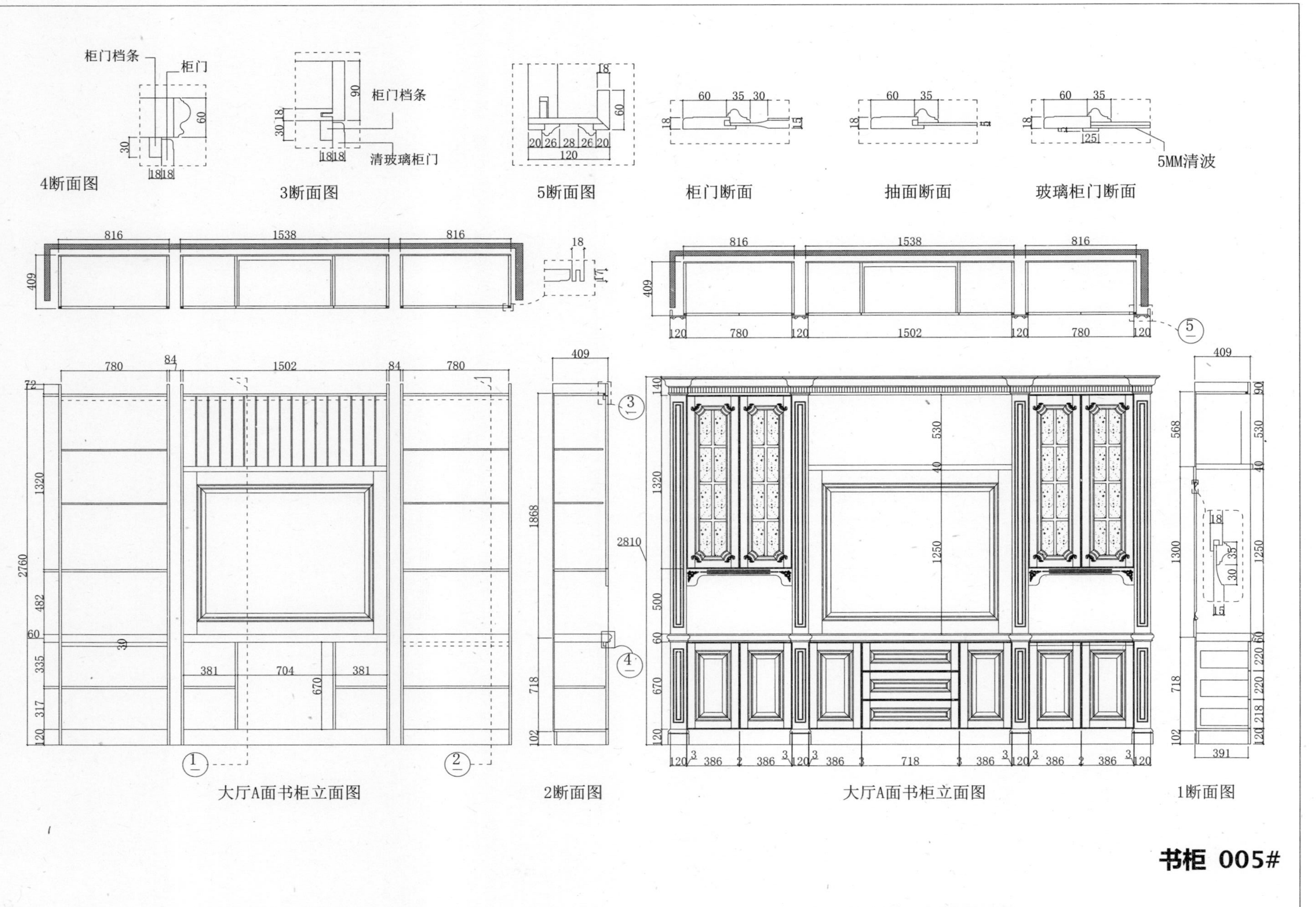
柜门档条
柜门
4断面图
柜门档条
清玻璃柜门
3断面图
5断面图
柜门断面
抽面断面
5MM清波
玻璃柜门断面
大厅A面书柜立面图
2断面图
大厅A面书柜立面图
1断面图
书柜 005#

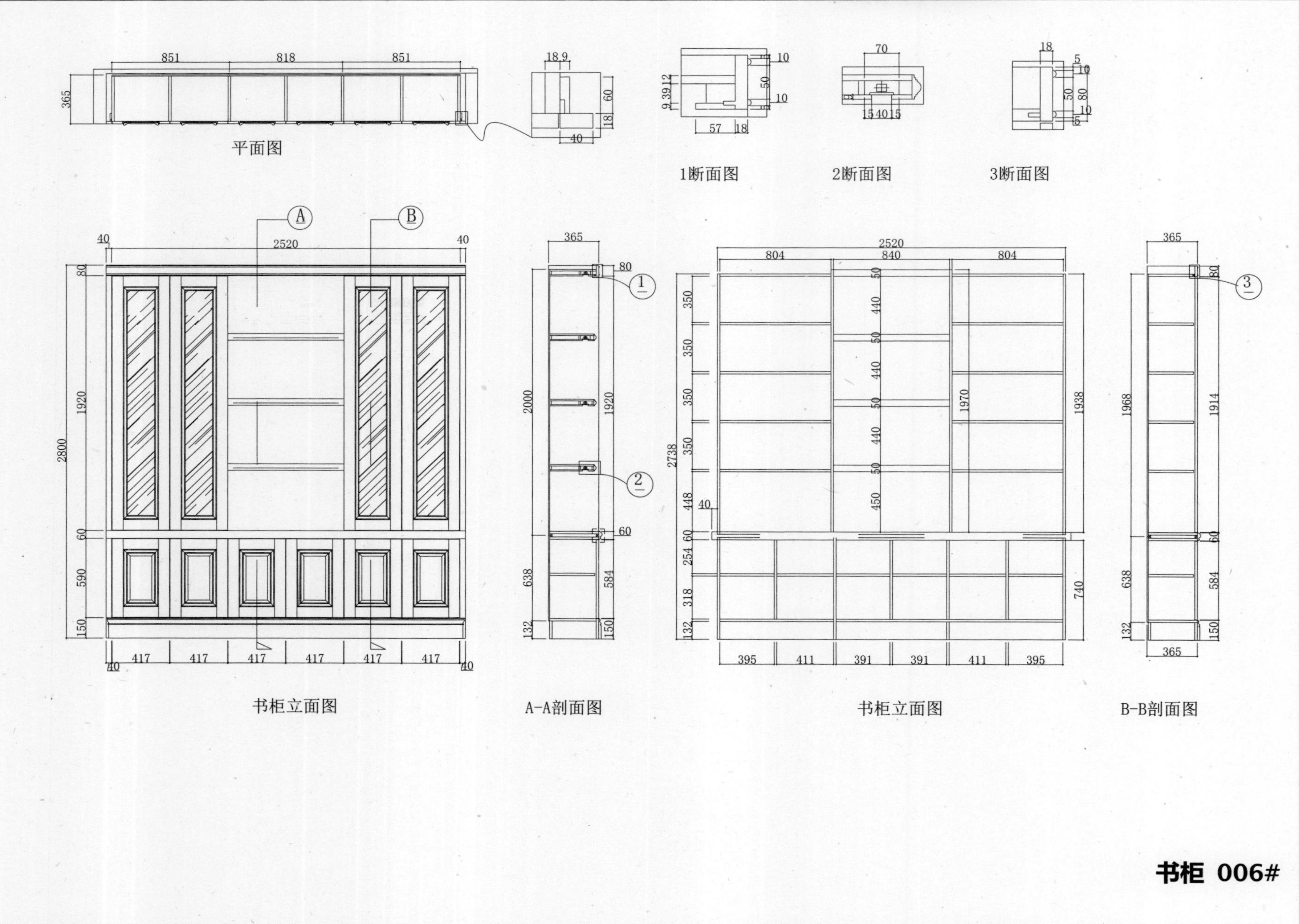
平面图
1断面图
2断面图
3断面图
书柜立面图
A-A剖面图
书柜立面图
B-B剖面图
书柜 006#

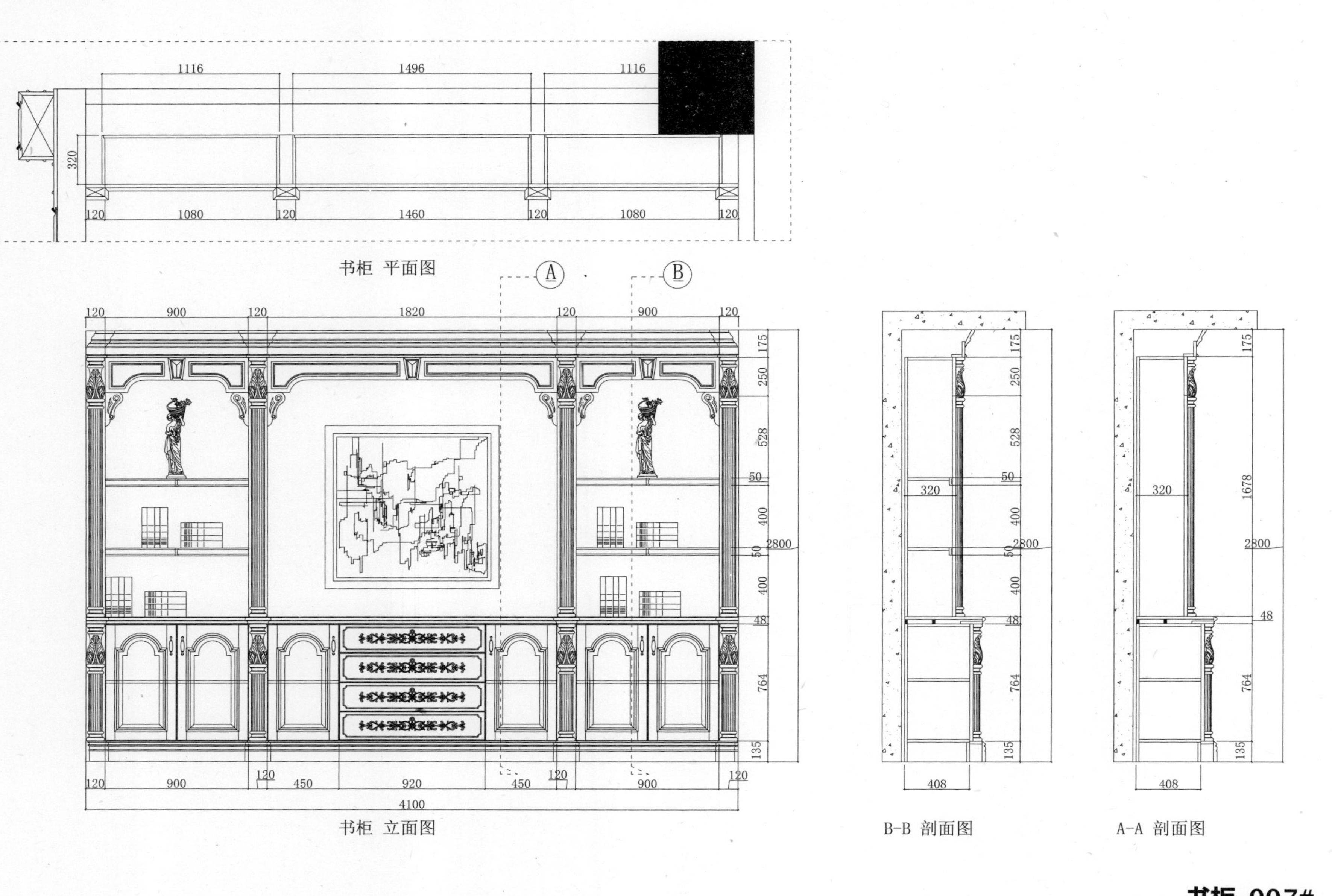

书柜 平面图

书柜 立面图

B-B 剖面图

A-A 剖面图

书柜 007#

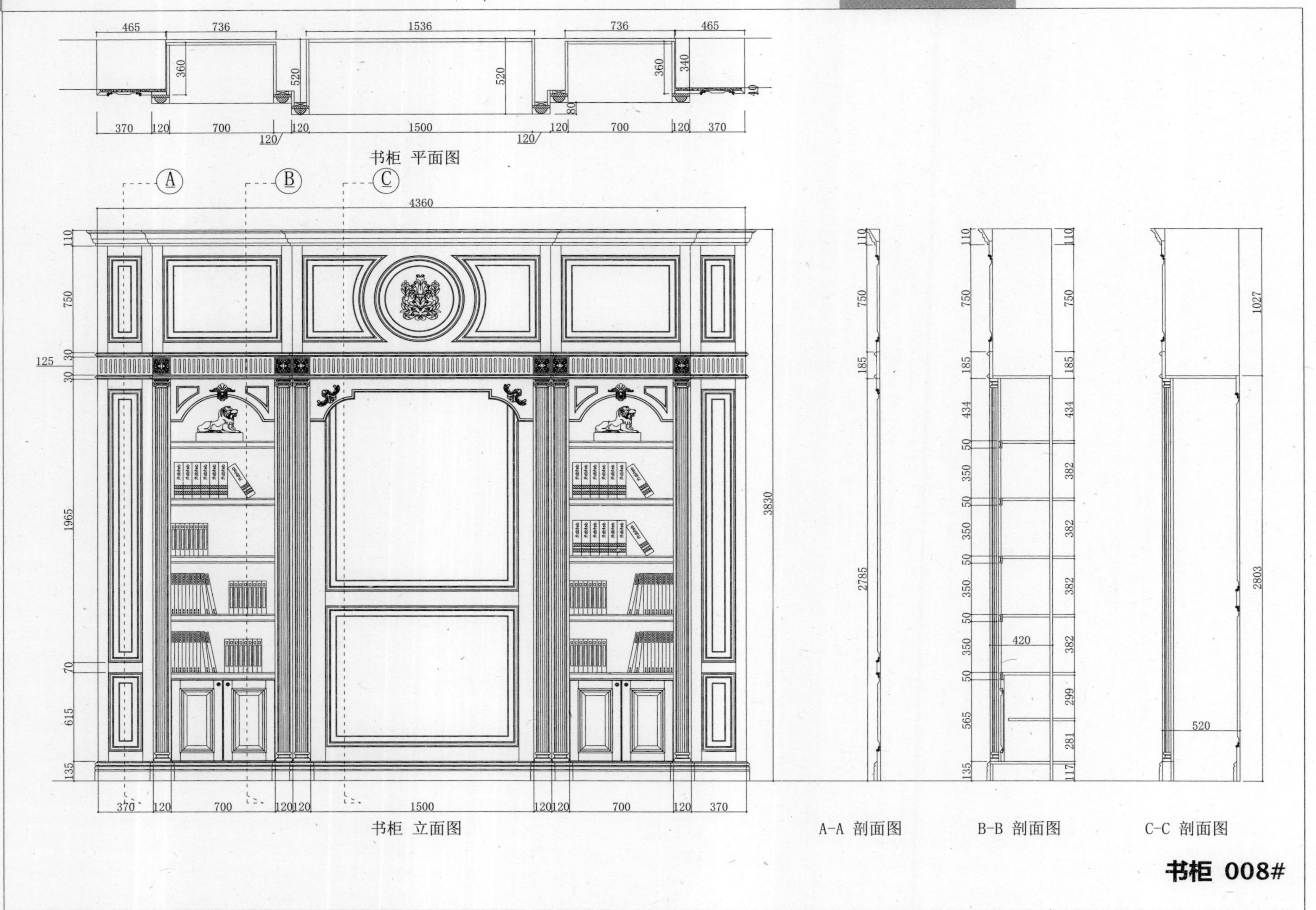
书柜 平面图
书柜 立面图
A-A 剖面图
B-B 剖面图
C-C 剖面图
书柜 008#

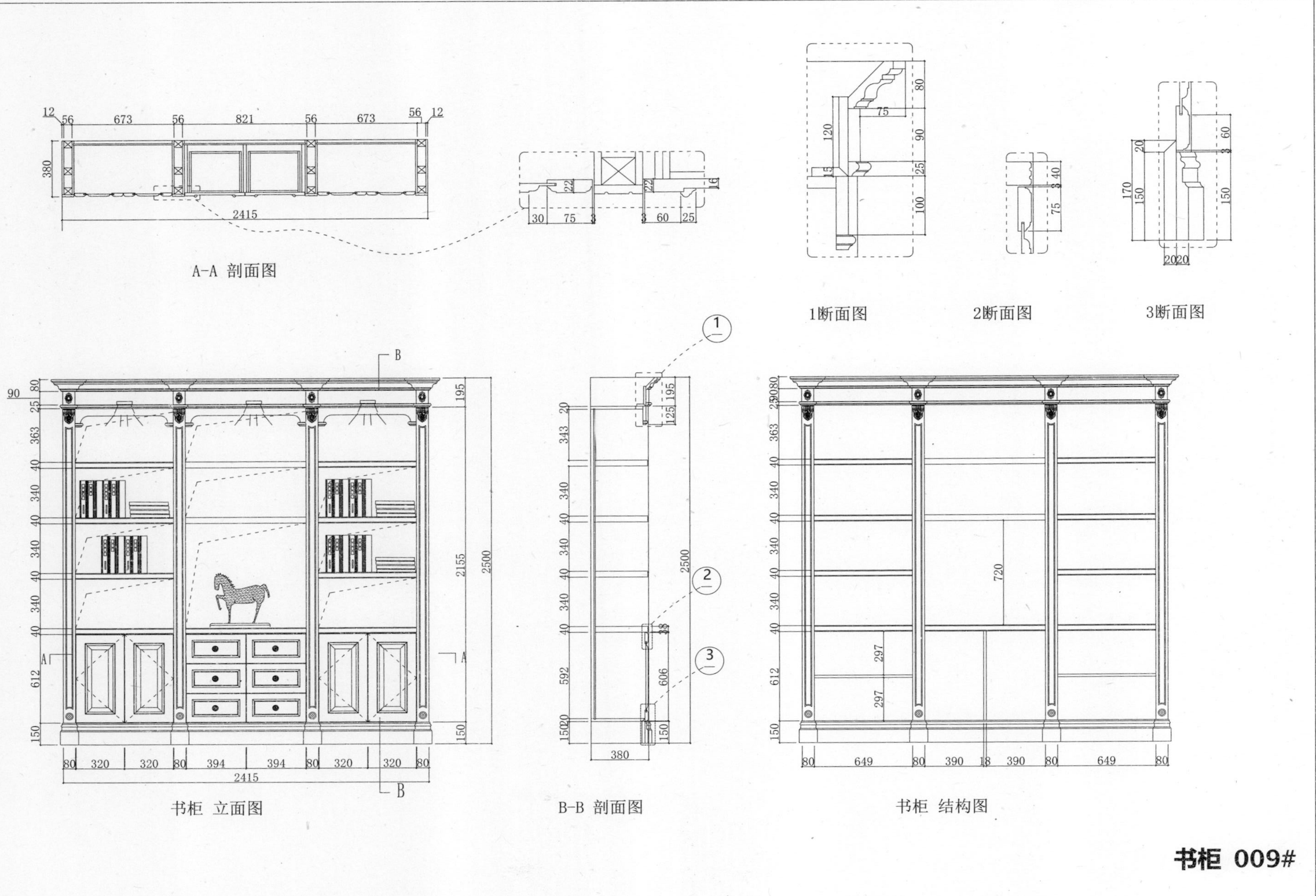

A-A 剖面图
1断面图
2断面图
3断面图
书柜 立面图
B-B 剖面图
书柜 结构图
书柜 009#

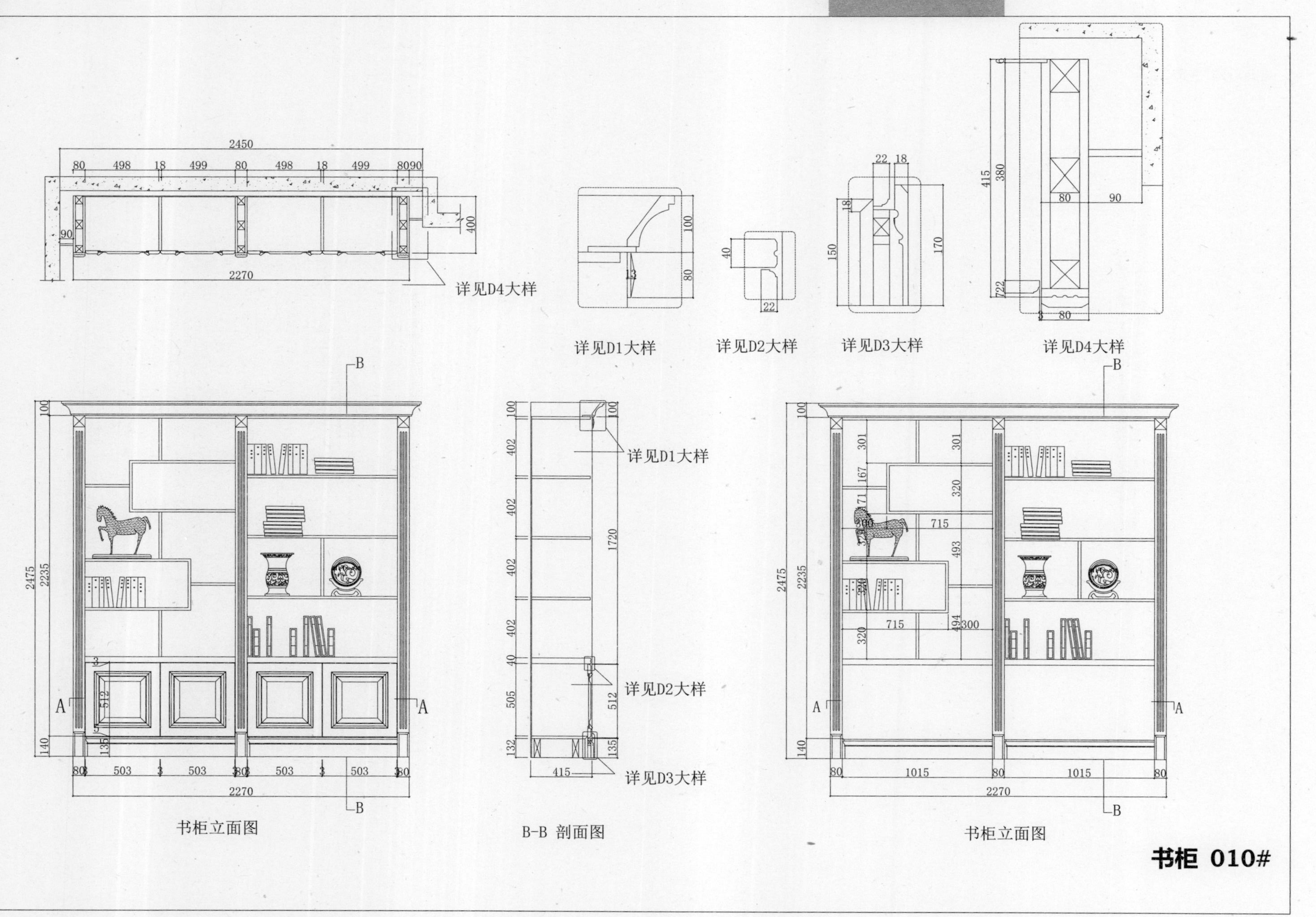

详见D4大样
详见D1大样
详见D2大样
详见D3大样
详见D4大样
书柜立面图
B-B 剖面图
书柜立面图
书柜 010#

书柜 011#

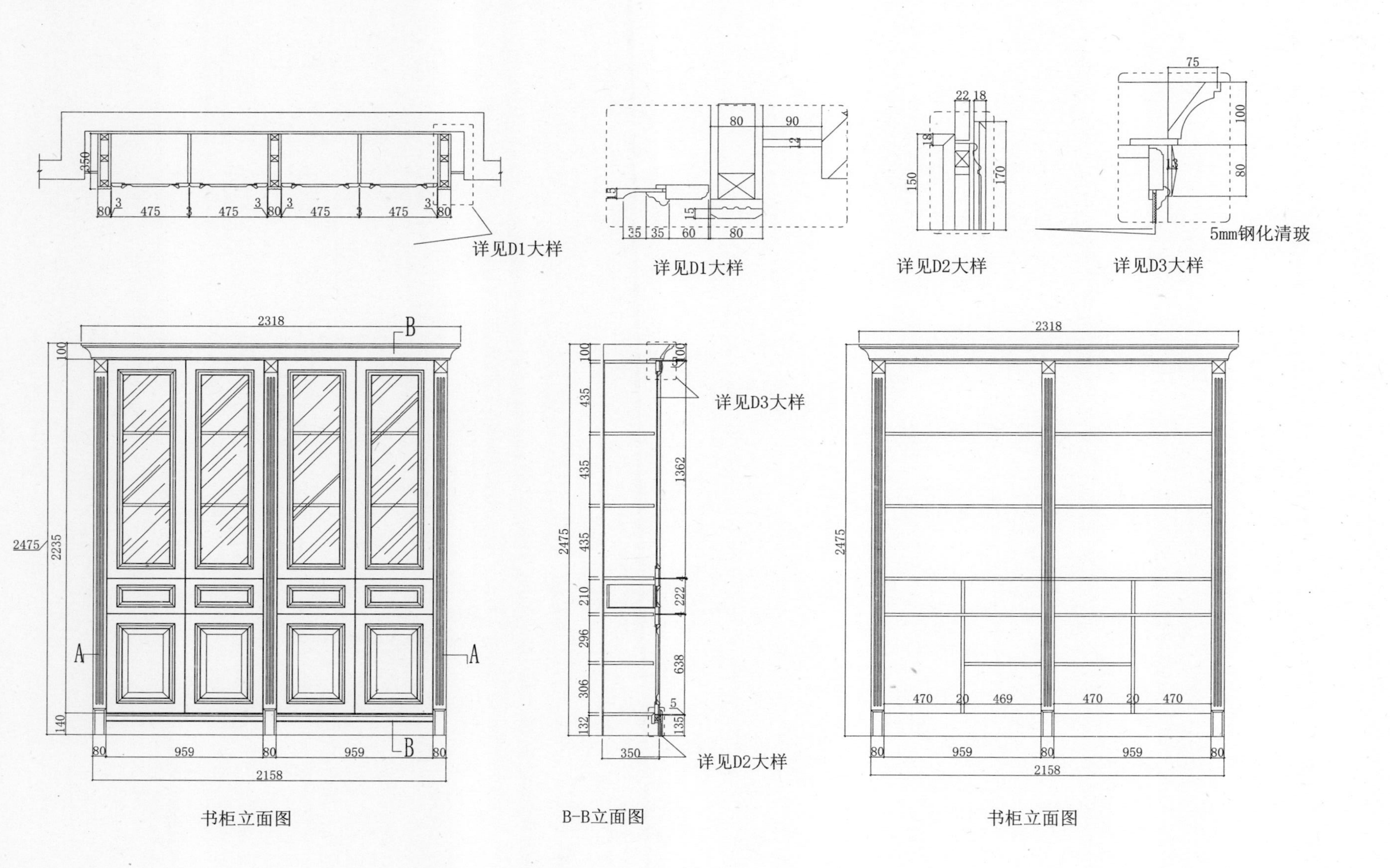

书柜立面图

B-B立面图

书柜立面图

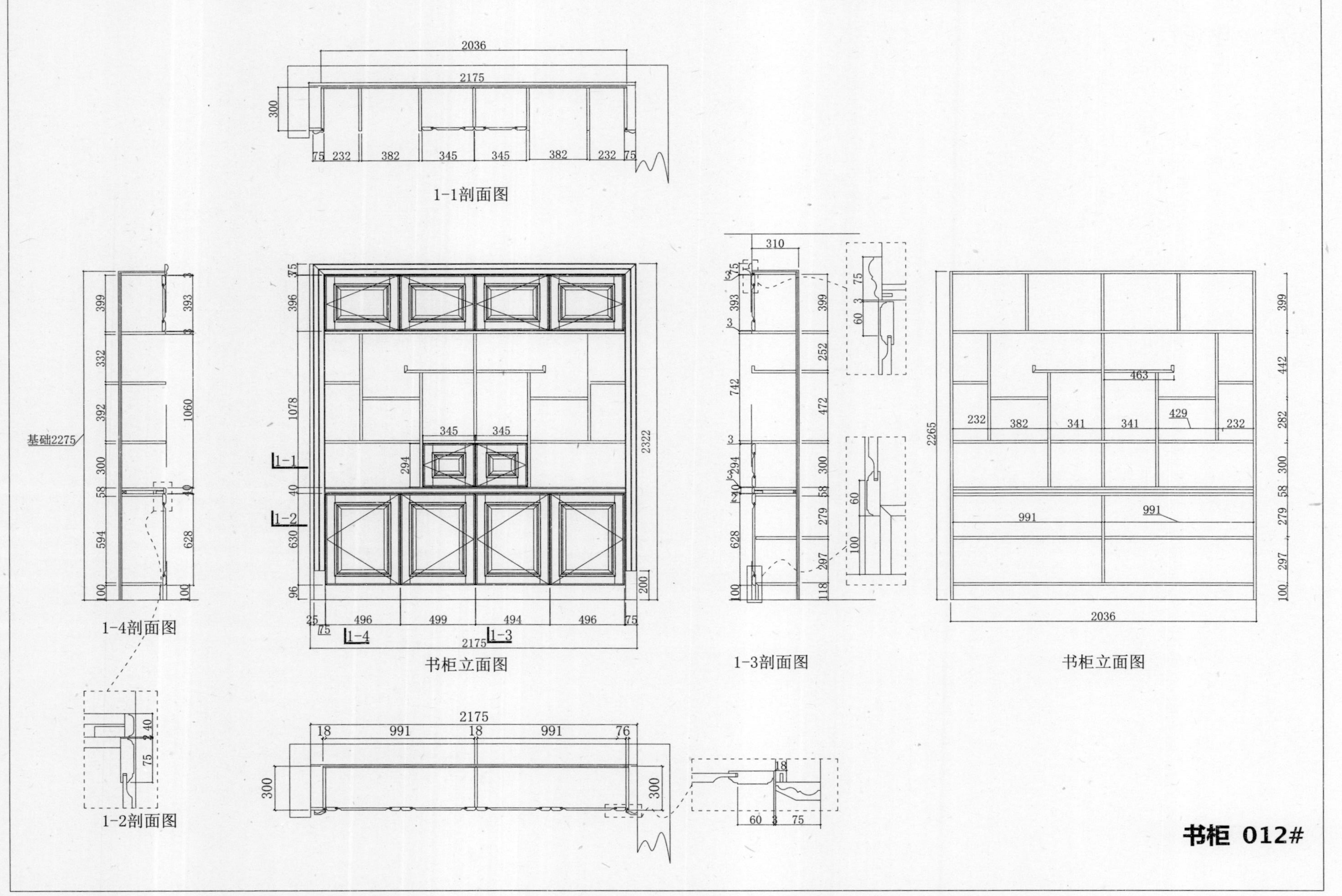
1-1剖面图
1-4剖面图
书柜立面图
1-3剖面图
书柜立面图
1-2剖面图
基础2275
书柜 012#

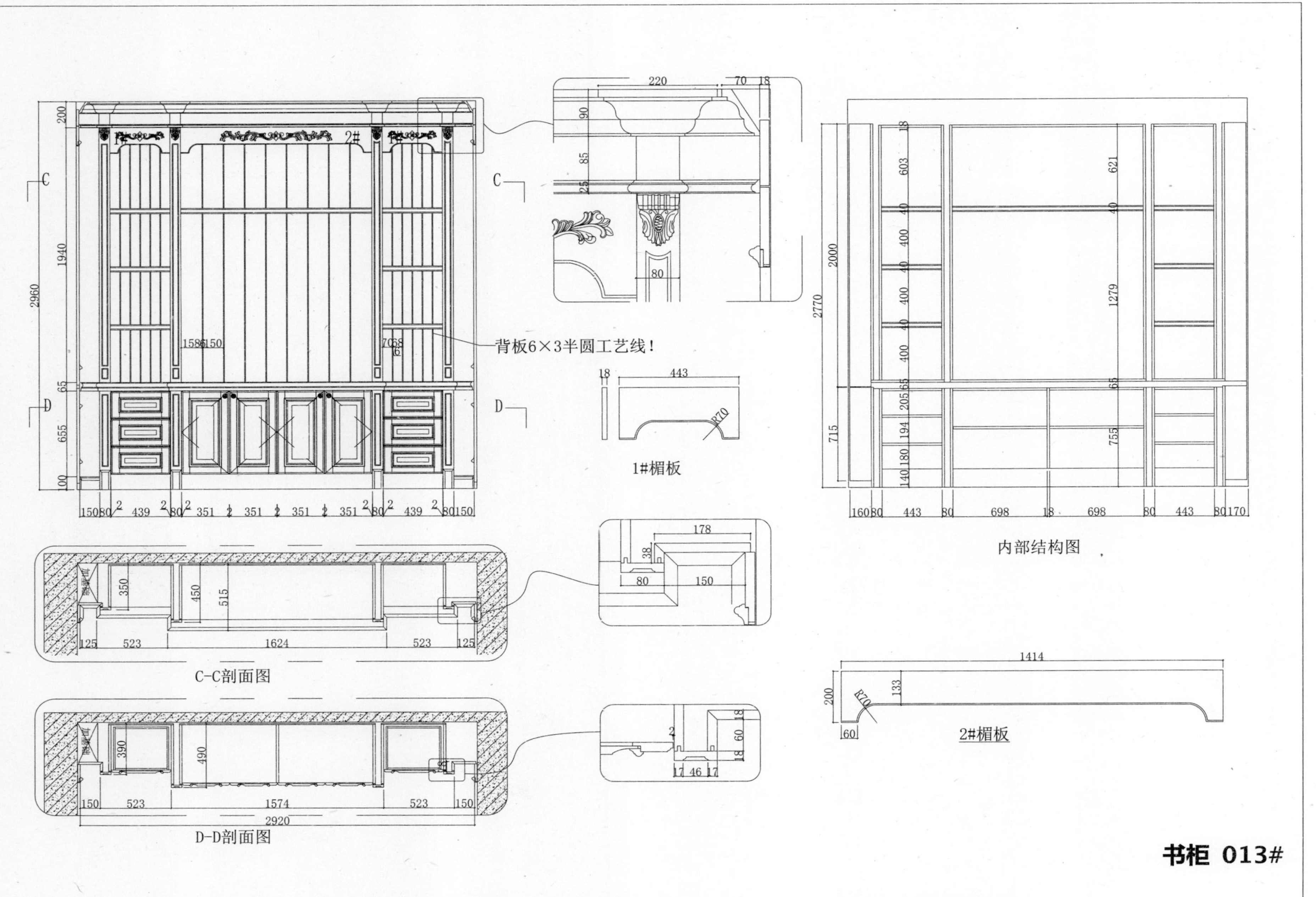
背板6×3半圆工艺线!
1#楣板
内部结构图
C-C剖面图
D-D剖面图
2#楣板
书柜 013#

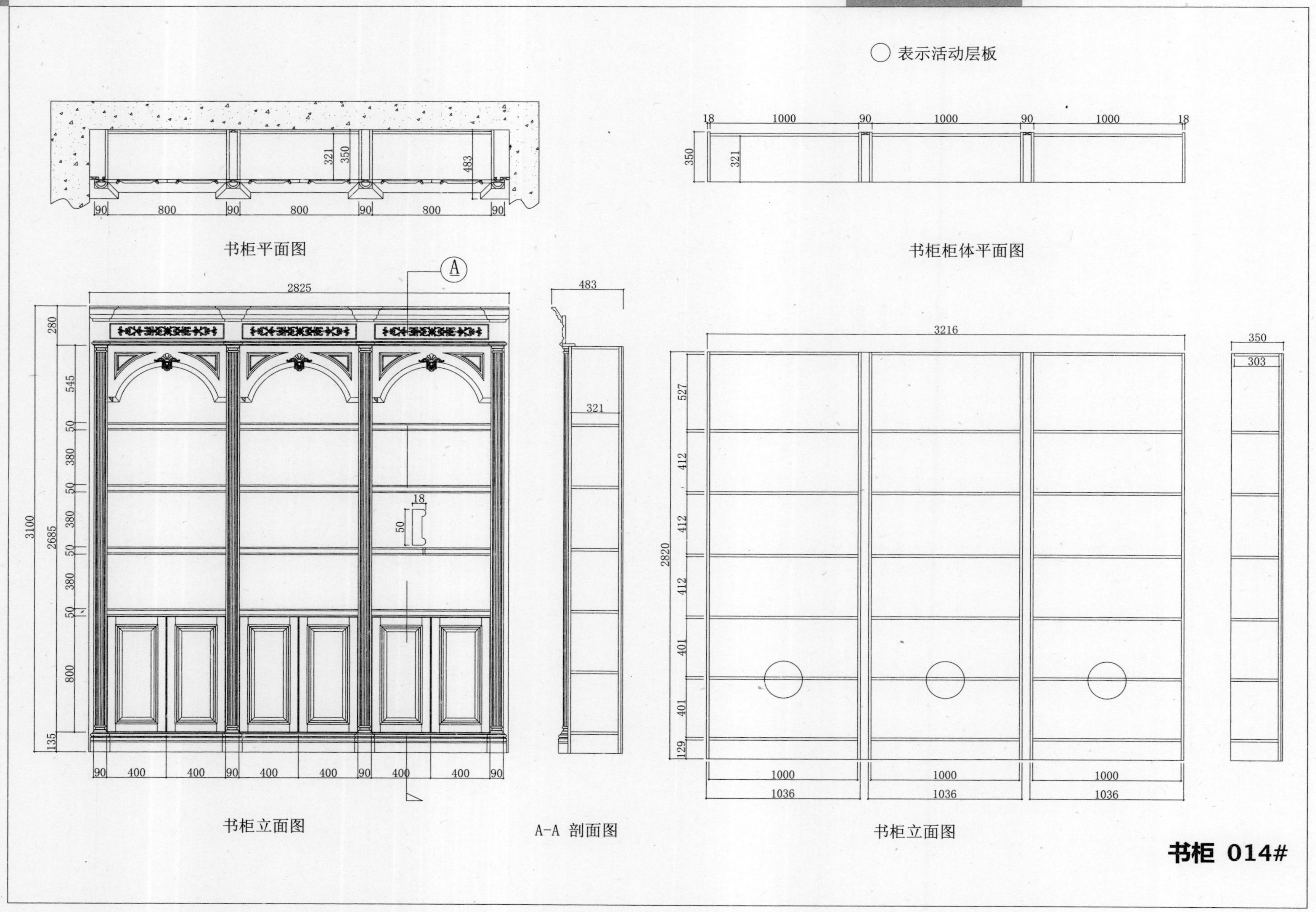

表示活动层板
书柜平面图
书柜柜体平面图
书柜立面图
A-A 剖面图
书柜立面图
书柜 014#

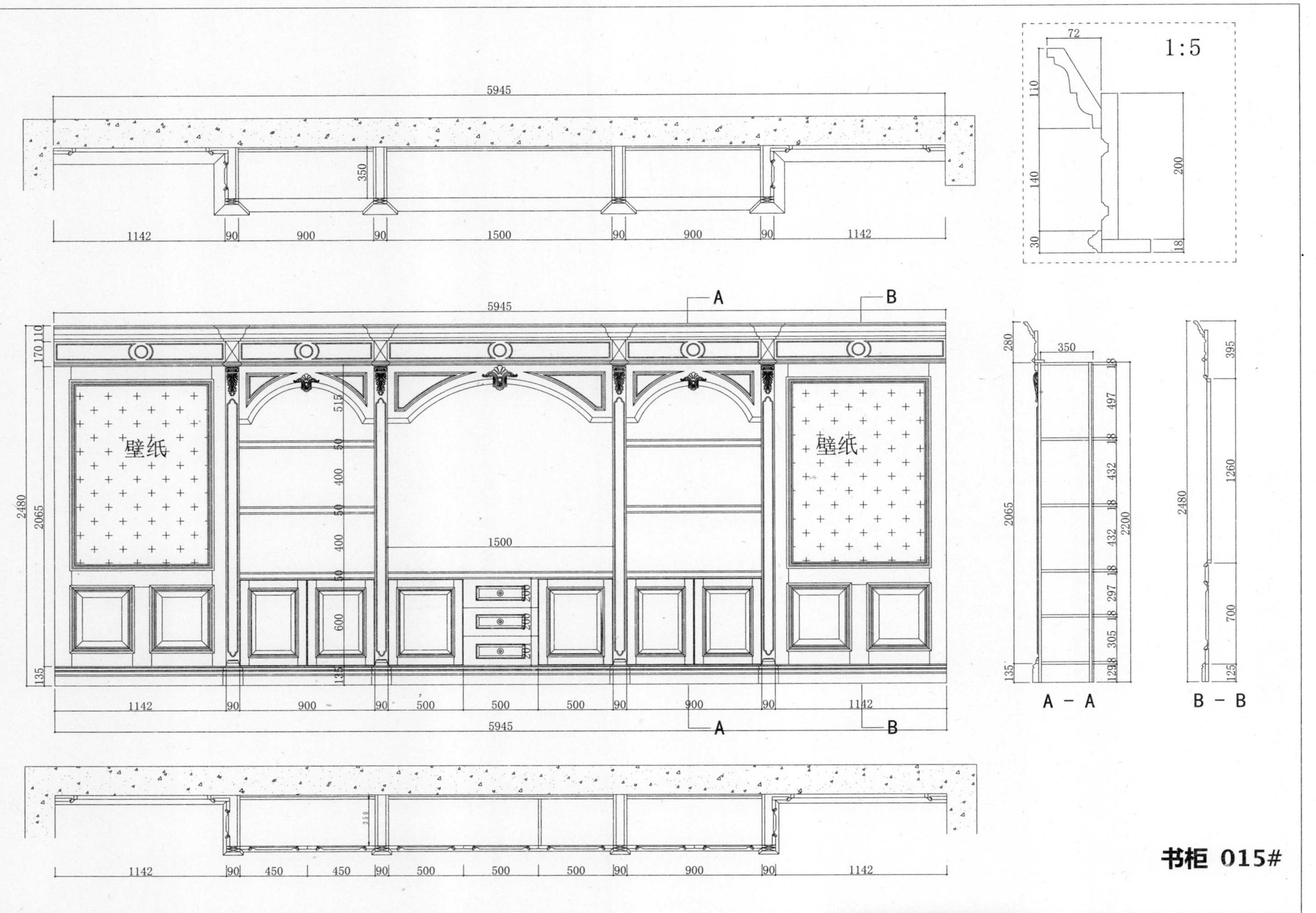
1:5
壁纸
壁纸
A - A
B - B
书柜 015#

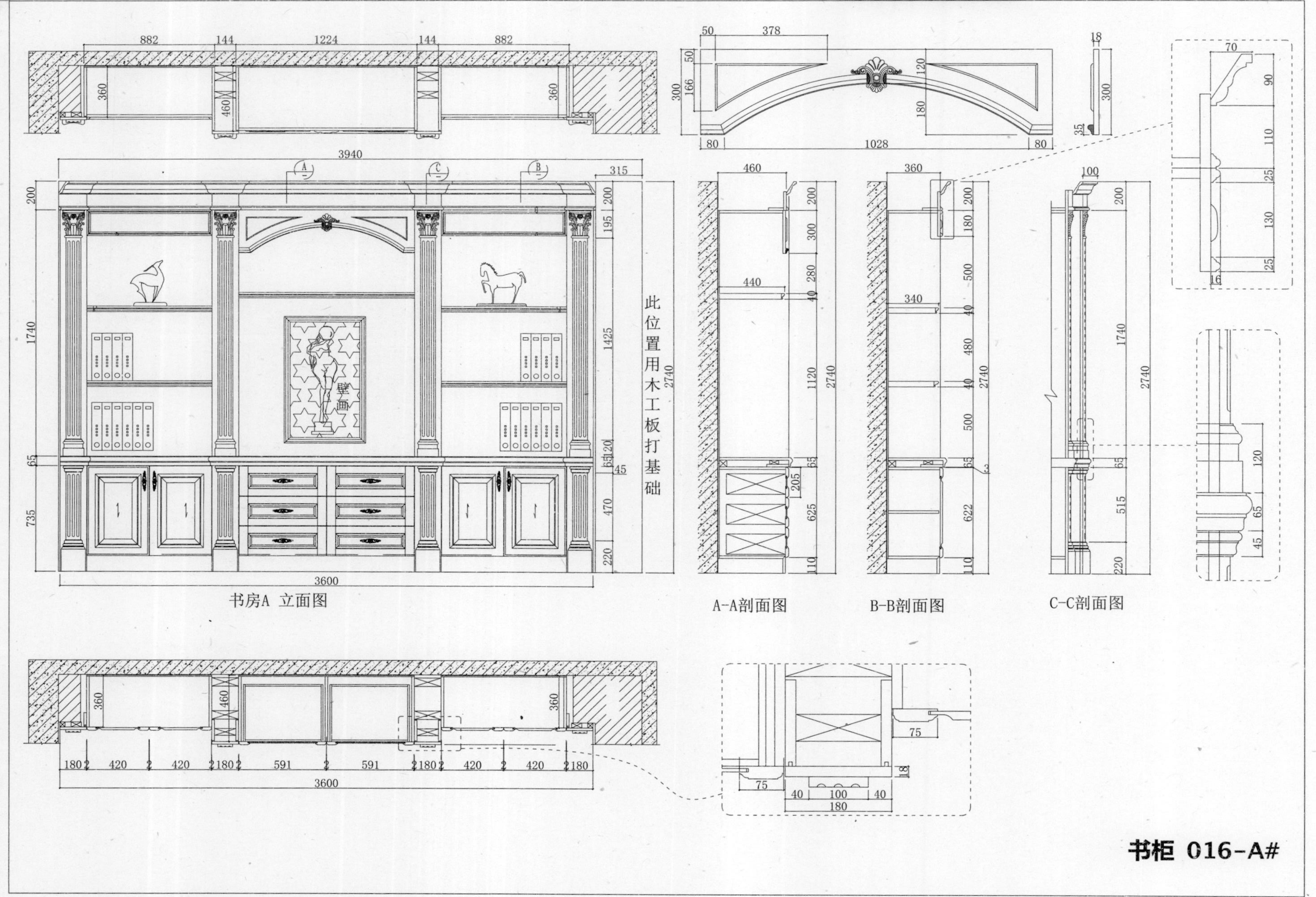
此位置用木工板打基础
壁画
书房A 立面图
A-A剖面图
B-B剖面图
C-C剖面图
书柜 016-A#

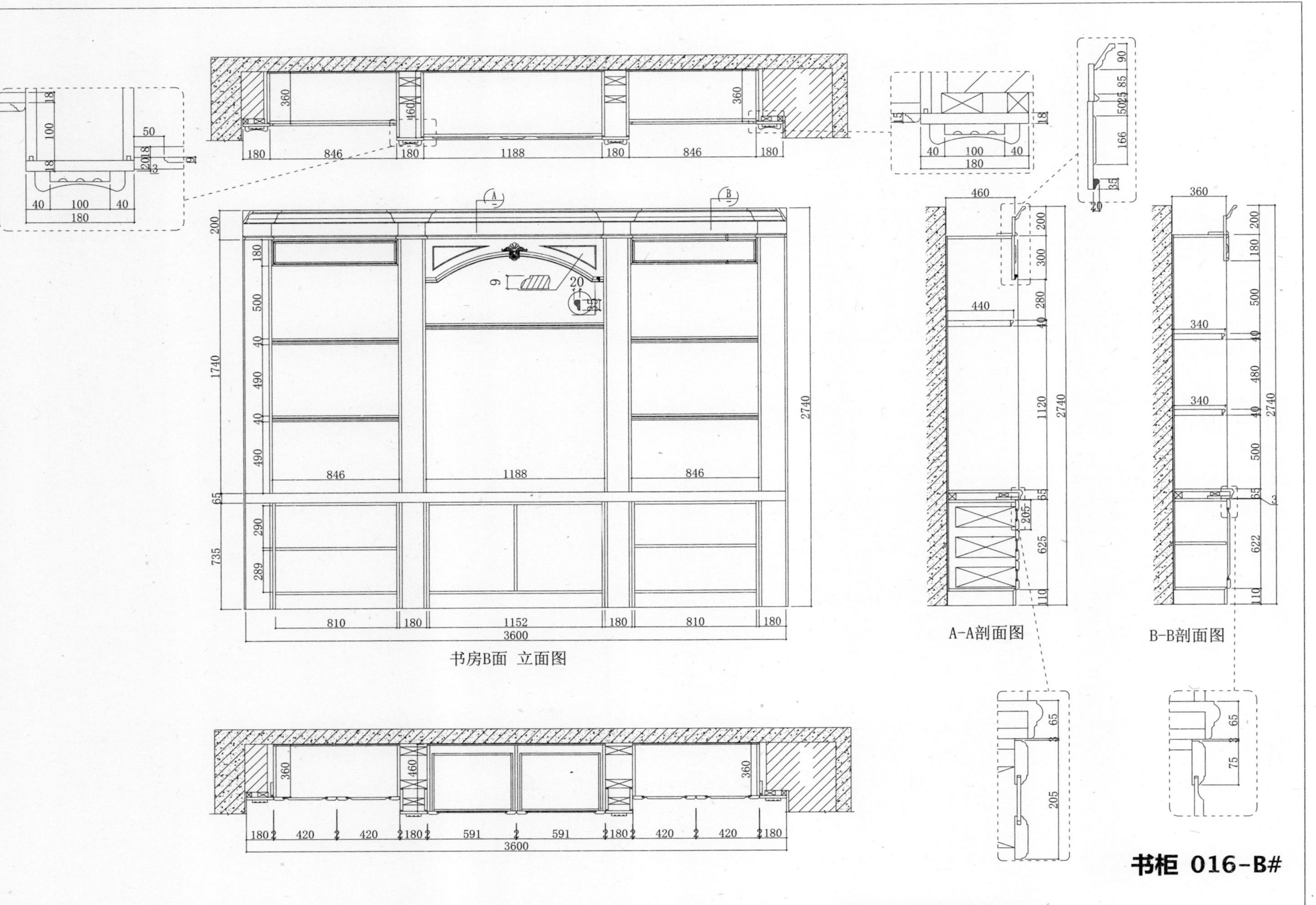
书房B面 立面图
A-A剖面图
B-B剖面图
书柜 016-B#

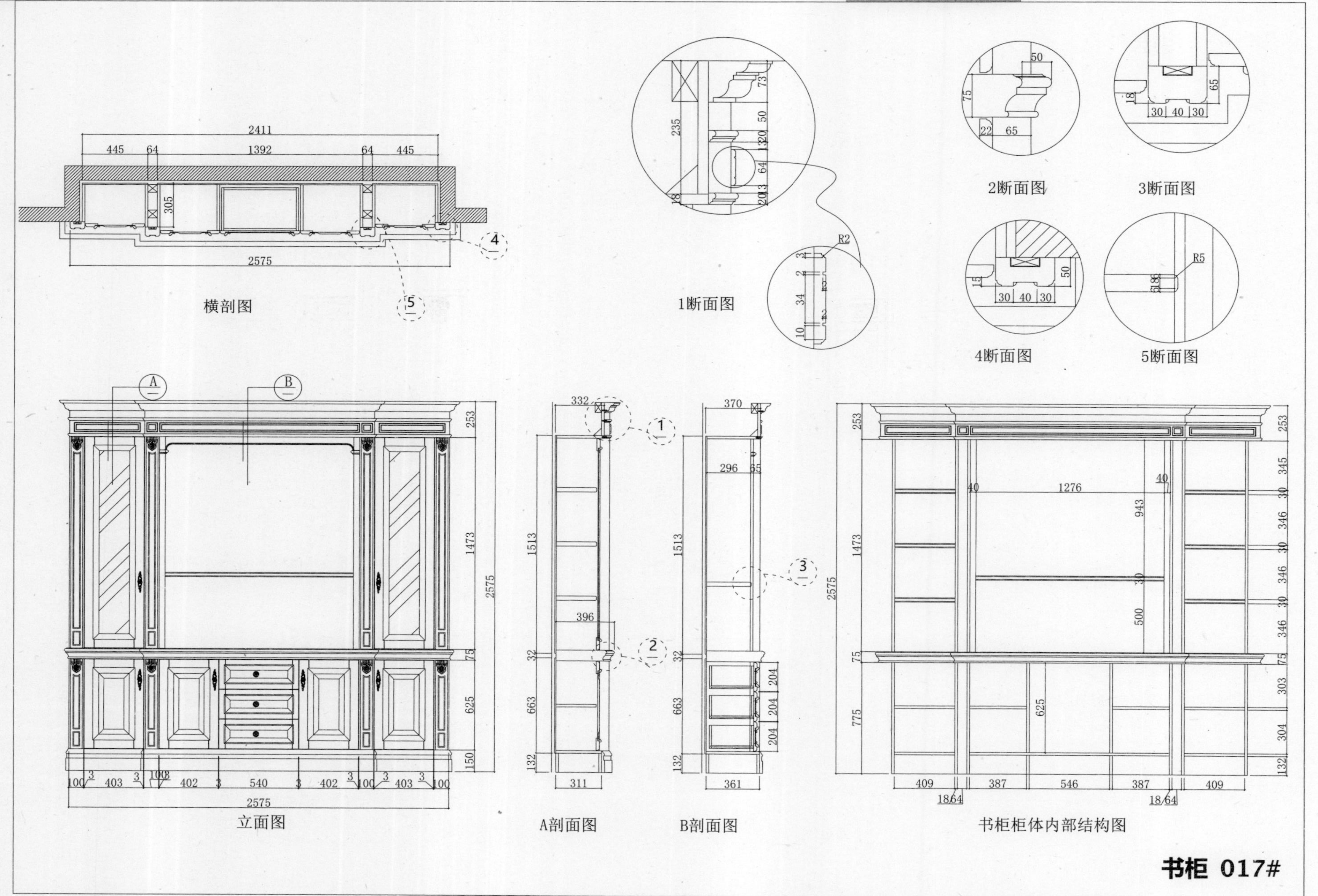
横剖图
1断面图
2断面图
3断面图
4断面图
5断面图
立面图
A剖面图
B剖面图
书柜柜体内部结构图
书柜 017#

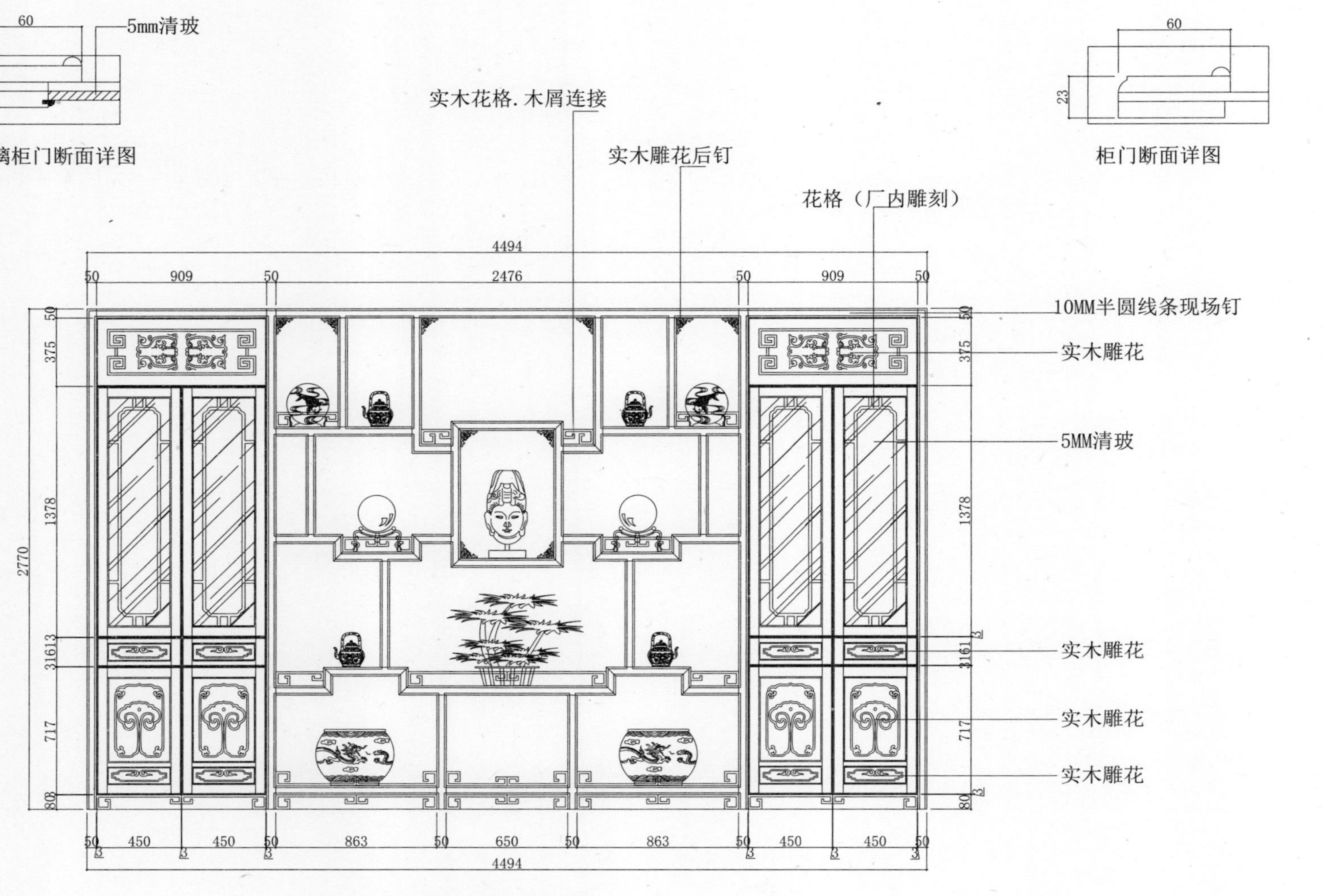

中式雕花书柜立面图

书柜 018-A#

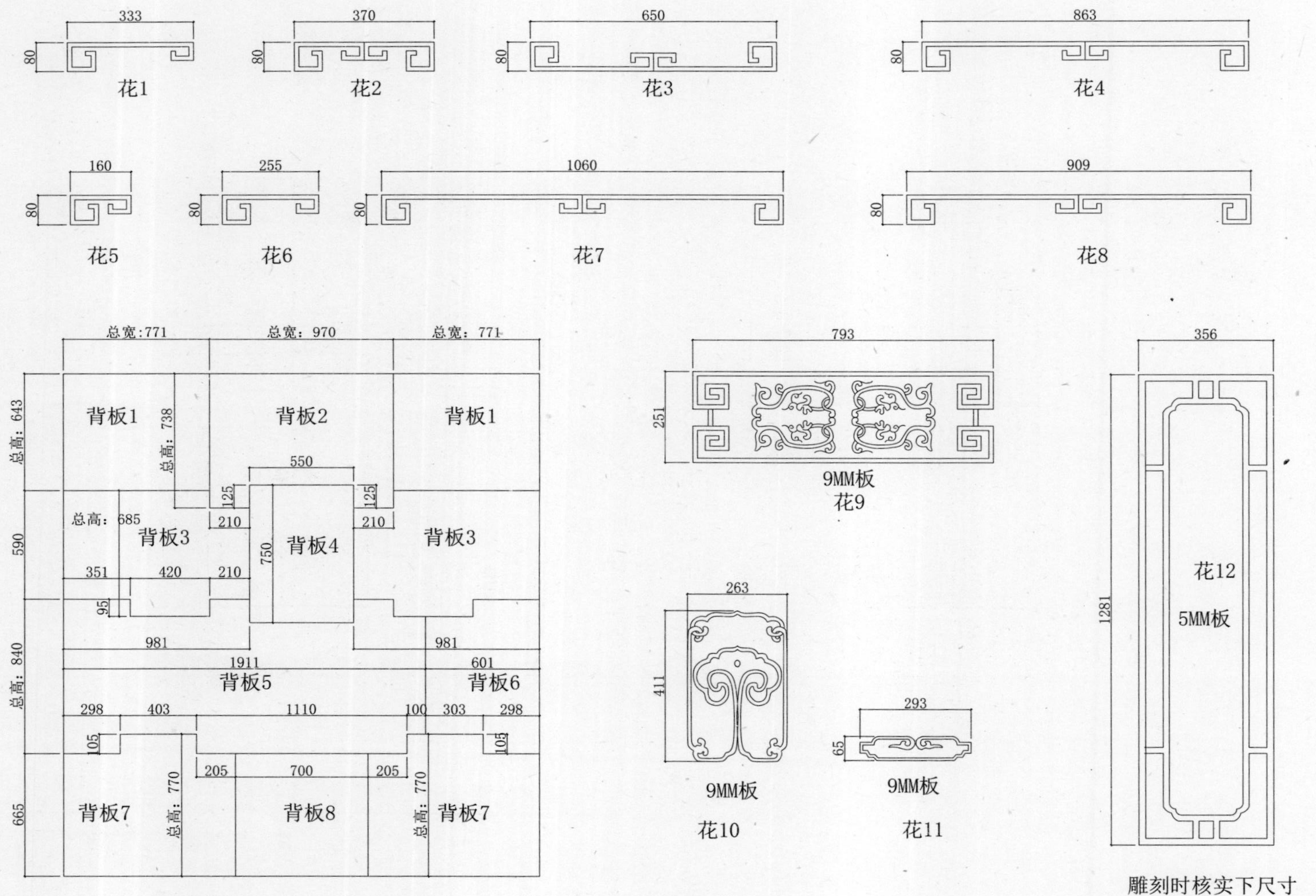

中式雕花书柜部件拆分图

书柜 018-B#

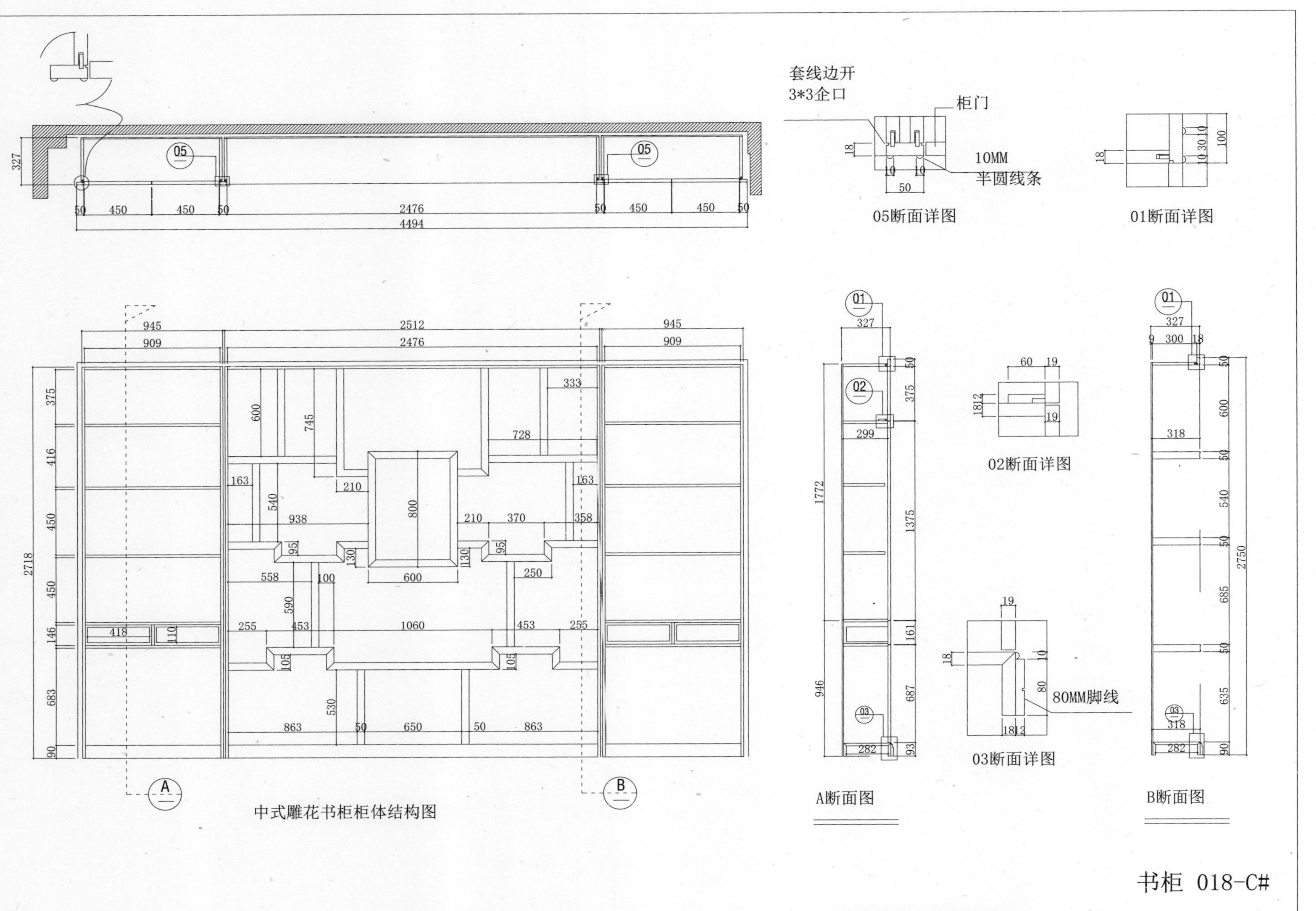

套线边开
3*3企口
柜门
10MM
半圆线条
05断面详图
01断面详图
02断面详图
80MM脚线
03断面详图
中式雕花书柜柜体结构图
A断面图
B断面图
书柜 018-C#

书柜

第三节 书柜单体展示

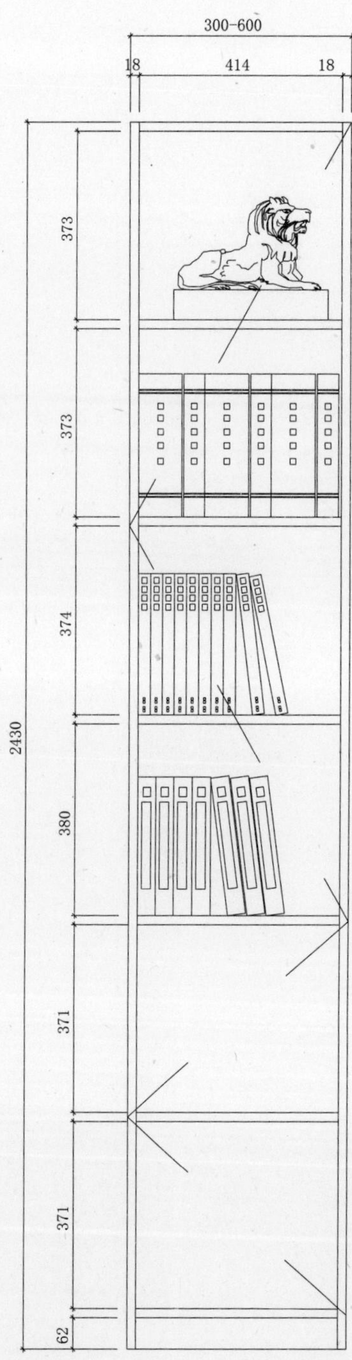

书柜单门高柜(单位：mm)		平板式编号	SG-101#
框架式编号		柜板厚度	框架式20
柜体高度	2100~2430		平板式18
柜体宽度	300~600	背板厚度	9
柜体深度	300~400	背板连接	搭边内嵌

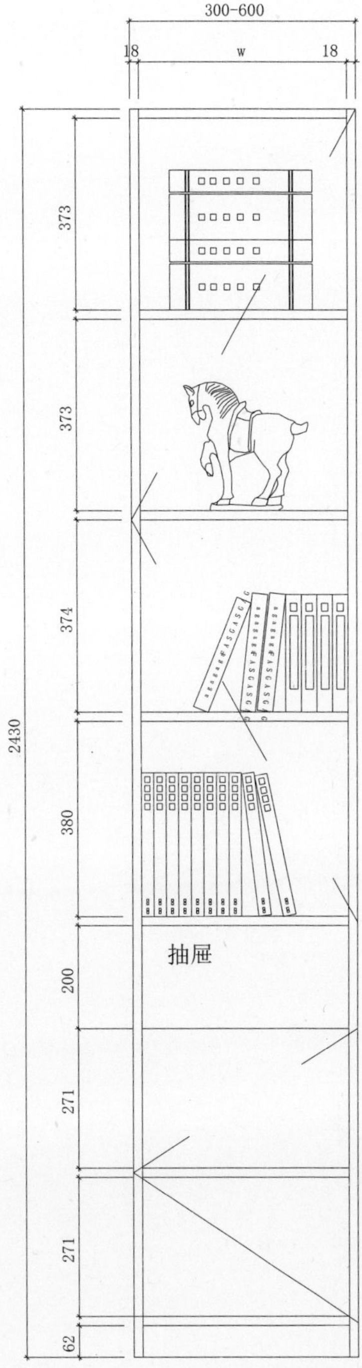

<table>
<tr><td colspan="2">**书柜单门高柜**(单位：mm)</td><td>平板式编号</td><td>SG-102#</td></tr>
<tr><td>框架式编号</td><td></td><td rowspan="2">柜板厚度</td><td>框架式20</td></tr>
<tr><td>柜体高度</td><td>2100~2430</td><td>平板式18</td></tr>
<tr><td>柜体宽度</td><td>300~600</td><td>背板厚度</td><td>9</td></tr>
<tr><td>柜体深度</td><td>300~400</td><td>背板连接</td><td>搭边内嵌</td></tr>
</table>

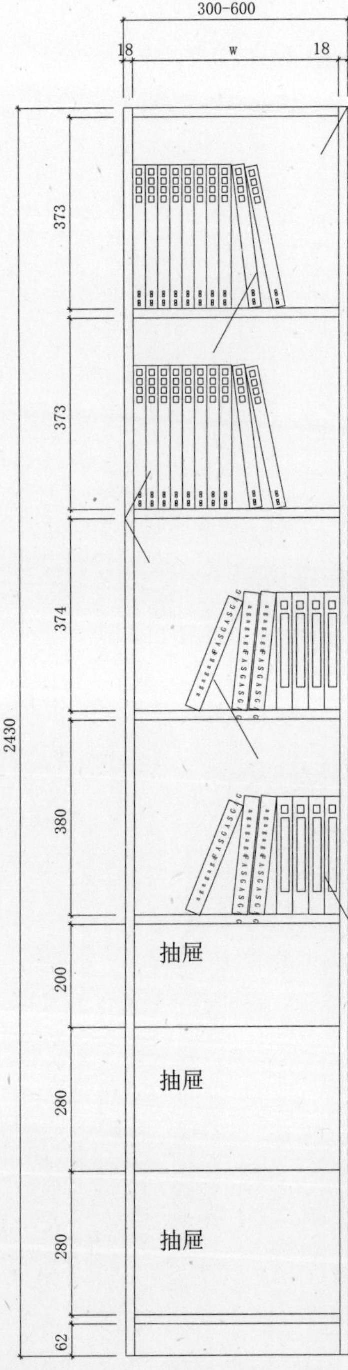

书柜单门高柜(单位：mm)		平板式编号	SG-103#
框架式编号		柜板厚度	框架式20
柜体高度	2100~2430		平板式18
柜体宽度	300~600	背板厚度	9
柜体深度	300~400	背板连接	搭边内嵌

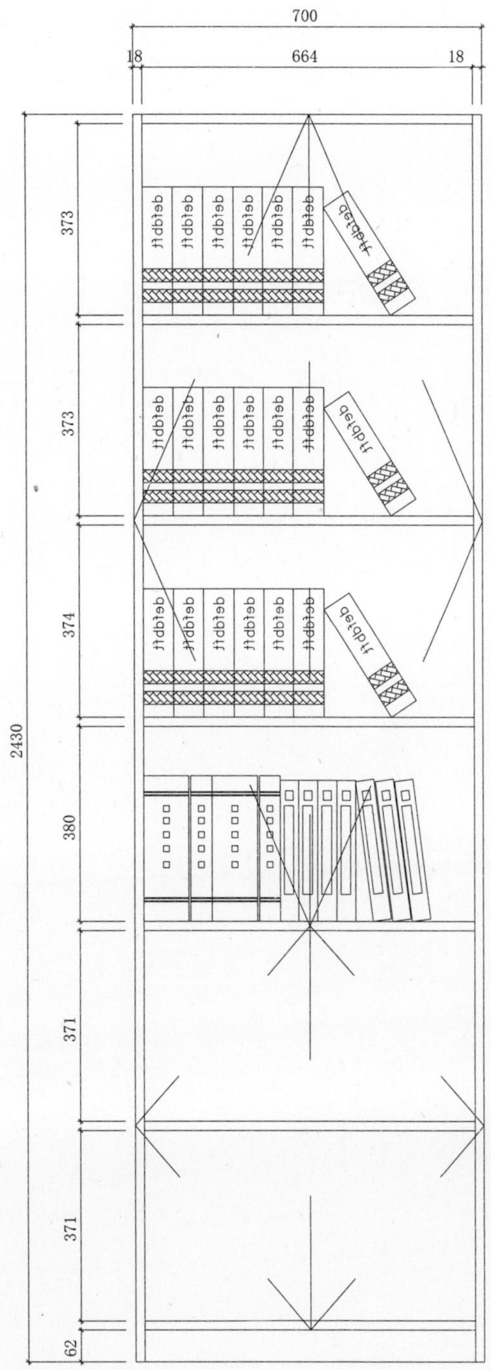

书柜多门高柜(单位：mm)		平板式编号	SG-201#
框架式编号		柜板厚度	框架式20
柜体高度	2100~2430		平板式18
柜体宽度	300~600	背板厚度	9
柜体深度	300~400	背板连接	搭边内嵌

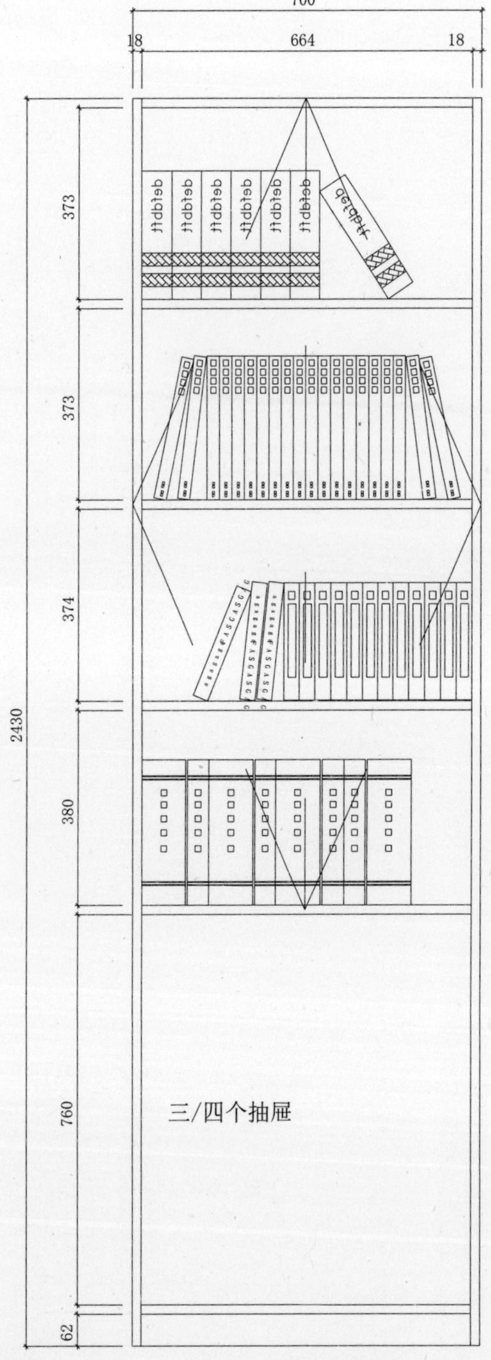

书柜多门高柜(单位：mm)		平板式编号	SG-202#
框架式编号		柜板厚度	框架式20
柜体高度	2100~2430		平板式18
柜体宽度	300~600	背板厚度	9
柜体深度	300~400	背板连接	搭边内嵌

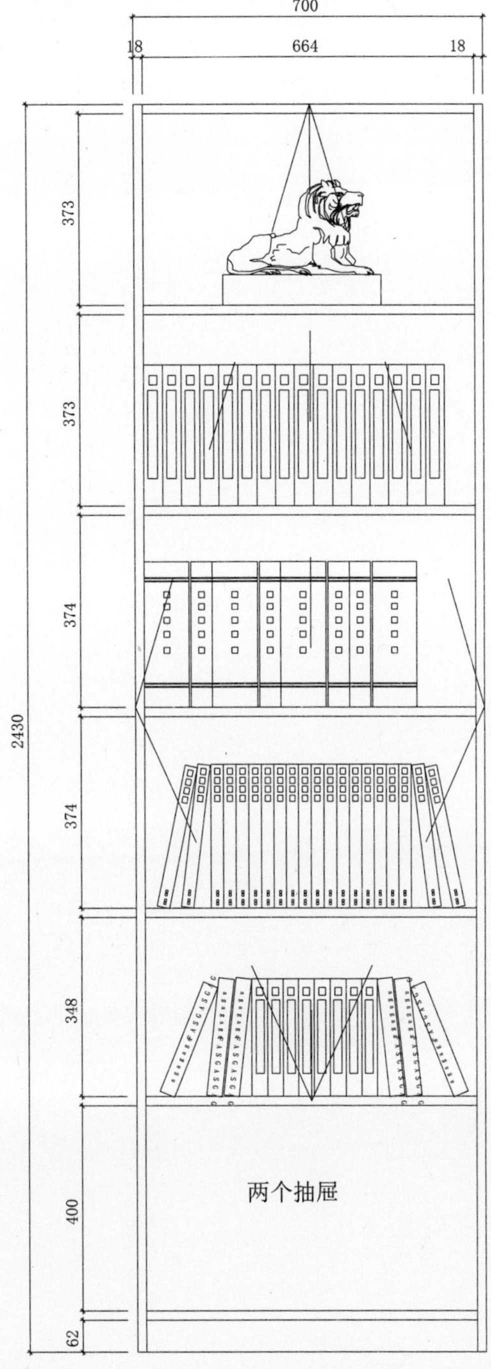

<table>
<tr><td colspan="2">书柜多门高柜(单位：mm)</td><td>平板式编号</td><td>SG-203#</td></tr>
<tr><td>框架式编号</td><td></td><td rowspan="2">柜板厚度</td><td>框架式20</td></tr>
<tr><td>柜体高度</td><td>2100~2430</td><td>平板式18</td></tr>
<tr><td>柜体宽度</td><td>300~600</td><td>背板厚度</td><td>9</td></tr>
<tr><td>柜体深度</td><td>300~400</td><td>背板连接</td><td>搭边内嵌</td></tr>
</table>

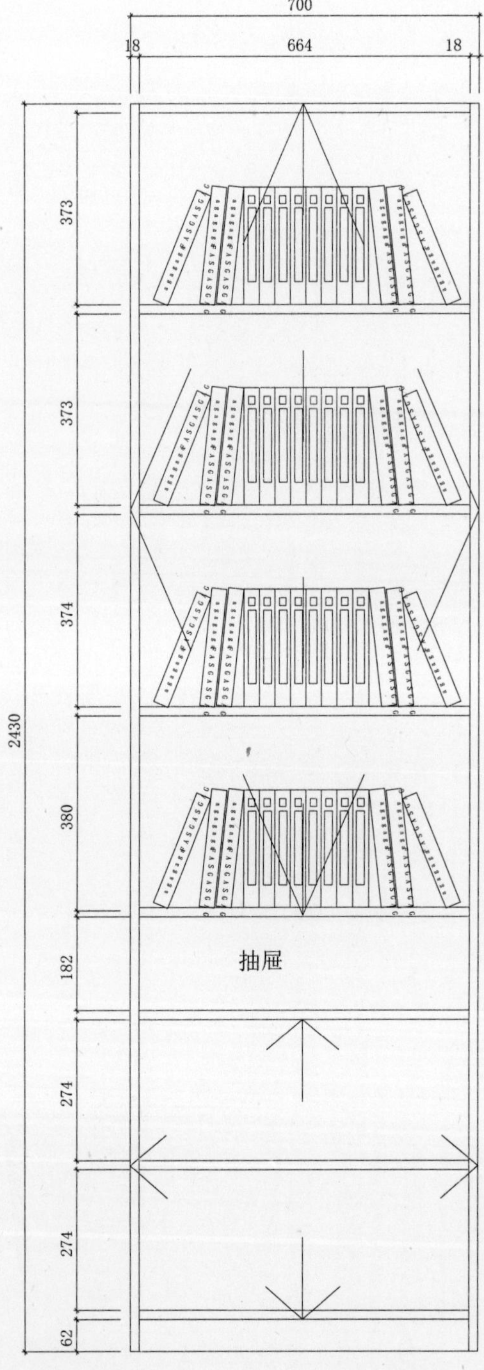

书柜多门高柜(单位：mm)		平板式编号	SG-204#
框架式编号		柜板厚度	框架式20
柜体高度	2100~2430		平板式18
柜体宽度	300~600	背板厚度	9
柜体深度	300~400	背板连接	搭边内嵌

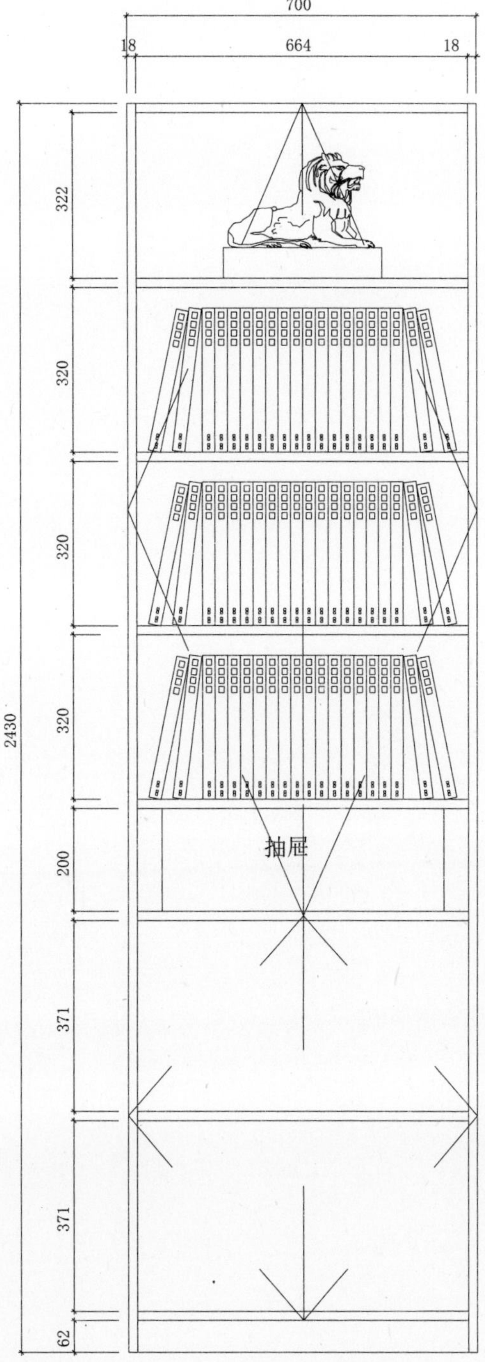

<table>
<tr><td colspan="2">书柜多门高柜(单位：mm)</td><td>平板式编号</td><td>SG-205#</td></tr>
<tr><td>框架式编号</td><td></td><td rowspan="2">柜板厚度</td><td>框架式20</td></tr>
<tr><td>柜体高度</td><td>2100~2430</td><td>平板式18</td></tr>
<tr><td>柜体宽度</td><td>300~600</td><td>背板厚度</td><td>9</td></tr>
<tr><td>柜体深度</td><td>300~400</td><td>背板连接</td><td>搭边内嵌</td></tr>
</table>

SG-301a#

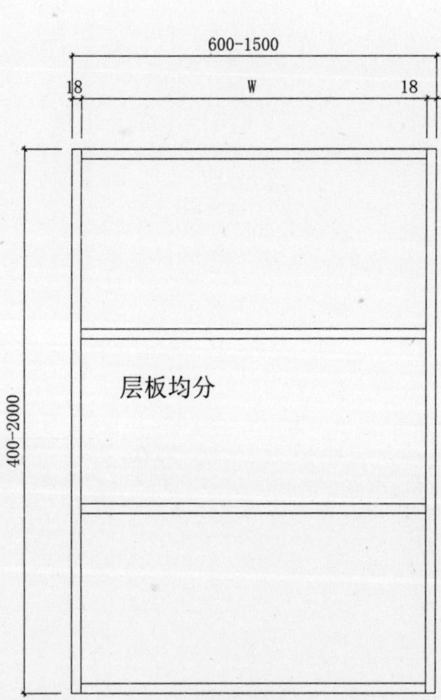

SG-301b#

书柜多门高柜(单位：mm)		平板式编号	SG-301#
框架式编号		柜板厚度	框架式20
柜体高度	2100~2430		平板式18
柜体宽度	300~600	背板厚度	9
柜体深度	300~400	背板连接	搭边内嵌

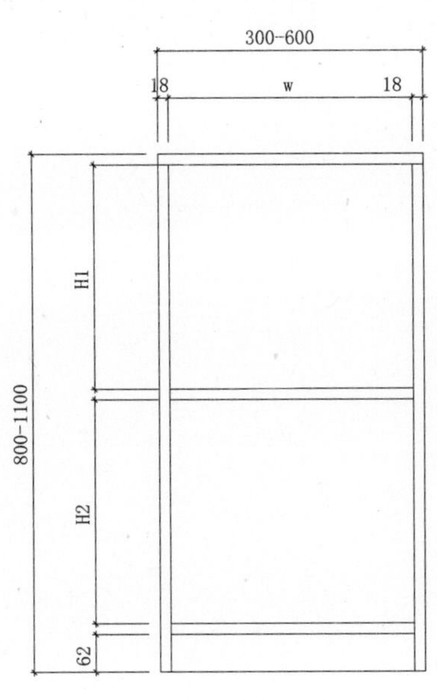

书柜多门地柜(单位：mm)	
平板式编号	SG-401#
框架式编号	
柜体高度	2100~2430
柜体宽度	300~1800
柜体深度	800~1100
柜板厚度	框架式20
	平板式18
背板厚度	9
背板连接	搭边内嵌

300-600
18
w
18
抽屉
182
H1
H2
800-1100
62

书柜多门地柜(单位：mm)	
平板式编号	SG-402#
框架式编号	
柜体高度	2100~2430
柜体宽度	300~1800
柜体深度	800~1100
柜板厚度	框架式20
	平板式18
背板厚度	9
背板连接	搭边内嵌

300-600
18 w 18
800-1100
H1
抽屉
抽屉
62

书柜多门地柜(单位：mm)	
平板式编号	SG-403#
框架式编号	
柜体高度	2100~2430
柜体宽度	300~1800
柜体深度	800~1100
柜板厚度	框架式20
	平板式18
背板厚度	9
背板连接	搭边内嵌

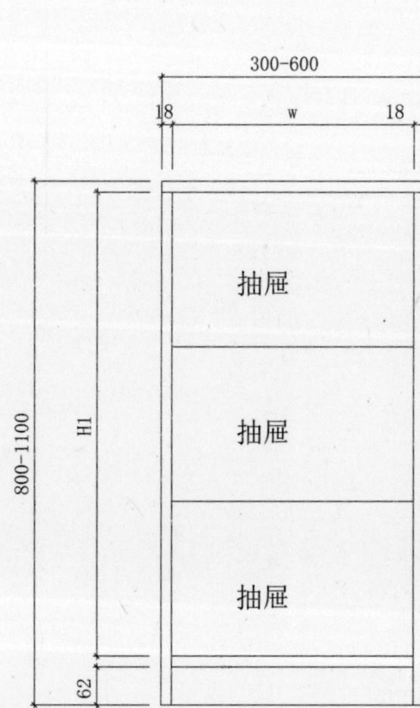

书柜多门地柜(单位：mm)	
平板式编号	SG-404#
框架式编号	
柜体高度	2100~2430
柜体宽度	300~1800
柜体深度	800~1100
柜板厚度	框架式20
	平板式18
背板厚度	9
背板连接	搭边内嵌

300-600
18 w 18
800-1100
H1
62
抽屉
抽屉
抽屉
抽屉

书柜多门地柜(单位：mm)	
平板式编号	SG-405#
框架式编号	
柜体高度	2100~2430
柜体宽度	300~1800
柜体深度	800~1100
柜板厚度	框架式20
	平板式18
背板厚度	9
背板连接	搭边内嵌

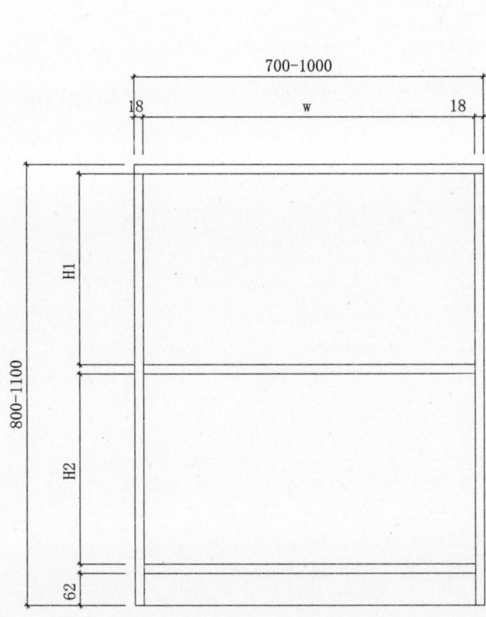

书柜多门地柜(单位：mm)	
平板式编号	SG-406#
框架式编号	
柜体高度	2100~2430
柜体宽度	300~1800
柜体深度	800~1100
柜板厚度	框架式20
	平板式18
背板厚度	9
背板连接	搭边内嵌

600-1000
18 w 18
182
H1
H2
800-1100
62
抽屉 抽屉

书柜多门地柜(单位：mm)	
平板式编号	SG-407#
框架式编号	
柜体高度	2100~2430
柜体宽度	300~1800
柜体深度	800~1100
柜板厚度	框架式20
	平板式18
背板厚度	9
背板连接	搭边内嵌

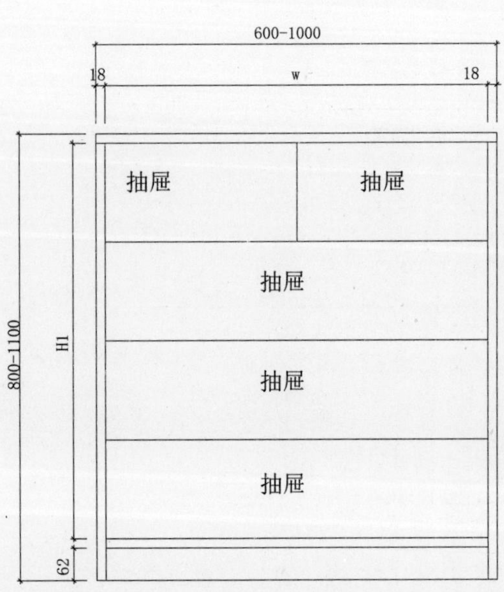

书柜多门地柜(单位：mm)	
平板式编号	SG-408#
框架式编号	
柜体高度	2100~2430
柜体宽度	300~1800
柜体深度	800~1100
柜板厚度	框架式20
	平板式18
背板厚度	9
背板连接	搭边内嵌

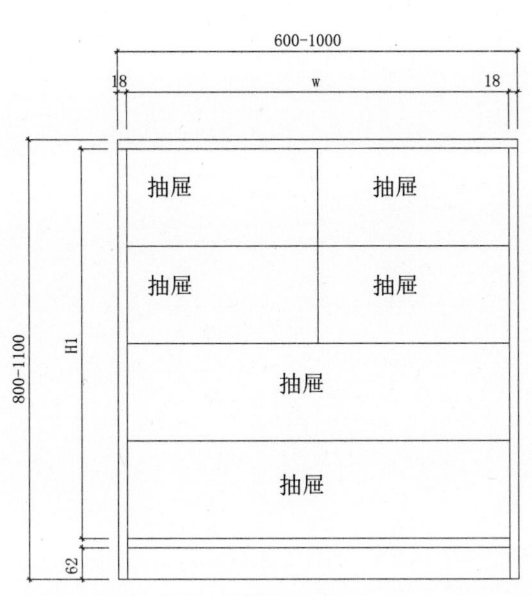

书柜多门地柜(单位：mm)	
平板式编号	SG-409#
框架式编号	
柜体高度	2100~2430
柜体宽度	300~1800
柜体深度	800~1100
柜板厚度	框架式20
	平板式18
背板厚度	9
背板连接	搭边内嵌

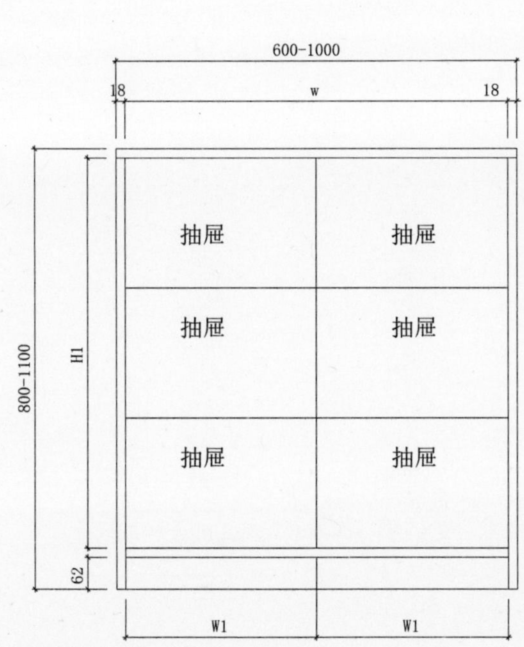

书柜多门地柜(单位：mm)	
平板式编号	SG-410#
框架式编号	
柜体高度	2100~2430
柜体宽度	300~1800
柜体深度	800~1100
柜板厚度	框架式20
	平板式18
背板厚度	9
背板连接	搭边内嵌

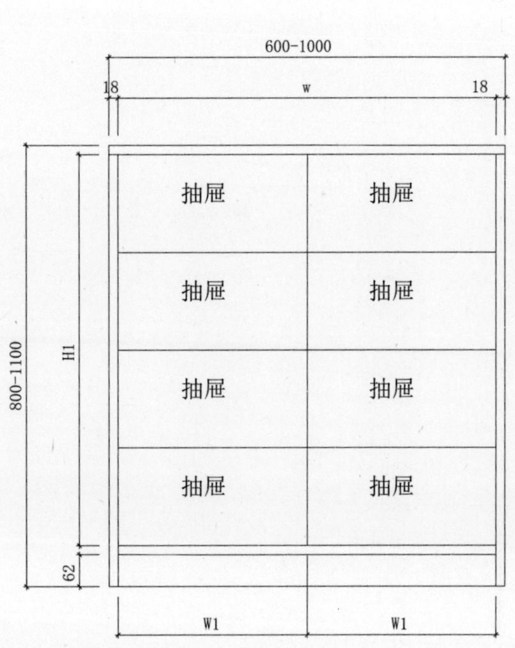

书柜多门地柜(单位：mm)	
平板式编号	SG-411#
框架式编号	
柜体高度	2100~2430
柜体宽度	300~1800
柜体深度	800~1100
柜板厚度	框架式20
	平板式18
背板厚度	9
背板连接	搭边内嵌

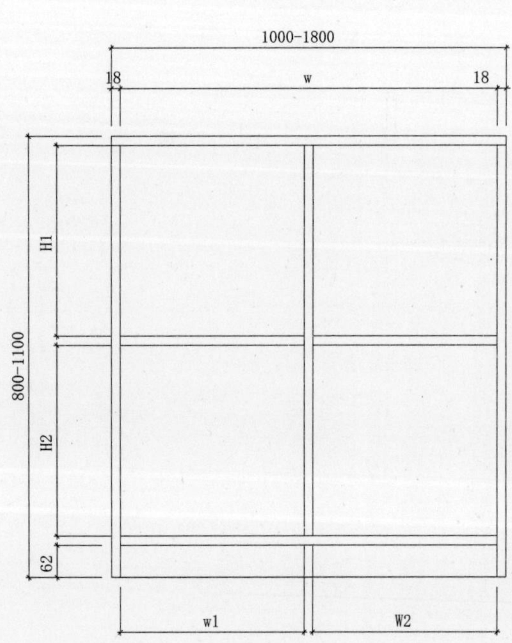

书柜多门地柜(单位：mm)	
平板式编号	SG-412#
框架式编号	
柜体高度	2100~2430
柜体宽度	300~1800
柜体深度	800~1100
柜板厚度	框架式20
	平板式18
背板厚度	9
背板连接	搭边内嵌

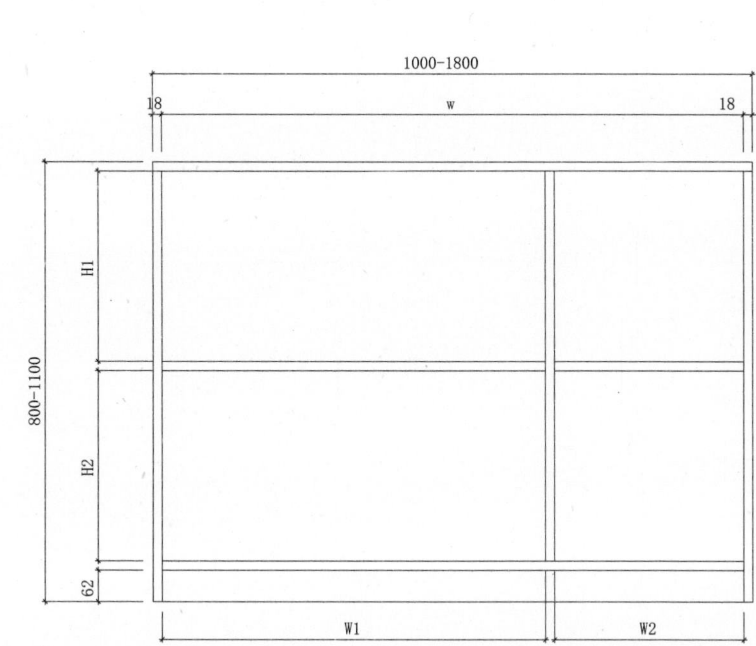

书柜多门地柜(单位：mm)	
平板式编号	SG-413#
框架式编号	
柜体高度	2100~2430
柜体宽度	300~1800
柜体深度	800~1100
柜板厚度	框架式20
	平板式18
背板厚度	9
背板连接	搭边内嵌

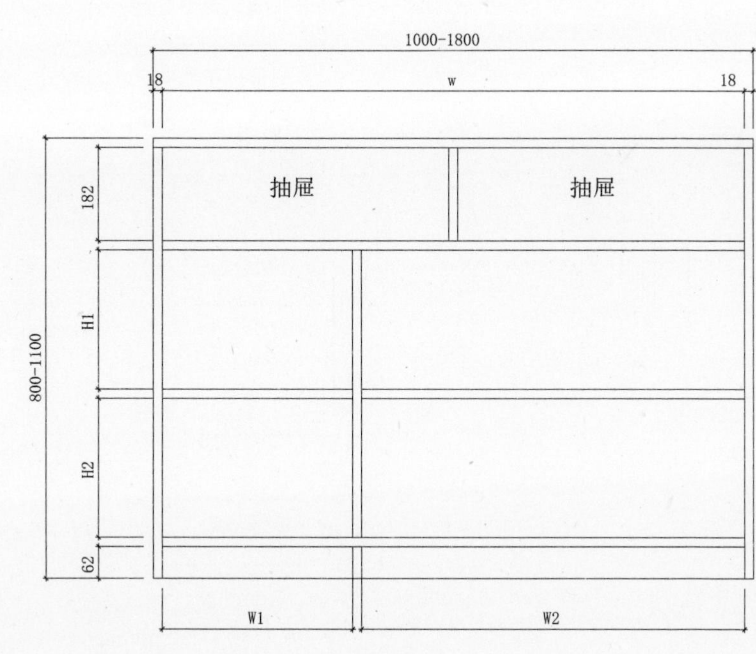

书柜多门地柜(单位：mm)	
平板式编号	SG-414#
框架式编号	
柜体高度	2100~2430
柜体宽度	300~1800
柜体深度	800~1100
柜板厚度	框架式20
	平板式18
背板厚度	
背板连接	搭边内嵌

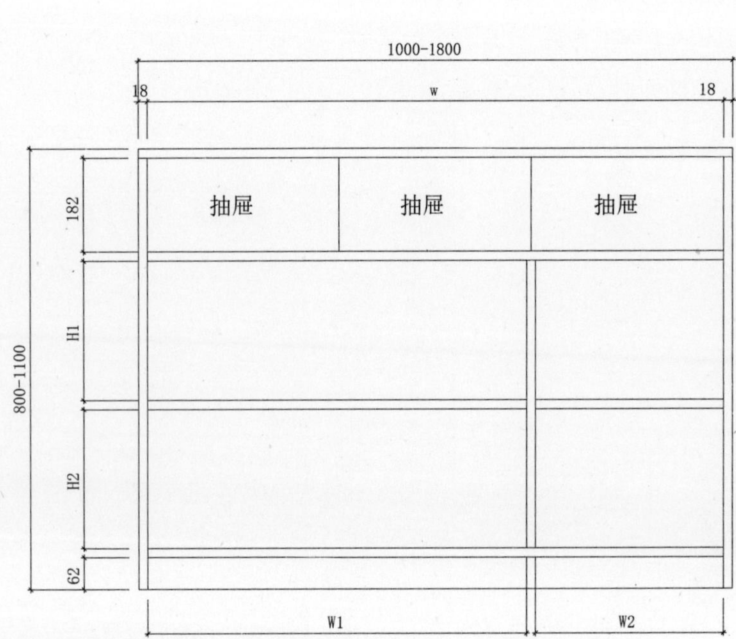

书柜多门地柜(单位：mm)	
平板式编号	SG-415#
框架式编号	
柜体高度	2100~2430
柜体宽度	300~1800
柜体深度	800~1100
柜板厚度	框架式20
	平板式18
背板厚度	
背板连接	搭边内嵌

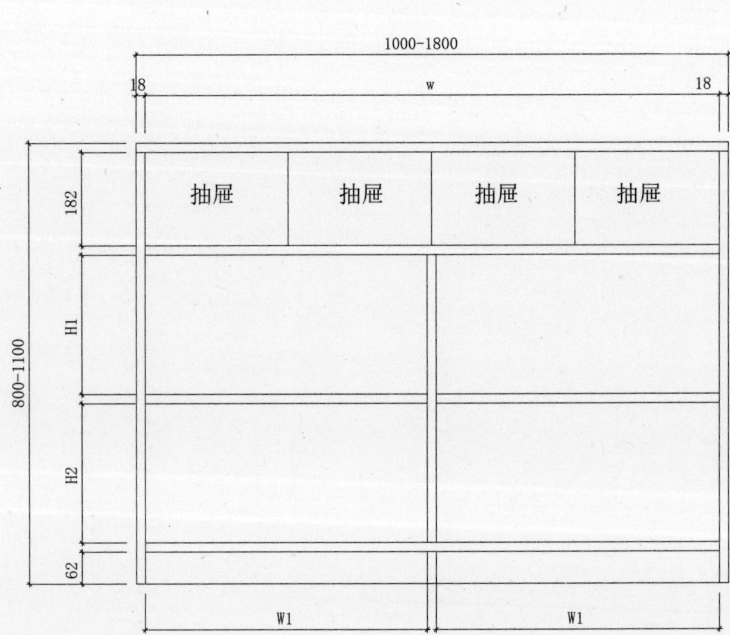

书柜多门地柜(单位：mm)	
平板式编号	SG-416#
框架式编号	
柜体高度	2100~2430
柜体宽度	300~1800
柜体深度	800~1100
柜板厚度	框架式20
	平板式18
背板厚度	
背板连接	搭边内嵌

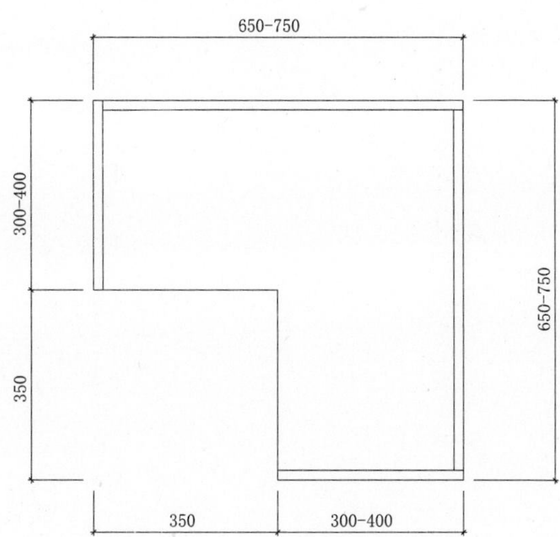

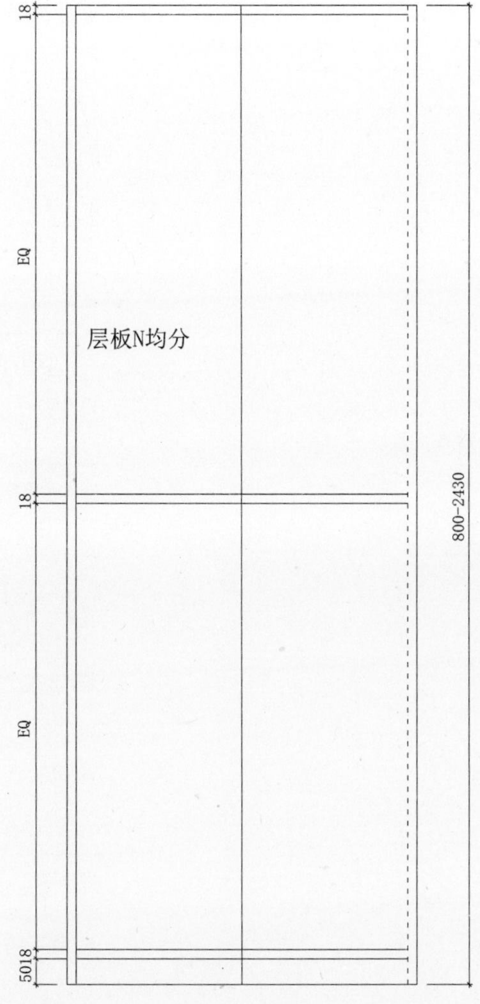

书柜转角柜(单位：mm)	
平板式编号	SG-501#
框架式编号	
柜体高度	800~2430
柜体宽度	650~750
柜体深度	650~750
柜板厚度	框架式20
	平板式18
背板厚度	9
背板连接	搭边内嵌

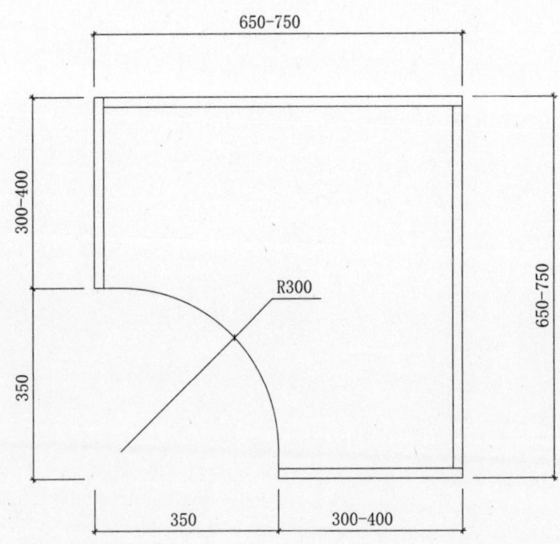

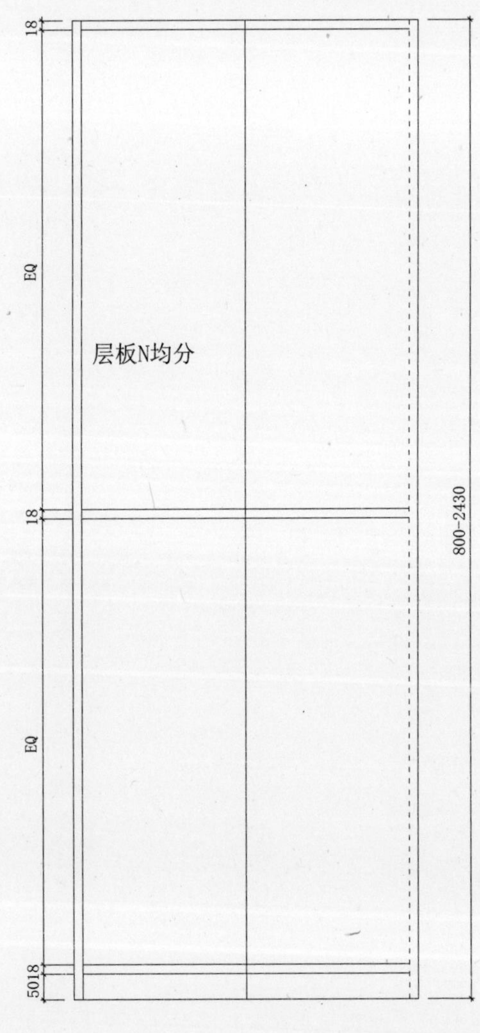

书柜转角柜(单位：mm)	
平板式编号	SG-502#
框架式编号	
柜体高度	800~2430
柜体宽度	650~750
柜体深度	650~750
柜板厚度	框架式20
	平板式18
背板厚度	9
背板连接	搭边内嵌

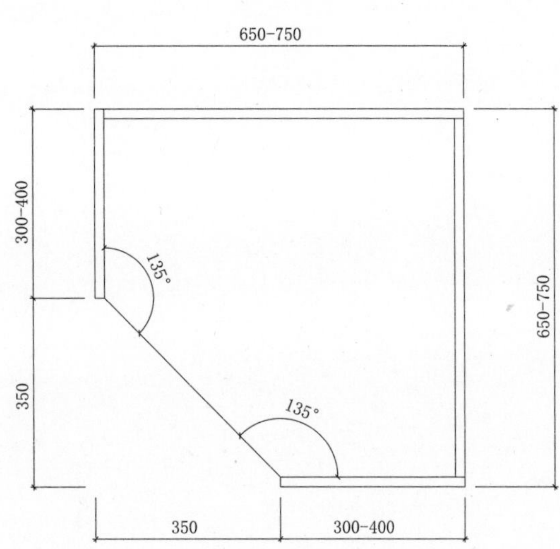

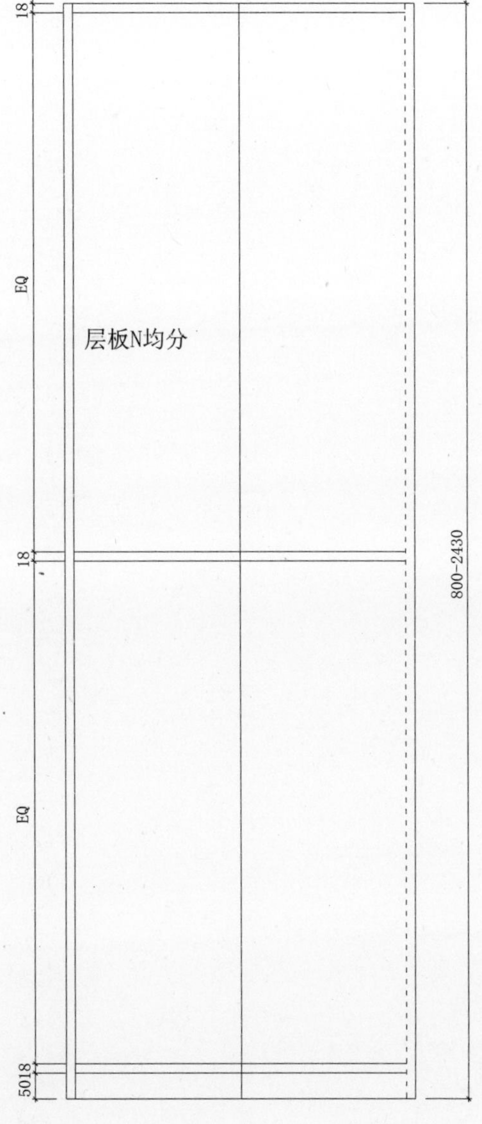

书柜转角柜(单位：mm)	
平板式编号	SG-503#
框架式编号	
柜体高度	800~2430
柜体宽度	650~750
柜体深度	650~750
柜板厚度	框架式20
	平板式18
背板厚度	9
背板连接	搭边内嵌

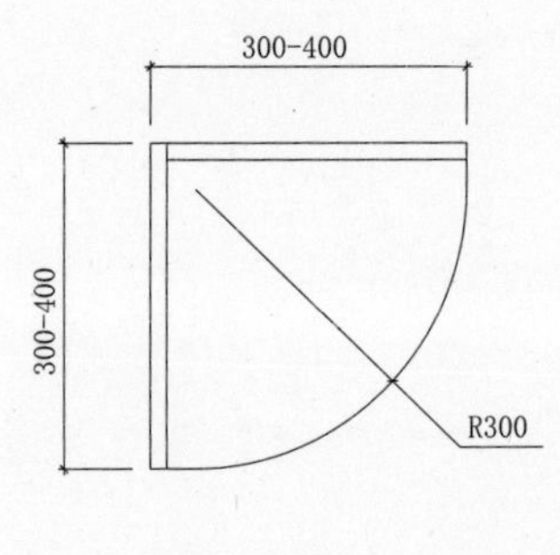

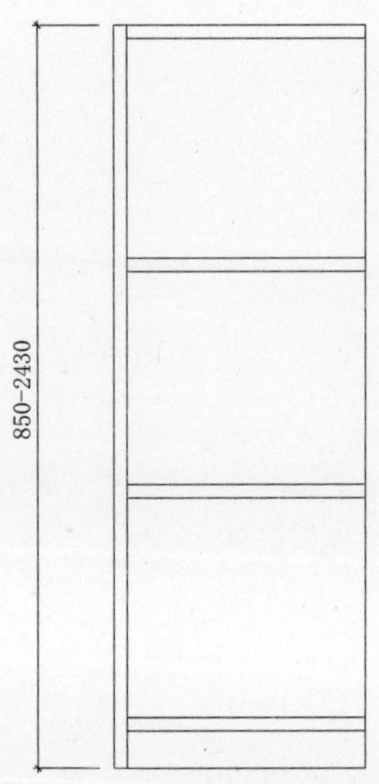

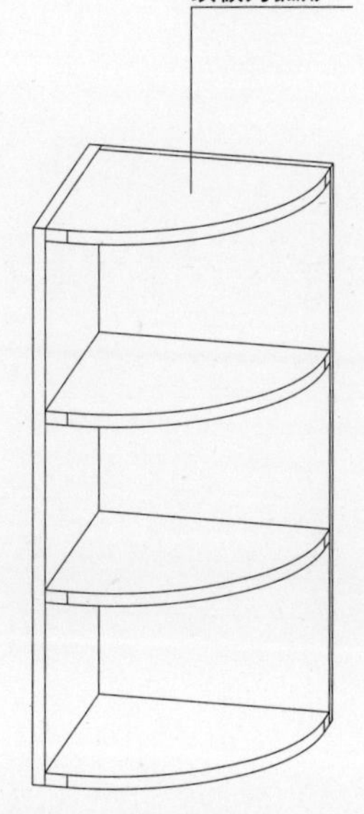

书柜转角柜(单位：mm)	
平板式编号	SG-504#
框架式编号	
柜体高度	800~2430
柜体宽度	650~750
柜体深度	650~750
柜板厚度	框架式20
	平板式18
背板厚度	9
背板连接	搭边内嵌

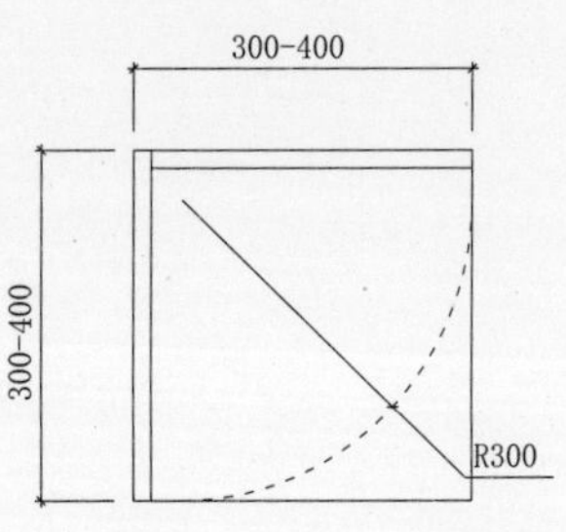

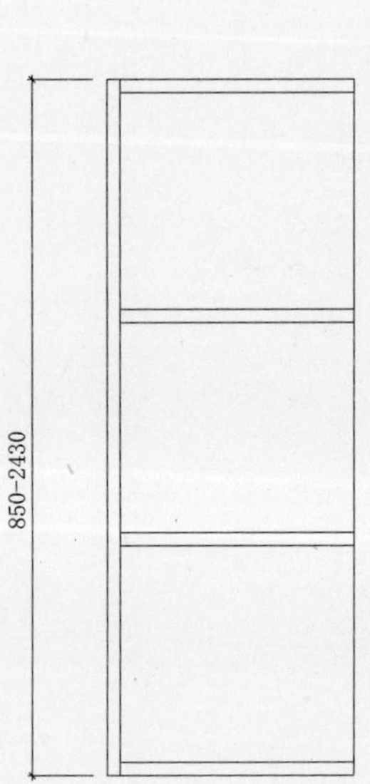

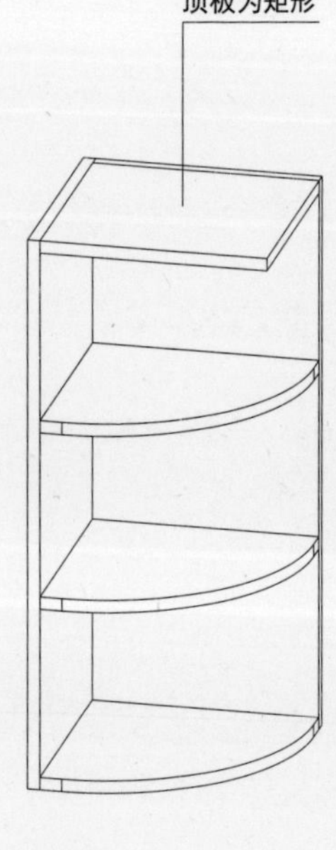

书柜转角柜(单位：mm)	
平板式编号	SG-505#
框架式编号	
柜体高度	800~2430
柜体宽度	650~750
柜体深度	650~750
柜板厚度	框架式20
	平板式18
背板厚度	9
背板连接	搭边内嵌

第四章 鞋柜 / 玄关柜

第一节 鞋柜基本知识

1）定制鞋柜 / 玄关柜由 1# 柜、2# 柜、3# 柜、5# 柜、6# 柜组成，门板厚度为 18~22mm，柜身板厚度为 18mm, 背板 9mm。

2）柜身的高度有 2100mm 和 2430mm 两种，2100mm 高度柜体减少上侧层板，其他位置不变，柜体深度为 300~500mm（包含背板 14mm），抽屉高度、宽度以实际设计尺寸为主，深度为 250mm，300mm，350mm 等规格。

3）转角柜由 6# 柜的内转角和外转角，这两个柜子标准高度为 850~2430mm，高度根据旁边柜体高度确定。

4）柜体尺寸

◆ 1# 柜单门下柜（300~600mm 单柜门）可应用于玄关柜及储物柜等；

◆ 2# 柜双门下柜（600~1000mm 双柜门）可应用于玄关柜及储物柜等；

◆ 3# 柜单门上柜（300~600mm 单柜门）可应用于加高顶柜及吊柜等；

◆ 4# 柜双门上柜（600~1000mm 双柜门）可应用于加高顶柜及吊柜等；

◆ 5# 柜矮柜 600~2000mm（外尺寸）可配合 1~4# 柜组合应用，设计玄关柜；

◆ 6# 柜转角柜 650~850mm（外尺寸）主要应用于柜体转角处及单边不靠墙时使用。

5）柜门尺寸（以柜体宽度为设计基准，尽量做到门板均等，美观）。

6）1# 柜、2# 柜为玄关柜高柜。3# 柜、4# 柜为加高柜或者吊柜。5# 柜为矮柜，也可用于单体鞋柜，6# 柜为转角柜，以前转角弧形柜。

7）收口板的宽度尺寸为 50~150mm 调节，层板至层板的中间位以 32mm 的倍数加或减，当遇到与门板的饺链孔位有冲突时，调节层板。铰链孔位的原则是 1m 以下为 2 个，1000~1600mm 为 3 个，1600~2400mm 为 4 个。饺链孔径为 35mm，上下离边为 120mm, 左右离边 23mm（孔中间），中间平分。

8）鞋柜开放背板：根据设计风格选择相应的背板造型、平板无造型、背板铣槽、拼板等等，厚度一般为 12~22mm。

9）罗马柱与柜体设计原则：以实际情况为主。

鞋柜 001#

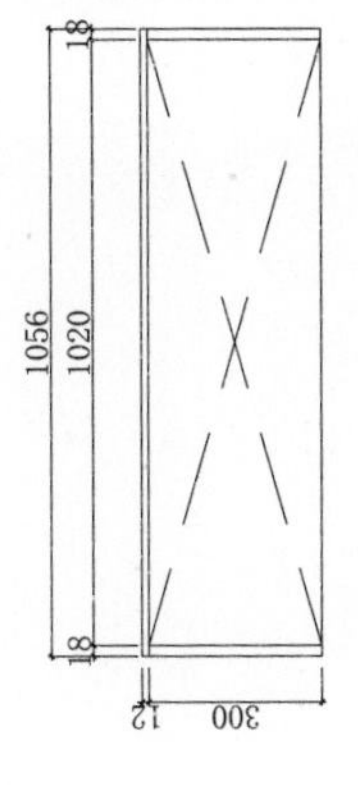
18
1056
1020
18
300
12

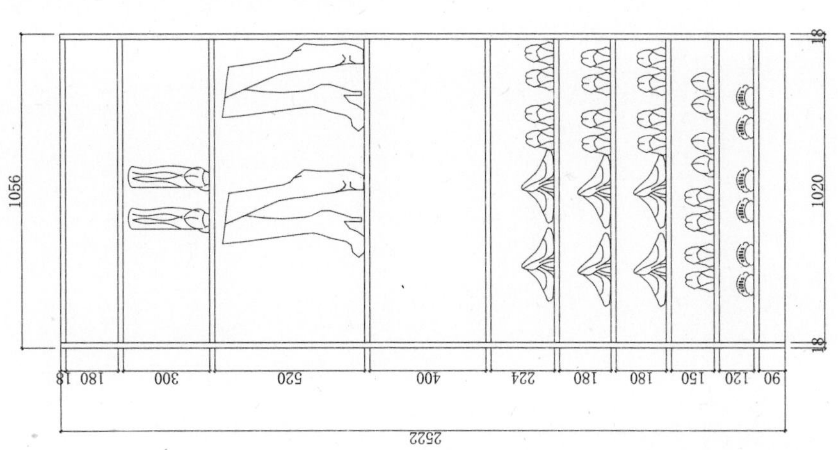
18
1056
1020
18
18
180
300
520
400
224
180
180
150
120
90
2522

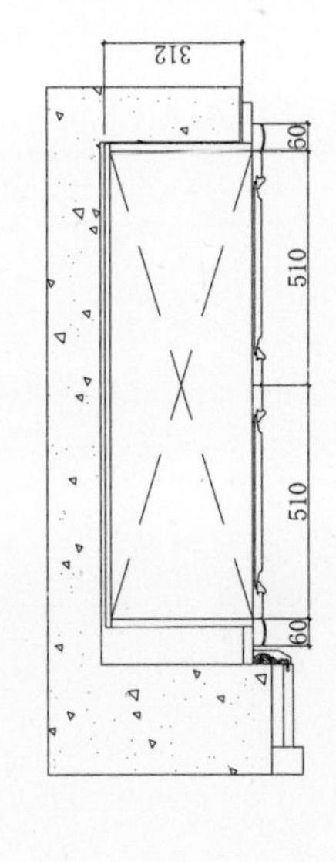
312
60
510
510
60

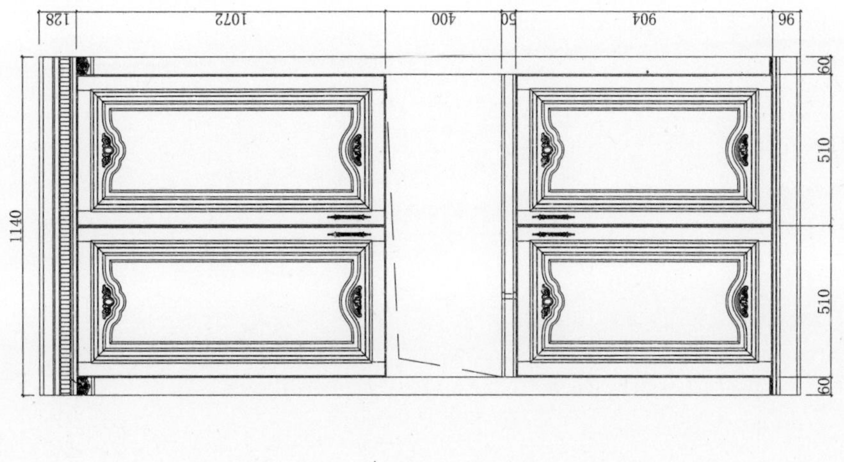
128
1072
400
50
904
96
1140
60
510
510
60

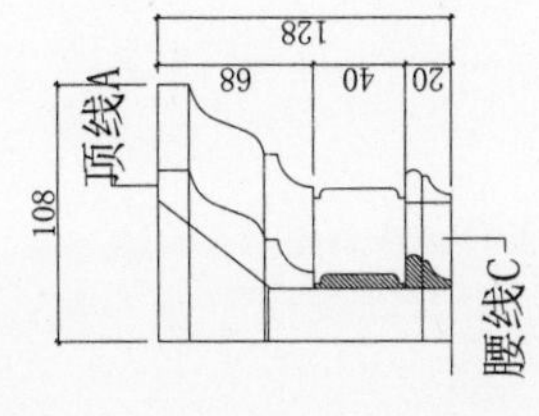
128
68
40
20
108
顶线A
腰线C

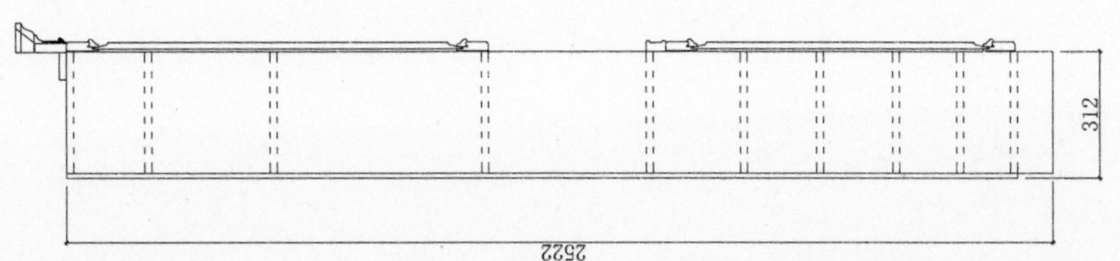
312
2522

鞋柜 002#

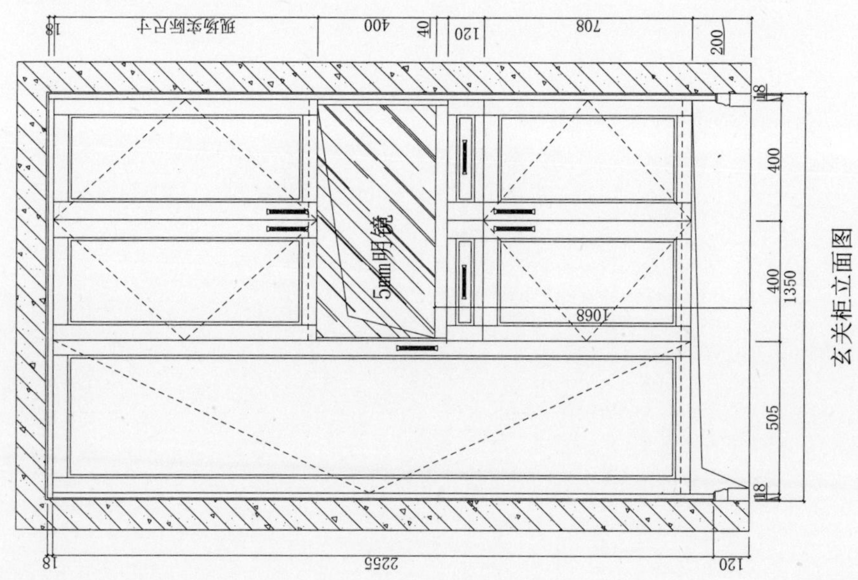

玄关柜立面图

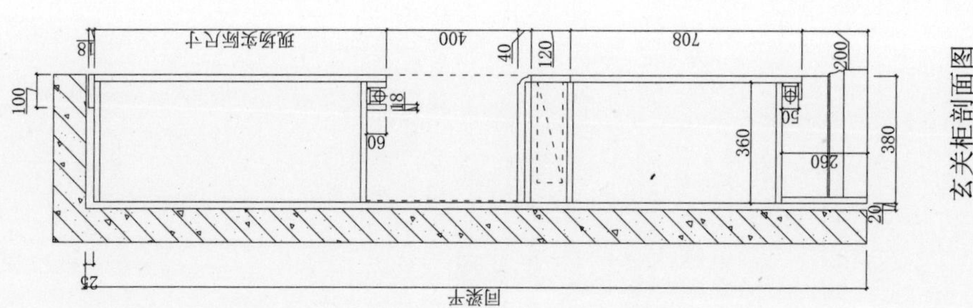

玄关柜剖面图

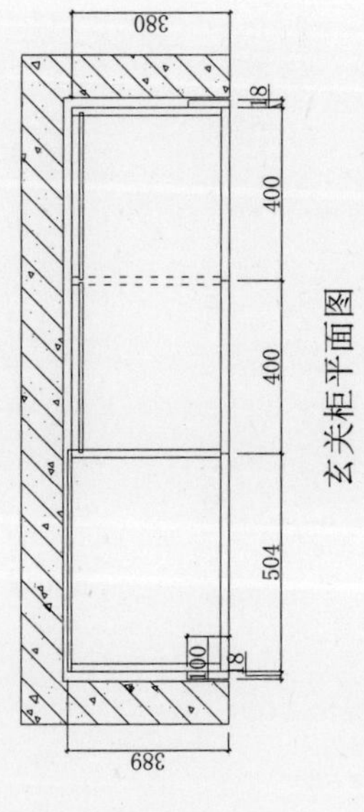

玄关柜平面图

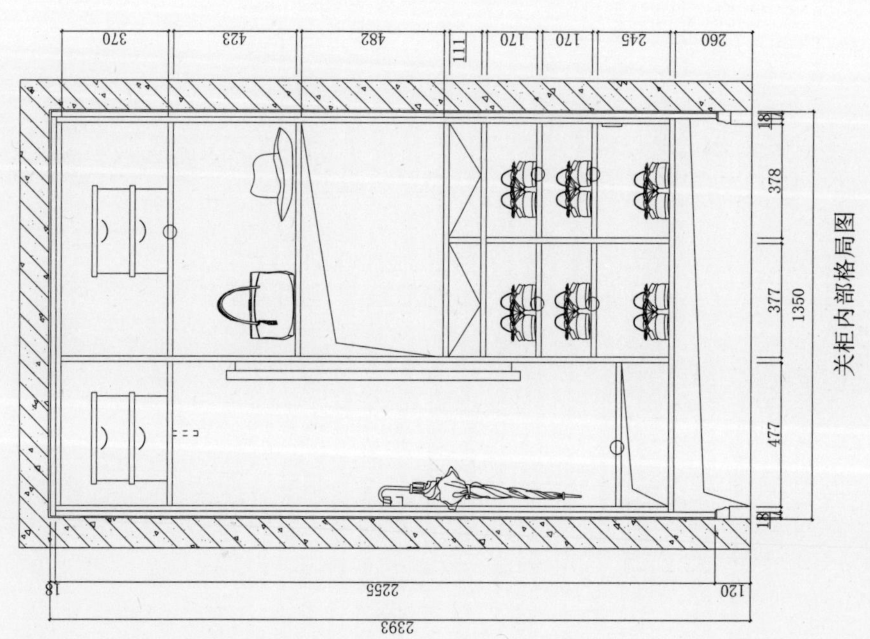

关柜内部格局图

鞋柜 003#

玄关柜剖面图

关柜内部格局图

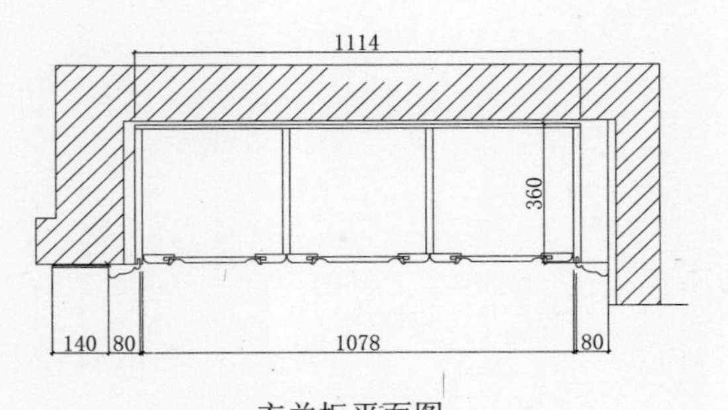

玄关柜平面图

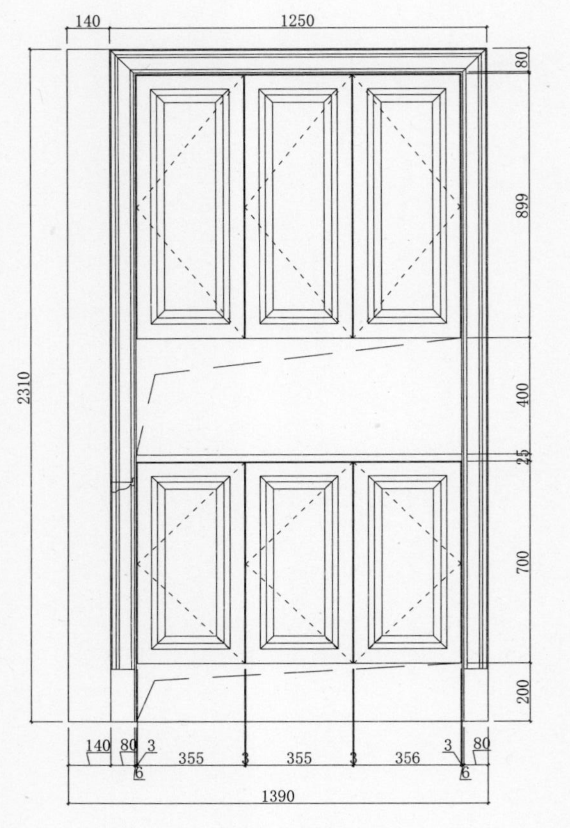

玄关柜立面图

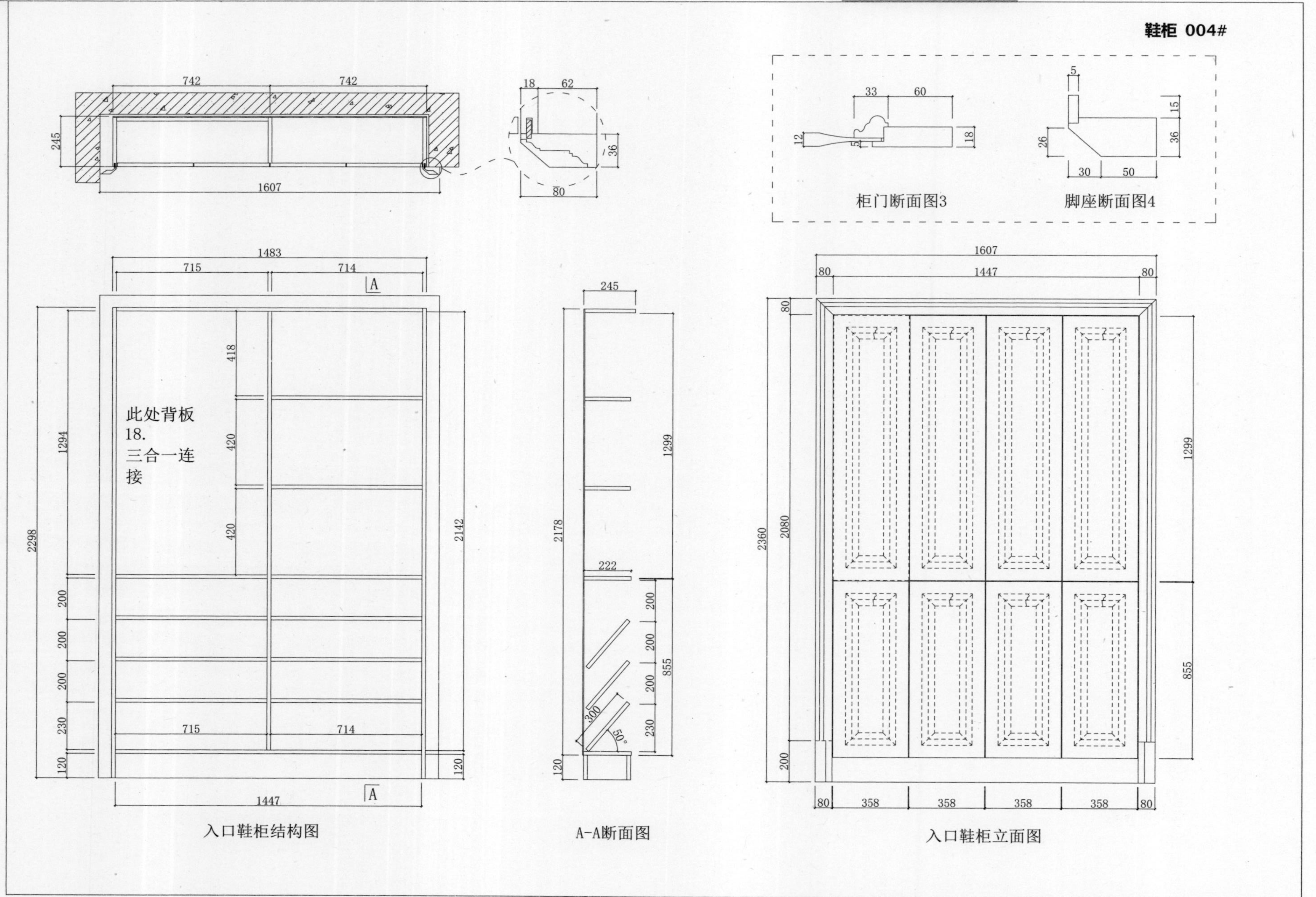
鞋柜 004#
柜门断面图3
脚座断面图4
此处背板
18.
三合一连
接
入口鞋柜结构图
A-A断面图
入口鞋柜立面图

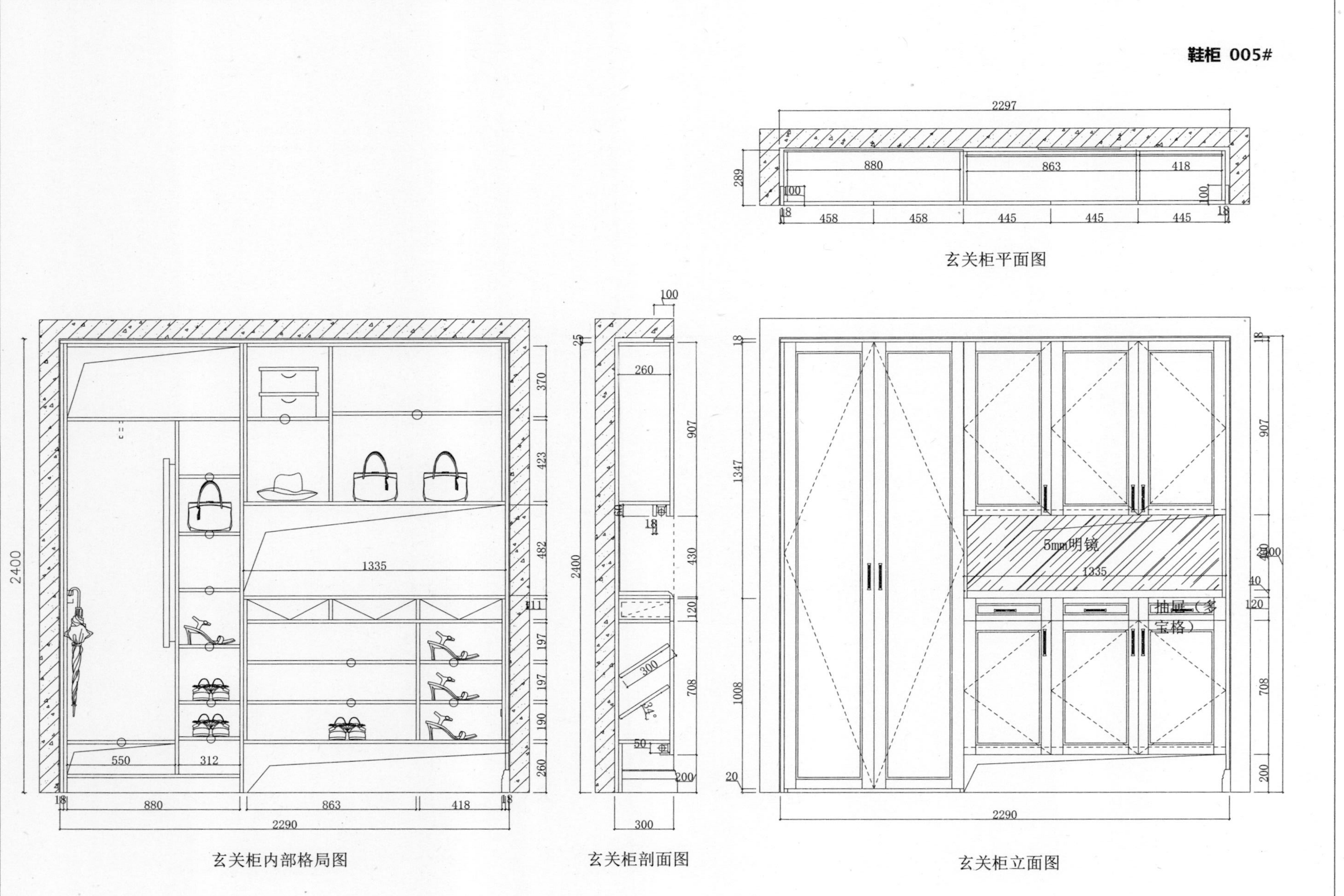
鞋柜 005#
玄关柜平面图
5mm明镜
抽屉（多宝格）
玄关柜内部格局图
玄关柜剖面图
玄关柜立面图

鞋柜 006#

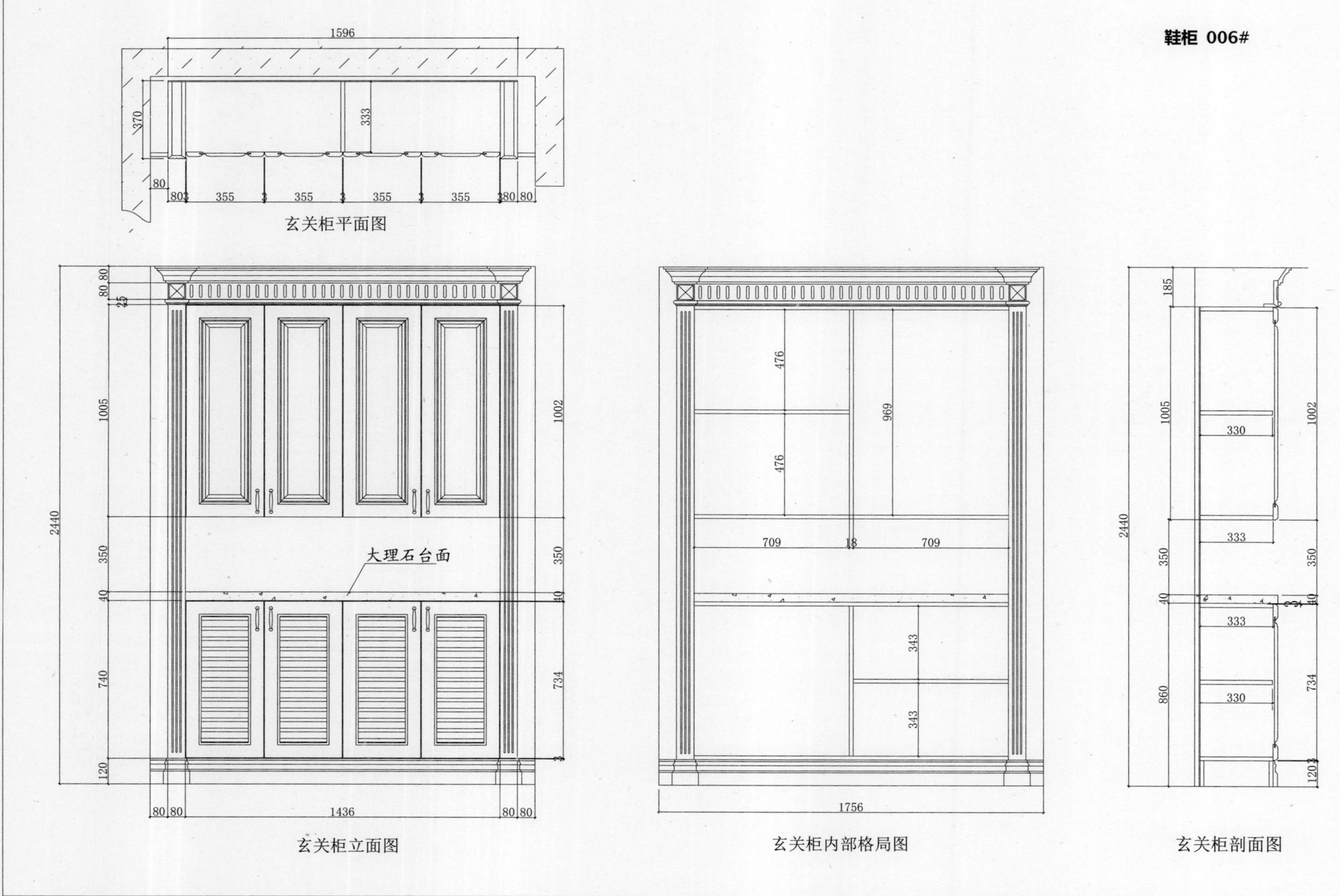
1596
370
333
80
803
355
3
355
3
355
3
355
380
80
玄关柜平面图
80 80
25
1005
2440
350
40
740
120
1002
350
40
734
3
大理石台面
80
80
1436
80
80
玄关柜立面图
476
476
969
709
18
709
343
343
1756
玄关柜内部格局图
185
1005
2440
350
40
860
330
333
333
330
1002
350
40
734
120
3
玄关柜剖面图

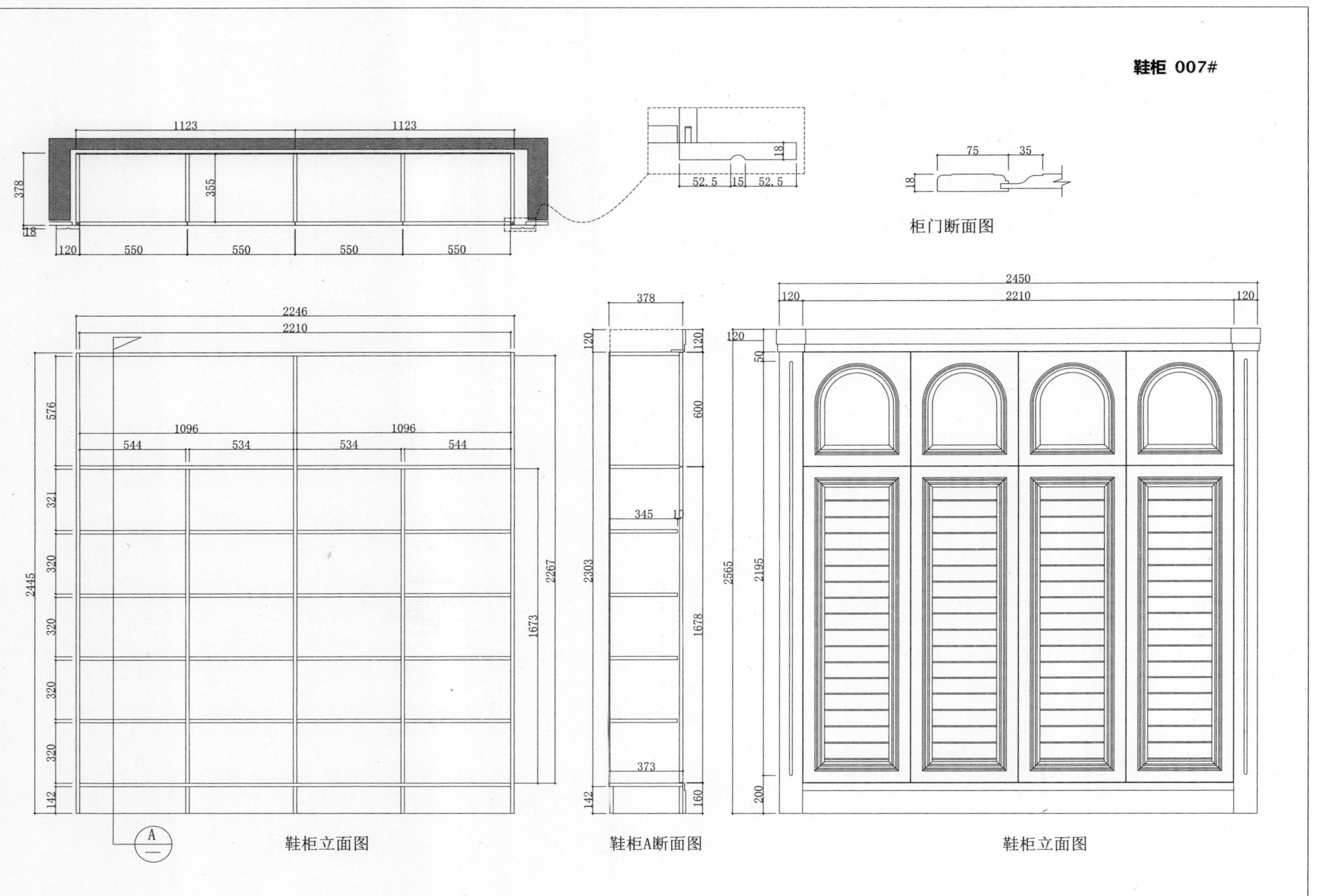
鞋柜 007#
柜门断面图
鞋柜立面图
鞋柜A断面图
鞋柜立面图

鞋柜 008#

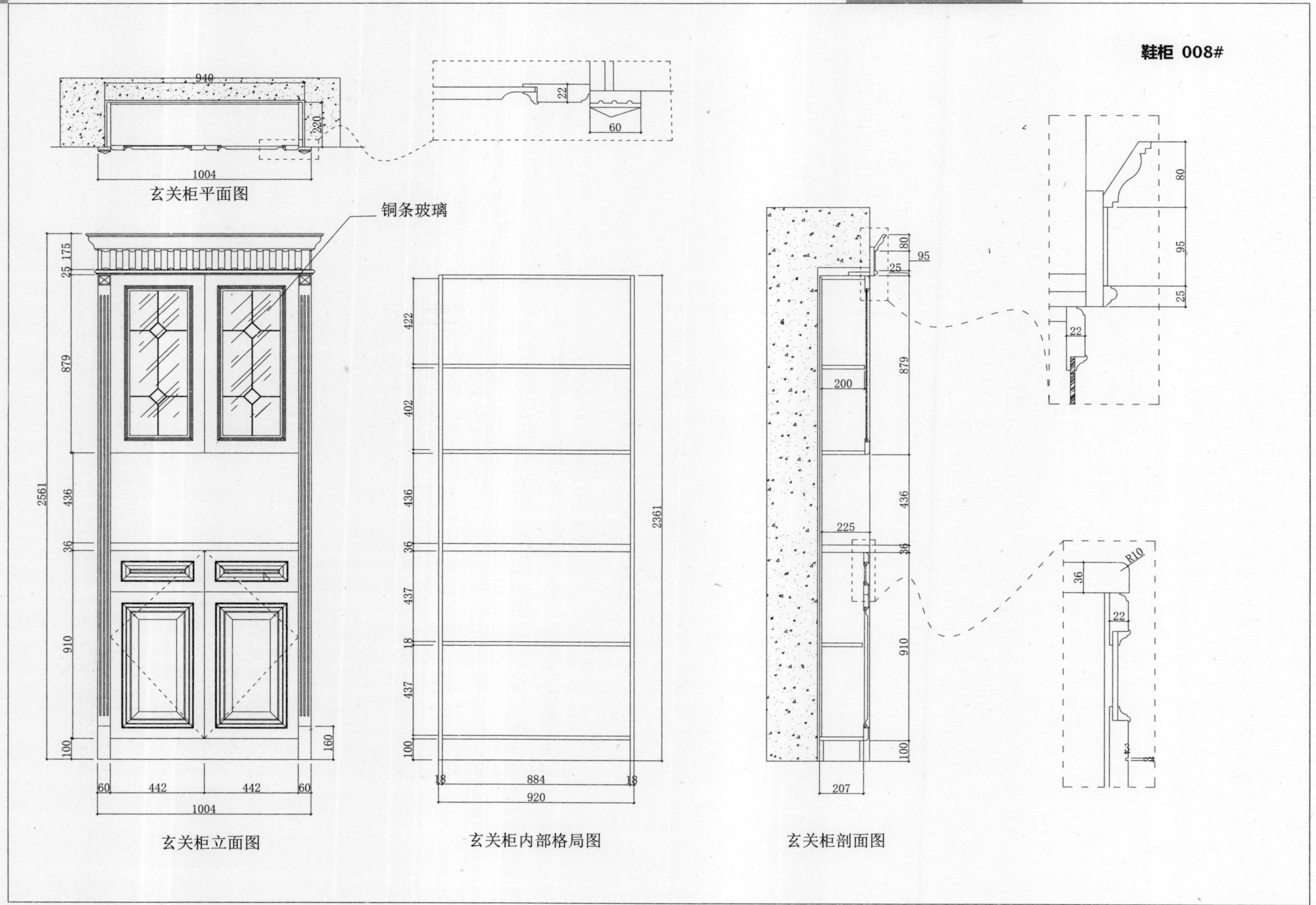
940
220
22
60
1004
玄关柜平面图
铜条玻璃
25 175
879
436
36
910
100
2561
160
60 442 442 60
1004
玄关柜立面图
422
402
436
36
437
18
437
100
2361
18 884 18
920
玄关柜内部格局图
80
95
25
200
225
207
玄关柜剖面图
80
95
25
22
R10
36
22
3

鞋柜 009#

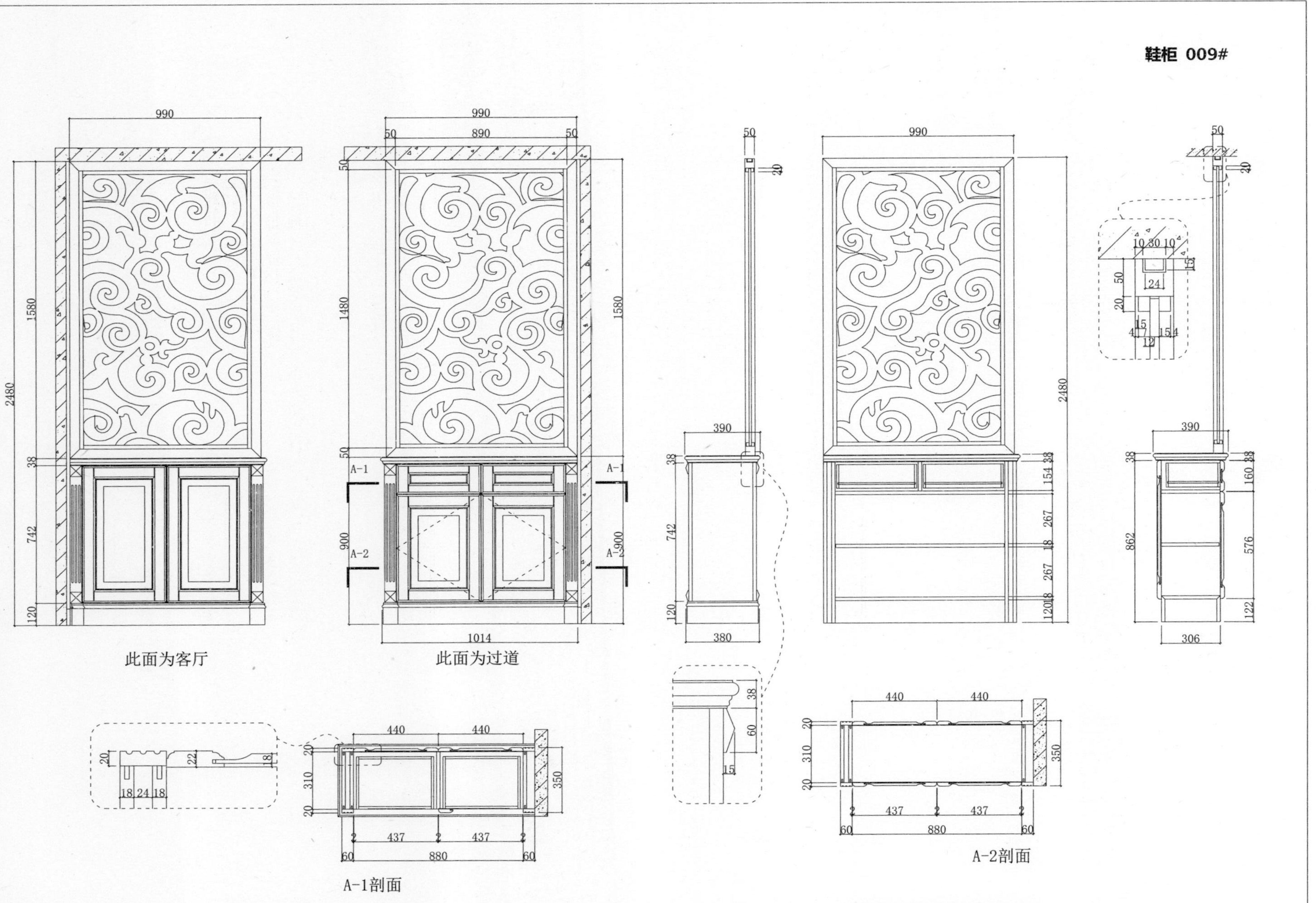

鞋柜 010#

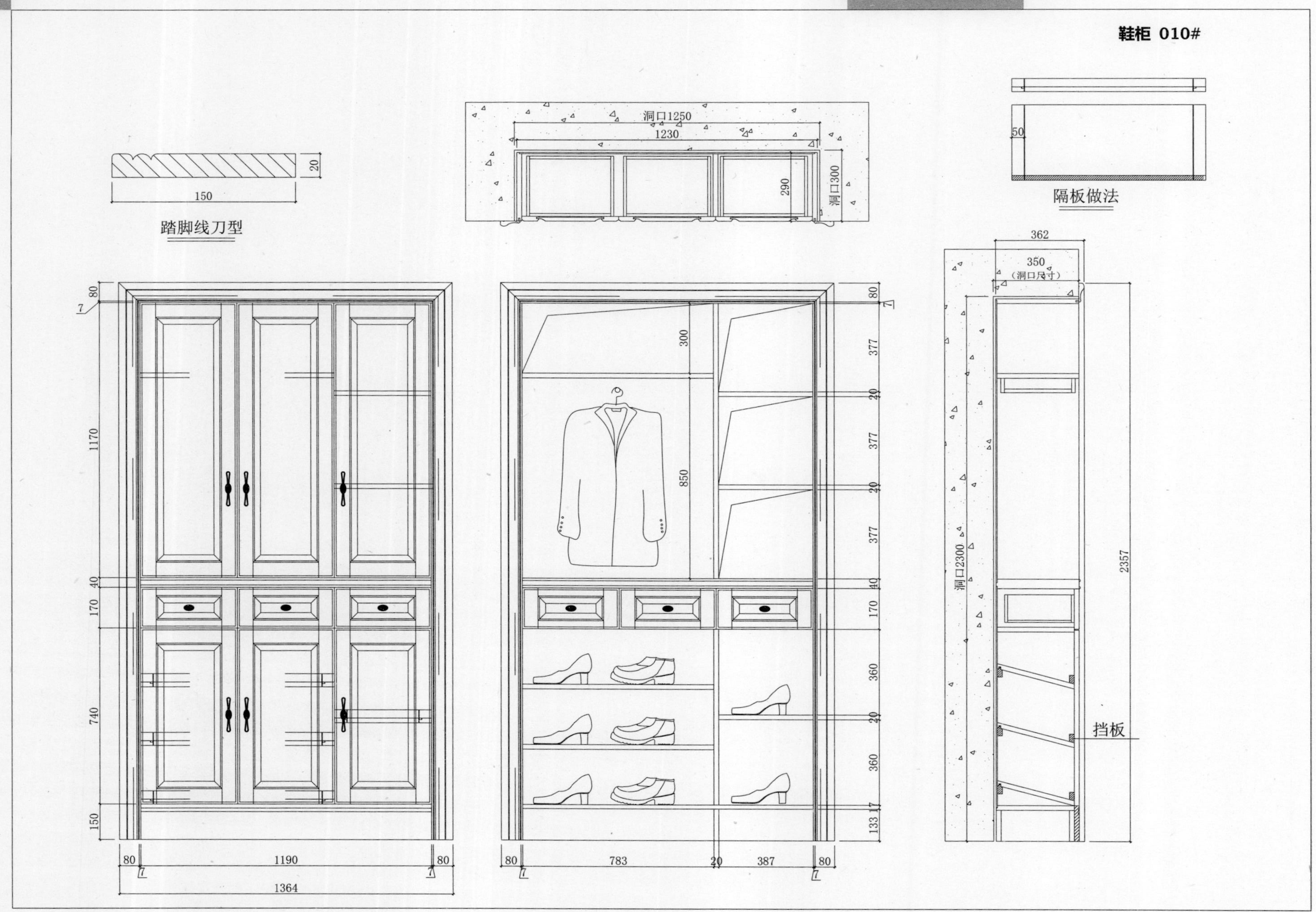
踏脚线刀型
150
20
洞口1250
1230
290
洞口300
隔板做法
50
362
350
(洞口尺寸)
洞口2300
2357
挡板
80
1170
40
170
740
150
1190
1364
300
850
377
20
360
17
133
783
387

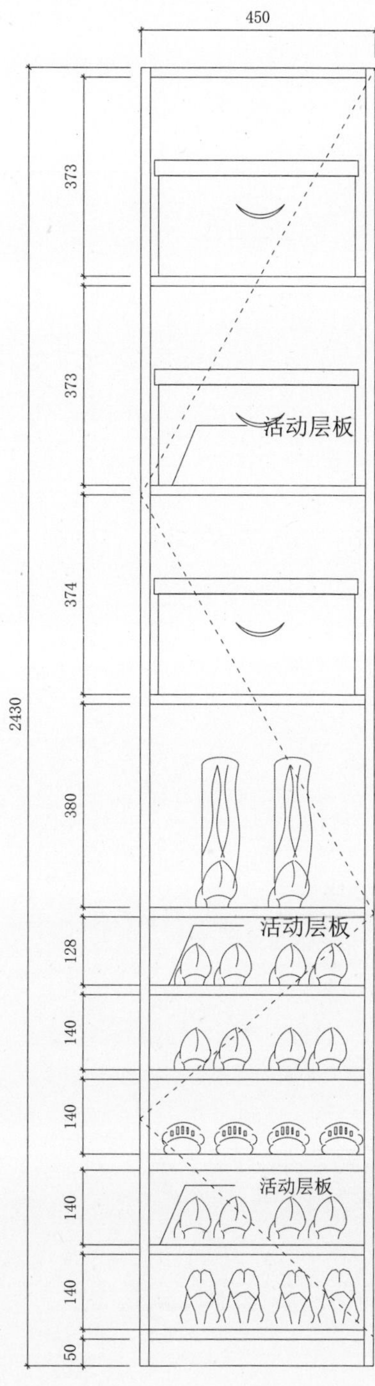

<table>
<tr><td colspan="2">鞋柜单门柜(单位：mm)</td><td>平板式编号</td><td>XG-101#</td></tr>
<tr><td>框架式编号</td><td></td><td rowspan="2">柜板厚度</td><td>框架式20</td></tr>
<tr><td>柜体高度</td><td>2100~2430</td><td>平板式18</td></tr>
<tr><td>柜体宽度</td><td>300~600</td><td>背板厚度</td><td>9</td></tr>
<tr><td>柜体深度</td><td>300~500</td><td>背板连接</td><td>搭边内嵌</td></tr>
</table>

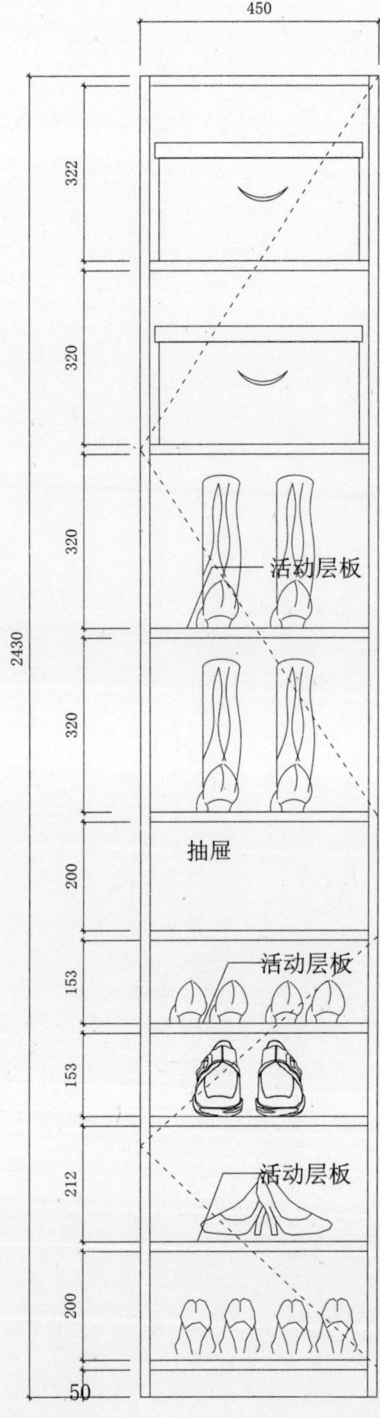

鞋柜单门柜(单位：mm)		平板式编号	XG-102#
框架式编号		柜板厚度	框架式20
柜体高度	2100~2430		平板式18
柜体宽度	300~600	背板厚度	9
柜体深度	300~500	背板连接	搭边内嵌

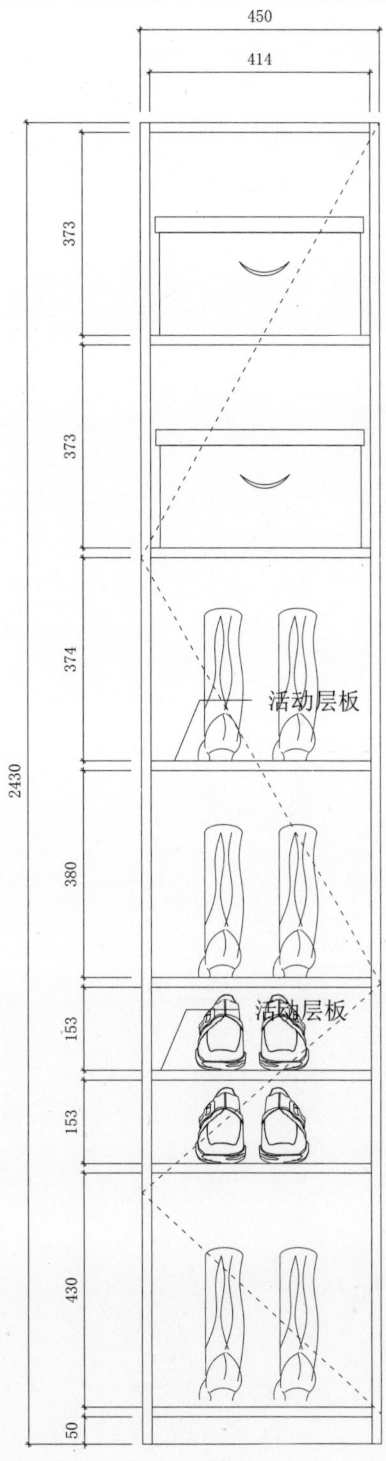

鞋柜单门柜(单位：mm)		平板式编号	XG-103#
框架式编号		柜板厚度	框架式20
柜体高度	2100~2430		平板式18
柜体宽度	300~600	背板厚度	9
柜体深度	300~500	背板连接	搭边内嵌

鞋柜／玄关柜

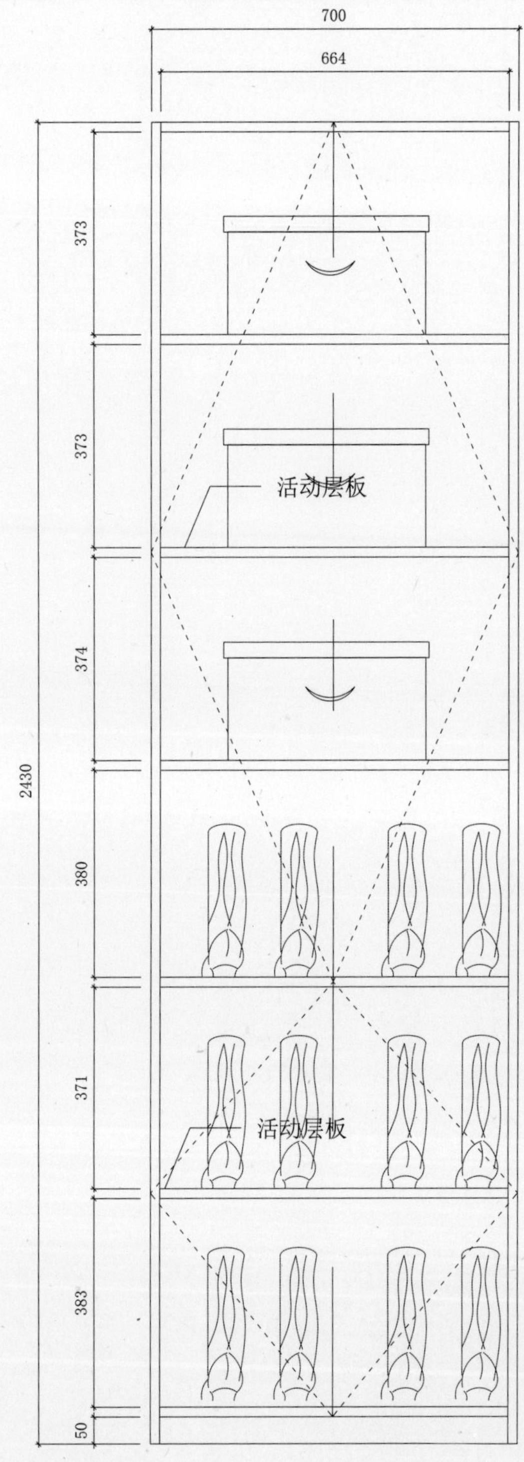

<table>
<tr><td colspan="2">鞋柜双门柜(单位：mm)</td><td>平板式编号</td><td>XG-201#</td></tr>
<tr><td>框架式编号</td><td></td><td rowspan="2">柜板厚度</td><td>框架式20</td></tr>
<tr><td>柜体高度</td><td>2100~2430</td><td>平板式18</td></tr>
<tr><td>柜体宽度</td><td>600~1000</td><td>背板厚度</td><td>9</td></tr>
<tr><td>柜体深度</td><td>300~500</td><td>背板连接</td><td>搭边内嵌</td></tr>
</table>

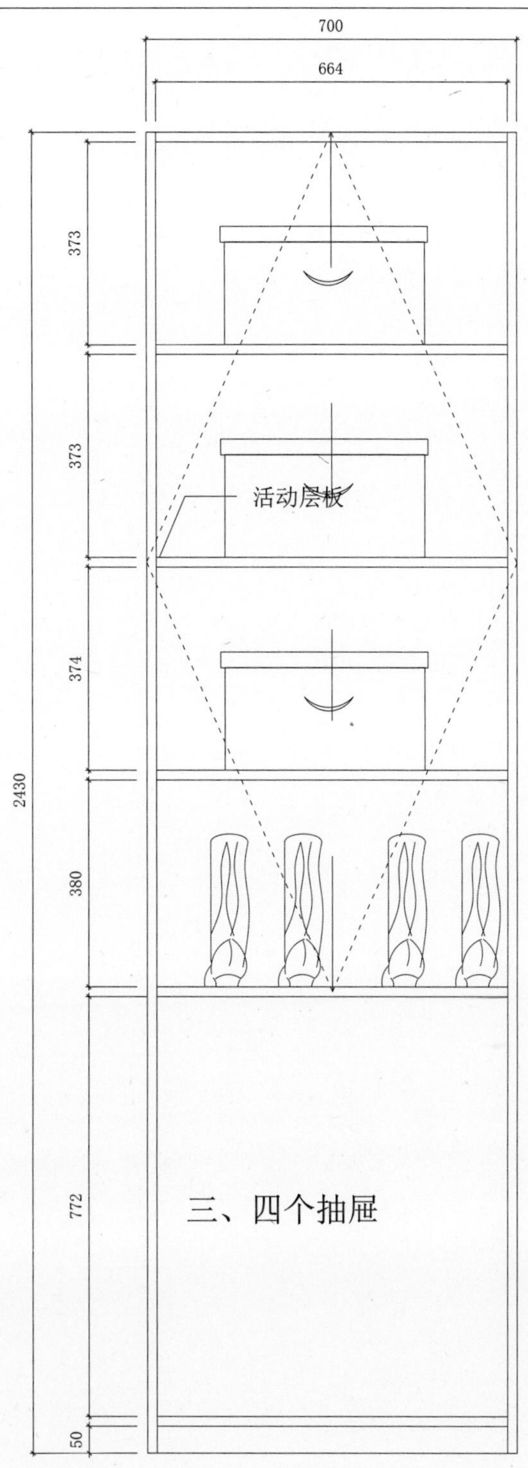

<table>
<tr><td colspan="2">鞋柜双门柜(单位：mm)</td><td>平板式编号</td><td>XG-202#</td></tr>
<tr><td>框架式编号</td><td></td><td rowspan="2">柜板厚度</td><td>框架式20</td></tr>
<tr><td>柜体高度</td><td>2100~2430</td><td>平板式18</td></tr>
<tr><td>柜体宽度</td><td>600~1000</td><td>背板厚度</td><td>9</td></tr>
<tr><td>柜体深度</td><td>300~500</td><td>背板连接</td><td>搭边内嵌</td></tr>
</table>

鞋柜／玄关柜

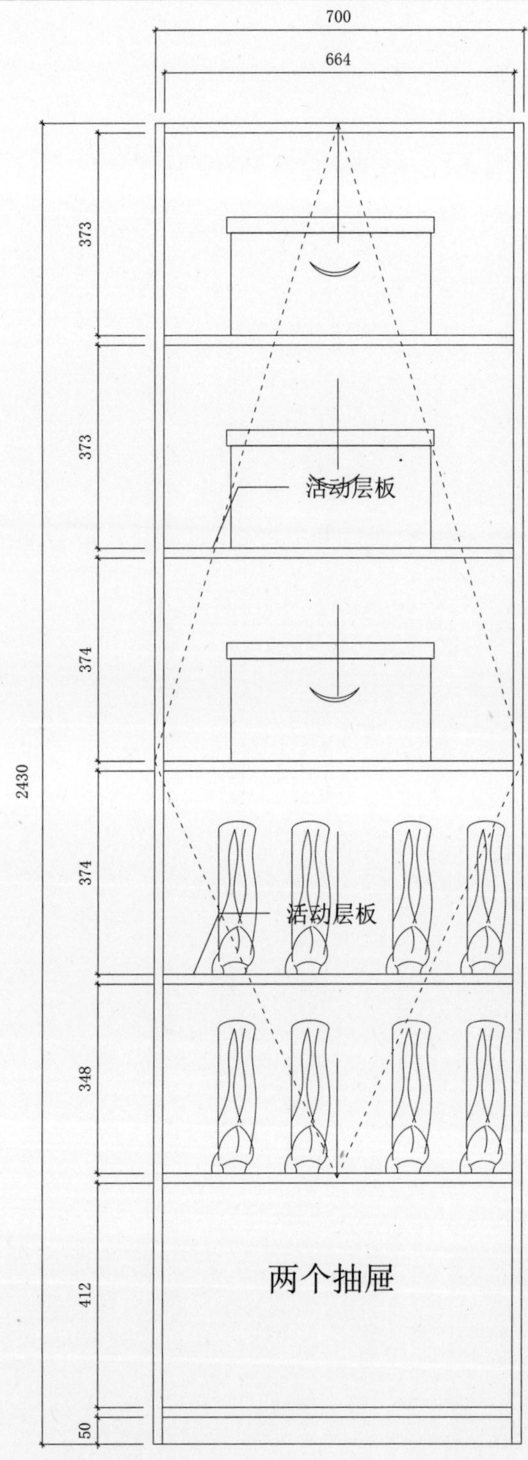

鞋柜双门柜(单位：mm)		平板式编号	XG-203#
框架式编号		柜板厚度	框架式20
柜体高度	2100~2430		平板式18
柜体宽度	600~1000	背板厚度	9
柜体深度	300~500	背板连接	搭边内嵌

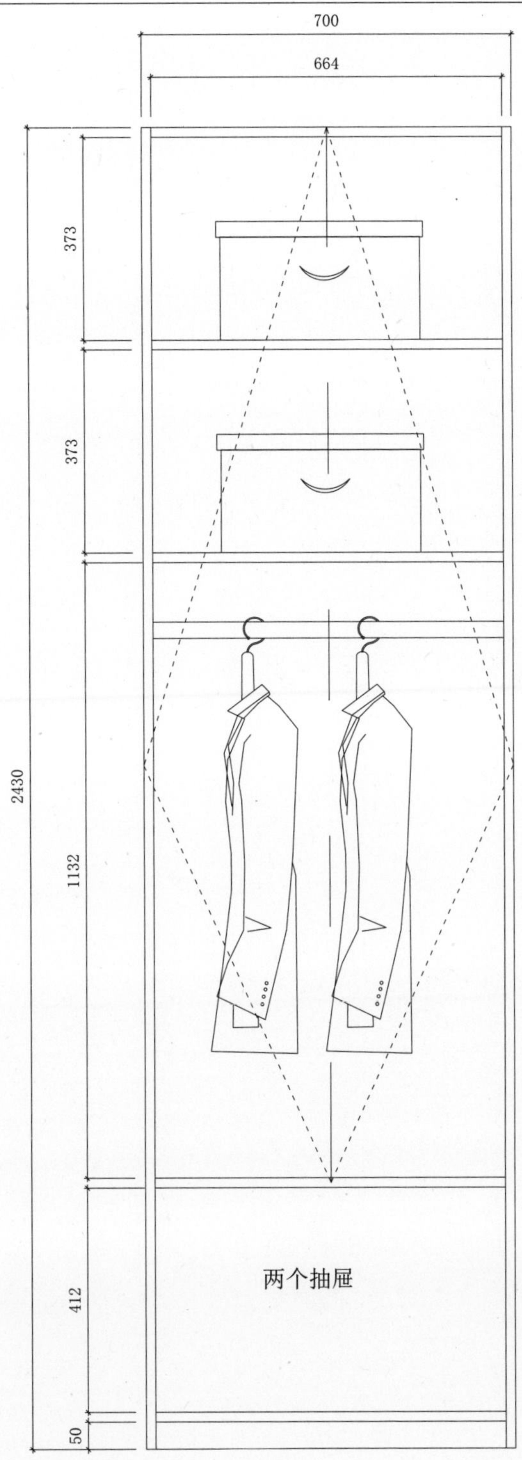

鞋柜双门柜(单位：mm)		平板式编号	XG-204#
框架式编号		柜板厚度	框架式20
柜体高度	2100~2430		平板式18
柜体宽度	600~1000	背板厚度	9
柜体深度	300~500	背板连接	搭边内嵌

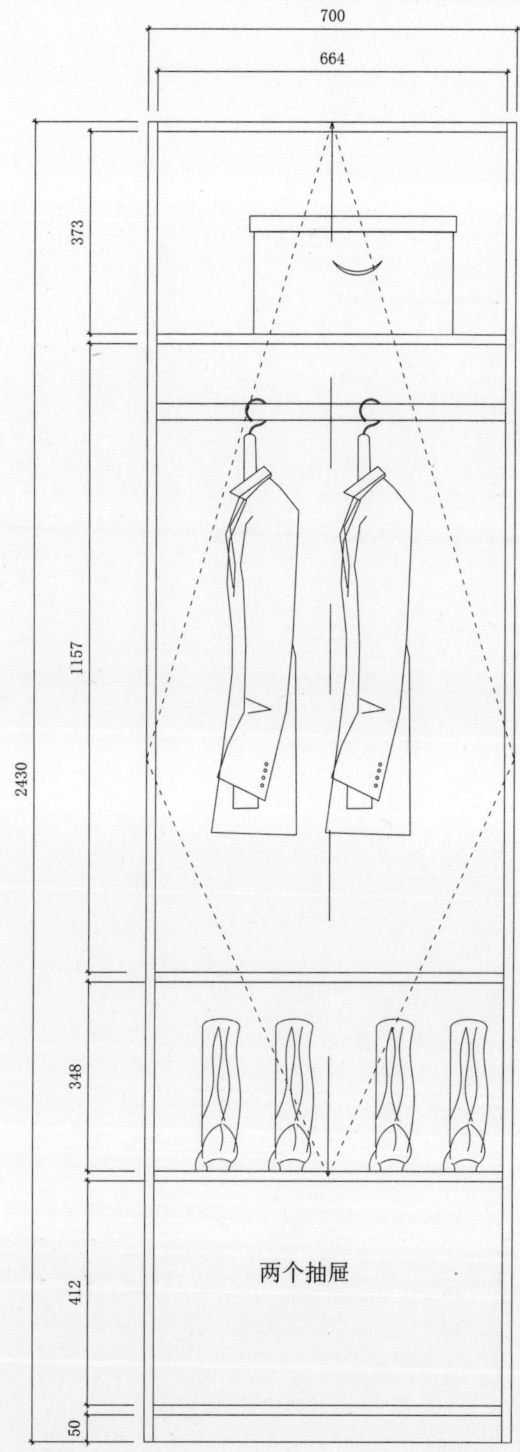

鞋柜单门柜(单位：mm)		平板式编号	XG-205#
框架式编号		柜板厚度	框架式20
柜体高度	2100~2430		平板式18
柜体宽度	600~1000	背板厚度	9
柜体深度	300~500	背板连接	搭边内嵌

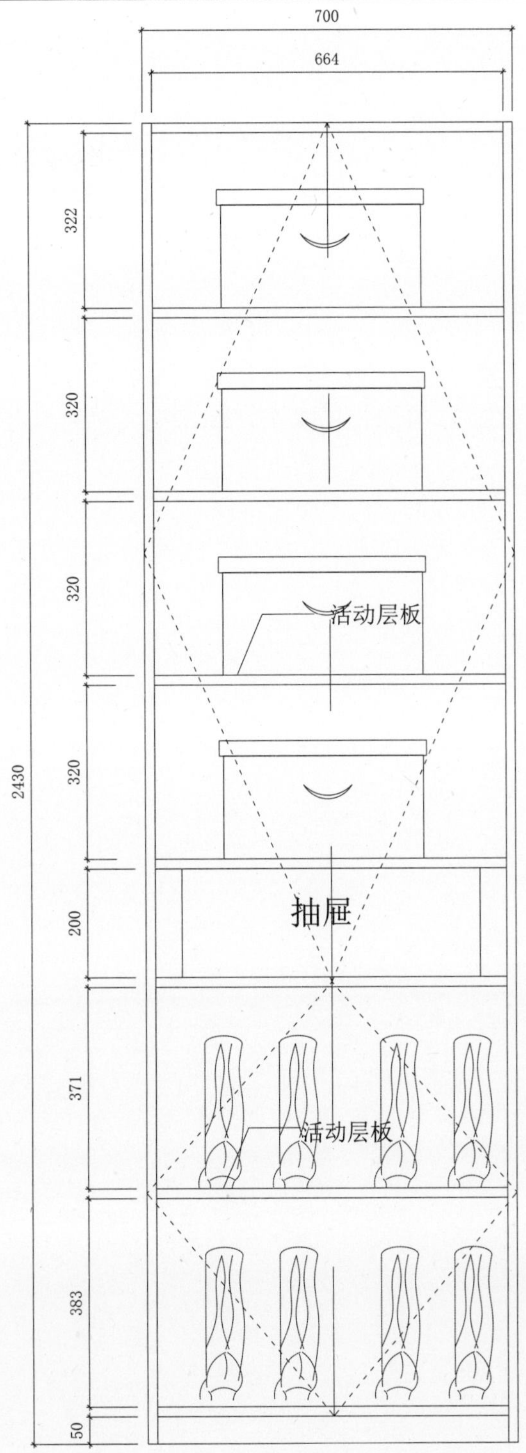

鞋柜单门柜(单位：mm)		平板式编号	XG-206#
框架式编号		柜板厚度	框架式20
柜体高度	2100~2430		平板式18
柜体宽度	600~1000	背板厚度	9
柜体深度	300~500	背板连接	搭边内嵌

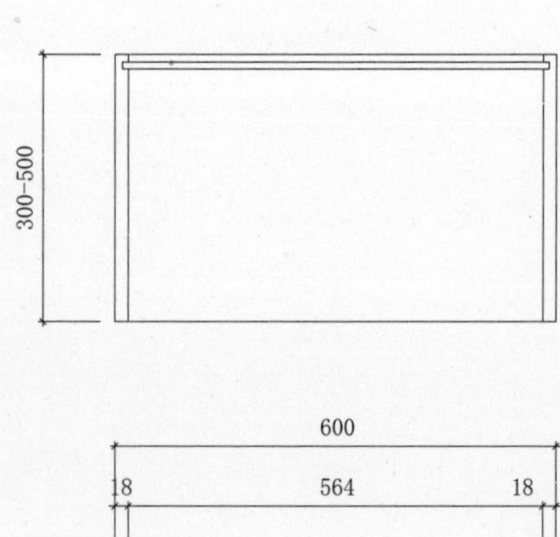

600
18 564 18
400-800

鞋柜单门柜顶柜(单位：mm)	
平板式编号	XG-301#
框架式编号	
柜体高度	400~800
柜体宽度	300~600
柜体深度	300~500
柜板厚度	框架式20
	平板式18
背板厚度	9
背板连接	搭边内嵌

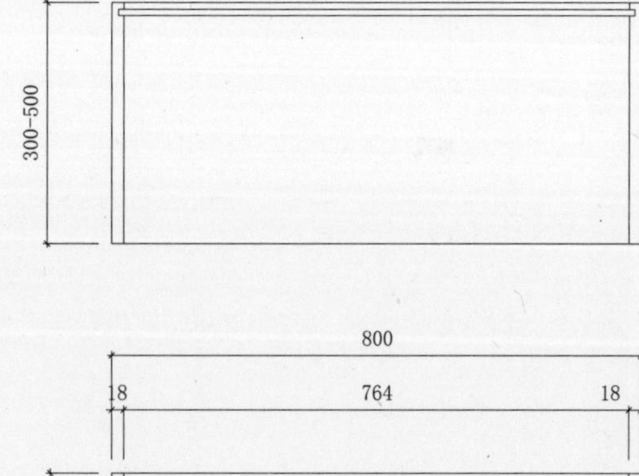

800
18 764 18
400-800

鞋柜双门柜顶柜(单位：mm)	
平板式编号	XG-401#
框架式编号	
柜体高度	400~800
柜体宽度	600~1000
柜体深度	300~500
柜板厚度	框架式20
	平板式18
背板厚度	9
背板连接	搭边内嵌

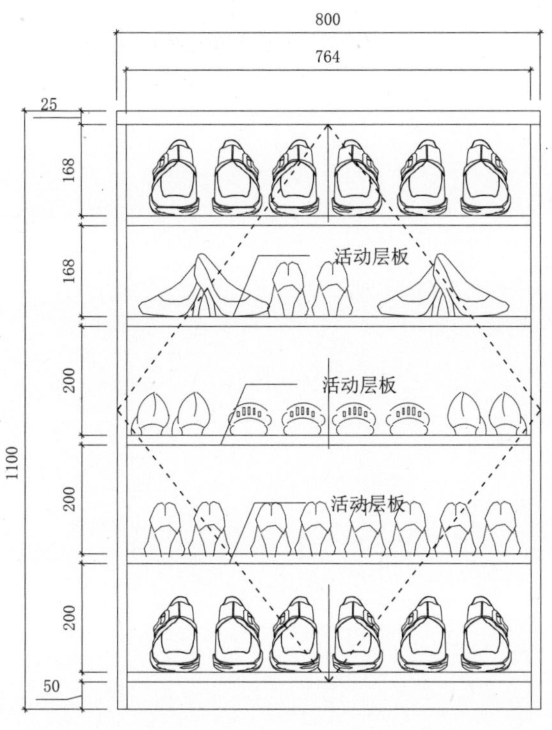

鞋柜矮柜(单位：mm)	
平板式编号	XG-501#
框架式编号	
柜体高度	850~1200
柜体宽度	600~2000
柜体深度	300~500
柜板厚度	框架式20
	平板式18
背板厚度	9
背板连接	搭边内嵌

800
764
25
168
168
200
200
200
50
1100
内抽
内抽

鞋柜矮柜(单位：mm)	
平板式编号	XG-501#
框架式编号	
柜体高度	850~1200
柜体宽度	600~2000
柜体深度	300~500
柜板厚度	框架式20
	平板式18
背板厚度	9
背板连接	搭边内嵌

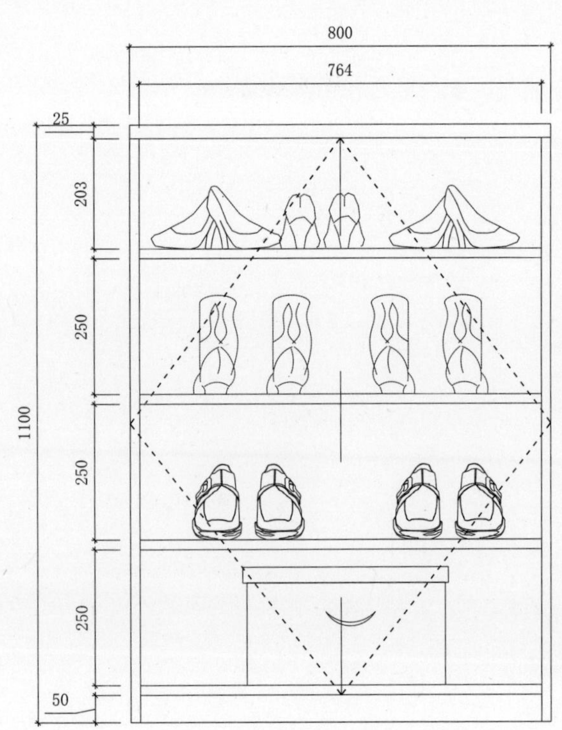

鞋柜矮柜(单位：mm)	
平板式编号	XG-503#
框架式编号	
柜体高度	850~1200
柜体宽度	600~2000
柜体深度	300~500
柜板厚度	框架式20
	平板式18
背板厚度	9
背板连接	搭边内嵌

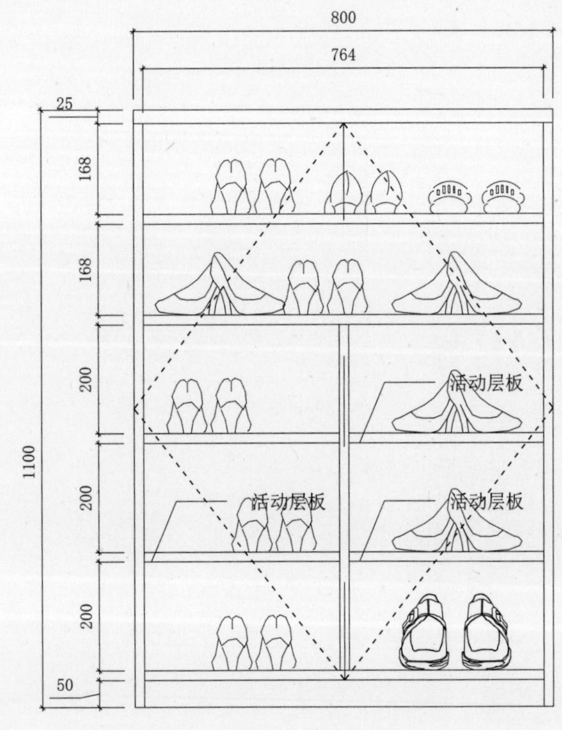

鞋柜矮柜(单位：mm)	
平板式编号	XG-504#
框架式编号	
柜体高度	850~1200
柜体宽度	600~2000
柜体深度	300~500
柜板厚度	框架式20
	平板式18
背板厚度	9
背板连接	搭边内嵌

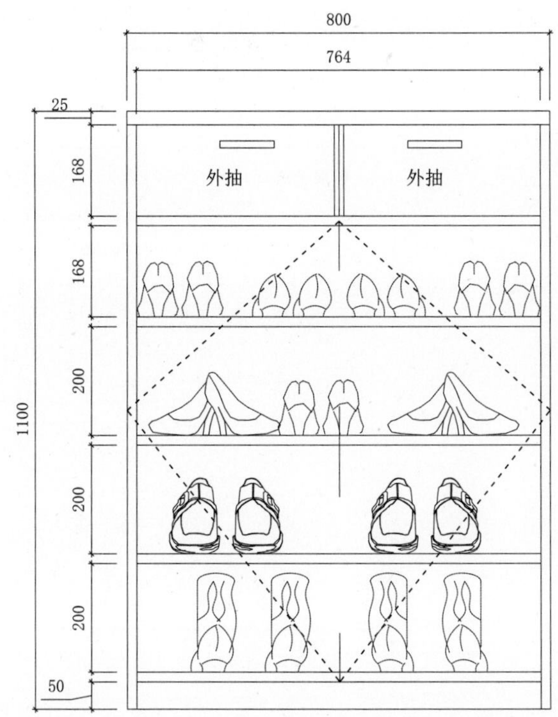

鞋柜矮柜(单位：mm)	
平板式编号	XG-505#
框架式编号	
柜体高度	850~1200
柜体宽度	600~2000
柜体深度	300~500
柜板厚度	框架式20
	平板式18
背板厚度	9
背板连接	搭边内嵌

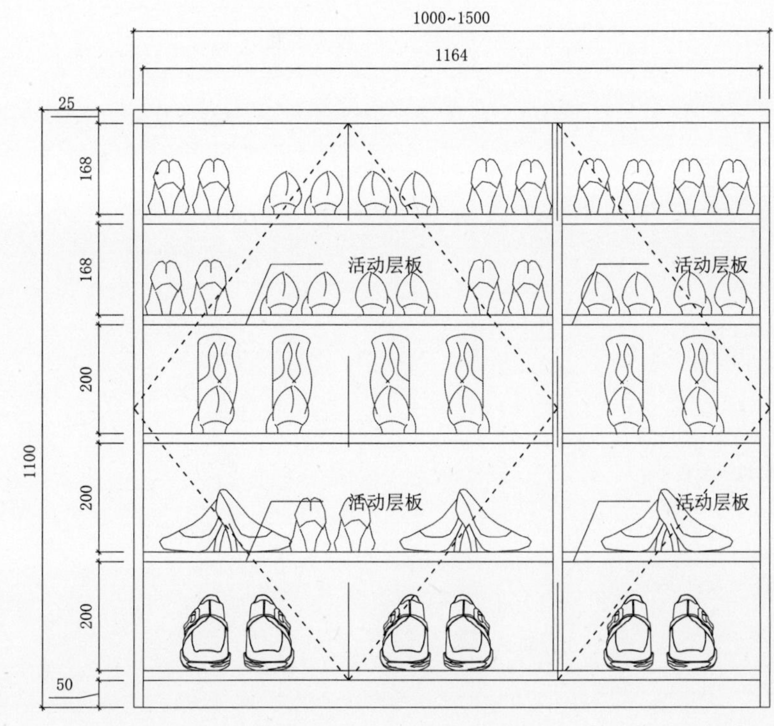

鞋柜矮柜(单位：mm)	
平板式编号	XG-506#
框架式编号	
柜体高度	850~1200
柜体宽度	600~2000
柜体深度	300~500
柜板厚度	框架式20
	平板式18
背板厚度	9
背板连接	搭边内嵌

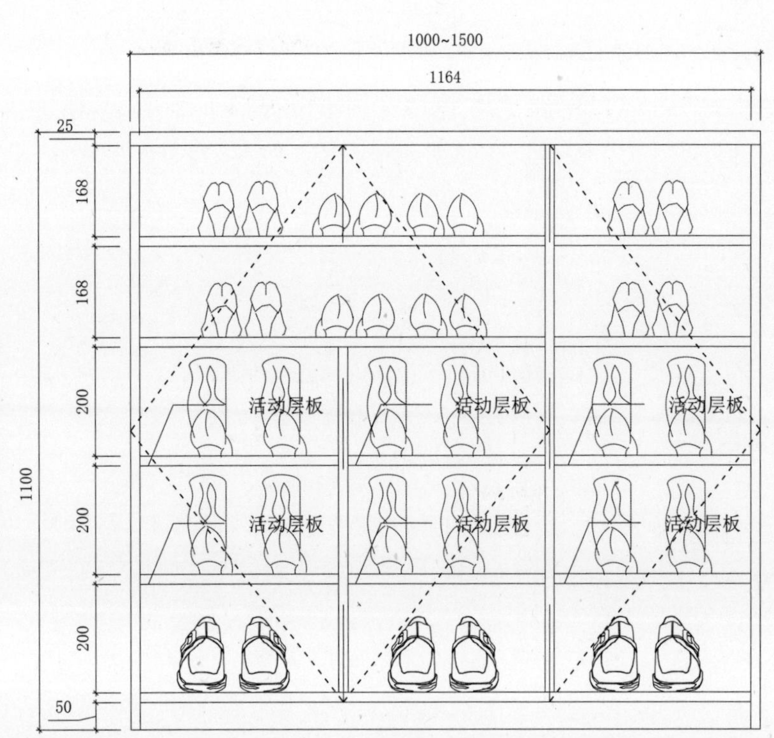

鞋柜矮柜(单位：mm)	
平板式编号	XG-507#
框架式编号	
柜体高度	850~1200
柜体宽度	600~2000
柜体深度	300~500
柜板厚度	框架式20
	平板式18
背板厚度	9
背板连接	搭边内嵌

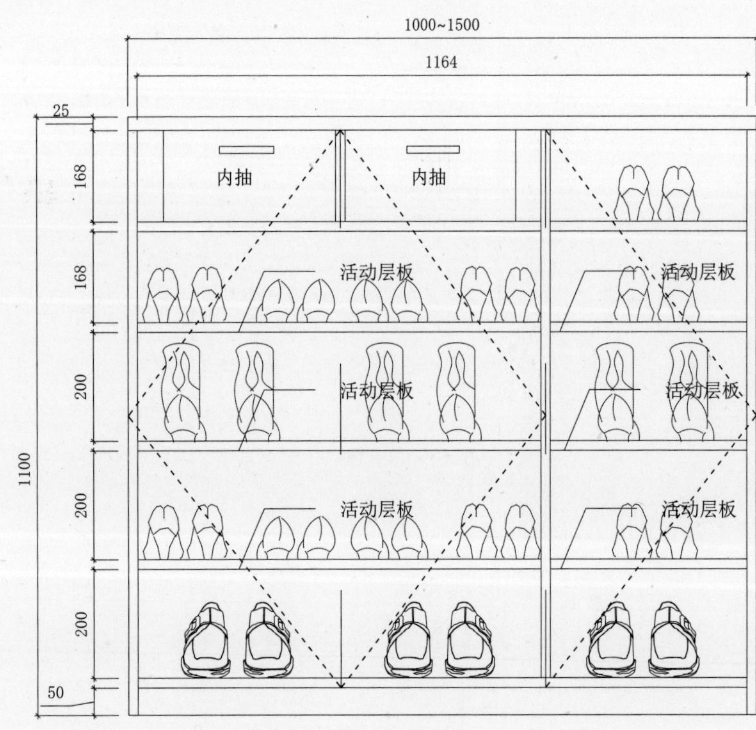

鞋柜矮柜(单位：mm)	
平板式编号	XG-508#
框架式编号	
柜体高度	850~1200
柜体宽度	600~2000
柜体深度	300~500
柜板厚度	框架式20
	平板式18
背板厚度	9
背板连接	搭边内嵌

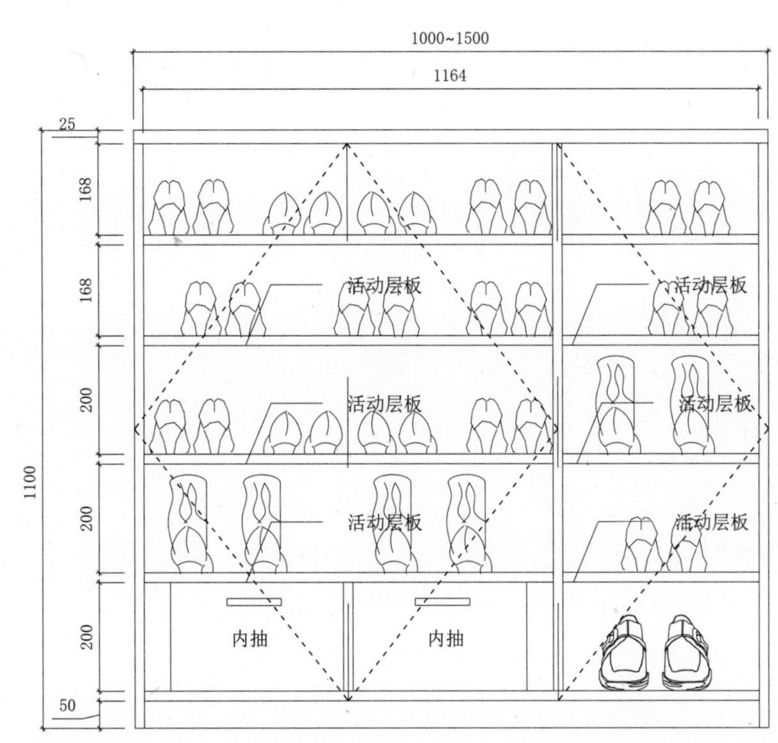

鞋柜矮柜(单位：mm)	
平板式编号	XG-509#
框架式编号	
柜体高度	850~1200
柜体宽度	600~2000
柜体深度	300~500
柜板厚度	框架式20
	平板式18
背板厚度	9
背板连接	搭边内嵌

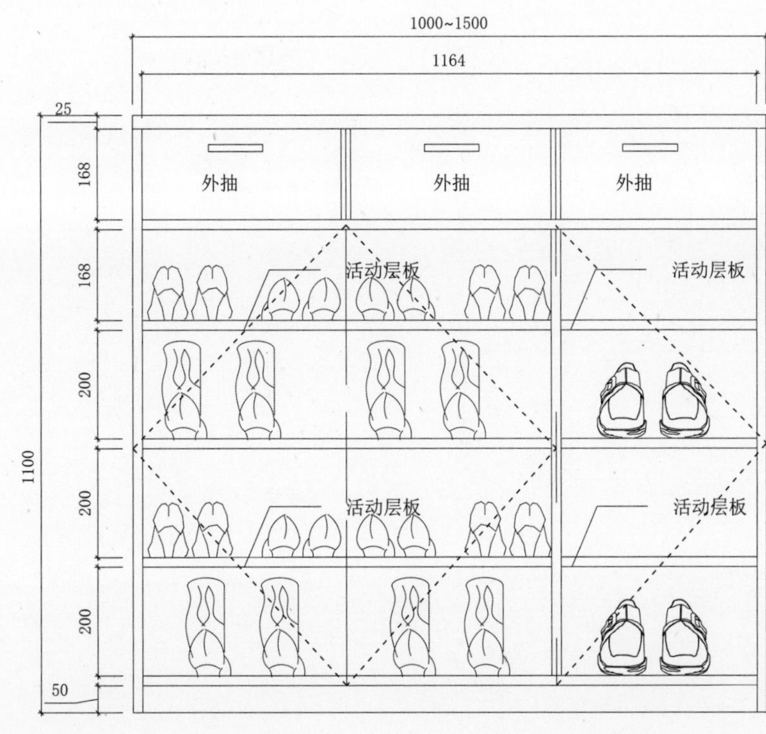

鞋柜矮柜(单位：mm)	
平板式编号	XG-510#
框架式编号	
柜体高度	850~1200
柜体宽度	600~2000
柜体深度	300~500
柜板厚度	框架式20
	平板式18
背板厚度	9
背板连接	搭边内嵌

鞋柜矮柜(单位：mm)	
平板式编号	XG-511#
框架式编号	
柜体高度	850~1200
柜体宽度	600~2000
柜体深度	300~500
柜板厚度	框架式20
	平板式18
背板厚度	9
背板连接	搭边内嵌

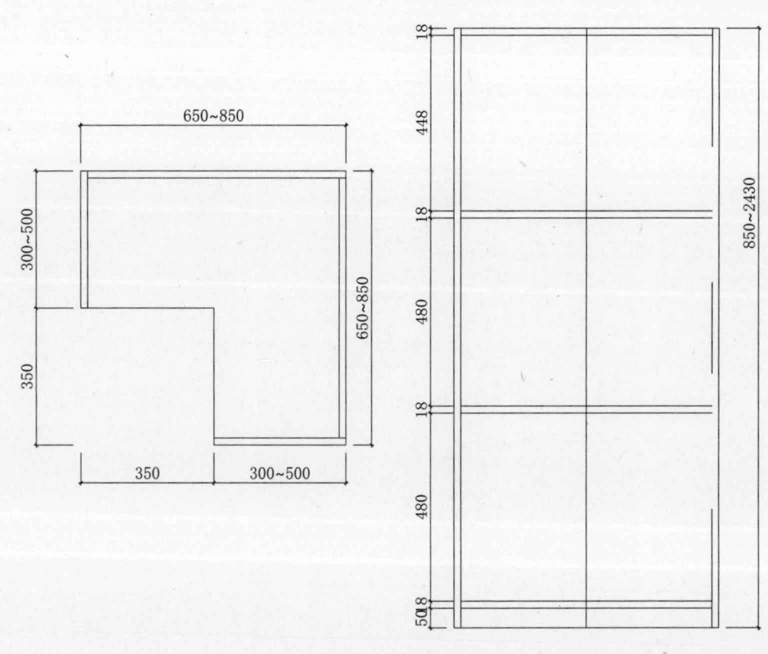

鞋柜内转角柜(单位：mm)	
平板式编号	XG-601#
框架式编号	
柜体高度	850~2430
柜体宽度	650~850
柜体深度	650~850
柜板厚度	框架式20
	平板式18
背板厚度	9
背板连接	搭边内嵌

图书在版编目（ＣＩＰ）数据

全屋定制 CAD 标准图集 . 2 / 名门汇编 . -- 北京 : 中国林业出版社 , 2019.5

ISBN 978-7-5219-0054-5

Ⅰ. ①全… Ⅱ. ①名… Ⅲ. ①室内装饰设计—计算机辅助设计— AutoCAD 软件—图集
Ⅳ. ① TU238.2-39

中国版本图书馆 CIP 数据核字 (2019) 第 076320 号

中国林业出版社
责任编辑：李 顺　薛瑞琦
出版咨询：（010）83143569

出版：中国林业出版社（北京西城区德内大街刘海胡同 100009）
网站：http://www.forestry.gov.cn/lycb.html
印刷：深圳市汇亿丰印刷科技有限公司
发行：中国林业出版社
电话：（010）83143500
版次：2019 年 5 月第 1 版
印次：2019 年 5 月第 1 次
开本：889 mm × 1194 mm 1/16
印张：17
字数：200 千字
定价：218.00 元